# 轻量级分组密码

李 浪 李秋萍 著

华中科技大学出版社
中国·武汉

## 内 容 简 介


在当今计算机技术与物联网普及的时代，密码学作为信息安全技术的基石，是一门十分重要的科学，分组密码因其应用广泛，被众多学者所关注。但是，随着智能卡、传感器等资源受限设备的普遍应用，计算速度快、占用面积小且安全的轻量级分组密码设计与分析技术变得越来越重要。本书从轻量级分组密码的设计与分析角度进行论述，着重讲述了轻量级分组密码设计与分析实例，主要包括：一些典型分组密码及轻量级分组密码的介绍；轻量级分组密码整体结构和组件的设计；轻量级分组密码常用分析方法，以及近几年作者在轻量级分组密码方面的一些设计、优化、分析及防护方面的实例。同时，为了方便读者实现相应算法，本书在一些重要部分提供了相关的源代码，方便学习者进行实际训练。

本书部分内容是作者在密码学领域近期内的研究成果，以初学者的角度进行内容编写，特别适合信息安全、计算机、电子信息、物联网、网络工程、通信工程、软件工程、电子商务、信息管理等专业学生进行初步学习，有利于培养学习者的创新能力。同时，本书可作为相关专业的研究生、高年级本科生教材，也适合作为相关工程技术领域的科技人员的参考书。



**图书在版编目(CIP)数据**

轻量级分组密码/李浪，李秋萍著. —武汉：华中科技大学出版社，2020.9（2024.9重印）
ISBN 978-7-5680-6559-7

Ⅰ.①轻…　Ⅱ.①李…　②李…　Ⅲ.①密码术　Ⅳ.①TN918.4

中国版本图书馆 CIP 数据核字(2020)第 167142 号

**轻量级分组密码**
Qingliangji Fenzu Mima

李　浪　李秋萍　著

策划编辑：范　莹
责任编辑：余　涛
封面设计：原色设计
责任监印：徐　露
出版发行：华中科技大学出版社（中国・武汉）　电话：(027)81321913
武汉市东湖新技术开发区华工科技园　邮编：430223
录　　排：武汉市洪山区佳年华文印部
印　　刷：武汉邮科印务有限公司
开　　本：787mm×1092mm　1/16
印　　张：14
字　　数：361 千字
版　　次：2024 年 9 月第 1 版第 2 次印刷
定　　价：42.00 元

# 前　言

信息安全在当代信息社会非常重要，密码学是信息安全技术的基石。社会需要大批的信息安全技术人才，一本符合当代发展的密码学书籍显得非常重要。

作者多年从事信息安全研究与教学，发现目前特别需要一本汇集分组密码学基础，能体现轻量级分组密码算法的优势，同时又能有最新轻量级分组密码技术的书籍。本书能够让读者阅读之后，快速入门并能迅速掌握轻量级分组密码相关知识，并且能够对轻量级密码算法设计与优化、分析与防护有所思考。

本书对一些典型的轻量级密码算法进行了概述，并且在介绍轻量级分组密码相关理论知识后，对其中一部分算法进行了优化和攻击，加深学习者对理论知识的理解，启发学习者的创新思维。在本书的最后一章，给出了作者的一些最新研究成果，结合设计和分析方法讲述了轻量级密码算法的设计与分析理念。

本书的主要特点是：以初学者的角度进行编写，强调基础，注重创新能力培养，力求使学习者在掌握分组密码算法基本原理的基础上，能够对轻量级分组密码设计与分析方法的理解有所提升，特别是对轻量级分组密码算法的设计与优化有较深理解，对目前密码算法的主要攻击技术及其防御方法有所掌握。

本书主要由李浪教授、李秋萍博士负责组织编写与统稿，其中赵军霞负责编写第1、2章，张剑负责编写第3章，郭影负责编写第4章，邹祎负责编写第5、6章，李秋萍、刘波涛负责编写第7章，李浪、刘波涛负责编写第8章。本书的一些基础性原理与内容参考了大量同行的相关著作与教材，并在参考文献中有所注明，在此一并表示感谢。

本书的出版得到了湖南省研究生高水平教材立项项目(湘教通[2019]370号，No. 151)，湖南省计算机类专业校企合作人才培养示范基地(湘教通[2015]274号)，以及湖南省学位与研究生教育改革研究重点项目(No. 2020JGZD072)资助。

尽管作者以最大的努力去编写本书，但由于作者的学识和水平有限，特别是书中有些内容是作者教学与科研中的原创成果，因此难免有值得商榷之处，诚望读者不吝赐教斧正，谢谢！作者的电子邮箱：lilang911@126.com。

李　浪　李秋萍

2020年4月

# 目　　录

# 第 1 章　轻量级分组密码概述

## 1.1　密　码　学

密码是指按照一定规则编译而成的符号，研究密码的学科称为密码学。密码学作为安全领域中一门重要的基础学科，在数据通信、系统安全、云计算安全和大数据安全等领域被广泛使用。密码学起源于战争，最初目的就是保障军事领域的保密通信。密码学的发展从古至今经历了 3 个阶段，包括古典密码学、近代密码学、现代密码学。

### 1.1.1　古典密码学

密码学发展的基础与起源是古典密码学。根据古老的石刻和史书记载，古人一直在不断地研究密码系统，包括希腊人、埃及人、希伯来人等，这推动了密码学的发展。古典密码学在两千年前就已出现了。历史上第一个密码技术是恺撒密码，通过恺撒加密算法将需要保密的信息加密成密文。

恺撒密码利用的密码技术是一种简单的换位技术。恺撒加密算法到底是怎么样加密的呢？在介绍恺撒加密算法之前，先介绍两个概念：明文和密文。

明文：是指发送方要发送的原文信息。

密文：是指明文经过加密算法所产生的信息。

下面通过一个例子介绍恺撒加密算法的原理。一天，古罗马皇帝恺撒向前线指挥官发出一份密信“VWRS DWWDFNLQJ”，并且同时也发出了另一条指令“前进三步”，根据这条指令，指挥官很快译出了这份密信。密信的明文内容就是“STOP ATTACKING”，意思是“停止进攻”。在这里最关键的就是“前进三步”这条指令，其意思就是将每个字母按字母表后移三个字母进行对应，如图 1-1 所示。

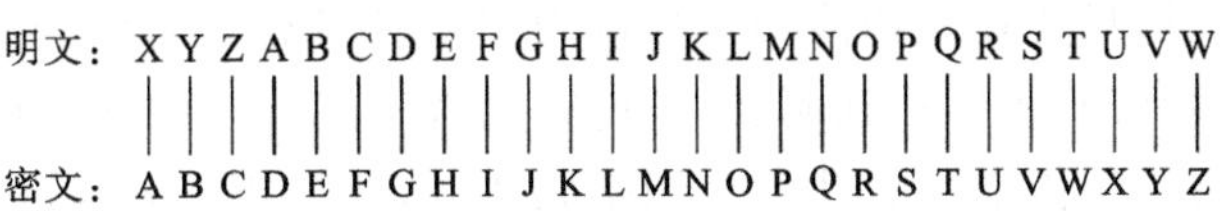


图 1-1　恺撒密码变换方法

将明文经过上述换位后，就不再是正常的词汇了。将发送的密文利用上述方法换位之后，就可以解出明文。这正是恺撒密码的换位加密技术。利用这种方法，请试试将明文“cryptography”进行加密。

总之，古典密码学加密采用的方法主要就是变换，即设计明文信息与密文信息之间的变换关系。恺撒密码的变换就是对 26 个字母进行置换，恺撒密码的加密技术虽然简单，但对密码学的发展仍然有重要的参考价值，为密码学的进一步发展奠定了基础。

### 1.1.2　近代密码学

近代密码学的主要历程是从 20 世纪初到 20 世纪 50 年代，开始于通信的机械化与电气化，为密码的加密技术提供了前提，也为破译者提供了有力武器。密码研究人员设计出采用各种各样的机电技术的转轮机来取代手工编码的加密方法，以实现保密通信的自动解码，它是由手工或者电动机械的复杂代替或换位，军事人员使用电报通信方式来保障信息安全。近代密码学的这一阶段使得基于复杂计算的密码成为可能。

### 1.1.3 现代密码学

由于计算技术的飞速发展，给密码技术带来了非常严峻的挑战。古典密码的本质属于手工处理密码，这种加密方法没有计算机的辅助，在当时来说比较安全。但计算机的发展出人意料，人类在快速计算方面的先天不足正好由计算机所弥补，这种情况导致早期被认为安全的密码技术面临瓦解，有些密码系统甚至在面对穷举蛮力攻击时也无能为力，在面对数学家与计算机的联合、计算机之间的并行联合下，古典密码就显得更加脆弱了。

古典密码学和现代密码学的定义都是现代人赋予的，因此密码学家更愿意认为这是一门艺术，算不上是真正意义上的一门科学。直到 1949 年，信息论的奠基人香农发表了两篇旷世之作《保密系统的通信理论》和《通信的数学理论》，这两篇著名论文利用漂亮的数学方法为密码学和通信技术奠定了坚实的数学理论基础，密码则从艺术之路迈上了科学轨道，成为一门真正的学科，开启了现代密码学时代。在这个时期，人们不再为保护加密算法而烦恼，因为这个时期的密码技术不再是基于算法安全，而是基于密钥安全，算法可以公开，只要保护好自己的密钥即可。

由于受历史的局限，20 世纪 70 年代中期以前的密码学研究基本上是秘密进行的，主要应用于军事和政府部门。密码学真正蓬勃发展和广泛应用是从 70 年代中期开始的。数据加密标准 DES 是美国国家标准局于 1976 年颁布的，主要用于非国家保密机关，该系统完全公开了加密、解密算法，这一举动标志着密码学理论与技术划时代的革命性变革，并且突破了早期密码学的信息保密的单一目的，使得密码学得以在商业等民用领域广泛应用，给这门学科以巨大的生命力。也是 1976 年，美国密码学家迪菲(Diffie)和赫尔曼(Hellman)发表了划时代的论文《密码学的新方向》，在文中提出不仅加密算法本身可以公开，甚至加密用的密钥也可以公开，但这并不意味着保密程度的降低，因为加密密钥和解密密钥不一样，将解密密钥保密就可以，这就是著名的公钥密码体制。在这样的公钥密码体制下，密钥像电话簿一样公开，用户想向其他用户传送加密信息时，只要在密钥簿中查找该用户的公开密钥，之后用公开密钥加密，而接收者用只有他所具有的解密密钥得到明文，任何第三者不能获得明文。RSA 公钥密码体制是第一个成熟的、迄今为止理论上最成功的公钥密码体制，此公钥密码体制是美国麻省理工学院的里维斯特、沙米尔和阿德曼于 1978 年提出来的，该体制具有较高的保密性。由于其安全性是基于数论中的大整数因子分解，该问题是数论中的一个困难问题，至今没有有效的算法。这些划时代的提议，使密码学以崭新的科学面貌进入信息安全领域。

在现代密码学中，不仅要求信息保密，还要求信息安全体制能够抵抗对手的主动攻击。主动攻击指的是攻击者将自己伪造的信息注入信息通道中，来骗取合法接收者的信任。由于主动攻击包括窜改信息和冒名顶替，这促进了现代密码学中认证体制的产生。该体制是为了保证用户收到一个信息时，可以验证信息是否来自合法发送者，同时还能验证该信息是否被窜改。在许多场合中，如电子汇款，能对抗主动攻击的认证体制甚至比信息保密还重要。

现代密码学在军事、外交、政治信件以及电子商务等方面得到广泛的应用，通过 30 多年的发展已经成为一个宽广的研究领域。现代密码学是计算机安全与通信安全的基石，现代密码学有了飞跃式的发展，涉及数论、概率论以及计算的复杂性理论等许多学科。

## 1.2 分组密码

20世纪70年代中期，现代分组密码的研究开始兴起，至今已有30余年。美国在1997年到2002年开启了征集高级加密标准的活动，此活动引来了分组密码研究的高潮。对分组密码的研究主要包括两个方面：分组密码的设计和分析，两者之间有着相互独立又相互统一的关系。对设计者来说，希望可以设计出能够抵抗所有分析方法的密码算法；对分析者来说，希望通过分析最新设计出来的密码算法找到新的密码分析方法。

### 1.2.1 分组密码的设计

1949年，Claude Shannon在Bell System Technical Journal上发表的经典论文《Communication Theory of Secrecy Systems》，标志着分组密码设计的起源，在文中提出的“混淆”和“扩散”原则是设计和分析分组密码算法的重要保障。提出这两个原则的根本目的是为了抵抗攻击者对密码体制的统计分析。充分利用扩散和混淆两个原则设计分组密码，是为了有效抵抗攻击者从密文的统计特性推测出明文或密钥。

扩散的实质就是打乱明文，让明文中每一位影响密文中的许多位，或者让密文中的每一位受明文的许多位影响，这样主要是为了让明文和密文之间有着复杂的统计关系，即从密文不能获得明文的统计特性，理想情况是让明文中每一位影响密文中的所有位，或者让密文中的每一位受明文中所有位影响。

混淆就是将密文与密钥之间的统计关系变得尽可能复杂，使从密文中不能获得密钥的任何统计特性，这种原则使得攻击者即使获取了密文的一些统计特性，也无法推测出密钥。使用复杂的非线性代替变换可以达到比较好的混淆效果，简单的线性变换得到的混淆效果不理想。

理解了前面的恺撒密码之后，应该清楚恺撒密码方案就是一种置换密码，置换的目的就是要“搅拌”明文的26个字母来构建密码本。其实，这种“搅拌”很简单，但是这种搅拌明文的方式是值得现代密码学借鉴的。

在现实生活中，有很多扩散和混淆的例子。在清水中滴入一滴墨水，墨水会马上扩散开来，这样一杯水就浑浊了，这就是扩散效应，属于信息“搅拌”的一种。还有一种就是雪崩效应，在雪崩来临之前，一切安静，没有变化，但是往往由于某个小角落的突发改变，打破了整体平衡的稳定性，从而引起雪崩。

信息的“搅拌”就是将明文信息经过一套规则变换，得到密文，而且尽可能满足“雪崩效应”，即只对明文做很小的变动，就会引起密文极大的变化，或者说密文中的一个比特位依赖于明文中的若干位，这就是信息的混淆与扩散。

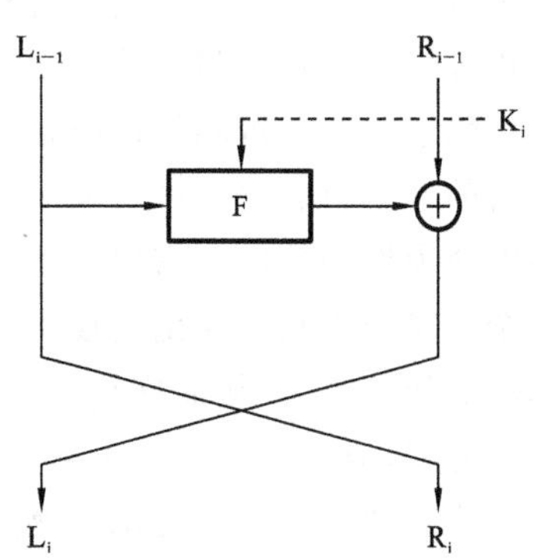

图1-2 Feistel分组密码结构

分组密码的加密过程是首先将明文分组，然后在每组内部用置换的方式将明文信息混淆，这是现代密码体制的核心思想，著名的Feistel分组密码结构就是基于此提出的。

如图1-2所示的Feistel分组密码结构中，首先将明文P分成左右两半$L_0$和$R_0$，在进行n轮迭代中，第$i-1$轮迭代的输出作为第i轮的输入。迭代结束后，左右两部分合并到一起,便得到密文 C。$K_i$是第 i 轮用的子密钥,由初始密钥 K 生成。

从上述知识可知,现代分组密码的方案是先将要加密的整个明文 M 转化成二进制,然后进行分组。Feistel 分组密码结构将明文分组 P 用一个基本加密模块循环执行 n 轮,最后一轮的结果就是一个与明文 P 一样长的密文 C。

加密和解密通常是成对出现的,有加密就有解密。Feistel 分组密码结构的解密本质上和加密过程是一样的,加密是将明文变成密文,而解密是将密文变成明文,其将密文作为输入,使用的密钥顺序正好和加密相反,通过密钥进行解密即可。

### 1.2.2 分组密码的分析

寻找密码算法的弱点并根据这些弱点对密码进行破译是密码分析的根本目的。若密码分析者能够确定密码的密钥,则所有密文都可以被破译出来,并且攻击者可以按照需求产生假密文,这时该密码已经被完全破译,这种攻击称为密钥恢复攻击。若密码分析者只能用窃取的密文恢复出明文,却无法找出密钥,此时该密码是部分可译的,也可以称这个算法被部分攻破。本节所介绍的分析方法都是密钥恢复攻击。

衡量一种攻击的有效性指标包括实施攻击所需要的时间复杂度、数据复杂度和空间复杂度。实施攻击所需的计算步数即为时间复杂度,常用加密或解密次数表示;实施攻击所需输入的数据量即为数据复杂度;攻击所需要的存储空间大小即为空间复杂度。

对任意一个分组密码强力攻击的分析方法都是存在的,通常强力攻击主要包括穷尽密钥搜索攻击、字典攻击、查表攻击、时间存储折中攻击。除了强力攻击外,在对具体的分组密码算法进行安全性分析时,根据算法的不同特点,往往采用的方法也不相同。一般情况下可以把分组密码的安全性分析分为两种不同的方式。一种是基于数学方法对分组密码进行分析,如下面几种常见的攻击方法均是基于一定的数学方法对分组密码进行了分析。

Biham 和 Shamir 于 1990 年在 CRYPTO 上首先提出差分密码分析,其攻击思想是通过观察其有特定输入差分形式的明文对经过加密后输出密文对的差分形式来恢复相关的密钥信息。后来密码分析学者对这种方法进行了改进与推广,提出了很多变种攻击方法,如不可能差分分析、截断差分分析、高阶差分分析、飞去来器攻击、矩形攻击等,差分分析的思想对现代密码学的发展起到了重要的推动作用。

线性分析是日本学者 Matsui 于 1993 年提出的攻击方法,其攻击的思想是寻找输入的某个线性组合到输出的某个线性组合的高概率线性偏差,利用该表达式恢复密钥的相关信息。密码分析学者们同样对线性分析进行了改进与推广,提出了非线性分析、双线性分析、多线性分析等。线性攻击与差分攻击是目前衡量密码安全性的两个最重要指标。

除了差分分析和线性分析及其推广外,还存在一些常用的基于数学方法对分组密码进行分析的方法,如积分攻击、相关密钥攻击、代数攻击等。积分攻击是一种选择明文攻击,通常适用以块为作用单位的密码算法。相关密钥攻击是由 Knudsen 和 Biham 等在研究 LOKI 算法安全性时分别独立提出的攻击方法,主要利用密钥生成算法的弱点,寻求相关密钥对应的加密算法之间的关系,从而恢复出密钥。代数攻击将密码算法表示成方程组,并将得到的明密文对代入方程,通过对方程组求解,进而恢复密钥。

第二种攻击方式是结合物理实现方式对分组密码进行分析,此时攻击者通过探测算法在加解密过程中泄露的某些物理参量(如时间、能量、电磁、温度、声音等)所表征的信息差异,来推断密钥的信息。这种结合物理实现的攻击方法一般称为侧信道攻击。侧信道攻击对密码系统所形成的威胁是一个综合性的问题，涉及算法设计、软硬件实现等诸多方面。目前比较常见的侧信道攻击方法主要包括计时攻击、功耗分析、故障攻击和缓存攻击等。

由于现代密码算法在设计时就会考虑到各种常见的已经存在的分析方法，所以密码分析的方法也在不断改进和更新，有时单纯利用一种攻击方法，对于现代密码算法已经难以起到很好的攻击效果。所以密码分析者们一方面寻找新的攻击方式，另一方面将各种攻击方法进行组合，从而获取更好的攻击效果，如差分-线性分析、差分-多线性分析、差分-代数分析等方法相继被提出，这些方法可以统称为组合分析。

## 1.3　轻量级分组密码的产生

美国在1997年到2002年开启了征集高级加密标准的活动，此活动引来了分组密码算法设计和分析研究的高潮。这期间人们在这一研究领域取得了丰硕的研究成果。分组密码是最成熟的密码分支之一，具有速度快、易于标准化和便于软硬件实现等特点，是一种非常重要的加密方案。分组密码作为信息与网络安全中实现数据加密、消息、鉴别、认证及密钥管理的核心密码算法，在计算机通信和信息系统安全领域有着广泛的应用。近年来，随着物联网的发展，无线传感器网络(WSN)和无线射频技术(RFID)的应用越来越广泛，它们具有硬件制造、维护成本低，网络健壮性、自组织性强，适用性广泛的特点，已成为物联网应用的关键组成部分。WSN和RFID基于无线网络传输信息，攻击者更加容易获得、干扰甚至破坏信息传输。由于物联网上使用的微型计算设备计算能力有限，人们开始越来越关注轻量级分组密码算法的研究来保证信息的安全。

如今，人们在手机和平板等轻量级设备上进行频繁的信息交换，其中不乏各类商业机密信息、各种涉及个人财产安全的口令。手机、平板中还存有人们的各类隐私照片、信息，由于各类手机隐私被泄露而造成巨大损失的事件经常可以在新闻报道中看到，如在手机莫名其妙黑屏之后，银行的存款不翼而飞。可见轻量级硬件设备上的信息安全受到了巨大的挑战。轻量级设备不仅仅指手机、平板等，还包括射频识别卡，如公交卡、银行卡、图书馆卡等，使用的都是射频识别技术，在近几年获得飞速发展。射频识别卡有两个特点：一是由于射频识别卡存储的不可能是用户私密信息的明文，所以在验证信息的时候需要对信息进行一次解密运算；另一方面使用射频技术的环境一般对实时性要求比较高，所以对信息解密的速度有较高要求。但是在门禁、自动提款机、手机等轻量级设备上，由于软件和硬件的限制，如果使用之前的各类密码算法可能会因为密码算法的加密速度太慢或者密钥生成算法过于复杂，而不能达到加密的快速性、实时性的标准，这才推动了学术界对轻量级分组密码的研究。

## 1.4　轻量级分组密码的发展

轻量级分组密码算法作为一种特殊的分组密码算法，它们在硬件实现、加密速度、运行功耗等方面与AES等高强密码算法相比有明显的优势，更适合物联网微型计算设备使用。近年来，轻量级分组密码算法发展迅速，多种轻量级分组密码算法已经被设计出来。轻量级分组密码采用了与一般分组密码相同的设计结构，可以分为Feistel结构和SPN结构。不同的设计结构都有它们各自的优点，如果密码算法的设计采用Feistel结构设计，则具有更容易保证在加解密算法设计过程一致的优点；如果使用SPN结构设计，则密码的扩散速度更快。

现在的轻量级分组密码算法大都受到 DES 和 AES 设计原理的影响。例如，A. Bogdanov 等人在 CHES(国际顶级密码硬件与嵌入式系统会议)2007 上提出的轻量级分组算法 PRESENT[1]，该算法的设计结构采用 SPN 结构，共有 31 轮迭代运算，分组长度为 64 位，密钥长度为 80 位和 128 位两种，分别称为 PRESENT-80 和 PRESENT-128，与其他轻量级的分组算法相比，它的硬件执行效率更高，是轻量级分组算法中的佼佼者。轻量级分组密码算法 MIBS[2] 是 M. Izadi 等人在 CANS 2009 上首次提出，使用了 Feistel 结构，该算法针对 RFID 标签设计，其硬件资源使用很少，适合在计算资源受到限制的环境下使用。MIBS 算法共有 32 轮迭代运算，其分组长度为 64 位，密钥长度为 64 位和 80 位。CHES 2009 会议上提出了一种适用于硬件实现的轻量级分组密码 KATAN/KTANTAN[3]，该结构类似于流密码算法的加密结构，使用了位的逻辑操作和移位操作，由于该分组密码具有硬件成本低、执行效率高等特点，非常适合标签等对硬件成本和执行效率要求苛刻的环境。

评价一个轻量级分组密码的好坏也与一般分组密码类似，在安全性上，要求能抵抗现有密码攻击；在性能上，相比于一般分组密码，要求计算复杂度低，计算速度快，占用资源少，实现便捷；在执行模式上，具有灵活性、简单性等特点。近些年来，许多密码学研究者根据这些要求，不断地提出了许多新的轻量级分组密码算法。例如，2011 年 Shibutani 等提出了 Piccolo[4]，Guo 等人提出了 LED[5]，Huihui Yap 等人提出了 EPCBC[6]；2012 年 Julia Borghoff 提出了 PRINCE[7]，Suzaki 等人提出了 TWINE；2014 年 Donggeon Lee 提出了 LEA[8]；2015 年 G. Yang等人提出了 SIMECK[9]，R. Beaulieu 等人提出了 SIMON[10] 等加密算法。我国也在轻量级分组密码算法的研究中取得了丰厚的成果。2011 年 Wu and Zhang 等人提出了 Lblock[11]，Gong 等人提出了 KLEIN[12]。Li 等人在 2016 年、2017 年、2018 年分别提出了 QTL[13]、Magpie[14]、Surge[15]、SFN[16] 等加密算法。具体如表 1-1 所示。

**表 1-1 轻量级加密算法**

| 算法名字 | 设计结构 | 提出者 | 提出年份 |
|---|---|---|---|
| HIGHT | Feistel | Deukjo Hong | 2006 |
| PRESENT | SPN | Bogdanov 等 | 2007 |
| MIBS | Feistel | Maryam Izadi 等 | 2009 |
| Piccolo | Feistel | Shibutani 等 | 2011 |
| Lblock | Feistel | Wu and Zhang 等 | 2011 |
| KLEIN | SPN | Gong 等 | 2011 |
| LED | SPN | Guo 等 | 2011 |
| EPCBC | Feistel | Huihui Yap 等 | 2011 |
| PRINCE | SPN | Julia Borghoff | 2012 |
| TWINE | Feistel | Suzaki 等 | 2012 |
| LEA | SPN | Donggeon Lee | 2014 |
| SIMECK | Feistel | G. Yang 等 | 2015 |
| SIMON | SPN | R. Beaulieu 等 | 2015 |
| QTL | Feistel | Li 等 | 2016 |

续表

| 算法名字 | 设计结构 | 提出者 | 提出年份 |
|---|---|---|---|
| Magpie | SPN | Li 等 | 2017 |
| Surge | SPN | Li 等 | 2018 |
| SFN | SPN | Li 等 | 2018 |

# 1.5 轻量级分组密码的基本概念

## 1.5.1 轻量级分组密码的结构

轻量级分组密码算法通常包括加密算法、解密算法和密钥扩展方案三个部分。典型的设计结构有:SPN 结构、Feistel 结构、非平衡型 Feistel 结构以及广义 Feistel 结构。下面分别介绍这四种结构。

**1. SPN 结构**

SPN 结构的加密算法一般由非线性层 S 和线性层 P 组成,这里的非线性层 S 一般就是算法中的 S 盒,通常为 4×4 或 8×8,线性层 P 一般为移位、模加操作。SPN 结构是目前广泛使用的一种分组密码迭代结构,如采用 SPN 结构的 AES 算法,每轮一般由一个轮密钥控制的可逆非线性函数 S 和一个可逆线性变换 P 组成。SPN 结构清晰,S 变换层起到混淆作用,P 变化层起到扩散作用。该结构数据扩散速度快,当给出 S 变换层和 P 变换层的某些安全指标后,设计者可以给出此类结构对应算法抗差分分析与线性分析的可证明安全性。但是 SPN 结构往往加解密不一致,因此在实现时需要耗费更多的资源。

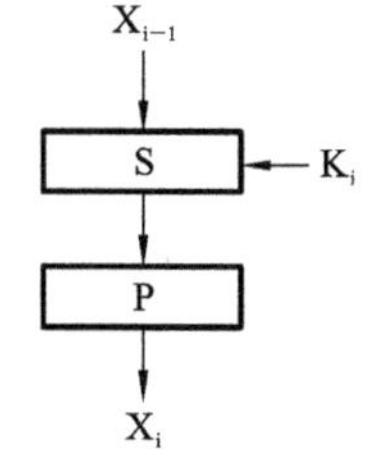


**图 1-3 SPN 结构**

SPN 结构如图 1-3 所示,明文分组长度为 n 比特,共进行 r 轮加密,SPN 结构的分组密码算法的表达式为

$$\begin{cases} Y = S(X_{i-1}, K_i) \\ X_i = P(Y) \end{cases}, \quad 1 \leqslant i \leqslant r \tag{1-1}$$

**2. Feistel 结构**

Feistel 结构是 20 世纪 60 年代末由 Feistel 和 Tuchman 提出的。DES 算法采用的就是此结构。此结构由于 DES 算法的流行而被大家广泛熟知。这种结构被用于许多分组密码的设计中,如 RC5、GOST、CAST、Lucifer、Camellia、LOKI 和 E2 等。Feistel 结构算法的优点是能够实现加解密的一致性,只是轮密钥介入的顺序不同。虽然实现时可以节省资源,但是它的扩散性较慢,通常算法至少需要两轮才有可能改变输入的每个比特。

Feistel 结构如图 1-2 所示,假设明文 P 为 2n 比特,分为左右两个分支,左分支 L 为 n 比特,右分支 R 为 n 比特,轮子密钥$K_i$由主密钥 K 扩展得到,共加密 r 轮。其运算表达式为

$$\begin{cases} L_i = R_{i-1} \\ R_i = L_{i-1} \oplus F(R_{i-1}, K_i) \end{cases}, \quad 1 \leqslant i \leqslant r \tag{1-2}$$

**3. 非平衡型 Feistel 结构**

非平衡型 Feistel 结构是 Feistel 结构的推广,简称为 UFN。具体的就是将 Feistel 结构中

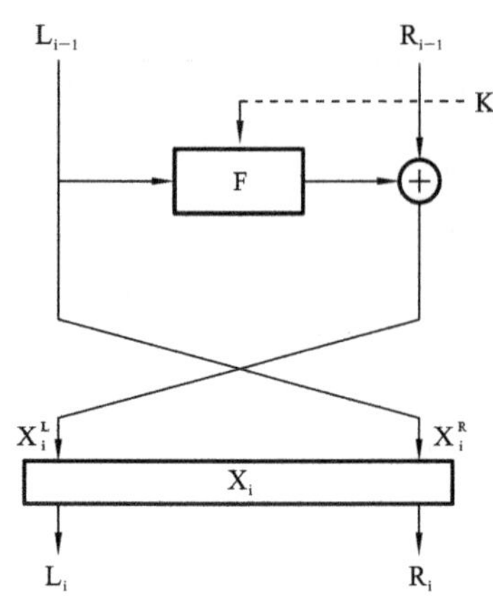


**图 1-4　平衡型 Feistel 结构**

输入数据左右平分的对称结构变成左右不对称的结构。

设非平衡型 Feistel 结构轻量级密码的输入为($L_{i-1}$, $R_{i-1}$),输出为($L_i$,$R_i$),其中 $L_{i-1}$ 是左边 s 比特,$R_{i-1}$ 是右边 t 比特($s\leqslant t$)。

其变换关系为

$$\begin{cases} X_L = R_{i-1} \\ X_R = L_{i-1} \oplus F(R_{i-1}, K_i) \\ (L_i, R_i) = (X_L, X_R) \end{cases} \tag{1-3}$$

其中,$K_i$ 为子密钥,F 是输出为 s 比特的非线性变换。轻量级密码非平衡型 Feistel 结构如图 1-4 所示。

在非平衡型 Feistel 结构中,函数 $F(R_{i-1},K_i)$ 在已知 $K_i$ 的条件下可以是不可逆的,它的可逆性与整体结构是否可逆无关。

**4. 广义 Feistel 结构**

广义 Feistel 结构也是 Feistel 结构的推广,简称为 GFN。其继承了 Feistel 结构"加解密相似性"、轮函数不用求逆的优点,而且轮函数的设计规模更加灵活;典型代表有 CLFFIA、Piccolo 等。轻量级密码广义 Feistel 结构如图 1-5 所示。

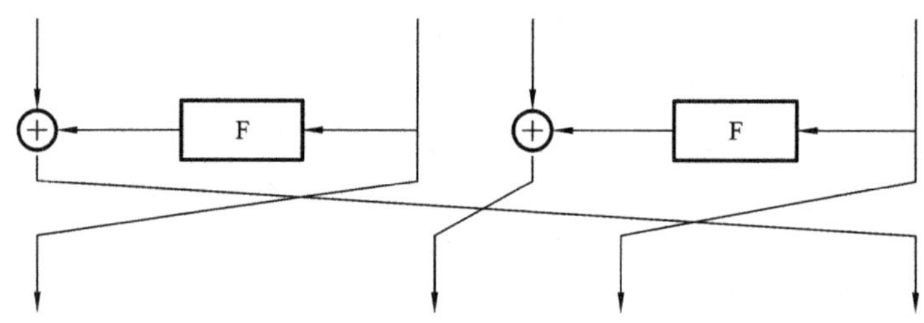


**图 1-5　广义 Feistel 结构**

此结构的特点是每一轮变换都有两个子块分别进入两个轮函数,这两个轮函数可以相同也可以不同,相同时实现代价低,加/解密过程可逆;不同时实现代价高,但安全性比较高。

## 1.5.2　轻量级分组密码的特点

硬件实现是轻量级分组密码算法一般优先考虑的因素,软件实现考虑得较少;算法实现所需的物理资源是算法设计时就必须考虑的,如芯片大小、能量消耗的平均值和峰值等,一般需要做到在安全强度与资源占用方面加以折中。正因如此,大部分轻量级分组密码算法的分组长度相对较短(64 位),密钥长度适中(80 位),密钥扩展算法简单,迭代轮数较多。近几年出现的典型轻量级分组密码一般具有以下特征。

(1) 算法整体结构主要还是采用 Feistel 结构和 SPN 结构,但在细节上有所改变。对 Feistel 结构和 SPN 结构的安全性研究在密码学界较为成熟,所以密码算法的设计一般优先考虑这两种结构,但要考虑到硬件实现在具体应用时会有所不同。例如,LBlock 算法的结构整体采用了 Feistel 结构,但把 Feistel 结构中直接输出的那一支数据进行循环移位后再输出。其原因是,尽管 LBlock 算法的轮函数为 SPN 结构,但 P 置换为字节置换,因此,循环移位和 P 置换一起可以起到更好的扩散作用。虽然加入这个循环移位后解密算法与加密算法不一致，但仍十分相似，且额外的硬件代价很小；TWIS 算法整体采用了四分支的广义 Feistel 结构，但在轮函数的设计上与 LBlock 算法采用的策略类似，其扩散性仍由循环移位和字节置换的复合来实现；PRINCE 算法整体采用了 SPN 结构，但为了使得算法加解密类似，设计者精心设计了算法的轮函数，引进了 $\alpha$ 反射特性的概念，只要将加密密钥 K 换成 $K\oplus\alpha$ 即可保证加解密流程一致。

(2) 算法的混淆层(非线性组件)采用的是规模更小的 S 盒。轻量级分组密码算法不再采用 8×8 的 S 盒，采用的是规模为 4×4 的 S 盒，如 PRESENT 算法和 LBlock 算法。也有的算法采用 3×3 的 S 盒，如 PRINTCIPHER 算法，采用如此小规模的 S 盒主要的原因是这样的 S 盒的实现代价相对小。在传统密码算法 S 盒的选取标准中，往往会避免 S 盒不动点的存在，但在轻量级分组密码的设计中，这条标准已被弱化，如 PRESENT 算法的 S 盒没有不动点，但 PRINTCIPHER 算法的 S 盒具有两个不动点；另外，SIMON 算法没有采用 S 盒，其非线性变换通过模加、异或和循环移位的混合运算来实现。从单轮上讲，采用新的非线性设计理念较传统算法如 AES 的非线性略有下降，但是同时很大程度上也降低了实现代价。

(3) 算法的扩散层(线性组件)通常包括比特置换、字节置换和异或等简单运算。如 PRESENT 算法和 PRINTCIPHER 算法的扩散效果是采用了比特层面上的置换来实现的；LBlock 算法的扩散效果是采用了字节置换和循环移位来实现的；PRINCE 算法采用了和 AES 算法类似的 SPN 网络结构，但扩散层引进了二元矩阵使其达到较好的扩散效果和实现性能。部分算法如 LED 算法和 KLEIN 算法的扩散层采用了有限域上的矩阵乘法，但是具体参数的选取都考虑了算法的实现性能，如 LED 算法的线性扩散层可通过迭代类似线性反馈移位寄存器的方式来实现。

(4) 算法的密钥扩展方案相对简单，部分算法甚至直接采用种子密钥作为轮密钥。如 PRESENT 算法和 LBlock 算法，连续两轮甚至更多轮的轮密钥之间有很多比特是相同的；Piccolo 算法的轮密钥则通过置换种子密钥后再异或常数得到；PRINCE 算法的种子密钥分为两部分，其中一部分经过一个线性扩展后用于白化明文和密文，另一部分密钥直接用作轮密钥；PRINTCIPHER 算法和 LED 算法没有密钥扩展算法，直接将种子密钥用作轮密钥。尽管相关密钥攻击可能会从理论上对算法构成安全威胁，但在实际使用时，密钥一般通过硬件方式固定，从而否定了这些攻击的实施可能。

### 1.5.3　轻量级密码实现性能

密码算法在实现时所采用的硬件实现或软件实现所需资源和运行效率称为密码算法的实现性能。对密码算法来说，不仅要保障算法的安全强度，还要尽力追求实现时所占用的资源较少且运行效率较高。轻量级密码最关键的是应用在资源受限环境中，因此密码算法软硬件实现性能的好坏对资源受限的环境显得尤为重要。对密码算法具体实现时的性能评估是轻量级密码实现性能研究的主要内容，主要包括分析密码算法硬件或软件实现时所需资源和运行效率，通过性能评估主要是为算法在资源受限环境中使用时可以提供必要的参考。至今国内外研究者都热衷于轻量级密码算法的硬件实现性能，关于软件实现的研究相对较少。

对于硬件实现而言，FPGA(field programmable gate array)与专用集成电路 ASIC(application specific integrated circuit)是密码算法硬件实现的主要载体。其实，假设应用环境中的目标平台能够支持密码算法采用软件实现，这样做有其优点，其一相对于硬件实现更加节约成本，其二会使算法的实现与维护变得更加灵活。就密码算法在资源受限设备上的应用而言，当然希望轻量级密码算法的实现成本越低越好。轻量级密码算法是否能够低成本的实现与目标平台密切相关,其原因是即使使用的是一类相似设备,是否含有硬件乘法器等组件对不同算法的性能也有强烈的影响。因此,对于某种密码到底在哪种设备上实现时可以达到低成本常常是很难抉择的。

对于软件实现而言,其实现性能评估指标包括代码所占用的 Flash ROM 和 SRAM、加密和解密所需的时钟周期数和吞吐率。对密码设备的 Flash ROM 而言,其主要用于存储程序代码和查找表,Flash ROM 一般较大,ATmega16 的 Flash ROM 为 16 KB。SRAM 主要用在程序运行期间被动态访问并存储中间数据,SRAM 一般较小,ATmega16 的 SRAM 只有 1 KB。可以将轻量级密码按照实现时所需的软件或硬件资源分为三类,具体分类如表 1-2 所示。密码算法实现性能评估很重要的一个评估指标就是算法执行一次加密和解密运算所需的时钟周期数,原因是时钟周期数与算法执行加解密运算时的功耗密切相关,并且吞吐率的计算依据就是时钟周期数和密码算法的分组长度。另外,密码算法在资源消耗方面的性能主要是由 ROM、RAM 反映的,而密码算法在运行效率方面的性能主要是由时钟周期数和吞吐率反映的,那么为了解密码算法的整体实现性能,就需要一个综合指标来衡量。Manifavas C, Hatzivasilis G 等人提出了一种综合评估密码算法软件实现性能的衡量指标 CM(combined metric),CM 的算式为

$$\text{CM}=(\text{code size} * \text{encryption cycle count})/\text{block size} \tag{1-4}$$

CM 用来衡量密码算法软件实现的性能。

**表 1-2 轻量级密码按实现所需资源分类表**

| 类别 | 硬件实现 | 软件实现 | |
|---|---|---|---|
| | 等效门数/GE | ROM/B | RAM/B |
| 超轻量级实现 | 1000 以内 | 4096 | 256 |
| 低成本实现 | 1000～2000 | 4096 | 8192 |
| 轻量级实现 | 2000～3000 | 32768 | 8192 |

对密码算法的软件实现性能的评估或者密码之间性能的比较可以从以下三个方面着手:其一是通过评估密码算法软件实现对 Flash ROM 和 SRAM 的需求,来考察算法实现的轻量级程度;其二是通过密码算法执行时所需的时钟周期数,可以比较算法的运行效率;其三是要比较算法软件实现的整体性能,这可以通过评估算法的综合性能指标来实现。

Eisenbarth T,Kumar S 等人和 Manifavas C,Hatzivasilis G 等人对部分轻量级密码算法的软硬件的实现情况做了调查研究。对于面向硬件实现的超轻量级分组密码算法 PRESENT 来说,密钥长度为 80 位的 PRESENT-80 在 0.18 μm 工艺以及数据通路(每个时钟周期处理的数据宽度)为 4 bit 的硬件实现,所消耗的资源为 1075 GE。KLEIN 是面向软件的轻量级分组密码,不过在硬件实现时也很有优势,同样采用 0.18 μm 工艺及 4 bit 的数据通路,KLEIN-80 的硬件实现资源消耗为 1478 GE。轻量级密码软件实现的硬件平台主要是 8 位或 16 位的微控制器。Rinne S,Eisenbarth T 等人和 Eisenbarth T,Gong Z 等人对基于 ATMEL 公司 8 位 AVR 系列微控制器实现的多种轻量级密码算法的软件实现性能进行了评估和比较。然而,目前国际上对于轻量级密码算法实现性能的评估还没有统一的评估标准和完整的评测体系,未来这方面研究对于促进轻量级密码的应用很有必要。

代码大小指的是密码算法的加密和解密在完整实现时 Flash ROM 的占用量。表 1-3 给出 KLEIN-80、ITUbee、PRESENT-80、AES 这 4 种密码算法的代码大小(code size),单位是字节,同时也给出了 4 种算法的代码大小占 ATMmega16 全部 Flash ROM 的百分比,通过这个指标可以了解这 4 种算法软件实现时对设备程序存储空间的消耗程度。从表 1-3 可以发现,KLEIN-80、ITUbee、PRESENT-80 和 AES 这 4 种密码算法在进行软件实现时,其代码大小所占 ATmega16 微控制器的 Flash ROM 的百分比都在 15%左右;ITUbee 的代码最小,其原因是 ITUbee 算法的 Feistel 结构导致加密与解密的大部分代码一致,并且没有密钥扩展算法。由于 PRESENT-80 算法的置换层采用了位置换操作,导致了 PRESENT-80 算法的代码最大。KLEIN-80 与 AES 的代码大小很接近,主要原因是 KLEIN-80 的设计与 AES 的类似,尽管 KLEIN-80 的分组长度只有 AES 的一半,但是 KLEIN-80 具有 16 轮的迭代轮数,并且密钥扩展采用了较为复杂的 Feistel 结构。

**表 1-3　算法软件实现的代码大小**

| 算法名称 | 代码大小/B | 占用系统 ROM 百分比/(%) |
|---|---|---|
| KLEIN-80 | 2204 | 13.5 |
| IUTbee | 1816 | 11.1 |
| PRESENT-80 | 2737 | 16.7 |
| AES | 2350 | 14.3 |

KLEIN-80、ITUbee、PRESENT-80、AES 这 4 种密码算法的 SRAM 占用量(SRAM usage)和占 ATmega16 全部 SRAM 的百分比如表 1-4 所示。从表 1-4 可以发现,KLEIN-80、ITUbee 和 PRESENT-80 的 SRAM 消耗所占 ATmega16 微控制器的 SRAM 总量的比例均不超过 2%,而 AES 的 SRAM 消耗大约占 ATmega16 微控制器的 SRAM 总量的 5%。从表 1-4 也可以看出,这 4 种密码算法的软件实现都属于超轻量级实现。若只考虑存储资源消耗,则这 4 种密码算法均可用于资源极其受限的环境。对于一般的 8 位微控制器,其 SRAM 的总量与 Flash ROM 的总量相比较,SRAM 的总量少得多,如对 ATmega16 微控制器来说,其 SRAM 为 1 KB,Flash ROM 为 16 KB。在实际应用中,SRAM 的占用对于密码算法的选择更为重要。

**表 1-4　算法软件实现的 SRAM 占用量**

| 算法名称 | SRAM/B | 占用系统 SRAM 百分比/(%) |
|---|---|---|
| KLEIN-80 | 18 | 1.8 |
| IUTbee | 20 | 1.9 |
| PRESENT-80 | 18 | 1.8 |
| AES | 51 | 4.9 |

KLEIN-80、ITUbee、PRESENT-80、AES 这 4 种密码算法各自执行加密和解密时所需的时钟周期数由表 1-5 给出。从表 1-5 可以发现,这 4 种密码算法中,加密或解密一个分组所需时钟周期最少的是 KLEIN-80,其次是 AES,而加密或解密一个分组所需时钟周期最多的是 PRESENT-80,ITUbee 由于其采用的 Feistel 结构使得加密或解密一个分组所需的时钟周期数几乎相等。

表 1-5　算法执行加密/解密的时钟周期数

| 算 法 名 称 | 加密(cycles/block) | 解密(cycles/block) |
|---|---|---|
| KLEIN-80 | 6532 | 12035 |
| IUTbee | 23051 | 22974 |
| PRESENT-80 | 83657 | 1006874 |
| AES | 10151 | 13502 |

KLEIN-80、ITUbee、PRESENT-80、AES 这 4 种密码算法在加密和解密时的吞吐率如表 1-6 所示。从表 1-6 可以发现，PRSENT-80 加密与解密时的吞吐率远远低于 KLEIN-80、ITUbee 和 AES，AES 加密或解密时的吞吐率相比 KLEIN-80 的要高，其主要原因是 KLEIN-80 分组长度是 AES 分组长度的一半。ITUbee 加密和解密时的吞吐率几乎相等，其吞吐率虽然比 KLEIN-80 和 AES 的低，但也是 PRESENT 加密和解密时吞吐率的近 5 倍。由此可见，面向软件实现的轻量级分组密码 KLEIN-80 和 ITUbee 的软件实现性能都远远优于面向硬件实现的轻量级分组密码 PRESENT-80，而二者中 KLEIN-80 的运行效率更高，接近具有良好软件实现性能的 AES 算法。

表 1-6　算法执行加密/解密的吞吐率

| 算 法 名 称 | 加密的吞吐率(Kb/s)(4 MHz) | 解密的吞吐率(Kb/s)(4 MHz) |
|---|---|---|
| KLEIN-80 | 39.19 | 21.27 |
| IUTbee | 13.88 | 13.93 |
| PRESENT-80 | 3.06 | 2.54 |
| AES | 50.43 | 37.92 |

注:4 MHz 表示 ATmega16 实验平台测试数据时的平台的工作频率。

KLEIN-80、ITUbee 、PRESENT-80 和 AES 这 4 种密码算法中，虽然轻量级分组密码算法 KLEIN-80、ITUbee 和 PRESENT-80 的密钥长度均为 80 位，但面向软件实现的设计使得 KLEIN-80 和 ITUbee 的软件实现性能在各方面均远远优于面向硬件实现而设计的 PRESENT-80。还有 AES 在加密和解密时的吞吐率优于 KLEIN-80 和 ITUbee，但 KLEIN-80 和 ITUbee 软件实现时的代码大小和 SRAM 占用都优于 AES，这正是 KLEIN-80 和 ITUbee 适用于资源受限环境的优势。

### 1.5.4　轻量级分组密码的安全性分析

密码分析中的 Kerckhoffs 假设是指密码分析者知道除了密钥以外密码算法的所有设计细节，从该假设可以看出，密钥的保密是密码算法的安全保障，而不是算法本身的保密。对分组密码算法的安全性分析，主要有三个方面的内容，即基于数学方法研究算法的安全性、研究算法在物理实现时的安全性以及研究算法在不同使用模式下的安全性。

基于数学方法的攻击可以根据攻击类型进一步分为区分攻击和密钥恢复攻击。如何将密码算法与随机置换区分开是区分攻击研究的内容。就某个加密算法而言，满足一些特定条件的明文输入已经被选定，若与其对应的密文存在某种特殊的规律，则称找到此算法一个有效的区分器，即可以与随机置换区分开。如何获得密钥信息是密钥恢复攻击研究的内容。对于迭代分组密码，密码分析者一般先要找到较低轮的有效区分器，然后猜测高轮密钥并进行部分解密，若解密后的中间值不满足区分器要求，则认为该猜测值是错误密钥而将其淘汰；若中间值满足区分器要求，则认为此猜测值可能为正确密钥。

衡量不同分析方法优劣的主要指标有时间复杂度、数据复杂度和存储复杂度。数据复杂度是指完成攻击所需的数据总量；时间复杂度是指为恢复密钥而对采集的数据进行分析和处理的总时间；存储复杂度指的是攻击所需存储空间的大小。

在对密码算法进行安全性分析时，除了穷尽密钥搜索、字典攻击、查表攻击、时间-空间权衡攻击等通用的攻击方法之外，更希望根据密码算法本身的特点提出对应的攻击方法，以更加精确地评估算法的安全强度。目前常用的分组密码分析方法很多，主要包括：① 差分类扩展攻击，如多重差分攻击[17]、不可能差分攻击[18]等；② 线性类扩展攻击，如多重线性攻击[19]、多维线性攻击[20]等；③ 基于代数方法的攻击，如插值攻击[21]、代数攻击[22]等；详细内容会在后面章节介绍。

# 习　题　1

一、选择题

1. 下列轻量级分组密码中，其设计结构采用的 SPN 结构的是(　　)。

A. HIGHT　　B. PRESENT　　C. Piccolo　　D. Lblock

2. 轻量级分组密码算法通常包括(　　)。

A. 加密算法和解密算法　　B. 加密算法和密钥扩展

C. 加密算法、解密算法和密钥扩展　　D. 以上都不是

3. 轻量级分组密码 Magpie 的密码结构是(　　)。

A. Feistel 结构　　B. SPN 结构

C. 广义 Feistel 结构　　D. 非平衡型 Feistel 结构

二、填空题

1. 分组密码是最成熟的密码分支之一，具有______、______和便于软硬件实现等特点。

2. SPN 结构的轮变换分为两层，第一层是______，是由密钥控制的非线性变换，通常由 S 盒实现。第二层是______，通常由与密钥无关的可逆性变换实现。

3. 常用的 4 种迭代设计轻量级分组密码的方法有 SPN 结构、______、______、______。

三、简答题

1. 什么是轻量级分组密码？

2. 什么是 SPN 结构？

3. 什么是 Feistel 密码结构？

4. 请简述轻量级分组密码的特点。

5. 评价一个轻量级分组密码的好坏的标准是什么？

# 第 2 章　典型(轻量级)分组密码算法

## 2.1　数据加密标准 DES

DES 算法属于密码体制中的对称密码体制，又称为美国数据加密标准，是 1972 年美国 IBM 公司研制的对称密码体制加密算法。该算法采用的是 Feistel 结构，分组长度为 64 位，密钥长度为 56 位，迭代轮数为 16 轮。

### 2.1.1　DES 的加密算法

DES 加密算法将 64 位的明文输入变为 64 位的密文输出，其加密过程如图 2-1 所示。其加密步骤如下。

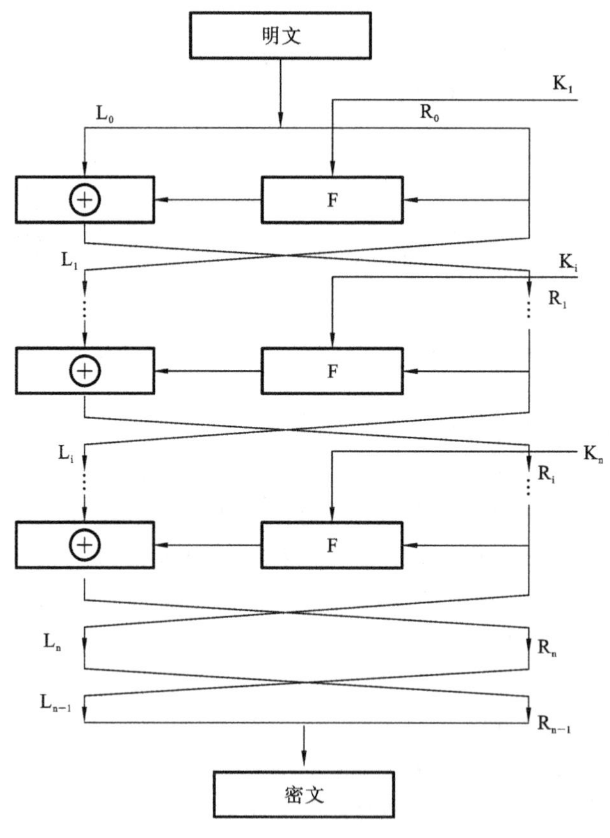


**图 2-1**　DES 加密过程

(1) 将 64 位明文数据 x 首先进行初始变换 IP，将得到结果记为 $x_0$，表 2-1 给出了初始置换 IP 表。然后将 $x_0$ 分为左半部分 $L_0$ 和右半部分 $R_0$ 各 32 位，即

$$x_0 = IP(x) = L_0 R_0$$

**表 2-1　初始置换 IP**

| | | | | | | | |
|---|---|---|---|---|---|---|---|
| 58 | 50 | 42 | 34 | 26 | 18 | 10 | 2 |
| 60 | 52 | 44 | 36 | 28 | 20 | 12 | 4 |
| 62 | 54 | 46 | 38 | 30 | 22 | 14 | 6 |
| 64 | 56 | 48 | 40 | 32 | 24 | 16 | 8 |
| 57 | 49 | 41 | 33 | 25 | 17 | 9 | 1 |
| 59 | 51 | 43 | 35 | 27 | 19 | 11 | 3 |
| 61 | 53 | 45 | 37 | 29 | 21 | 13 | 5 |
| 63 | 55 | 47 | 39 | 31 | 23 | 15 | 7 |

(2) 然后根据以下规则进行相同 16 轮运算，但第 16 轮不进行左右互换。

$$\begin{cases} L_i = R_{i-1} \\ R_i = L_{i-1} \oplus F(R_{i-1}, K_i) \end{cases}, \quad 1 \leqslant i \leqslant 16 \tag{2-1}$$

F 函数是 DES 算法的核心，F 函数有两个输入：一个是输入右半部分的 32 位数据 R，另一个是由初始密钥生成算法产生的 48 位子密钥 K。设 $R = a_1 a_2 \cdots a_{32}$，$K = k_1 k_2 \cdots k_{48}$，则

$$F(R, K) = P(S(E(R) \oplus K)) \tag{2-2}$$

式(2-2)涉及如下三种运算。

(1) E 扩展运算。

E 扩展运算是扩位运算，其作用是将输入的 32 位数据扩展为 48 位。扩展方法是首先将 32 位数据分成 8 个 4 位块，然后将每个 4 位块扩展成 6 位块。具体地说，就是将每个 4 位块的左相邻位和右相邻位放到该 4 位块的左侧和右侧，从而得到 6 位块。E 扩展运算如表 2-2 所示，中间四列是原始数据位，最左侧和最右侧是扩展位。

**表 2-2　E 扩展运算**

| | | | | | |
|---|---|---|---|---|---|
| 32 | 1 | 2 | 3 | 4 | 5 |
| 4 | 5 | 6 | 7 | 8 | 9 |
| 8 | 9 | 10 | 11 | 12 | 13 |
| 12 | 13 | 14 | 15 | 16 | 17 |
| 16 | 17 | 18 | 19 | 20 | 21 |
| 20 | 21 | 22 | 23 | 24 | 25 |
| 24 | 25 | 26 | 27 | 28 | 29 |
| 28 | 29 | 30 | 31 | 32 | 1 |

(2) S 盒变换。

S 盒的主要作用是将 48 位输入转化为 32 位的输出数据，共有 8 个 S 盒，每个 S 盒都是将 6 位输入转化为 4 位输出。具体的操作是首先将 E 盒扩展后的 48 位数据与子密钥 K 按位异或，然后将得到的 48 位数据从左到右分成 8 个 6 位，分别作为 8 个 S 盒的输入，对于每个 S 盒，将 6 位输入的左右两位对应的十进制数作为相应的行，中间四位对应的十进制数作为相应的列，然后在每个 S 盒各自的变换表中查找相应的十进制数，最后将其转化为相应的 4 位二进制数即为 S 盒的输出。具体的 8 个 S 盒如表 2-3 所示。

**表 2-3　S 盒**

| | | 0 | 1 | 2 | 3 | 4 | 5 | 6 | 7 | 8 | 9 | 10 | 11 | 12 | 13 | 14 | 15 |
|---|---|---|---|---|---|---|---|---|---|---|---|---|---|---|---|---|---|
| $S_1$ | 0 | 14 | 4 | 13 | 1 | 2 | 15 | 11 | 8 | 3 | 10 | 6 | 12 | 5 | 9 | 0 | 7 |
| | 1 | 0 | 15 | 7 | 4 | 14 | 2 | 13 | 1 | 10 | 6 | 12 | 11 | 9 | 5 | 3 | 8 |
| | 2 | 4 | 1 | 14 | 8 | 13 | 6 | 2 | 11 | 15 | 12 | 9 | 7 | 3 | 10 | 5 | 0 |
| | 3 | 15 | 12 | 8 | 2 | 4 | 9 | 1 | 7 | 5 | 11 | 3 | 14 | 10 | 0 | 6 | 13 |
| $S_2$ | 0 | 15 | 1 | 8 | 14 | 6 | 11 | 3 | 4 | 9 | 7 | 2 | 13 | 12 | 0 | 5 | 10 |
| | 1 | 3 | 13 | 4 | 7 | 15 | 2 | 8 | 14 | 12 | 0 | 1 | 10 | 6 | 9 | 11 | 5 |
| | 2 | 0 | 14 | 7 | 11 | 10 | 4 | 13 | 1 | 5 | 8 | 12 | 6 | 9 | 3 | 2 | 15 |
| | 3 | 13 | 8 | 10 | 1 | 3 | 15 | 4 | 2 | 11 | 6 | 7 | 12 | 0 | 5 | 14 | 9 |
| $S_3$ | 0 | 10 | 0 | 9 | 14 | 6 | 3 | 15 | 5 | 1 | 13 | 12 | 7 | 11 | 4 | 2 | 8 |
| | 1 | 13 | 7 | 0 | 9 | 3 | 4 | 6 | 10 | 2 | 8 | 5 | 14 | 12 | 11 | 15 | 1 |
| | 2 | 13 | 6 | 4 | 9 | 8 | 15 | 3 | 0 | 11 | 1 | 2 | 12 | 5 | 10 | 14 | 7 |
| | 3 | 1 | 10 | 13 | 0 | 6 | 9 | 8 | 7 | 4 | 15 | 14 | 3 | 11 | 5 | 2 | 12 |
| $S_4$ | 0 | 7 | 13 | 14 | 3 | 0 | 6 | 9 | 10 | 1 | 2 | 8 | 5 | 11 | 12 | 4 | 15 |
| | 1 | 13 | 8 | 11 | 5 | 6 | 15 | 0 | 3 | 4 | 7 | 2 | 12 | 1 | 10 | 14 | 9 |
| | 2 | 10 | 6 | 9 | 0 | 12 | 11 | 7 | 13 | 15 | 1 | 3 | 14 | 5 | 2 | 8 | 4 |
| | 3 | 3 | 15 | 0 | 6 | 10 | 1 | 13 | 8 | 9 | 4 | 5 | 11 | 12 | 7 | 2 | 14 |
| $S_5$ | 0 | 2 | 12 | 4 | 1 | 7 | 10 | 11 | 6 | 8 | 5 | 3 | 15 | 13 | 0 | 14 | 9 |
| | 1 | 14 | 11 | 2 | 12 | 4 | 7 | 13 | 1 | 5 | 0 | 15 | 10 | 3 | 9 | 8 | 6 |
| | 2 | 4 | 2 | 1 | 11 | 10 | 13 | 7 | 8 | 15 | 9 | 12 | 5 | 6 | 3 | 0 | 14 |
| | 3 | 11 | 8 | 12 | 7 | 1 | 14 | 2 | 13 | 6 | 15 | 0 | 9 | 10 | 4 | 5 | 3 |
| $S_6$ | 0 | 12 | 1 | 10 | 15 | 9 | 2 | 6 | 8 | 0 | 13 | 3 | 4 | 14 | 7 | 5 | 11 |
| | 1 | 10 | 15 | 4 | 2 | 7 | 12 | 9 | 5 | 6 | 1 | 13 | 14 | 0 | 11 | 3 | 8 |
| | 2 | 9 | 14 | 15 | 5 | 2 | 8 | 12 | 3 | 7 | 0 | 4 | 10 | 1 | 13 | 11 | 6 |
| | 3 | 4 | 3 | 2 | 12 | 9 | 5 | 15 | 10 | 11 | 14 | 1 | 7 | 6 | 0 | 8 | 13 |
| $S_7$ | 0 | 4 | 11 | 2 | 14 | 15 | 0 | 8 | 13 | 3 | 12 | 9 | 7 | 5 | 10 | 6 | 1 |
| | 1 | 13 | 0 | 11 | 7 | 4 | 9 | 1 | 10 | 14 | 3 | 5 | 12 | 2 | 15 | 8 | 6 |
| | 2 | 1 | 4 | 11 | 13 | 12 | 3 | 7 | 14 | 10 | 15 | 6 | 8 | 0 | 5 | 9 | 2 |
| | 3 | 6 | 11 | 13 | 8 | 1 | 4 | 10 | 7 | 9 | 5 | 0 | 15 | 14 | 2 | 3 | 12 |
| $S_8$ | 0 | 13 | 2 | 8 | 4 | 6 | 15 | 11 | 1 | 10 | 9 | 3 | 14 | 5 | 0 | 12 | 7 |
| | 1 | 1 | 15 | 13 | 8 | 10 | 3 | 7 | 4 | 12 | 5 | 6 | 11 | 0 | 14 | 9 | 2 |
| | 2 | 7 | 11 | 4 | 1 | 9 | 12 | 14 | 2 | 0 | 6 | 10 | 13 | 15 | 3 | 5 | 8 |
| | 3 | 2 | 1 | 14 | 7 | 4 | 10 | 8 | 13 | 15 | 12 | 9 | 0 | 3 | 5 | 6 | 11 |

(3) P 盒置换。

P 盒置换是将 S 盒输出的 32 位数据移位变换后作为 F 函数的最终结果输出。置换函数 P 由表 2-4 中的表格定义。

**表 2-4　置换函数 P**

| | | | | | | | | | | | | | | | |
|---|---|---|---|---|---|---|---|---|---|---|---|---|---|---|---|
| 16 | 7 | 20 | 21 | 29 | 12 | 28 | 17 | 1 | 15 | 23 | 26 | 5 | 18 | 31 | 10 |
| 2 | 8 | 24 | 14 | 32 | 27 | 3 | 9 | 19 | 13 | 30 | 6 | 22 | 11 | 4 | 25 |

## 2.1.2　DES 的密钥扩展算法

DES 的每一轮都使用不同的、从初始密钥 K 导出的 48 位子密钥。密钥是一个 64 位的分组，但其中的 8 位用于奇偶校验，所以密钥有效位只有 56 位。子密钥的生成过程如下。

(1) 给定一个 64 位的密钥 K，删掉 8 个校验位，并利用一个固定的置换 PC-1 置换(见表 2-5)剩下的 56 位，即 PC-1(K)$=C_0D_0$，这里$C_0$是用 PC-1(K)置换的前 28 位，$D_0$是后 28 位。

**表 2-5　置换选择 PC-1**

| | | | | | | |
|---|---|---|---|---|---|---|
| 57 | 49 | 41 | 33 | 25 | 17 | 9 |
| 1 | 58 | 50 | 42 | 34 | 26 | 18 |
| 10 | 2 | 59 | 51 | 43 | 35 | 27 |
| 19 | 11 | 3 | 60 | 52 | 44 | 36 |
| 63 | 55 | 47 | 39 | 31 | 23 | 15 |
| 7 | 62 | 54 | 46 | 38 | 30 | 22 |
| 14 | 6 | 61 | 53 | 45 | 37 | 29 |
| 21 | 13 | 5 | 28 | 20 | 12 | 4 |

(2) 对每一个 i，$1\leqslant i\leqslant 16$，计算

$$\begin{cases}C_i=LS_i(C_{i-1})\\D_i=LS_i(D_{i-1})\\K_i=PC\text{-}2(C_iD_i)\end{cases}\tag{2-3}$$

其中，PC-2 是一个固定置换，如表 2-6 所示。

**表 2-6　置换选择 PC-2**

| | | | | | | | |
|---|---|---|---|---|---|---|---|
| 14 | 17 | 11 | 24 | 1 | 5 | 3 | 28 |
| 15 | 6 | 21 | 10 | 23 | 19 | 12 | 4 |
| 26 | 8 | 16 | 7 | 27 | 20 | 13 | 2 |
| 41 | 52 | 31 | 37 | 47 | 55 | 30 | 40 |
| 51 | 45 | 33 | 48 | 44 | 49 | 39 | 56 |
| 34 | 33 | 46 | 42 | 50 | 36 | 29 | 32 |

$LS_i$表示一个或两个位置的左循环移位，$LS_i$的具体取值如表 2-7 所示。

**表 2-7　$LS_i$的取值**

| 轮数(i) | 1 | 2 | 3 | 4 | 5 | 6 | 7 | 8 | 9 | 10 | 11 | 12 | 13 | 14 | 15 | 16 |
|---|---|---|---|---|---|---|---|---|---|---|---|---|---|---|---|---|
| $LS_i$ | 1 | 1 | 2 | 2 | 2 | 2 | 2 | 2 | 1 | 2 | 2 | 2 | 2 | 2 | 2 | 1 |

**【例 2-1】**　下面将明文 M＝0123456789ABCDEF 利用 DES 密码算法来加密，进一步让读者理解 DES 的加密流程。

首先将十六进制的明文 M 转换成对应的二进制(4 位二进制对应 1 位十六进制)明文，则得到一个 64 位的区块：M＝0000 0001 0010 0011 0100 0101 0110 0111 1000 1001 1010 1011 1100 1101 1110 1111，将 64 位的明文 M 分为左右各 32 位，即 L＝0000 0001 0010 0011 0100

0101 0110 0111，R=1000 1001 1010 1011 1100 1101 1110 1111。

DES 使用 56 位的密钥操作这个 64 位的区块。密钥实际上也是储存为 64 位的，但第 8、16、24、32、40、48、56、64 位都没有用上。

第一步：DES 的密钥操作。

取十六进制密钥 K 为：K=133457799BBCDFF1，将密钥 K 转换为二进制，则得到 K=0001 0011 0011 0100 0101 0111 0111 1001 1001 1011 1011 1100 1101 1111 1111 0001，密钥 K 从左到右分别是第 1 位到第 64 位。

然后将 64 位的密钥 K 根据置换表 PC-1 进行变换，这样就得到 56 位的新密钥，K=1111 0000 1100 1100 1010 1010 1111 0101 0101 0110 0110 0111 1000 1111，然后，将这个密钥拆分为左右两部分即 $C_0$ 和 $D_0$，每半边都是 28 位，即

$$C_0=1111\ 0000\ 1100\ 1100\ 1010\ 1010\ 1111$$

$$D_0=0101\ 0101\ 0110\ 0110\ 0111\ 1000\ 1111$$

接下来创建 $C_i$ 和 $D_i$，$1\leqslant i\leqslant 16$。每一对 $C_i$ 和 $D_i$ 都是由前一对 $C_{i-1}$ 和 $D_{i-1}$ 向左移位而来，具体左移位数如表 2-8 所示。

**表 2-8　创建 $C_i$ 和 $D_i$**

| | $C_i$ | $D_i$ |
|---|---|---|
| i=1 | 1110 0001 1001 1001 0101 0101 1111 | 1010 1010 1100 1100 1111 0001 1110 |
| i=2 | 1100 0011 0011 0010 1010 1011 1111 | 0101 0101 1001 1001 1110 0011 1101 |
| i=3 | 0000 1100 1100 1010 1010 1111 1111 | 0101 0110 0110 0111 1000 1111 0101 |
| i=4 | 0011 0011 0010 1010 1011 1111 1100 | 0101 1001 1001 1110 0011 1101 0101 |
| i=5 | 1100 1100 1010 1010 1111 1111 0000 | 0110 0110 0111 1000 1111 0101 0101 |
| i=6 | 0011 0010 1010 1011 1111 1100 0011 | 1001 1001 1110 0011 1101 0101 0101 |
| i=7 | 1100 1010 1010 1111 1111 0000 1100 | 0110 0111 1000 1111 0101 0101 0110 |
| i=8 | 0010 1010 1011 1111 1100 0011 0011 | 1001 1110 0011 1101 0101 0101 1001 |
| i=9 | 0101 0101 0111 1111 1000 0110 0110 | 0011 1100 0111 1010 1010 1011 0011 |
| i=10 | 0101 0101 1111 1110 0001 1001 1001 | 1111 0001 1110 1010 1010 1100 1100 |
| i=11 | 0101 0111 1111 1000 0110 0110 0101 | 1100 0111 1010 1010 1011 0011 0011 |
| i=12 | 0101 1111 1110 0001 1001 1001 0101 | 0001 1110 1010 1010 1100 1100 1111 |
| i=13 | 0111 1111 1000 0110 0110 0101 0101 | 0111 1010 1010 1011 0011 0011 1100 |
| i=14 | 1111 1110 0001 1001 1001 0101 0101 | 1110 1010 1010 1100 1100 1111 0001 |
| i=15 | 1111 1000 0110 0110 0101 0101 0111 | 1010 1010 1011 0011 0011 1100 0111 |
| i=16 | 1111 0000 1100 1100 1010 1010 1111 | 0101 0101 0110 0110 0111 1000 1111 |

然后，还需要按照置换表 PC-2 将变换得到 $C_i$ 和 $D_i$ 转变成新密钥 $K_i$（$1\leqslant i\leqslant 16$），则得到所有轮的 48 位密钥如下：

$$K_1=000110\ 110000\ 001011\ 101111\ 111111\ 000111\ 000001\ 110010$$

$$K_2=011110\ 011010\ 111011\ 011001\ 110110\ 111100\ 100111\ 100101$$

$$K_3=010101\ 011111\ 110010\ 001010\ 010000\ 101100\ 111110\ 011001$$

$$K_4=011100\ 101010\ 110111\ 010110\ 110110\ 110011\ 010100\ 011101$$

$$K_5=011111\ 001110\ 110000\ 000111\ 111010\ 110101\ 001110\ 101000$$

$$K_6=011000\ 111010\ 010100\ 111110\ 010100\ 000111\ 101100\ 101111$$

$K_7$ =111011 001000 010010 110111 111101 100001 100010 111100

$K_8$ =111101 111000 101000 111010 110000 010011 101111 111011

$K_9$ =111000 001101 101111 101011 111011 011110 011110 000001

$K_{10}$ =101100 011111 001101 000111 101110 100100 011001 001111

$K_{11}$ =001000 010101 111111 010011 110111 101101 001110 000110

$K_{12}$ =011101 010111 000111 110101 100101 000110 011111 101001

$K_{13}$ =100101 111100 010111 010001 111110 101011 101001 000001

$K_{14}$ =010111 110100 001110 110111 111100 101110 011100 111010

$K_{15}$ =101111 111001 000110 001101 001111 010011 111100 001010

$K_{16}$ =110010 110011 110110 001011 000011 100001 011111 110101

第二步:DES 明文操作。

对于明文 M,首先计算一个初始变换 IP,IP 是由重新变换数据 M 的每一位产生的。产生过程是由初始置换 IP 表决定,通过 IP 表之后 M 变成 IP=1100 1100 0000 0000 1100 1100 1111 1111 1111 0000 1010 1010 1111 0000 1010 1010,接着将 IP 分为 32 位的左半边$L_0$和 32 位的右半边$R_0$,即$L_0$=1100 1100 0000 0000 1100 1100 1111 1111,$R_0$=1111 0000 1010 1010 1111 0000 1010 1010。

第三步:明文与密钥的 16 轮迭代。

明文与密钥的 16 轮迭代使用函数 F。函数 F 的输入包括一个 32 位的数据区块和一个 48 位的密钥区块$K_n$($1\leqslant n\leqslant 16$),输出一个 32 位的区块。n 从 1 循环到 16,计算:

$$\begin{cases} L_n = R_{n-1} \\ R_n = L_{n-1} \oplus F(R_{n-1}, K_n) \end{cases} \tag{2-4}$$

通过式(2-4)就可以得到最终的区块,也就是 n=16 时的$L_{16}R_{16}$。具体来说,首先拓展每个$R_{n-1}$,将其从 32 位拓展到 48 位,这是通过 E 扩展运算表实现的,得到 E($R_{n-1}$),则 E($R_0$)=011110 100001 010101 010101 011110 100001 010101 010101,接着在函数 F 中,将 E($R_{n-1}$)和密钥$K_n$执行异或运算,得到 $E(R_{n-1})\oplus K_n$,则 $E(R_0)\oplus K_1$=011000 010001 011110 111010 100001 100110 010100 100111。计算到这里并没有完成函数 F 的运算,得到的是 48 位的结果,或者是 8 组 6 比特数据。接下来还要对每组的 6 比特数据执行一些特殊的操作,即 S 盒置换操作。在 S 盒中放着一个 4 比特的数据,利用这个 4 比特数据去替换原来的 6 比特数据,最终结果就是 8 组 4 比特数据(32 位)。将上一步的 48 位的结果写成如下形式:

$$E(R_{n-1})\oplus K_n = B_1B_2B_3B_4B_5B_6B_7B_8$$

然后计算$S_1(B_1)S_2(B_2)S_3(B_3)S_4(B_4)S_5(B_5)S_6(B_6)S_7(B_7)S_8(B_8)$。如果$S_1$是定义在这张表上的函数,B 是一个 6 位的块,则计算 $S_1(B)$的方法是:B 的第一位和最后一位组合起来的二进制数决定一个介于 0 和 3 之间的十进制数,作为行数 i;B 的中间 4 位二进制数代表一个介于 0 到 15 之间的十进制数,作为列数 j,查表找到第 i 行第 j 列的那个数,这是一个介于 0 到 15 之间的数,并且它是能由一个唯一的 4 位区块表示的。这个值就是$S_1(B)$。对于第一轮的 $E(R_0)\oplus K_1$=011000 010001 011110 111010 100001 100110 010100 100111 对应的 8 个 S 盒的输出是$S_1(B_1)S_2(B_2)S_3(B_3)S_4(B_4)S_5(B_5)S_6(B_6)S_7(B_7)S_8(B_8)$=0101 1100 1000 0010 1011 0101 1001 0111;函数 F 的最后一步就是对 S 盒输出的结果进行一个变换,产生

$$F = P(S_1(B_1)S_2(B_2)S_3(B_3)S_4(B_4)S_5(B_5)S_6(B_6)S_7(B_7)S_8(B_8))$$

对于第一轮

$$F = P(S_1(B_1)S_2(B_2)S_3(B_3)S_4(B_4)S_5(B_5)S_6(B_6)S_7(B_7)S_8(B_8))$$
$$= 0010\ 0011\ 0100\ 1010\ 1010\ 1001\ 1011\ 1011$$

则

$$R_1 = L_0 \oplus F(R_0, K_1)$$
$$= 1100\ 1100\ 0000\ 0000\ 1100\ 1100\ 1111\ 1111 \oplus 0010\ 0011\ 0100\ 1010\ 1010\ 1001\ 1011\ 1011$$
$$= 1110\ 1111\ 0100\ 1010\ 0110\ 0101\ 0100\ 0100$$

在下一轮迭代中，$L_2 = R_1$，再计算$R_2 = L_1 \oplus F(R_1, K_2)$，一直完成 16 个迭代。在第 16 个迭代之后，就有了区块$L_{16}$和$R_{16}$。接着逆转两个区块的顺序得到一个 64 位的区块：$R_{16}L_{16}$，然后对其执行一个最终的变换$IP^{-1}$。具体地，$L_{16}$=0100 0011 0100 0010 0011 0010 0011 0100，$R_{16}$=0000 1010 0100 1100 1101 1001 1001 0101。

接着两个区块调换位置，得到$R_{16}L_{16}$= 0000 1010 0100 1100 1101 1001 1001 0101 0100 0011 0100 0010 0011 0010 0011 0100，然后按照$IP^{-1}$表进行变换，$IP^{-1}$=1000 0101 1110 1000 0001 0011 0101 0100 0000 1111 0000 1010 1011 0100 0000 0101，写成十六进制：85E813540F0AB405，这就是明文 M = 0123456789ABCDEF 的加密密文 C = 85E813540F0AB405，至此整个 DES 加密过程结束。

### 2.1.3 DES 的安全性分析

DES 采用算法和密钥分开设计的原则，其安全性依赖于密钥，而与加密算法和解密算法无关。这样做的好处一方面可以公开加解密算法，减少对算法保密所需的花费；另一方面，公开的算法结构更有利于优化和设计标准的组件。在 DES 的加密流程、密钥计算以及加密函数 F 设计中使用了大量置换、移位和重组等操作。同时 DES 还使用了较多的模 2 及异或运算。使用这些变换和运算的目的主要有两方面：一是保证了较快的加解密速度，因为这些运算都易于硬件和软件实现；二是提高了 DES 的抗攻击强度，因为这些变换在一定程度上打乱了明文信息和密钥信息，隐藏了明文的统计特性、混淆了密文和密钥之间的统计关系，从而提高了统计分析的能力。

## 2.2 高级加密标准 AES

DES 数据加密标准的密钥长度较小(56 位)，其安全性逐渐减弱，DES 已经不适应当今分布式开放网络对数据加密安全性的要求了，因此美国国家标准技术研究所(NIST)在 1997 年向全球公开征集新的加密标准来替代 DES，即现在的 AES。AES 得到了全球很多优秀密码学工作者的支持，最终，比利时的 Joan Daemen、Vincent Rijmen 提交的 Rijndael 算法被提议为 AES 的最终算法。AES 作为新的数据加密标准具有强安全性、高性能、高效率等优点。Rijndael 算法提供了五种分组长度，分别是 128 位、160 位、192 位、224 位、256 位，密钥长度也包括这五种。但 AES 选择了分组长度为 128 位，密钥长度为 128、192、256 位的任意一种。

### 2.2.1 AES 的加密算法

AES-128 的加解密轮数为 10，AES 算法的加解密流程如图 2-2 所示。AES 加密算法的轮函数由 4 部分组成，分别为 S 盒变换、行移位变换、列混淆变换和轮密钥加变换。

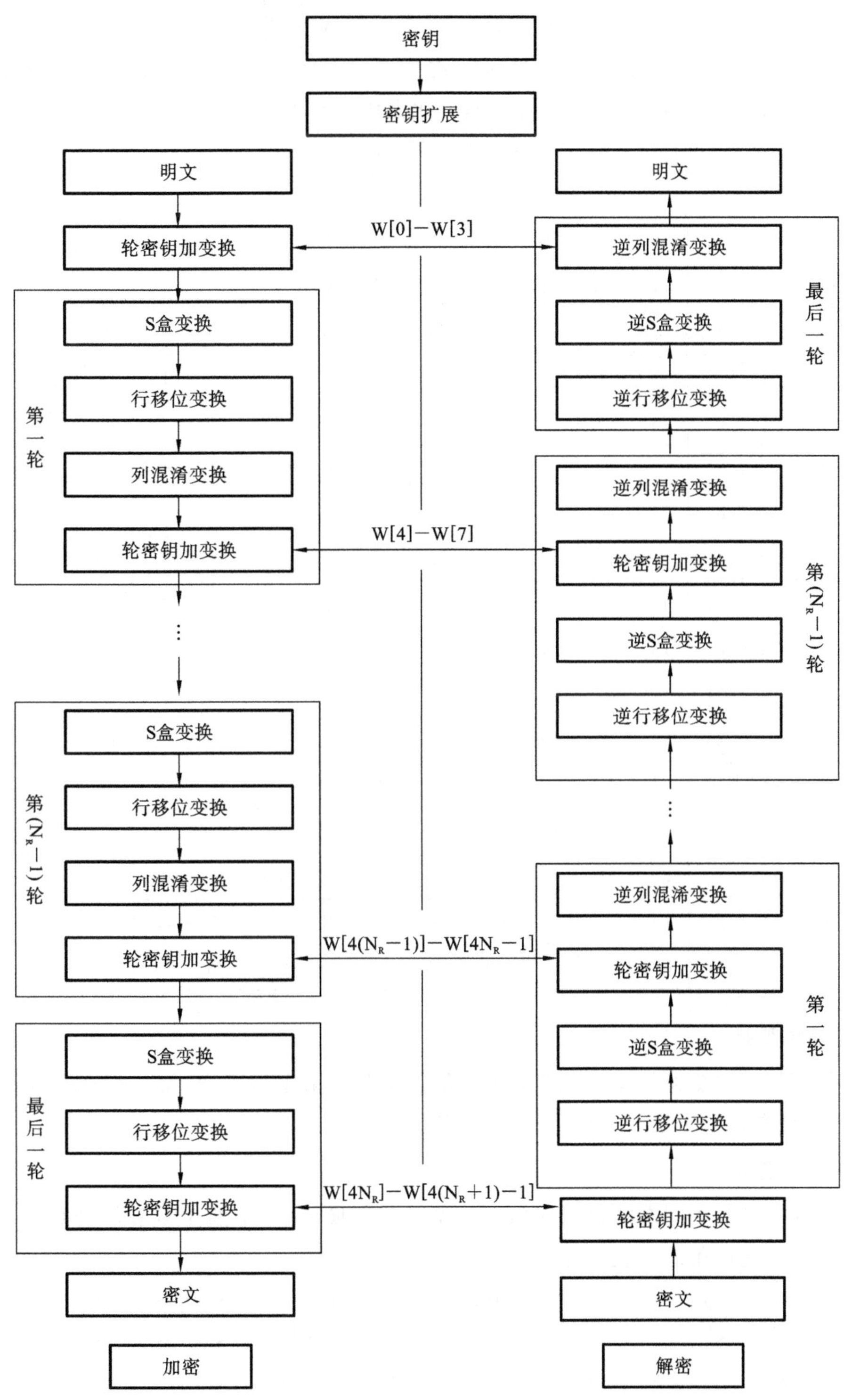


图 2-2　AES 算法的加解密流程

### 1. S 盒变换

S 盒变换是 AES 算法中唯一的非线性置换，将输入 S 盒的字节变换成另一个字节。表 2-9给出 AES 算法的 S 盒。此算法的映射方式是将输入字节的高 4 位作为 S 盒的行值，低 4 位作为 S 盒的列值，然后取出 S 盒中行和列的元素作为输出。

**表 2-9　AES 的 S 盒**

| | | X | | | | | | | | | | | | | | | |
|---|---|---|---|---|---|---|---|---|---|---|---|---|---|---|---|---|---|
| | | 0 | 1 | 2 | 3 | 4 | 5 | 6 | 7 | 8 | 9 | a | b | c | d | e | f |
| | 0 | 63 | 7c | 77 | 7b | f2 | 6b | 6f | c5 | 30 | 01 | 67 | 2b | fe | d7 | ab | 76 |
| | 1 | ca | 82 | c9 | 7d | fa | 59 | 47 | f0 | ad | d4 | a2 | af | 9c | a4 | 72 | c0 |
| | 2 | b7 | fd | 93 | 26 | 36 | 3f | f7 | cc | 34 | a5 | e5 | f1 | 71 | d8 | 31 | 15 |
| | 3 | 04 | c7 | 23 | c3 | 18 | 96 | 05 | 9a | 07 | 12 | 80 | e2 | eb | 27 | b2 | 75 |
| | 4 | 09 | 83 | 2c | 1a | 1b | 6e | 5a | a0 | 52 | 3b | d6 | b3 | 29 | e3 | 2f | 84 |
| | 5 | 53 | d1 | 00 | ed | 20 | fc | b1 | 5b | 6a | cb | be | 39 | 4a | 4c | 58 | cf |
| | 6 | d0 | ef | aa | fb | 43 | 4d | 33 | 85 | 45 | f9 | 02 | 7f | 50 | 3c | 9f | a8 |
| Y | 7 | 51 | a3 | 40 | 8f | 92 | 9d | 38 | f5 | bc | b6 | da | 21 | 10 | Ff | f3 | d2 |
| | 8 | cd | 0c | 13 | ec | 5f | 97 | 44 | 17 | c4 | a7 | 7e | 3d | 64 | 5d | 19 | 73 |
| | 9 | 60 | 81 | 4f | dc | 22 | 2a | 90 | 88 | 46 | ee | b8 | 14 | de | 5e | 0b | db |
| | a | e0 | 32 | 3a | 0a | 49 | 06 | 24 | 5c | c2 | d3 | ac | 62 | 91 | 95 | e4 | 79 |
| | b | e7 | c8 | 37 | 6d | 8d | d5 | 4e | a9 | 6c | 56 | f4 | ea | 65 | 7a | ae | 08 |
| | c | ba | 78 | 25 | 2e | 1c | a6 | b4 | c6 | e8 | dd | 74 | 1f | 4b | bd | 8b | 8a |
| | d | 70 | 3e | b5 | 66 | 48 | 03 | f6 | 0e | 61 | 35 | 57 | b9 | 86 | c1 | 1d | 9e |
| | e | e1 | f8 | 98 | 11 | 69 | d9 | 8e | 94 | 9b | 1e | 87 | e9 | ce | 55 | 28 | df |
| | f | 8c | a1 | 89 | 0d | bf | e6 | 42 | 68 | 41 | 99 | 2d | 0f | b0 | 54 | bb | 16 |

### 2. 行移位变换

行移位变换主要变换的是中间态的行，即中间态的第零行不变，第一行循环左移一个字节，第二行循环左移两个字节，第三行循环左移三个字节。

### 3. 列混淆变换

列混淆变换是对中间态的每一列独立地做矩阵变换，每列中的 4 字节都会被映射为一个新的值。列混淆变换用矩阵表示为

$$\begin{bmatrix} s'_{0,0} & s'_{0,1} & s'_{0,2} & s'_{0,3} \\ s'_{1,0} & s'_{1,1} & s'_{1,2} & s'_{1,3} \\ s'_{2,0} & s'_{2,1} & s'_{2,2} & s'_{2,3} \\ s'_{3,0} & s'_{3,1} & s'_{3,2} & s'_{3,3} \end{bmatrix} = \begin{bmatrix} 02 & 03 & 01 & 01 \\ 01 & 02 & 03 & 01 \\ 01 & 01 & 02 & 03 \\ 03 & 01 & 01 & 02 \end{bmatrix} \begin{bmatrix} s_{0,0} & s_{0,1} & s_{0,2} & s_{0,3} \\ s_{1,0} & s_{1,1} & s_{1,2} & s_{1,3} \\ s_{2,0} & s_{2,1} & s_{2,2} & s_{2,3} \\ s_{3,0} & s_{3,1} & s_{3,2} & s_{3,3} \end{bmatrix} \tag{2-5}$$

### 4. 轮密钥加变换

轮密钥加变换是把 128 位的中间态与 128 位的轮密钥按位进行异或运算，是一个线性

变换。

## 2.2.2　AES 的解密算法

AES 算法的解密过程是加密过程的逆运算,S 盒变换、行移位变换、列混淆变换进行求逆变换,而轮密钥加变换与加密过程的相同。

**1. 逆 S 盒变换**

与 S 盒变换类似,逆 S 盒变换是基于逆 S 盒实现的。

**2. 逆行移位变换**

逆行移位变换是将中间态执行相反方向的行移位变换,即第零行保持不变,第一行循环右移一个字节,第二行循环右移两个字节,第三行循环右移三个字节。

**3. 逆列混淆变换**

逆列混淆变换与列混淆变换类似,每一列做矩阵变换,最后映射为一个新的值。逆列混淆用矩阵表示为

$$\begin{bmatrix} s'_{0,0} & s'_{0,1} & s'_{0,2} & s'_{0,3} \\ s'_{1,0} & s'_{1,1} & s'_{1,2} & s'_{1,3} \\ s'_{2,0} & s'_{2,1} & s'_{2,2} & s'_{2,3} \\ s'_{3,0} & s'_{3,1} & s'_{3,2} & s'_{3,3} \end{bmatrix} = \begin{bmatrix} 0E & 0B & 0D & 09 \\ 09 & 0E & 0B & 0D \\ 0D & 09 & 0E & 0B \\ 0B & 0D & 09 & 0E \end{bmatrix} \begin{bmatrix} s_{0,0} & s_{0,1} & s_{0,2} & s_{0,3} \\ s_{1,0} & s_{1,1} & s_{1,2} & s_{1,3} \\ s_{2,0} & s_{2,1} & s_{2,2} & s_{2,3} \\ s_{3,0} & s_{3,1} & s_{3,2} & s_{3,3} \end{bmatrix} \tag{2-6}$$

其中,

$$\begin{bmatrix} 02 & 03 & 01 & 01 \\ 01 & 02 & 03 & 01 \\ 01 & 01 & 02 & 03 \\ 03 & 01 & 01 & 02 \end{bmatrix}^{-1} = \begin{bmatrix} 0E & 0B & 0D & 09 \\ 09 & 0E & 0B & 0D \\ 0D & 09 & 0E & 0B \\ 0B & 0D & 09 & 0E \end{bmatrix} \tag{2-7}$$

## 2.2.3　AES 的密钥扩展算法

AES 的密钥扩展算法包括两个函数:RotWord 和 SubWord。RotWord$(B_0,B_1,B_2,B_3)$对输入的 4 个字节进行循环左移操作,即

$$\text{RotWord}(B_0,B_1,B_2,B_3)=(B_1,B_2,B_3,B_0) \tag{2-8}$$

SubWord$(B_0,B_1,B_2,B_3)$对输入的 4 个字节分别使用 S 盒的替换操作 SubBytes。Rcon[i]=(RC[i],'00','00','00'),RC[i]的所有可能值如表 2-10 所示。

**表 2-10　RC[i]的取值**

| i | 1 | 2 | 3 | 4 | 5 | 6 | 7 | 8 | 9 | 10 | 11 |
|---|---|---|---|---|---|---|---|---|---|---|---|
| RC[i] | 01 | 02 | 04 | 08 | 20 | 20 | 40 | 80 | 1B | 36 | 6c |

## 2.2.4　AES 的安全性分析

AES 作为一种典型的分组密码具有加密速度快、安全性好、应用范围广等特点。AES 算法的安全性高于 DES 等同类算法,它采用 S 盒作为唯一的非线性原件,结构简单且方便分析安全性,该算法表现出足够的优越性。

## 2.3　轻量级分组密码算法 HIGHT

Hong 等人于 2006 年在 CHES 上提出了一种轻量级分组密码算法即 HIGHT 算法[23]，主要适用于对速度要求不高，但对硬件实现代价严格的资源受限环境。

### 2.3.1　HIGHT 的加密算法

HIGHT 算法的数据分组长度为 64 位，密钥长度为 128 位，迭代轮数为 32 轮。设计时采用了 8-分支的广义 Feistel 结构。HIGHT 加密算法将 64 比特明文 $P=(P_7, P_6, \cdots, P_0)$ 经过初始变换、轮函数和输出变换转换成 64 比特密文 $C=(C_7, C_6, \cdots, C_0)$。具体的加密流程如图 2-3 所示。

(1) 初始变换：在加密过程中，首先对明文 P 进行一个如下的初始变换。

$$X_{0,0}=P_0 \boxplus wk_0,\quad X_{0,1}=P_1,\quad X_{0,2}=P_2 \oplus wk_1,\quad X_{0,3}=P_3$$

$$X_{0,4}=P_4 \boxplus wk_2,\quad X_{0,5}=P_5,\quad X_{0,6}=P_6 \oplus wk_3,\quad X_{0,7}=P_7$$

(2) 轮函数$(i=1,2,\cdots,32)$：

$$X_{i,0}=X_{i-1,7} \oplus (F_0(X_{i-1,6}) \boxplus sk_{4i-1})$$

$$X_{i,1}=X_{i-1,0}$$

$$X_{i,2}=X_{i-1,1} \boxplus (F_1(X_{i-1,0}) \oplus sk_{4i-2})$$

$$X_{i,3}=X_{i-1,2}$$

$$X_{i,4}=X_{i-1,3} \oplus (F_0(X_{i-1,2}) \boxplus sk_{4i-3})$$

$$X_{i,5}=X_{i-1,4}$$

$$X_{i,6}=X_{i-1,5} \boxplus (F_1(X_{i-1,4}) \oplus sk_{4i-4})$$

$$X_{i,7}=X_{i-1,6}$$

其中，函数 $F_0(x)$ 和 $F_1(x)$ 的定义如下：

$$F_0(x)=(x \lll 1) \oplus (x \lll 2) \oplus (x \lll 7)$$

$$F_1(x)=(x \lll 3) \oplus (x \lll 4) \oplus (x \lll 6)$$

(3) 输出变换：

$$C_0=X_{32,1} \boxplus wk_4,\quad C_1=X_{32,2},\quad C_2=X_{32,3} \oplus wk_5,\quad C_3=X_{32,4}$$

$$C_4=X_{32,5} \boxplus wk_6,\quad C_5=X_{32,6},\quad C_6=X_{32,7} \oplus wk_7,\quad C_7=X_{32,0}$$

### 2.3.2　HIGHT 的密钥扩展算法

HIGHT 的密钥扩展算法由两个独立算法组成。第一个算法是由 128 位初始密钥 $MK=(MK_{15}, MK_{14}, \cdots, MK_0)$ 生成白化密钥 $wk_i(0 \leqslant i \leqslant 7)$，第二个算法是由 128 位初始密钥 $MK=(MK_{15}, MK_{14}, \cdots, MK_0)$ 生成轮密钥 $sk_i(0 \leqslant i \leqslant 127)$。生成白化密钥的算法如下：

$$wk_i=MK_{i+12},\quad i=0,1,2,3 \tag{2-9}$$

$$wk_i=MK_{i-4},\quad i=4,5,6,7 \tag{2-10}$$

生成轮密钥的算法如下：

$$sk_{16 \cdot i+j}=MK_{j-1 \bmod 8} \boxplus \delta_{16 \cdot i+j},\quad 0 \leqslant i,j \leqslant 7 \tag{2-11}$$

或

$$sk_{16 \cdot i+j+8}=MK_{(j-1 \bmod 8)+8} \boxplus \delta_{16 \cdot i+j+8},\quad 0 \leqslant i,j \leqslant 7 \tag{2-12}$$

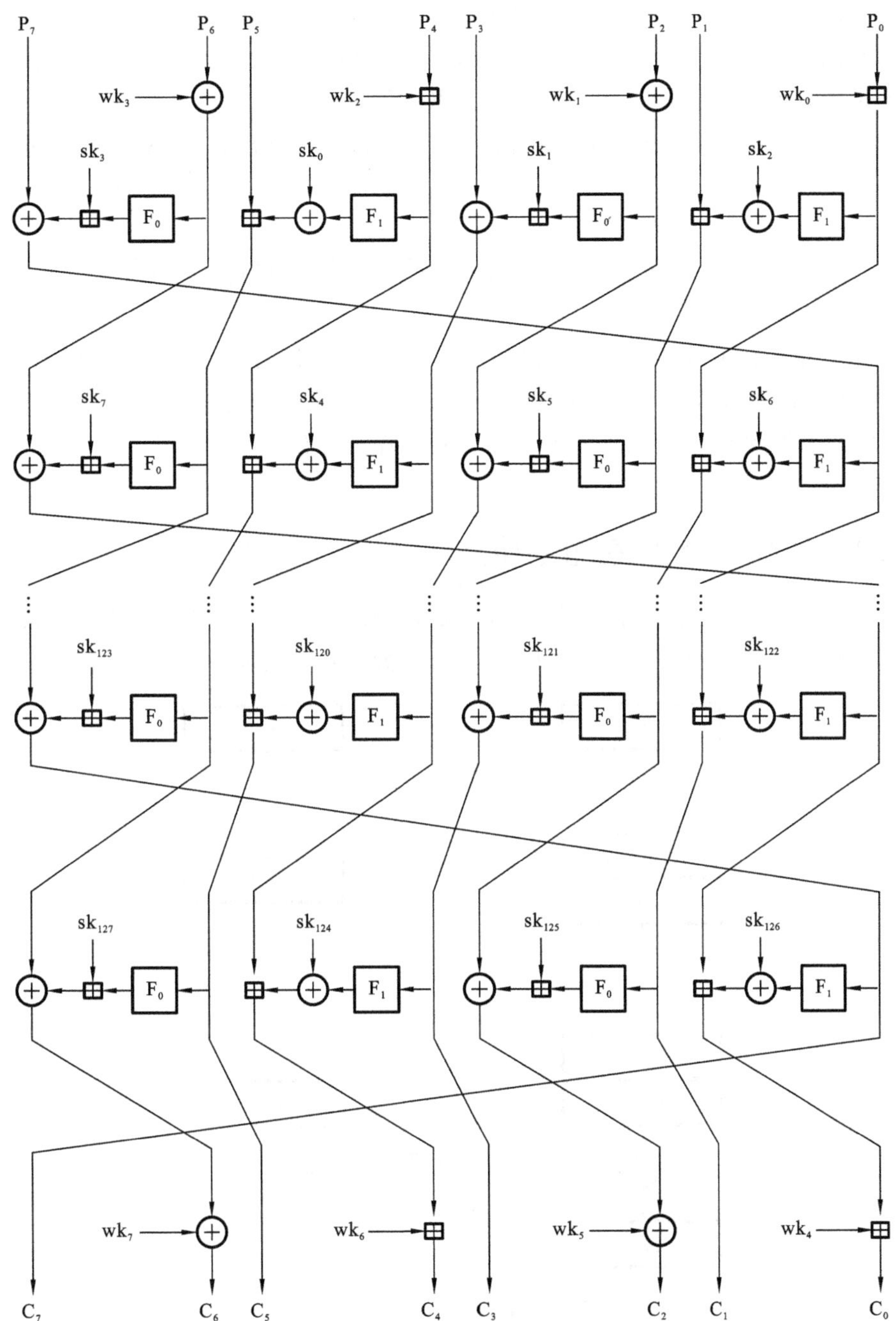


图 2-3　HIGHT 算法加密流程

其中，$\delta_{16\cdot i+j}$和$\delta_{16\cdot i+j+8}$为常数。

## 2.3.3　HIGHT 的安全性分析

HIGHT 提供低资源硬件实现，适用于普遍存在的计算设备。HIGHT 不仅包括简单的超轻操作，还具有足够的安全性，可以作为良好的加密算法。HIGHT 硬件实现在 0.25 μm 技术上需要 3048 个门电路。电路每个时钟周期处理一次加密，因此在 80 MHz 时钟速率下其数据吞吐量约为 150.6 Mb/s。这种性能比最近提出的 AES 的低资源硬件实现快得多。传感器网络系统中的传感器节点的嵌入式 CPU 是面向 8 位的。在面向 8 位的软件实现的情况下，HIGHT 运行速度远比 AES 的快。HIGHT 的密钥调度算法旨在生成所有白化密钥和所有子密钥之后保持主密钥的原始值。由于此属性，子密钥在加密和解密过程中即时生成。

## 2.4 轻量级分组密码算法 PRESENT

Bogdanov 等人在 CHES 2007 上提出了一种超轻量级分组密码：PRESENT 算法[1]。PRESENT 算法采用 SPN 结构，该算法的分组长度为 64 位，密钥长度为 80 位和 128 位，由于 80 位密钥已经能够保证算法的安全性，所以设计者推荐使用 80 位密钥长度，加密轮数为 31 轮。

### 2.4.1 PRESENT 的加密算法

PRESENT 加密算法有 31 轮迭代，其加密过程如图 2-4 所示。PRESENT 加密算法以密钥长度为 80 位的算法为例，每一轮的加密过程可以分为轮密钥加函数、S 盒代换、P 置换。

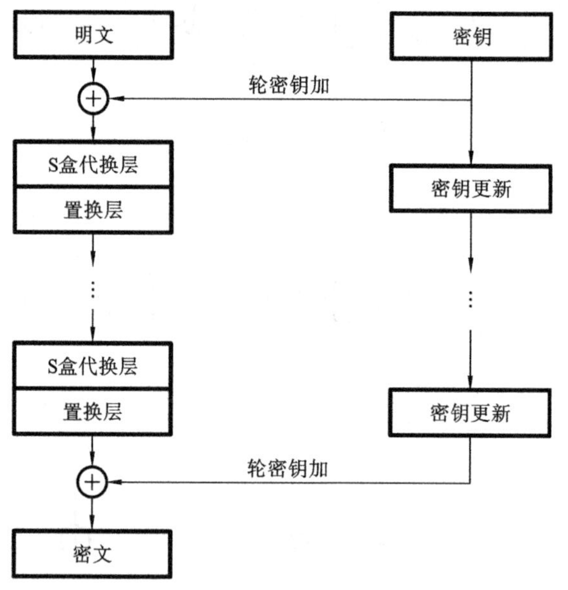


**图 2-4** PRESENT **加密过程**

（1）轮密钥加函数（AddRoundKey）：设轮密钥为 $K_i=k_{63}^i k_{62}^i \cdots k_0^i$，当前状态为 $B=b_{63}b_{62}\cdots b_0$，则轮密钥与当前状态做异或运算，即

$$B=B\oplus K_i \tag{2-13}$$

（2）S 盒代换（sBoxLayer）：PRESENT 利用 4 位输入 4 位输出的 S 盒。S 盒结构如表 2-11所示。对于第一步得到的 64 位的中间结果 $B=b_{63}b_{62}\cdots b_0$ 可表示成 16 个 4 位数 $w_i=b_{4i+3}b_{4i+2}b_{4i+1}b_{4i}$，其中 $0\leqslant i\leqslant 15$，则采用表 2-11 中的 S 盒进行如下变换：

$$w_i=S[w_i],\quad 0\leqslant i\leqslant 15 \tag{2-14}$$

**表 2-11　PRESENT 算法的 S 盒**

| x | 0 | 1 | 2 | 3 | 4 | 5 | 6 | 7 | 8 | 9 | A | B | C | D | E | F |
|---|---|---|---|---|---|---|---|---|---|---|---|---|---|---|---|---|
| S[x] | C | 5 | 6 | B | 9 | 0 | A | D | 3 | E | F | 8 | 4 | 7 | 1 | 2 |

(3) P 置换(pLayer):P 置换对 64 bit 的中间状态进行重排。PRESENT 算法的 P 置换函数为

$$P(i)=\begin{cases} i \cdot 16 \bmod 63, & 0 \leqslant i \leqslant 15 \\ 63, & i=63 \end{cases} \tag{2-15}$$

由此得到的 P 置换表如表 2-12 所示。

**表 2-12　PRESENT 算法的 P 置换表**

| i | 0 | 1 | 2 | 3 | 4 | 5 | 6 | 7 | 8 | 9 | 10 | 11 | 12 | 13 | 14 | 15 |
|---|---|---|---|---|---|---|---|---|---|---|---|---|---|---|---|---|
| P(i) | 0 | 16 | 32 | 48 | 1 | 17 | 33 | 49 | 2 | 18 | 34 | 50 | 3 | 19 | 35 | 51 |
| i | 16 | 17 | 18 | 19 | 20 | 21 | 22 | 23 | 24 | 25 | 26 | 27 | 28 | 29 | 30 | 31 |
| P(i) | 4 | 20 | 36 | 52 | 5 | 21 | 37 | 53 | 6 | 22 | 38 | 54 | 7 | 23 | 39 | 55 |
| i | 32 | 33 | 34 | 35 | 36 | 37 | 38 | 39 | 40 | 41 | 42 | 43 | 44 | 45 | 46 | 47 |
| P(i) | 8 | 24 | 40 | 56 | 9 | 25 | 41 | 57 | 10 | 26 | 42 | 58 | 11 | 27 | 43 | 59 |
| i | 48 | 49 | 50 | 51 | 52 | 53 | 54 | 55 | 56 | 57 | 58 | 59 | 60 | 61 | 62 | 63 |
| P(i) | 12 | 28 | 44 | 60 | 13 | 29 | 45 | 61 | 14 | 30 | 46 | 62 | 15 | 31 | 47 | 63 |

## 2.4.2 PRESENT 的解密算法

PRESENT 分组的加密过程与解密过程对应的不是同一个算法,此算法的解密过程需要对每个加密部件进行取逆运算,同样地也进行 31 轮解密轮函数运算,以及最后的密钥白化过程,具体步骤如下。

(1) 总共 31 轮迭代运算,每轮的解密过程如下:

① 逆轮密钥异或(InvAddRoundKey):反向采用轮密钥进行异或运算。

② 逆 P 置换(InvpLayer):将解密模块中 64 位进行重排,具体如表 2-13 所示。

**表 2-13　PRESENT 算法的逆 P 置换表**

| i | 0 | 1 | 2 | 3 | 4 | 5 | 6 | 7 | 8 | 9 | 10 | 11 | 12 | 13 | 14 | 15 |
|---|---|---|---|---|---|---|---|---|---|---|---|---|---|---|---|---|
| P(i) | 0 | 4 | 8 | 12 | 16 | 20 | 24 | 28 | 32 | 36 | 40 | 44 | 48 | 52 | 56 | 60 |
| i | 16 | 17 | 18 | 19 | 20 | 21 | 22 | 23 | 24 | 25 | 26 | 27 | 28 | 29 | 30 | 31 |
| P(i) | 1 | 5 | 9 | 13 | 17 | 21 | 25 | 29 | 33 | 37 | 41 | 45 | 49 | 53 | 57 | 61 |
| i | 32 | 33 | 34 | 35 | 36 | 37 | 38 | 39 | 40 | 41 | 42 | 43 | 44 | 45 | 46 | 47 |
| P(i) | 2 | 6 | 10 | 14 | 18 | 22 | 26 | 30 | 34 | 38 | 42 | 46 | 50 | 54 | 58 | 62 |
| i | 48 | 49 | 50 | 51 | 52 | 53 | 54 | 55 | 56 | 57 | 58 | 59 | 60 | 61 | 62 | 63 |
| P(i) | 3 | 7 | 11 | 15 | 19 | 23 | 27 | 31 | 35 | 39 | 43 | 47 | 51 | 55 | 59 | 63 |

③ 逆 S 盒代换(InvBoxLayer):逆 S 盒代换通过查表进行,代换表如表 2-14 所示。

**表 2-14 PRESENT 算法的逆 S 盒**

| x | 0 | 1 | 2 | 3 | 4 | 5 | 6 | 7 | 8 | 9 | A | B | C | D | E | F |
|---|---|---|---|---|---|---|---|---|---|---|---|---|---|---|---|---|
| S[x] | 5 | E | F | 8 | C | 1 | 2 | D | B | 4 | 6 | 3 | 0 | 7 | 9 | A |

(2) 在最后一轮再与初始密钥进行异或,从而得到最终的明文。

### 2.4.3 PRESENT 的密钥扩展算法

以密钥长度为 80 位的 PRESENT 算法为例,设密钥 $K=k_{79}k_{78}k_0$,轮密钥 $K_i=k_{63}^ik_{62}^ik_0^i$,此算法的轮密钥扩展总共进行 32 轮的相同迭代变换,在变换中的输入和输出均为 80 位,但每一轮的轮密钥都取相应轮次密钥扩展变换之后输出的 80 位中最左侧的 64 位。具体轮密钥扩展算法如下:

(1) $[k_{79}k_{78}k_0]=[k_{18}k_{17}k_{20}k_{19}]$(循环右移 18 位);

(2) $[k_{79}k_{78}k_{77}k_{76}]=S[k_{79}k_{78}k_{77}k_{76}]$;

(3) $[k_{19}k_{18}k_{17}k_{16}k_{15}]=[k_{19}k_{18}k_{17}k_{16}k_{15}]\oplus rc$。

其中,rc 为轮次数,即 $0\leqslant rc\leqslant 31$;S[k]表示用 S 盒进行变换。

### 2.4.4 PRESENT 的安全性分析

PRESENT 是一种超轻量级分组密码算法。在设计密码期间,认为安全性和硬件效率同样重要。目前 PRESENT 算法的硬件要求与紧凑型流密码相比具有竞争力。

## 2.5 轻量级分组密码算法 PUFFIN

### 2.5.1 PUFFIN 的加密过程

PUFFIN 是 Cheng、Heys 和 Wang 在 DSD 2008 上发表的一个轻量级分组密码[24]。PUFFIN 算法的分组长度为 64 位,密钥长度是 128 位,采用 SPN 结构,迭代轮数为 32 轮。

PUFFIN 的 64 位明文(中间状态、轮密钥及密文)排成一个 4 行 16 列的二维数组形式,即 $(p_0,p_1,\cdots,p_{63})$ 可表示成 $V_0,V_1,\cdots,V_{15}$ 共 16 个向量,其中 $V_i=(p_{4i},p_{4i+1},p_{4i+2},p_{4i+3})^T$,$0\leqslant i\leqslant 15$,如图 2-5 所示。

| $V_0$ | $V_1$ | $V_2$ | $V_3$ | $V_4$ | $V_5$ | $V_6$ | $V_7$ | $V_8$ | $V_9$ | $V_{10}$ | $V_{11}$ | $V_{12}$ | $V_{13}$ | $V_{14}$ | $V_{15}$ |
|---|---|---|---|---|---|---|---|---|---|---|---|---|---|---|---|
| $p_0$ | $p_4$ | $p_8$ | $p_{12}$ | $p_{16}$ | $p_{20}$ | $p_{24}$ | $p_{28}$ | $p_{32}$ | $p_{36}$ | $p_{40}$ | $p_{44}$ | $p_{48}$ | $p_{52}$ | $p_{56}$ | $p_{60}$ |
| $p_1$ | $p_5$ | $p_9$ | $p_{13}$ | $p_{17}$ | $p_{21}$ | $p_{25}$ | $p_{29}$ | $p_{33}$ | $p_{37}$ | $p_{41}$ | $p_{45}$ | $p_{49}$ | $p_{53}$ | $p_{57}$ | $p_{61}$ |
| $p_2$ | $p_6$ | $p_{10}$ | $p_{14}$ | $p_{18}$ | $p_{22}$ | $p_{26}$ | $p_{30}$ | $p_{34}$ | $p_{38}$ | $p_{42}$ | $p_{46}$ | $p_{50}$ | $p_{54}$ | $p_{58}$ | $p_{62}$ |
| $p_3$ | $p_7$ | $p_{11}$ | $p_{15}$ | $p_{19}$ | $p_{23}$ | $p_{27}$ | $p_{31}$ | $p_{35}$ | $p_{39}$ | $p_{43}$ | $p_{47}$ | $p_{51}$ | $p_{55}$ | $p_{59}$ | $p_{63}$ |

**图 2-5 PUFFIN 的分组比特顺序**

PUFFIN 算法的轮函数包含非线性层 γ、密钥加 σ 和线性变换层。

非线性层 γ:由 16 个相同的 4×4 的 S 盒并置组成,每列($V_i$)通过一个 S 盒。S 盒映射如表 2-15 所示。

表 2-15　PUFFIN 算法的 S 盒

| x | 0 | 1 | 2 | 3 | 4 | 5 | 6 | 7 | 8 | 9 | A | B | C | D | E | F |
|---|---|---|---|---|---|---|---|---|---|---|---|---|---|---|---|---|
| S(x) | D | 7 | 3 | 2 | 9 | A | C | 1 | F | 4 | 5 | E | 6 | 0 | B | 8 |

密钥加 $\sigma$:64 位的轮密钥与 64 位的状态进行异或。

线性变换层:64 位的一个置换,其映射如表 2-16 所示。

表 2-16　置换表

|  | 0 | 1 | 2 | 3 | 4 | 5 | 6 | 7 |
|---|---|---|---|---|---|---|---|---|
| 0 | 13 | 2 | 60 | 50 | 51 | 27 | 10 | 36 |
| 1 | 25 | 7 | 32 | 61 | 1 | 49 | 47 | 19 |
| 2 | 34 | 53 | 16 | 22 | 57 | 20 | 48 | 41 |
| 3 | 9 | 52 | 6 | 31 | 62 | 30 | 28 | 11 |
| 4 | 37 | 17 | 58 | 8 | 33 | 44 | 46 | 59 |
| 5 | 24 | 55 | 63 | 38 | 56 | 39 | 15 | 23 |
| 6 | 14 | 4 | 5 | 26 | 18 | 54 | 42 | 45 |
| 7 | 21 | 35 | 40 | 3 | 12 | 29 | 43 | 64 |

### 2.5.2　PUFFIN 的安全分析

PUFFIN 是一种采用 SPN 结构的紧凑分组密码。这种新的密码具有对合运算的特点,为加密和解密提供了相同的数据路径,并且有一个简单的密钥调度,能够快速生成子密钥。对于基于 0.18 μm CMOS 标准单元设计的 ASIC 实现,PUFFIN 仅需要 2600 个门电路,并且可以实现高达 700 Mb/s 的吞吐量。与其他紧凑和轻量级的分组密码相比,PUFFIN 实现很小,完全能够支持需要加密和解密的模式,并且具有基于 128 位密钥的高安全级别。

## 2.6　轻量级分组密码算法 Piccolo

Piccolo 是日本密码研究者 Shibutani 等人在 CHES 2011 上提出的一种新的轻量级分组密码[4]。算法采用的是非平衡 Feistel 结构。其分组长度为 64 位,密钥长度为 80 位和 128 位,分别记为 Piccolo-80、Piccolo-128,迭代轮数分别为 25 轮和 31 轮。

### 2.6.1　Piccolo 的加密算法

轻量级分组密码算法 Piccolo 的加密过程如图 2-6 所示。每轮中,加密数据和子密钥都进行异或运算(AddRoundKey)、F 函数运算与 RP 轮置换函数运算。其算法执行的步骤如下。

第一步:将 64 位明文输入分为 4 个分支,每个分支为 16 位。

第二步:将从左到右第一个分支与第三个分别与白化密钥 $wk_0$ 与 $wk_1$ 进行异或操作。

第三步:将第二步的第一个分支的异或结果进行 F 函数操作,然后将第二个分支的明文与 F 函数结果以及轮密钥三者进行异或操作。同理,第三个分支的 F 函数结果与第四个分支的明文以及轮密钥三者进行异或操作。

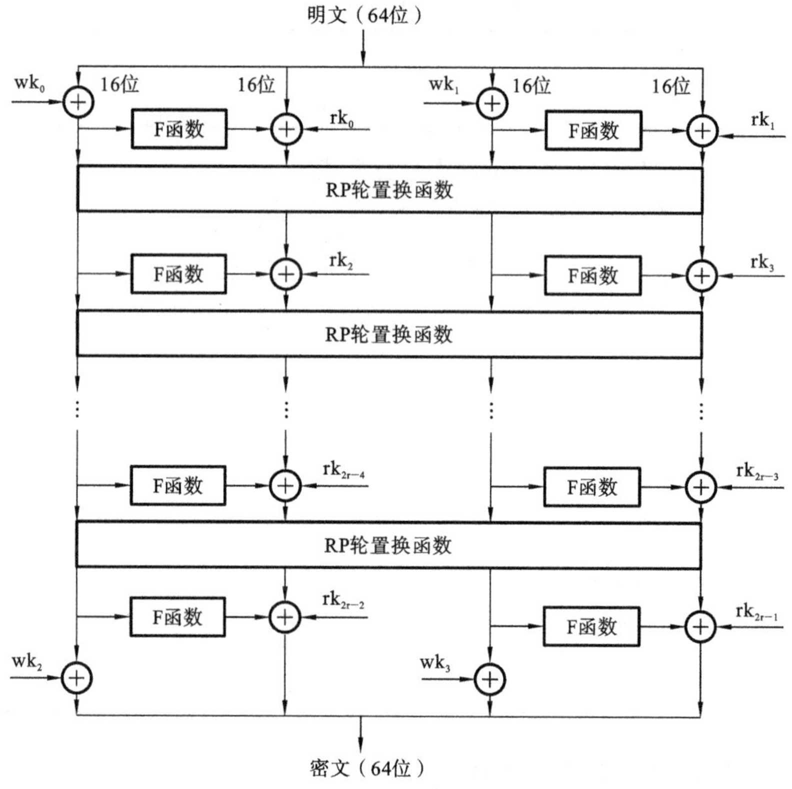


**图 2-6** Piccolo **轻量级分组密码算法的加密流程图**

第四步：将第三步产生的结果进行 RP 轮置换函数，RP 轮置换函数的 64 位输入数据从高位到低位依次划分为 8 个字节，即 $g_0$、$g_1$、$g_2$、$g_3$、$g_4$、$g_5$、$g_6$、$g_7$，以 $g_2$、$g_7$、$g_4$、$g_1$、$g_6$、$g_3$、$g_0$、$g_5$ 作为 RP 轮置换函数运算的 64 位输出数据，如图 2-7 所示。

第五步：上面步骤执行 24 轮，最后一轮输入的 64 位中间态同样划分为 4 个分支，每个分支为 16 位，然后跟第一、二步骤的方法一样。

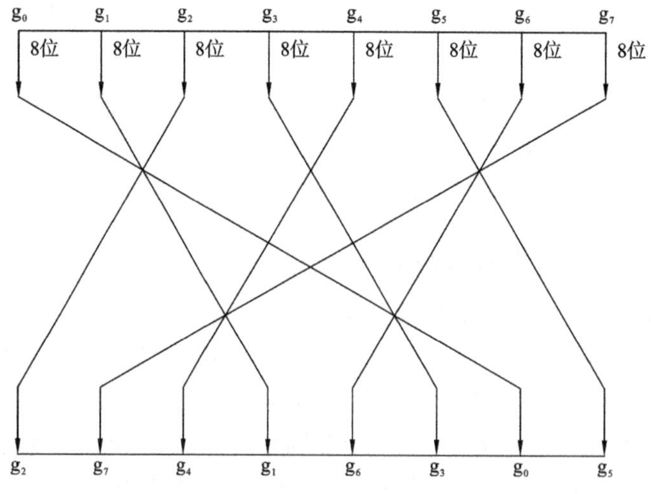


**图 2-7** Piccolo **算法的** RP **置换函数**

### 2.6.2 Piccolo 的密钥扩展算法

密钥长度为 80 位的 Piccolo 算法的密钥扩展如下。

(1) 首先将初始密钥从高位开始按 16 位一组划分为 5 个部分，分别记为$k_0$、$k_1$、$k_2$、$k_3$、$k_4$。

(2) 按照以下公式生成白化密钥：

$$wk_0 \leftarrow k_0^L \mid k_1^R, \quad wk_1 \leftarrow k_1^L \mid k_0^R \tag{2-16}$$

$$wk_2 \leftarrow k_4^L \mid k_3^R, \quad wk_3 \leftarrow k_3^L \mid k_3^R \tag{2-17}$$

其中，| 为连接符，$k_0$、$k_1$、$k_2$、$k_3$、$k_4$的上标 L 表示$k_0$、$k_1$、$k_2$、$k_3$、$k_4$的高 8 位，$k_0$、$k_1$、$k_2$、$k_3$、$k_4$的上标 R 表示$k_0$、$k_1$、$k_2$、$k_3$、$k_4$的低 8 位。

(3) 按照以下公式生成轮密钥 $rk_{2i}$、$rk_{2i+1}$，在这里 $0 \leqslant i \leqslant r$，r 表示轮运算轮数。

$$(rk_{2i}, rk_{2i+1}) \leftarrow (con_{2i}^{80}, con_{2i+1}^{80}) \oplus \begin{cases} (k_2, k_3), & i \bmod 5 = 0 \text{ or } 2 \\ (k_0, k_1), & i \bmod 5 = 1 \text{ or } 4 \\ (k_4, k_4), & i \bmod 5 = 3 \end{cases} \tag{2-18}$$

其中，$\oplus$为异或符，mod 代表取余运算。

### 2.6.3 Piccolo 的安全分析

Piccolo 采用了几种新颖的设计和实现技术，在硬件中实现了高安全性和非常紧凑的实现。Piccolo 提供了足够的安全级别来对抗已知的分析，包括最近的相关密钥差分攻击和中间会合攻击。80 位和 128 位密钥模式的硬件要求分别仅需 683 个门电路和 758 个门电路。由于其对合结构，Piccolo 仅需要 60 个额外的门个来支持解密功能。此外，其通过每比特能量评估的能量消耗效率也是显著的。因此，Piccolo 是一种极具竞争力的超轻量级分组密码，适用于 RFID 标签和传感器节点等极其受限的环境。

## 2.7 轻量级分组密码算法 LED

LED 算法是由郭建等人设计的一种迭代型分组密码算法[5]，采用 SPN 结构。LED 轻量级分组密码分组长度为 64 位，密钥长度为 64 位和 128 位，可记为 LED-64 和 LED-128。LED-64 的加密轮数为 32 轮，LED 算法的中间处理状态可以用 4 位的 4 行 4 列矩阵来表示，LED 完整的算法结构如图 2-8 所示，每一轮加密包括轮常量加、S 盒运算、行移位变换、列混淆变换四个步骤。在第一轮之前以及之后的每四轮之前都要进行轮密钥加变换。

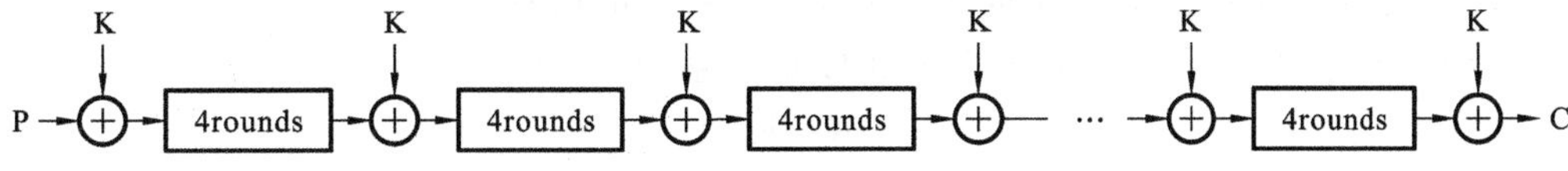


图 2-8　LED 算法实现流程

### 2.7.1 LED 加密算法

LED 的加密算法包括如下五个步骤，LED 的加密算法描述如下所示。

Input：P，K

Output：C

```
STATE=X
For i=1 to 8 do
STATE=AddRoundKey(STATE,K1)
For j=1 to 4 do
STATE=MixColumnSerial(ShiftRows(SubCells(AddConstants(STATE))))
C= AddRoundKey(STATE,K1)
```

(1) 轮密钥加变换:中间状态与轮密钥做异或运算。

(2) 轮常量加变换:中间状态矩阵异或一个轮常量矩阵;轮常量具体定义如下面矩阵所示,其中$(rc_5,rc_4,rc_3,rc_2,rc_1,rc_0)$为 6 个比特,初始值取 0,向左移位,并将 $rc_5 \oplus rc_4 \oplus 1$ 作为新的 $rc_0$ 的值。

$$\begin{bmatrix} 0 & (rc_5 \| rc_4 \| rc_3) & 0 & 0 \\ 0 & (rc_2 \| rc_1 \| rc_0) & 0 & 0 \\ 0 & (rc_5 \| rc_4 \| rc_3) & 0 & 0 \\ 0 & (rc_2 \| rc_1 \| rc_0) & 0 & 0 \end{bmatrix}$$

(3) S 盒运算:沿用了 PRESENT 算法的 S 盒,对中间状态矩阵的 16 个 4 位中的每个 4 位进行 S 盒变换,其变换关系如表 2-17 所示。

**表 2-17 LED 的 S 盒**

| x | 0 | 1 | 2 | 3 | 4 | 5 | 6 | 7 | 8 | 9 | A | B | C | D | E | F |
|---|---|---|---|---|---|---|---|---|---|---|---|---|---|---|---|---|
| S[x] | C | 5 | 6 | B | 9 | 0 | A | D | 3 | E | F | 8 | 4 | 7 | 1 | 2 |

(4) 行移位变换:对中间状态矩阵的第 i 行循环左移 i 位,其中 i=0,1,2,3。

(5) 列混淆变换:中间状态矩阵与混淆矩阵相乘得到新的中间状态矩阵。混淆矩阵定义如下:

$$M=\begin{bmatrix} 4 & 2 & 1 & 1 \\ 8 & 6 & 5 & 6 \\ B & E & A & 9 \\ 2 & 2 & F & B \end{bmatrix}$$

LED 解密过程与加密过程的结构完全相同,而且子密钥的使用顺序也相同。

## 2.7.2 LED 的密钥扩展算法

LED 算法输入的是主密钥,生成的子密钥用于相应的加密轮中。

在 LED-64 算法中,主密钥 K 与子密钥$K_1$的关系为

$$K=K_1 \tag{2-19}$$

在 LED-128 算法中,主密钥 K 与子密钥$K_1$的关系为

$$K=K_1 \| K_2 \tag{2-20}$$

## 2.7.3 LED 的安全分析

设计者成功达成了兼顾软硬件实现性能的目标:LED 软件实现速度很快;而在硬件实现方面,尽管利用了较复杂的 MDS 矩阵,但与以硬件性能著称的 PRESENT 算法相比,其面积反而更低,这是因为其存储中间状态的部分寄存器可以用更紧凑的单输入触发器实现,且密钥

寄存器也可用单输入触发器实现,因此节约了大量硬件面积。但采用这样的 MDS 矩阵增大了线性变换的时钟周期消耗,而 LED 的各变体所用轮数极多(LED-64 最少也需要 32 轮),这样总的数据处理时延很高。LED 在安全性方面最突出的特色是拥有对相关密钥差分攻击的可证明安全性,这是其简单密钥调度形式所造成的。

# 2.8　轻量级分组密码算法 LBlock

轻量级分组密码算法 LBlock 是吴文玲等人于 2011 年在应用密码学与网络安全国际会议上提出的[11]。此算法采用的是类 Fesistel 结构,分组长度为 64 位,密钥长度为 80 位,迭代轮数为 32 轮。

## 2.8.1　LBlock 的加密算法

LBlock 算法的分组长度为 64 位,使用 $P=X_1 \| X_0$ 表示 64 位明文,数据的加密过程如图 2-9 所示。其加密操作如下。

(1) 对明文进行如下操作:

$$X_i=F(X_{i-1},K_{i-1})\oplus(X_{i-2}\lll 8),\quad i=2,3,\cdots,33 \tag{2-21}$$

(2) 图 2-9 中的 $X_{32}$、$X_{33}$ 作为 64 位密文输出,用 C 表示,即 $C=X_{32} \| X_{33}$。

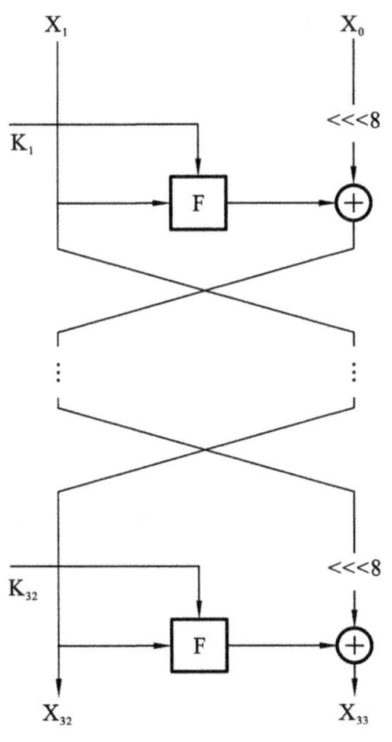


**图 2-9**　LBlock **算法的加密过程**

下面具体介绍每轮加密过程所涉及的组件。

(1) 轮函数 F。

轮函数的定义如下:

$$F:\{0,1\}^{32}\times\{0,1\}^{32}\rightarrow\{0,1\}^{32}$$

$$(X,K_i)\mapsto U=P(S(X\oplus K_i)) \tag{2-22}$$

轮函数 F 包括混淆层 S 和扩散层 P,其详细结构如图 2-10 所示。

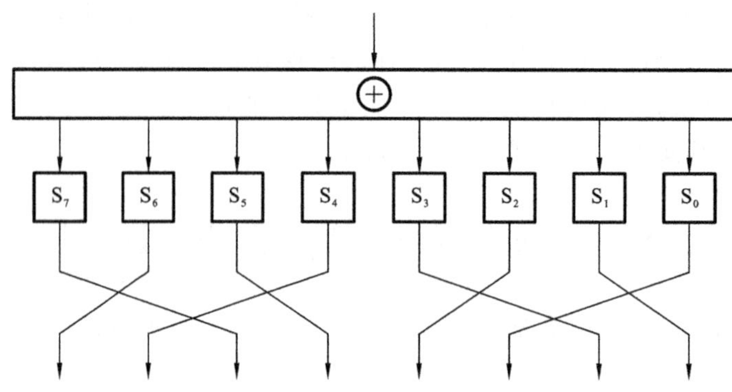


**图 2-10　LBock 算法的 F 函数**

（2）混淆层 S。

混淆层 S 是轮函数中的非线性变换层，非线性层包括并行的 8 个 4 位输入/输出的 S 盒 $s_i$ ($0\leqslant i\leqslant 7$)。其定义如下。

$$S:\{0,1\}^{32}\rightarrow\{0,1\}^{32}$$

$$Y=Y_7\parallel Y_6\parallel Y_5\parallel Y_4\parallel Y_3\parallel Y_2\parallel Y_1\parallel Y_0\mapsto Z=Z_7\parallel Z_6\parallel Z_5\parallel Z_4\parallel Z_3\parallel Z_2\parallel Z_1\parallel Z_0$$

$$Z_7=s_7(Y_7),\quad Z_6=s_6(Y_6),\quad Z_5=s_5(Y_5),\quad Z_4=s_4(Y_4)$$

$$Z_3=s_3(Y_3),\quad Z_2=s_2(Y_2),\quad Z_1=s_1(Y_1),\quad Z_0=s_0(Y_0)$$

混淆层的 8 个 S 盒的输入/输出如表 2-18 所示。

**表 2-18　LBlock 算法的 S 盒**

| | |
|---|---|
| $s_0$ | 14,9,15,0,13,4,10,11,1,2,8,3,7,6,12,5 |
| $s_1$ | 4,11,14,9,15,13,0,10,7,12,5,6,2,8,1,3 |
| $s_2$ | 1,14,7,12,15,13,0,6,11,5,9,3,2,4,8,10 |
| $s_3$ | 7,6,8,11,0,15,3,14,9,10,12,13,5,2,4,1 |
| $s_4$ | 14,5,15,0,7,2,12,13,1,8,4,9,11,10,6,3 |
| $s_5$ | 2,13,11,12,15,14,0,9,7,10,6,3,1,8,4,5 |
| $s_6$ | 1,9,4,14,0,15,10,13,6,12,5,7,3,8,1,2 |
| $s_7$ | 13,10,15,0,14,4,9,11,2,1,8,3,75,12,6 |
| $s_8$ | 8,714,5,15,13,0,6,11,12,9,10,2,4,1,3 |
| $s_9$ | 11,5,15,0,7,2,9,13,4,8,1,12,14,10,3,6 |

（3）扩散层 P。

扩散层是 8 个 4 位字块的一个置换过程，可以表示如下：

$$P:\{0,1\}^{32}\rightarrow\{0,1\}^{32}$$

$$Z=Z_7\parallel Z_6\parallel Z_5\parallel Z_4\parallel Z_3\parallel Z_2\parallel Z_1\parallel Z_0\mapsto U=U_7\parallel U_6\parallel U_5\parallel U_4\parallel U_3\parallel U_2\parallel U_1\parallel U_0$$

$$U_7=Z_6,\quad U_6=Z_4,\quad U_5=Z_7,\quad U_4=Z_5$$

$$U_3=Z_2,\quad U_2=Z_0,\quad U_1=Z_3,\quad U_0=Z_1$$

### 2.8.2　LBlock 的解密算法

LBlock 加密算法的逆运算就是 LBlock 的解密算法，同样采用类 Feistel 结构，总共进行

32 轮迭代。在这里 64 位的输出密文用 $C = X_{32} \| X_{33}$ 表示，具体的解密过程如下。

(1) 对密文进行如下操作：

$$X_j = (F(X_{j+1}, K_{j+1}) \oplus X_{j+2}) \ggg 8, \quad j = 31, 30, \cdots, 0 \tag{2-23}$$

(2) 输出 64 位明文用 $M = X_1 \| X_0$ 表示。

### 2.8.3 LBlock 的密钥扩展算法

LBlock 的主密钥长度为 80 位，在这里用 $K = k_{79} k_{78} \cdots k_0$ 表示。将初始密钥的前 32 位作为第一轮轮密钥$K_1$，其密朗扩展算法如表 2-19 所示。

表 2-19　LBlock 的密钥扩展算法

| LBlock 算法密钥扩展方案 |
| --- |
| Input：80bit 初始密钥 |
| Output：轮密钥 |
| $S^0 = K$ |
| for r=1 to 31 do |
| $S^i = S^i \lll 29$ |
| $[k_{79} k_{78} k_{77} k_{76}] = s_9([k_{79} k_{78} k_{77} k_{76}])$ |
| $[k_{75} k_{74} k_{73} k_{72}] = s_8(k_{75} k_{74} k_{73} k_{72})$ |
| $[k_{50} k_{49} k_{48} k_{47} k_{46}][i]_2$ |
| $rk^i = [k_{79} k_{78} k_{48}]$ |
| end |

### 2.8.4 LBlock 的安全分析

LBlock 的设计目标是为资源约束环境(如 RFID 标签和传感器网络等受限环境)提供加密安全。此外，与其他轻量级分组密码相比，该方案在 8 位微控制器上具有较好的硬件性能和软件效率。因此，在 LBlock 的设计中，采用了一种可变的 Feistel 结构，加密算法是面向 4 位的，可以在硬件和软件上有效地实现。此外，轮函数采用 SPN 结构，其混淆层由小的 4×4 S 盒组成，扩散层由一个简单的 4 位字置换组成。所有这些组件的设计都考虑到了安全性和实现效率。LBlock 硬件实现需要大约 1320 GE(满足 0.18 μm 技术)，这满足了 RFID 应用中 2000 GE 的常规限制。在区域优化的实现中，LBlock 只需要 866.3 GE 和额外的 RAM。对 LBlock 的安全性评估结果表明，LBlock 对于已知的攻击具有足够的安全度。

## 2.9　轻量级分组密码算法 KLEIN

轻量级分组密码算法 KLEIN 是由龚征等人于 2012 年提出来的，适用于资源受限设备[12]。与其他算法相比，KLEIN 轻量级分组密码算法不但在软件实现上极具优势，而且在硬件实现上所占用资源也少。

### 2.9.1 KLEIN 的加密算法

KLEIN 的分组长度为 64 位，其密钥长度是可变的。根据 KLEIN 的密钥长度，KLEIN 算法包括 KLEIN-64、KLEIN-80、KLEIN-96 三个版本。KLEIN 的分组长度、加密轮数和密钥长度如表 2-20 所示

表 2-20 KLEIN 密钥长度与加密轮数表

| | KLEIN-64 | KLEIN-80 | KLEIN-96 |
|---|---|---|---|
| 分组长度/位 | 64 | 80 | 96 |
| 密钥长度/位 | 64 | 80 | 96 |
| 加密轮数 | 12 | 16 | 20 |

KLEIN 算法的加密流程如图 2-11 所示，KLEIN 采用与 AES 相同的设计结构，即采用 SPN 结构。KLEIN 的轮函数由轮密钥加操作 AddRoundKey、字节替换操作 SubNibbles、移位操作 RotateNibbles 和混淆操作 MixNibbles 组成。

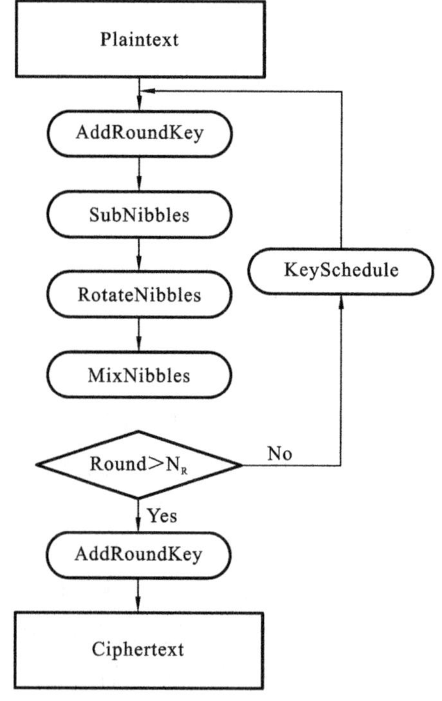


图 2-11 KLEIN 算法加密流程

就 KLEIN-64 而言，加密轮数为 12。KLEIN 在加密过程中所使用的轮函数是相同的。每一轮加密所使用的轮函数的结构如图 2-12 所示。

下面以 KLEIN-64 为例，介绍 KLEIN 的加密流程。

(1) 轮密钥加操作 AddRoundKey。

此步只是简单地将 64 位的中间状态值 STATE 和 64 位的轮密钥 KEY 进行一个按位异或操作，产生一个 64 位的值，即 16 个半字节块 $a_0^i, a_1^i, a_2^i, \cdots, a_{15}^i$。

(2) 字节替换操作 SubNibbles。

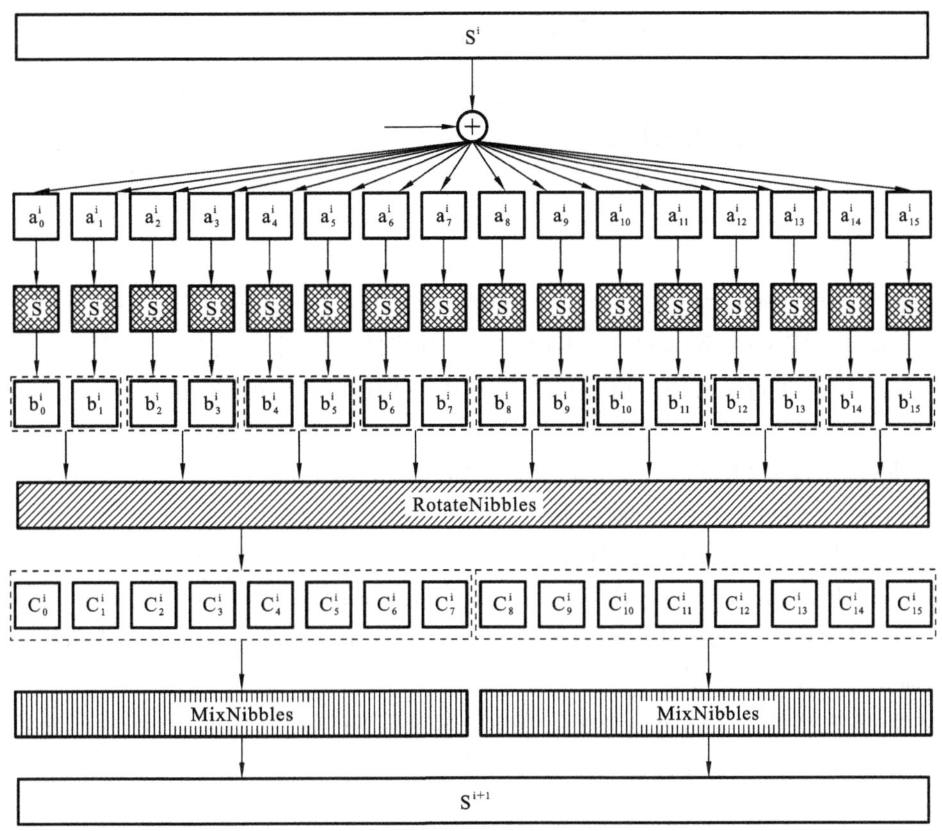


**图 2-12　KLEIN 的一轮加密**

此步是将上个步骤中输出的 16 个半字节的块$a_0^i, a_1^i, a_2^i, \cdots, a_{15}^i$分别作为 S 盒的输入，得到新的 16 个新半字节块$b_0^i, b_1^i, b_2^i, \cdots, b_{15}^i$。KLEIN 的 S 盒操作是算法加密流程中唯一的非线性操作。KLEIN 的 S 盒的输入/输出真值表如表 2-21 所示。

**表 2-21　KLEIN 的 S 盒真值表**

| 输入 | 0 | 1 | 2 | 3 | 4 | 5 | 6 | 7 | 8 | 9 | A | B | C | D | E | F |
|---|---|---|---|---|---|---|---|---|---|---|---|---|---|---|---|---|
| 输出 | 7 | 4 | A | 9 | 1 | F | B | 0 | C | 3 | 2 | 6 | 8 | E | D | 5 |

(3) 移位操作 RotateNibbles。

将上步输出的 16 个半字节块循环左移 4 个半字节，即循环左移 2 个字节，从而得到 16 个新的半字节块$c_0^i, c_1^i, c_2^i, \cdots, c_{15}^i$。

(4) 混淆操作 MixNibbles。

此步骤将上步 RotateNibbles 输出的 16 个半字节块分成两部分，即得到 4 个字节，然后这两部分 4 个字节可以分别当作有限域$F_2^8$上的元素与多项式 $c(x)=03 \cdot x^3+01 \cdot x^2+01 \cdot x+02$ 相乘，并以 $x^4+1$ 为模，其矩阵乘法如图 2-13 所示。该步骤得到的两个分组共 8 个字节作为新的中间状态值 STATE 输入到下一轮。

$$\begin{bmatrix} s_0^{i+1} \| s_1^{i+1} \\ s_2^{i+1} \| s_3^{i+1} \\ s_4^{i+1} \| s_5^{i+1} \\ s_6^{i+1} \| s_7^{i+1} \end{bmatrix} = \begin{bmatrix} 2 & 3 & 1 & 1 \\ 1 & 2 & 3 & 1 \\ 1 & 1 & 2 & 3 \\ 3 & 1 & 1 & 2 \end{bmatrix} \times \begin{bmatrix} c_0^i \| c_1^i \\ c_2^i \| c_3^i \\ c_4^i \| c_5^i \\ c_6^i \| c_7^i \end{bmatrix}$$

$$\begin{bmatrix} s_8^{i+1} \| s_9^{i+1} \\ s_{10}^{i+1} \| s_{11}^{i+1} \\ s_{12}^{i+1} \| s_{13}^{i+1} \\ s_{14}^{i+1} \| s_{15}^{i+1} \end{bmatrix} = \begin{bmatrix} 2 & 3 & 1 & 1 \\ 1 & 2 & 3 & 1 \\ 1 & 1 & 2 & 3 \\ 3 & 1 & 1 & 2 \end{bmatrix} \times \begin{bmatrix} c_8^i \| c_9^i \\ c_{10}^i \| c_{11}^i \\ c_{12}^i \| c_{13}^i \\ c_{14}^i \| c_{15}^i \end{bmatrix}$$

**图 2-13　KLEIN 的 MixNibbles 步骤**

### 2.9.2 KLEIN 的密钥扩展算法

KLEIN 的密钥扩展算法采用 Feistel 结构，其密钥生成步骤包括移位、异或、S 盒等。KLEIN 算法具体的密钥扩展流程如下。

（1）输入：KLEIN-64、KLEIN-80、KLEIN-96 对应的主密钥长度分别为 64 位、80 位、96 位。

（2）密钥扩展。

当前密钥扩展的轮数用 i 表示，第一次密钥扩展时 $i=1$，设初始子密钥 $sk^1=mk=sk_0^1 \| sk_1^1 \| \cdots \| sk_t^1$，KLEIN-64、KLEIN-80、KLEIN-96 对应的 t 分别为 7、9、11。第 1 轮的轮密钥使用主密钥 mk，即初始子密钥。通过以下步骤从第 i 轮的子密钥 $sk^i$ 得到第 $i+1$ 轮的子密钥 $sk^{i+1}$。

第一步：首先将第 i 轮的子密钥 $sk^i$ 分为两部分 a、b，由于 $sk^1=mk=sk_0^1 \| sk_1^1 \| \cdots \| sk_t^1$，即 $a=(sk_0^i, sk_1^i, \cdots, sk_{[t/2]}^i)$，$b=(sk_{[t/2]}^i, sk_{[t/2]+1}^i, \cdots, sk_t^i)$。

第二步：然后对 a、b 两个部分，各自分别循环左移一个字节，也就是分别循环左移两个半字节，即 $a'=(sk_1^i, sk_{[t/2]}^i, \cdots, sk_0^i)$，$b'=(sk_{[t/2]+1}^i, \cdots, sk_t^i, sk_{[t/2]}^i)$。

第三步：其次将右半部分移位到左半部分，同时将左半部分和右半部分异或的结果作为右半部分，即 $a''=b'$，$b''=a' \oplus b'$。

第四步：对左半部分 $a''$ 的第三个字节与当前密钥扩展的轮数 i 进行异或，异或的结果作为左半部分的第三个字节，同时将右半部分 $b''$ 的第二个字节和第三个字节通过 S 盒进行替换。

（3）输出：将左右两部分合在一起，得到的子密钥 $sk^{i+1}$ 即第 $i+1$ 的轮密钥。

### 2.9.3 KLEIN 的安全分析

KLEIN 算法的设计目标是为低资源应用提供实用且安全的密码，尤其是 RFID 和无线传感器网络。通常，传感器具有比 RFID 标签更好的功率和硬件能力。由于软件实现无需硬件制造成本并且维护灵活，因此认为高效的分组密码对于传感器更实用。KLEIN 就是基于上面的认识提出的，与其他算法相比，KLEIN 具有传统传感器平台上软件性能的优势，同时其硬件实现也紧凑。KLEIN 的各种密钥长度为无处不在的应用程序提供了灵活性和适中的安全级别。因此，这种设计增加了低资源应用中轻量级分组密码的可用选项。

## 2.10 轻量级分组密码算法 TWINE

TWINE 是 T. Suzaki 等人于 2011 年提出的一种新型轻量级密码算法，采用广义 Feistel 结构[25]。TWINE 算法的结构灵活，非常适用于射频识别设备、智能卡等高度受限的设备。TWINE 算法的分组长度为 64 位，密钥长度为 80 位和 128 位，分别记为 TWINE-80 和 TWINE-128。TWINE 算法的轮函数由 4 比特的 S 盒非线性变换层和线性变换层组成，共迭代 36 轮。

### 2.10.1 TWINE 的加密算法

TWINE 算法采用广义 Feistel 结构，完整结构如图 2-14 所示。

TWINE 的加密算法如表 2-22 所示。令 $P \in (\{0,1\}^4)^{16}$ 表示明文，$C \in (\{0,1\}^4)^{16}$ 表示密

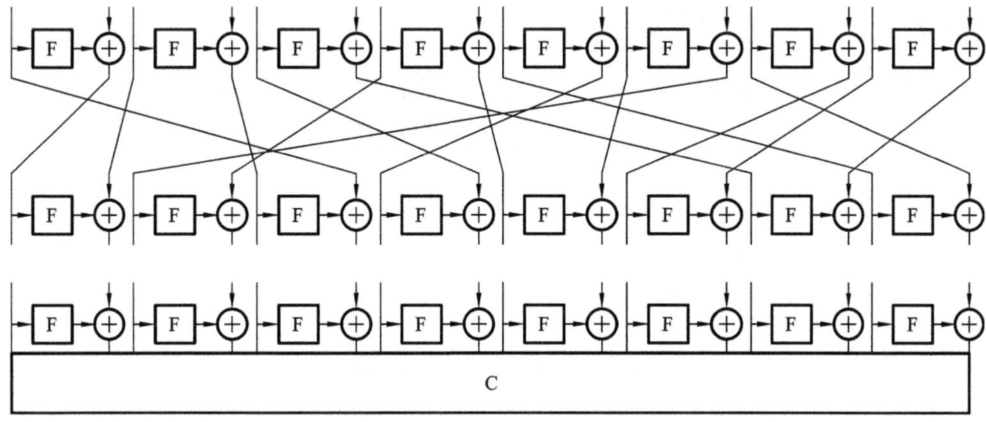


图 2-14　TWINE 算法结构

文，$RK \in (\{0,1\}^{32})^{36}$ 表示 36 个轮密钥的组合，$RK^i \in (\{0,1\}^4)^8$ 表示密钥 K 通过密钥扩展算法得到的第 i 个轮密钥，其中 $1 \leqslant i \leqslant 36$。令 $X_j^i \in \{0,1\}^4$ 表示加密过程中第 i 轮的第 j 个 4 位输入值，其中 $1 \leqslant i \leqslant 36, 1 \leqslant j \leqslant 15$，TWINE 的加密算法如表 2-22 所示。

表 2-22　TWINE 的加密算法

| |
|---|
| Input: P, RK |
| Output: C |
| $(X_0^1 \parallel X_1^1 \parallel \cdots \parallel X_{15}^1) = P$ |
| $(RK^1 \parallel RK^2 \parallel \cdots \parallel RK^{36}) = RK$ |
| for i=1 to 35 do |
| $(RK^1 \parallel RK^2 \parallel \cdots \parallel RK^{36}) = RK$ |
| for j=0 to 7 do |
| $X_{2j+1}^i = S(X_{2j}^i \oplus RK_j^i) \oplus X_{2j+1}^i$ |
| for l=0 to 15 do |
| $X_{\pi(l)}^{i+1} = X_l^i$ |
| for j=0 to 7 do |
| $X_{2j+1}^{36} = S(X_{2j}^{36} \oplus RK_j^{36}) \oplus X_{2j+1}^{36}$ |
| $C = (C_0 \parallel C_1 \parallel \cdots \parallel C_{15}) = (X_0^{36} \parallel X_1^{36} \parallel \cdots \parallel X_{15}^{36})$ |

TWINE 的加密算法的轮函数由置换层 S 和扩展层 π 组成，S 盒和 π 的定义如表 2-23、表 2-24 所示。

表 2-23　TWINE 算法的 S 盒

| x | 0 | 1 | 2 | 3 | 4 | 5 | 6 | 7 | 8 | 9 | A | B | C | D | E | F |
|---|---|---|---|---|---|---|---|---|---|---|---|---|---|---|---|---|
| S(x) | C | 0 | F | A | 2 | B | 9 | 5 | 8 | 3 | D | 7 | 1 | E | 6 | 5 |

表 2-24　TWINE 算法的 π 变换

| l | 0 | 1 | 2 | 3 | 4 | 5 | 6 | 7 | 8 | 9 | 10 | 11 | 12 | 13 | 14 | 15 |
|---|---|---|---|---|---|---|---|---|---|---|---|---|---|---|---|---|
| π(l) | 5 | 0 | 1 | 4 | 7 | 12 | 3 | 8 | 13 | 6 | 9 | 2 | 15 | 10 | 11 | 14 |

## 2.10.2 TWINE 的解密算法

TWINE 的解密算法如表 2-25 所示。其中，$\pi^{-1}$是 $\pi$ 的逆运算，定义如表 2-26 所示。

**表 2-25 TWINE 的解密算法**

Input：C，RK

Output：P

$(X_0^{36} \| X_1^{36} \| \cdots \| X_{15}^{36})=C$

$(RK^1 \| RK^2 \| \cdots \| RK^{36})=RK$

for i=36 to 2 do

$(RK_0^i \| RK_1^i \| \cdots \| RK_7^i)=RK^i$

for j=0 to 7 do

$X_{2j+1}^i=S(X_{2j}^i \oplus RK_j^i) \oplus X_{2j+1}^i$

for l=0 to 15 do

$X_{\pi^{-1}(l)}^{i+1}=X_l^i$

for j=0 to 7 do

$X_{2j+1}^1=S(X_{2j}^1 \oplus RK_j^1) \oplus X_{2j+1}^1$

$P=(P_0 \| P_0 \| \cdots \| P_{15})=(X_0^1 \| X_1^1 \| \cdots \| X_{15}^1)$

**表 2-26 TWINE 算法的$\pi^{-1}$变换**

| l | 0 | 1 | 2 | 3 | 4 | 5 | 6 | 7 | 8 | 9 | 10 | 11 | 12 | 13 | 14 | 15 |
|---|---|---|---|---|---|---|---|---|---|---|---|---|---|---|---|---|
| $\pi^{-1}(l)$ | 1 | 2 | 11 | 6 | 3 | 0 | 9 | 4 | 7 | 20 | 13 | 14 | 5 | 8 | 15 | 12 |

## 2.10.3 TWINE 的密钥扩展算法

TWINE 的密钥扩展算法如表 2-27、表 2-28 所示，其中用到了 6 比特轮常量，记为$CON_{(6)}^r=CON_{H(3)}^r \| CON_{L(3)}^r$，$1 \leqslant r \leqslant 36$，它们的值如表 2-29 所示。

**表 2-27 TWINE-80 的密钥扩展算法**

Input：K

Output：RK

$(WK_0 \| \cdots \| WK_{19})=K$

for r=1 to 35 do

$RK^r=WK_1 \| WK_3 \| WK_4 \| WK_6 \| WK_{13} \| WK_{14} \| WK_{15} \| WK_{16}$

$WK_1=WK_1 \oplus S(WK_0)$

$WK_4=WK_4 \oplus S(WK_{16})$

$WK_7=WK_7 \oplus 0 \| CON^r$

$WK_{19}=WK_{19} \oplus 0 \| CON^r$

$WK_0 \| \cdots \| WK_3=(WK_0 \| \cdots \| WK_3) \lll 4$

$WK_0 \| \cdots \| WK_{19}=(WK_0 \| \cdots \| WK_{19}) \lll 16$

$RK^{36}=WK_1 \| WK_3 \| WK_4 \| WK_6 \| WK_{13} \| WK_{14} \| WK_{15} \| WK_{16}$

$RK=RK^1 \| RK^2 \| \cdots \| RK^{35} \| RK^{36}$

**表 2-28**　TWINE-128 **的密钥扩展算法**

Input:K

Output:RK

$(WK_0 \parallel WK_1 \parallel \cdots \parallel WK_{30} \parallel WK_{31}) = K$

for r=1 to 35 do

$$RK^r = WK_2 \parallel WK_3 \parallel WK_{12} \parallel WK_{15} \parallel WK_{17} \parallel WK_{18} \parallel WK_{28} \parallel WK_{31}$$

$$WK_1 = WK_1 \oplus S(WK_0)$$

$$WK_4 = WK_4 \oplus S(WK_{16})$$

$$WK_{23} = WK_{23} \oplus S(WK_{30})$$

$$WK_7 = WK_7 \oplus 0 \parallel CON^r$$

$$WK_{19} = WK_{19} \oplus 0 \parallel CON^r$$

$$WK_0 \parallel \cdots \parallel WK_3 = (WK_0 \parallel \cdots \parallel WK_3) \lll 4$$

$$WK_0 \parallel \cdots \parallel WK_{31} = (WK_0 \parallel \cdots \parallel WK_{31}) \lll 16$$

$$RK^{36} = WK_2 \parallel WK_3 \parallel WK_{12} \parallel WK_{15} \parallel WK_{17} \parallel WK_{18} \parallel WK_{28} \parallel WK_{31}$$

$$RK = RK^1 \parallel RK^2 \parallel \cdots \parallel RK^{35} \parallel RK^{36}$$

**表 2-29**　$CON^r$**的值**

| r | 1 | 2 | 3 | 4 | 5 | 6 | 7 | 8 | 9 | 10 | 11 | 12 | 13 | 14 | 15 |
|---|---|---|---|---|---|---|---|---|---|---|---|---|---|---|---|
| $CON^r$ | 01 | 02 | 04 | 08 | 10 | 20 | 03 | 06 | 0C | 18 | 30 | 23 | 05 | 0A | 14 |
| r | 16 | 17 | 18 | 19 | 20 | 21 | 22 | 23 | 24 | 25 | 26 | 27 | 28 | 29 | 30 |
| $CON^r$ | 28 | 13 | 26 | 0F | 1E | 3C | 3B | 35 | 29 | 11 | 22 | 07 | 0E | 1C | 38 |
| r | 31 | 32 | 33 | 34 | 35 | | | | | | | | | | |
| $CON^r$ | 33 | 25 | 09 | 12 | 24 | | | | | | | | | | |

# 2.11　轻量级分组密码算法 PRINCE

PRINCE 算法是 Julia Borghoff 等人在 2012 年的亚密会上提出的一种对合轻量级分组密码算法[7]。算法的分组长度为 64 位,密钥长度为 128 位。算法的结构如图 2-15 所示。

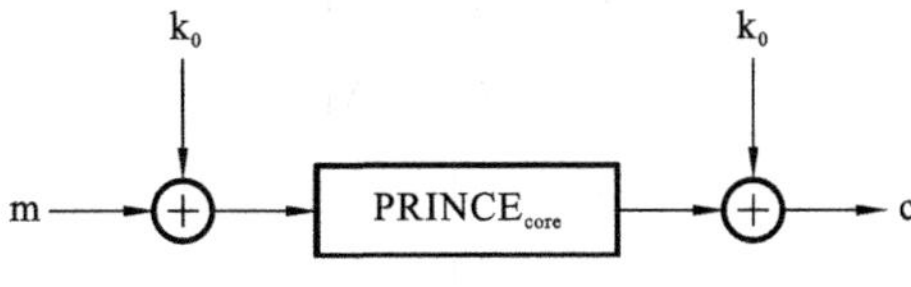


**图 2-15**　PRINCE **结构**

## 2.11.1　PRINCE 的加密算法

PRINCE 算法的核心算法 PRINCEcore 是一个密钥长度和分组长度都是 64 位的分组密码算法。它采用的是对合结构,即在算法的开头有密钥以及一个轮常数的两个异或操作,然后经过 5 个向前轮数、一个中间层和 5 个向后轮数,在结尾有一个轮常数以及密钥的两个异或操作,如图 2-16 所示。

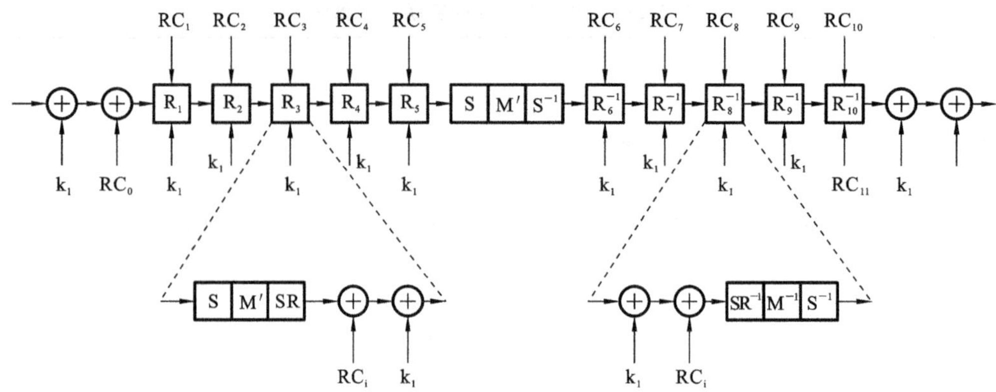


图 2-16 PRINCE$_{core}$ 结构

下面具体介绍四种变换函数。设 $X = x_{15}x_{14}\cdots x_0$ 表示 64 位的明文/密文及中间状态，可以按序排列成 4×4 的状态矩阵，每一个元素包含 4 位，即 $x_i = x_{i,3}x_{i,2}x_{i,1}x_{i,0}$。

PRINCE 算法的轮函数 R 包括密钥加、常数加、P 置换和 S 盒。

密钥加(AK)：密钥与状态矩阵对应 64 位异或。

常数加(AC)：常数与状态矩阵对应 64 位异或。PRINCE 算法轮常数如表 2-30 所示。

表 2-30 PINCE 算法轮常数

| | | | |
|---|---|---|---|
| $RC_0$ | 0000000000000000 | $RC_6$ | 7ef84f78fd955cb1 |
| $RC_1$ | 13198a2e03707344 | $RC_7$ | 85840851f1ac43aa |
| $RC_2$ | A4093822299f31d0 | $RC_8$ | c882d32f25323c54 |
| $RC_3$ | 082efa98ec4e6c89 | $RC_9$ | 64a51195e0e3610d |
| $RC_4$ | 452821e638d01377 | $RC_{10}$ | d3b5a399ca0c2399 |
| $RC_5$ | Be5466cf34e90c6c | $RC_{11}$ | c0ac29b7c97c50dd |

P 置换(M)：$M = SR \bigcirc M'$，SR 是 PRINCE$_{core}$ 算法的行移位，与 AES 算法完全一样。$M' = \mathrm{diag}(\hat{M}^0, \hat{M}^1, \hat{M}^0, \hat{M}^1)$ 是一个 64×64 的对角型的对合矩阵，其中，$\hat{M}^0$，$\hat{M}^1$ 表示如下：

$$\hat{M}^0 = \begin{bmatrix} M_0 & M_1 & M_2 & M_3 \\ M_1 & M_2 & M_3 & M_0 \\ M_2 & M_3 & M_0 & M_1 \\ M_3 & M_0 & M_1 & M_2 \end{bmatrix}$$

$$\hat{M}^1 = \begin{bmatrix} M_3 & M_0 & M_1 & M_2 \\ M_0 & M_1 & M_2 & M_3 \\ M_1 & M_2 & M_3 & M_0 \\ M_2 & M_3 & M_0 & M_1 \end{bmatrix}$$

而 4 阶矩阵 $M_0$、$M_1$、$M_2$、$M_3$ 分别为

$$M_0 = \begin{bmatrix} 0 & 0 & 0 & 0 \\ 0 & 1 & 0 & 0 \\ 0 & 0 & 1 & 0 \\ 0 & 0 & 0 & 1 \end{bmatrix}, \quad M_1 = \begin{bmatrix} 1 & 0 & 0 & 0 \\ 0 & 0 & 0 & 0 \\ 0 & 0 & 1 & 0 \\ 0 & 0 & 0 & 1 \end{bmatrix}$$

$$M_2=\begin{bmatrix}1&0&0&0\\0&1&0&0\\0&0&0&0\\0&0&0&1\end{bmatrix},\quad M_3=\begin{bmatrix}1&0&0&0\\0&1&0&0\\0&0&1&0\\0&0&0&0\end{bmatrix}$$

矩阵$\hat{M}^0$、$\hat{M}^1$都是对合矩阵，所以 $M'$是一个对合矩阵。

S 盒(SB)：PRINCE 采用的 S 盒如表 2-31 所示。

**表 2-31　PRINCE 算法的 S 盒**

| x | 0 | 1 | 2 | 3 | 4 | 5 | 6 | 7 | 8 | 9 | A | B | C | D | E | F |
|---|---|---|---|---|---|---|---|---|---|---|---|---|---|---|---|---|
| S(x) | B | F | 3 | 2 | A | C | 9 | 1 | 6 | 7 | 8 | 0 | E | 5 | D | 4 |

### 2.11.2　PRINCE 的密钥扩展算法

PRINCE 算法中，首先将 128 位的密钥 k 分成两个 64 位的密钥，即 $k=k_0 \parallel k_1$。然后将这 128 位的密钥通过下面的映射扩展成 192 位：

$$k=(k_0 \parallel k_1)\rightarrow(k_0 \parallel k'_0 \parallel k_1)=(k_0 \parallel (k_0 \ggg 1)\oplus(k_0 \ggg 63) \parallel k_1 \qquad (2\text{-}24)$$

$k_1$用于核心算法。剩余的密钥$k_0$和得到的$k'_0$作为两个附加的密钥用于前向和后向的白化密钥。

### 2.11.3　PRINCE 的安全分析

PRINCE 是一种在硬件实现时考虑延迟的分组密码算法。对于许多具有实时安全需求的应用程序来说，PRINCE 是可取的。PRINCE 允许在一个时钟周期内对数据进行加密，与已知的解决方案相比，芯片区域竞争非常激烈。PRINCE 的设计方式使得加密之上的解密开销可以忽略不计。

## 2.12　轻量级分组密码算法 ITUbee

### 2.12.1　ITUbee 的加解密算法

ITUbee 分组密码算法是 Karakoc 等人提出的，采用类 Feistel 结构[26]。ITUbee 算法的分组长度和密钥长度均为 80 位。算法由 20 轮轮函数构成。为了提高加密速度并减小硬件实现面积，该密钥采用无密钥生成的策略，是一个适用于资源受限环境的轻量级算法。

ITUbee 轻量级分组密码算法的整体加密流程如图 2-17 所示。ITUbee 加密过程如下：

(1) 将 80 位的明文分组和密钥分别分成两个 40 位。用$(P_L,P_R)$表示明文分组，用$(K_L,K_R)$表示密钥。

(2) 介入前白化密钥，计算 $X_1=P_L\oplus K_L$，$X_0=P_R\oplus K_R$。

(3) 对于 $i=1,2,\cdots,20$：

假如 $i \bmod 2=1$，$X_{i+1}=X_{i-1}\oplus F(L(K_R\oplus RC_i\oplus F(X_i)))$；

假如 $i \bmod 2=0$，$X_{i+1}=X_{i-1}\oplus F(L(K_L\oplus RC_i\oplus F(X_i)))$；

其中，$RC_i$为预先定义常数，如表 2-32 所示。$F(\cdot)$和 $L(\cdot)$为轮函数中调用的函数。

(4) 介入后白化密钥，计算 $C_L=X_{20}\oplus K_R$，$C_R=X_{21}\oplus K_L$，输出密文为 $C_L \parallel C_R$。轮函数中

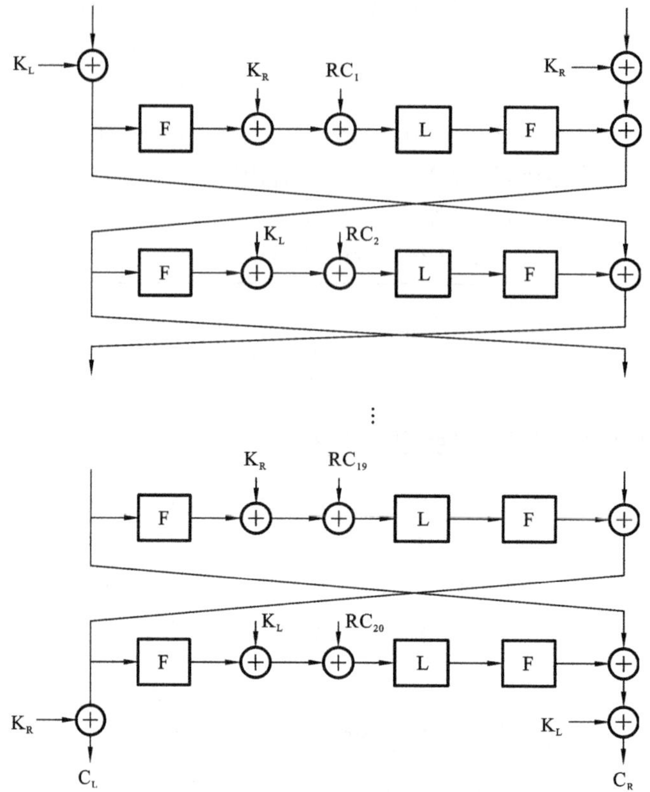


图 2-17　ITUbee 算法的加密流程

调用的函数定义如下：

$$F(X)=S(L(S(X))) \tag{2-25}$$

$S(a\|b\|c\|d\|e)=s[a]\|s[b]\|s[c]\|s[d]\|s[e]$。其中，a、b、c、d、e 为 8 比特值，s 为 ITUbee 算法使用的 S 盒，该 S 盒与 AES 的 S 盒相同。

$L(a\|b\|c\|d\|e)=(e\oplus a\oplus b)\|(a\oplus b\oplus c)\|(b\oplus c\oplus d)\|(c\oplus d\oplus e)\|(d\oplus e\oplus a)$

ITUbee 算法的解密流程与加密流程相同，只是在解密流程中用到的密钥分别是($K_R\|K_L$)和($K_L\|K_R$)，并且轮常量是以相反的顺序用在解密轮函数中，即第 20 个轮常量用在第 1 轮解密变换中，第 1 轮轮常量用在第 20 轮解密变换中。

表 2-32　ITUbee 算法用到的轮常量

| i | $RC_i$ | i | $RC_i$ | i | $RC_i$ | i | $RC_i$ |
|---|---|---|---|---|---|---|---|
| 1 | 0x1428 | 6 | 0x0f23 | 11 | 0x0a1e | 16 | 0x0519 |
| 2 | 0x1327 | 7 | 0x0e22 | 12 | 0x091d | 17 | 0x0418 |
| 3 | 0x1226 | 8 | 0x0d21 | 13 | 0x081c | 18 | 0x0317 |
| 4 | 0x1125 | 9 | 0x0c20 | 14 | 0x071b | 19 | 0x0216 |
| 5 | 0x1024 | 10 | 0x0b1f | 15 | 0x061a | 20 | 0x0115 |

## 2.12.2　ITUbee 的安全分析

ITUbee 是一种面向软件的轻量级分组密码，此密码特别适用于包括 8 位微控制器的资源受限设备,如无线传感器网络中的传感器节点。对于传感器节点,由于电池功率有限,最重要的限制之一是低能耗。此外,传感器节点上的内存也受到限制。设计者使用集成开发平台 Atmel Studio 6 模拟了 ITUbee 在 AVR ATtiny45 微控制器中的性能,评估了加密所需的内存使用情况和时钟周期。时钟周期数给出了能耗的度量。仿真结果表明,在能耗方面,ITUbee 是 8 位软件平台上具有竞争力的分组密码。此外,密码对内存的要求比较低,并且对面向软件的轻量级分组密码有效的攻击不能降低 ITUbee 的 80 位安全级别。

## 习　题　2

一、选择题

1. DES 算法明文分组和有效密钥长度分别为(　　)位。

A. 128 和 64　　B. 128 和 56　　C. 64 和 56　　D. 64 和 128

2. 在 AES 算法中,除最后一次轮变换外,前面每轮中,计算的顺序依次是(　　)。

A. 字节置换、行移位、列混淆、密钥加

B. 密钥加、字节替换、行移位、列混淆

C. 行移位、列混淆、密钥加、字节替换

D. 列混淆、密钥加、行移位、字节替换

3. PRESENT 算法采用 SPN 结构,每轮由三层组成,其排列顺序(　　)。

A. 轮密钥加函数、S 盒代换层和置换层

B. S 盒代换层、轮密钥加函数和置换层

C. 置换层、S 盒代换层和轮密钥加函数

D. 轮密钥加函数、置换层和 S 盒代换层

4. LED 的加密算法的步骤包括(　　)。

A. 轮密钥加变换、轮常量变换、S 盒运算、行移位变换

B. 轮密钥加变换、轮常量变换、S 盒运算、行移位变换、列混淆变换

C. 轮密钥加函数、S 盒运算、移位变换、列混淆变换

D. 以上都不是

5. KLEIN-64 算法的密钥长度与加密轮数分别为(　　)。

A. 64 位和 20　　B. 64 位和 16　　C. 64 位和 32　　D. 64 位和 12

二、填空题

1. DES 算法的轮函数模块分为______、______、______、______。

2. HIGHT 加密算法将 64 位明文经过______、______和输出变换转换成 64 位密文。

3. PUFFIN 算法的轮函数包含______、______和线性变换层。

4. TWINE 算法的设计采用的是______。

5. PRINCE 算法的轮函数包括______、______、______、______。

三、简答题

1. 请简述 DES 算法加密的主要过程。

2. 试比较 DES 与 AES 加解密过程中所体现的不同。

3. 请简述 PRESENT 算法加密的主要过程。

4. 请简述 Piccolo 算法加密的主要过程。

# 第3章　轻量级分组密码设计原理和整体结构

一个安全的轻量级密码算法必须具有良好的混淆和扩散特性。其中，混淆的目的是使得密文、明文与密钥三者之间的统计关系和代数关系尽可能复杂，在即使获得密文和明文情况下，也无法求出密钥的任何信息；在即使获得明文和密文的统计规律情况下，也无法求出明文的信息。扩散的目的是为了让每个明文比特和密钥比特尽可能多地影响到每一个密文比特，以隐蔽明文的统计特性和结构规律。

一个轻量级分组密码可以由具有混淆和扩散作用的运算构成。混淆运算通常可以是非线性S盒置换或通过几种简单运算（如模加、与、循环移位以及异或等）的组合实现的非线性部件。扩散运算通常是用置换、移位、MDS矩阵等操作实现的线性部件。

分组密码的整体结构是分组密码算法的一个重要特征，它不仅影响分组密码的轮数的选择，也影响着分组密码的软硬件实现效率。目前通用的分组密码算法都采用迭代结构，即设计一个密码性质相对较弱的迭代函数（称为轮函数），然后通过将较弱的轮函数迭代多轮后以满足安全属性与实现原则。常见的分组密码结构大致可以分为Feistel结构、SPN结构和Lai-Massey结构等。

## 3.1　轻量级分组密码一般设计原理

轻量级分组密码的设计通常遵循安全性原则和实现性原则。下面分别从这两种原则出发对轻量级分组密码的设计进行说明。

**1. 针对安全性的一般设计原则**

影响安全性的因素很多，诸如分组长度和密钥长度等。但有关实用密码的两个一般的设计原则是Shannon[44]提出的混淆原则和扩散原则。混淆和扩散是由C. E. Shannon提出的设计密码体制的两个基本原理，其目的是提高密码体制的抗统计分析能力。混淆和扩散是现代分组密码学的基础。

混淆原则是指人们所设计的密码应使得密钥和明文以及密文之间的依赖关系相当复杂，以至于这种依赖性对密码分析者来说是无法利用的。使用复杂的非线性代替变换可以达到比较好的混淆效果，而简单的线性代替变换得到的混淆效果则不理想。

扩散原则是指人们所设计的密码应使得密钥的每个比特影响密文的更多比特，以防止攻击者对密钥进行逐段破译，而且明文的每个比特也应影响密文的更多比特，以便隐蔽明文的统计特性。

乘积和迭代有助于实现扩散和混淆。选择某些较简单的受密钥控制的密码变换，通过乘积和迭代可以取得比较好的扩散和混淆的效果。

另外还有一个重要的设计原理是，密码体制必须能抵抗现有的所有攻击方法。

**2. 针对实现性的设计原则**

轻量级分组密码与传统密码的区别在于“轻量化”，根据设计准则，轻量级分组密码算法主要分为面向软件轻量化、面向硬件轻量化以及综合考虑软硬件的混合轻量化。

1）面向软件轻量化

在软件环境中一般用时间复杂度和存储复杂度来衡量分组密码算法的“重量”，评估时间复杂度的其中一种方式即加密算法（或解密算法）处理 1 B 数据所需要的时钟周期数，忽略密钥扩展等间接开销；另外一种方式即将所有间接开销都计算在内，考虑所需要的时钟周期数。存储复杂度主要是考虑算法正常运行时占用的 RAM 空间量与存储算法占用的空间量。

2）面向硬件轻量化

硬件实现的优点是可获得高速率，而软件实现的优点是灵活性强、代价低。基于软件和硬件的不同性质，分组密码的设计原则可根据预定的实现方法来考虑。由于轻量级分组密码面向物联网环境，因此，更多的是考虑密码的硬件实现。在硬件环境中一般使用吞吐量来表示算法的时间效率，即在给定时钟频率下，算法每秒钟处理的数据比特数；存储情况主要考虑实现算法所需要的逻辑门数量，该量一般使用 GE 作为单位，且 1 GE 等价于一个与非门。

硬件实现的设计原则是加密和解密的相似性，即加密和解密过程仅仅是密钥的使用方式不同。当算法设计符合此原则时，可使同样的器件既能用来加密又能用来解密。另外，尽量使用规则结构，因为密码应有一个标准的组件结构，以便其能适应于用超大规模集成电路实现。

迭代分组密码与上述基本设计原则相符。一个简单的轮函数可方便地实现，并且选择一个适当的轮函数，经过若干次迭代后可以提供必要的混淆和扩散。

迭代分组密码由加密算法、解密算法和密钥扩展算法三部分组成。解密算法是加密算法的逆，由加密算法唯一确定。因此，轻量级密码算法通常选用具有迭代结构的密码设计。

3）综合考虑软硬件的混合轻量化

一般是结合软硬件二者优点的混合设计，在设计过程中主要考虑三个因素：安全、成本和效率[28]，它们三者的折中关系如图 3-1 所示。

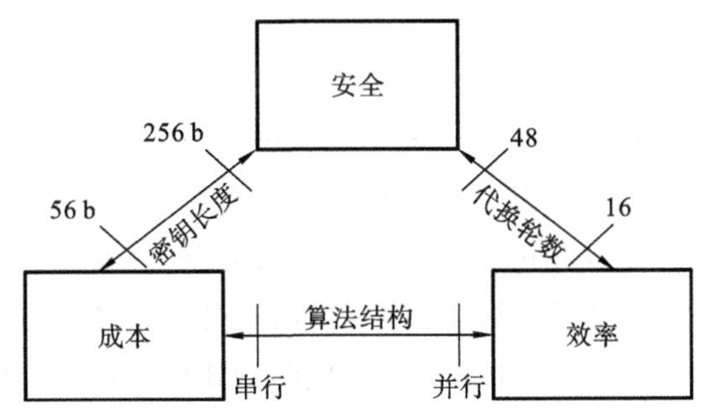


**图 3-1　安全、成本和效率的折中关系**

从图 3-1 可以看出，在设计轻量级分组密码算法时，在安全、成本和效率之间找到一个平衡点是有一定难度的，代换轮数会影响安全与效率之间的平衡，密钥长度会影响安全和成本之间的平衡，算法结构则会影响成本和效率之间的平衡。

## 3.2　轻量级分组密码的数学理论基础

轻量级分组密码的数学理论主要体现在数学变换上。首先，用 0 和 1 表示的二进制数对明文序列进行编码。其次，将编码成功的二进制数序列均分成长度为 n 的分组 $X=\{x_0, x_1,$

…,$x_{n-1}$},进一步,将明文分组 X 与长度同为 n 的密钥分组进行异或作用,生成等长度的密文序列。简言之,轻量级分组加密算法的实质是一个映射过程:$\{0,1\}^n \times \{0,1\}^n \rightarrow \{0,1\}^n$。

布尔函数描述如何基于对布尔输入的某种逻辑计算确定布尔值输出,而布尔函数的性质在密码学中,特别是在轻量级分组密码非线性 S 盒设计中扮演重要角色。S 盒实质上可以看作一个$F_2^n \rightarrow F_2^m$的多输出布尔函数。布尔函数的相关理论和结果能够对 S 盒的研究设计提供很好的指引作用,因此 S 盒的很多密码性质是由布尔函数的相关性质推广而来。在轻量级分组密码算法设计领域所涉及的布尔运算符号如下:

&:按位与;

$\oplus$:异或;

$\boxplus$:模加;

$\lll$a:循环向左移动 a 位;

$\ggg$b:循环向右移动 b 位。

轻量级分组密码按组成部分可划分为轮函数模块和轮子密钥生成模块。轮函数是轻量级分组密码结构的核心,"安全性""速度"以及"灵活性"是评价轮函数设计质量的三个重要指标。密码设计者为了达到这三个指标,通常在轮函数内部引入非线性 S 盒组件,在此基础上配合使用"异或"运算、"循环移位"等扩散非线性组件混淆效果。轮子密钥生成模块大多采用相同模式,部分如 LED 密码[5]每轮参与轮密钥加运算的子密钥不变。"相同为 0,不同为 1"是异或运算的基本规则。

**表 3-1 "异或"运算真值表**

| a | b | a$\oplus$b |
|---|---|---|
| 0 | 0 | 0 |
| 0 | 1 | 1 |
| 1 | 0 | 1 |
| 1 | 1 | 0 |

循环向左移动与循环向右移动都是把数值变成二进制数再进行循环移动的运算。轻量级分组密码一般适用于硬件资源受限的设备上,因此密码算法开发者在设计一款算法时,会先用 C/C++语言对算法逻辑进行测试,逻辑通过后再用硬件开发语言 Verilog 或者 VHDL 对算法硬件实现资源、功耗等进行测试。用到循环移位的操作时,硬件描述语言 Verilog 实现时较为简单。

**【例 3-1】** Verilog 语言实现循环向左移动 3 位。

```
wire [7:0] shifter;
wire [7:0] L_shifter;
assign L_shifter={shifter[4:0],shifter[7:5]};
```

**【例 3-2】** C 语言实现循环向左移动 3 位。

```
void shifts(byte*p)
{
    byte tmpk1[2];
```

```
        for(int i=0;i<2;i++) tmpk1[i]=p[i];
        p[0]=((tmpk1[0]<<3)|(tmpk1[1]>>1))& 0x0f;
        p[1]=((tmpk1[1]<<3)|(tmpk1[0]>>1))& 0x0f;
    }
```

“田”是指两个数 x 和 y 进行“模$2^n$加”运算，即 x田 y=(x+y)mod $2^n$。例如，Hong 等在 CHES 2006 上提出的轻量级分组密码 HIGHT[23]，其采用一种 8-分支广义 Feistel 结构，只使用“循环移位”“异或”以及“模 $2^8$ 加”，且没有使用 S 盒。“与”运算最早出现在 R. Beaulieu 等人设计的轻量级分组密码 SIMON 与 SPECK[10] 中，该算法基于 Feistel 网络结构，采用“与”运算、“异或”运算以及“循环移位”，同样也没有使用 S 盒。与运算的逻辑规则是“两位同时为 1，结果才为 1，否则为 0”。

**表 3-2　“与”运算真值表**

| a | b | a&b |
|---|---|---|
| 0 | 0 | 0 |
| 0 | 1 | 0 |
| 1 | 0 | 0 |
| 1 | 1 | 1 |

### 3.2.1　有限域运算

有限域是指具有有限个元素的域，元素的个数称为有限域的阶，且一定是某个素数 P 的 n 次幂(n 取正整数)。当 n=1 时，存在有限域 GF(p)，也称为素数域。在轻量级分组密码领域中，最常用的是有限域 GF($p^n$)，且通常 p=2。

有限域规定的运算法则主要有加法和乘法两种运算。有限域 GF(p)加法、乘法运算与一般整数加法、乘法运算类似，但唯一不同的是当运算结果超出范围时，要将运算结果对素数 P 取模。例如，GF(5)：{0,1,2,3,4}，其加法与乘法表示如下：

$$3+4=7 \bmod 5$$

$$3\times4=12 \bmod 5$$

有限域上的减法运算其实质是 a−b=a+(−b)，关键是找到 b 的加法逆元。如求有限域上的元素 b 的逆元，可以求满足式子 bx=1 mod5 的整数 x 来得到，求解上述式子时，可以利用扩展的欧几里得算法，通过求解 $bx=1+5k(k\in \mathbf{Z}^+)$，来得到 b 的逆元 x。

欧几里得算法又称为辗转相除法，对于两个整数 a、b，若 a>b，求取其最大公约数 gcd(a, b)，有 gcd(a,b)=gcd(b,a mod b) 。扩展欧几里得算法指的是：对于不全为 0 的整数 a、b，存在整数 x、y 使得 ax+by=gcd(a,b)。根据欧几里得算法，ax+by=gcd(a,b)=gcd(b,a mod b) $=bx_2+(a \bmod b)y_2$，利用恒等定理则有：$x_1=y_2$；$y_1=x_2-[a/b]y_2$。利用此定理，在有限域 GF(p)上，对于任意一个非零元 g，则有 gx+py=gcd(g,p)=1，那么使得等式成立的 x 就是 g 的逆元，那么求解逆元的过程就转换成了求解 x 的过程。

有限域 GF($2^n$)上的加法与乘法运算不再使用一般的加法和乘法，而是使用多项式运算：$f(x)=x^6+x^4+x^2+x+1$，且具有以下特点。

(1) 多项式的系数只能是 0 或者 1。当然对于 GF($p^n$)，若 p 等于 3，则系数是可以取 0、1、2。

（2）合并同类项时，不论加法运算还是减法运算都只进行异或操作。

伽罗华域的元素可以通过该域上的本原多项式生成，本原多项式指的是有限域的有限扩张的本原元的最小生成多项式，由于有限域的乘法群是循环的，所以这里的本原元即是生成元。部分 GF($2^n$)经常使用的本原多项式如下：

$$n=4: x^4+x+1$$

$$n=8: x^8+x^4+x+1$$

$$n=16: x^{16}+x^{12}+x^4+x+1$$

**1. Matlab 中的有限域计算函数**

在 Matlab 中，函数 GF 用来定义一个有限域数组，GF($2^n$)上创建数组函数申明如下：

$$x\_GF=GF(x,n,PRIM\_POLY)$$

其中，PRIM_POLY 代表 GF($2^n$)上的 n 次本原多项式，如果不指定本原多项式，则 Matlab 将使用默认本原多项式。数组 x 中的元素为 0～($2^n-1$)。生成的有限域数组可以参与加法、乘法运算等，但是参与运算的操作数必须来自同一个有限域，用于生成有限域的本原多项式也必须相同。这里以有限域 GF($2^3$)为例，并令本原多项式为$x^3+x+1$，Matlab 运行界面如图 3-2 所示。

```
命令行窗口
不熟悉 MATLAB？观看此视频，查看示例或者阅读快速入门。
>> GF8 = gf(0:7,3,13)

GF8 = GF(2^3) array. Primitive polynomial = D^3+D^2+1 (13 decimal)

Array elements =

     0     1     2     3     4     5     6     7

>> GF8'*GF8

ans = GF(2^3) array. Primitive polynomial = D^3+D^2+1 (13 decimal)

Array elements =

     0     0     0     0     0     0     0     0
     0     1     2     3     4     5     6     7
     0     2     4     6     5     7     1     3
     0     3     6     5     1     2     7     4
     0     4     5     1     7     3     2     6
     0     5     7     2     3     6     4     1
     0     6     1     7     2     4     3     5
     0     7     3     4     6     1     5     2

fx >>
```

**图 3-2　Matlab 有限域乘法运算界面截图**

**2. 轻量级分组密码中有限域运算应用示例**

2018 年，李浪、刘波涛等人在构造 Surge[15]密码时利用易于硬件实现的(0、1、2、4)组合矩阵 m，在有限域 GF($2^4$)上求矩阵 m 的 4 次幂得到矩阵 M，且此处是硬件实现友好型列混合矩阵，构造过程如下：

$$(m)^4=\begin{bmatrix}4&1&2&2\\1&0&0&0\\0&1&0&0\\0&0&1&0\end{bmatrix}^4=\begin{bmatrix}5&2&b&f\\e&8&c&4\\2&6&a&8\\4&1&2&2\end{bmatrix}=M$$

### 3.2.2　伪随机性在轻量级分组密码中的应用

密码学都会涉及随机数，因为许多密码系统的安全性依赖于随机数的生成。序列密码是对称密码，从明文输入流逐位或逐字节产生密文输出。使用最为广泛的此类密码是 RC4。序列密码的保密性完全取决于密钥的随机性。如果密钥是真正的随机数，那么这种体制理论上就是不可破译的。但这种方式所需要的密钥量太过庞大，不适合在硬件资源受限的设备中使用。在轻量级分组密码设计中，目前随机数一般被用作密钥的补充信息和初始化向量来增强整体密码结构的随机性。伪随机数产生的原则如下。

(1) 随机性：一般认为随机序列应有良好的统计特性，不存在统计学偏差，是完全散乱的数列。

(2) 分布均匀性：序列中的位分布应是均匀的，即 0 和 1 出现的频率大约相等。

(3) 独立性：序列中任何子序列不能由其他子序列推导出来。

产生伪随机数的方法最常见的是利用一种线性反馈移位寄存器(LFSR)。线性反馈移位寄存器一般由触发器和门电路实现，具有原理简单、计算速度快、便于硬件实现以及生成的序列具有良好的统计特性，广泛用于序列密码的密钥流生成器设计。此外，在轻量级分组密码结构中引入轮常数加模块可以有效打破循环移位所带来的对称性，如轻量级分组密码 RECTANGLE[28] 在密钥扩展算法中把 8 比特加密轮数当作参与轮常数加模块所需的常数。为了增加密码算法的随机性，还可以通过线性反馈移位寄存器生成每轮参与常数加模块所需的常数，如基于 ARX 结构的 HIGHT 密码。HIGHT 密码的密钥扩展算法由两个部分组成：第一部分是白化密钥和子密钥生成部分；第二部分是常数生成部分，利用线性反馈移位寄存器生成 128 个 7 比特常数 $\delta_0, \delta_1, \cdots, \delta_{127}$。

线性反馈移位寄存器是指给定前一状态的输出，将该输出的线性函数再用作输入的移位寄存器。异或运算是最常见的单比特线性函数：对寄存器的某些位进行异或操作后作为输入，再对寄存器中的各比特进行整体移位。

首先，线性反馈移位寄存器包括两个部分：级和反馈函数。每一级包含一个比特，比如 11010110 可以看作是由一个 8 级的移位寄存器产生的。线性反馈移位寄存器的反馈函数是线性的，非线性反馈移位寄存器的反馈函数则是非线性的。

赋给寄存器的初始值称为“种子”，因为线性反馈移位寄存器的运算是确定的，所以由寄存器所生成的数据流完全取决于寄存器当时或者之前的状态。而且，由于寄存器的状态是有限的，它最终肯定会是一个重复的循环。然而，通过本原多项式，线性反馈移位寄存器可以生成看起来是随机的且循环周期非常长的序列。

一个 n 级的移位寄存器产生的序列的最大周期为 $2^n-1$。当然这个最大周期与反馈函数有很大关系，线性反馈函数实际上就是这个级的移位寄存器选取“某些位”进行异或后得到的结果，这里的“某些位”的选取很重要，得到线性反馈函数之后，把这个移位寄存器的每个元素向右移动一位，把最右端的作为输出，把“某些位”的异或结果作为输入放到最左端的那位，这样所有的输出对应一个序列，这个序列称为 M 序列，是最长线性移位寄存器序列的简称。

然而，上面“某些位”的选取问题还没有解决，那么应该选取哪些位来进行异或才能保证是最长周期，这是一个很重要的问题。选取的“某些位”构成的序列称为抽头序列，理论表明，要使 LFSR 得到最长的周期，这个抽头序列构成的多项式加 1 必须是一个本原多项式，也就是说这个多项式不可约，如 $f(x)=x^4+x+1$。

如图 3-3 所示，以一个 4 级线性反馈移位寄存器为例来进行说明。

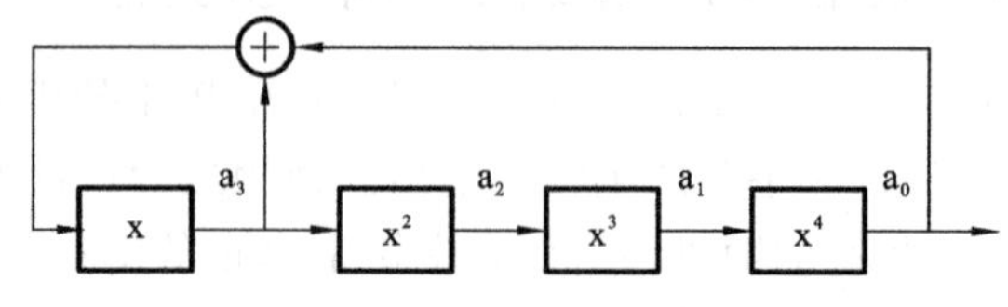


**图 3-3　4 级线性反馈移位寄存器**

假设$a_3$、$a_2$、$a_1$、$a_0$的值分别是 1、0、0、0，反馈函数为 $f(x)=x^4+x+1$，那么得到序列如表 3-3 所示。

**表 3-3　$a_3$、$a_2$、$a_1$、$a_0$序列表**

| $a_3$ | $a_2$ | $a_1$ | $a_0$ |
|---|---|---|---|
| 1 | 0 | 0 | 0 |
| 1 | 1 | 0 | 0 |
| 1 | 1 | 1 | 0 |
| 1 | 1 | 1 | 1 |
| 0 | 1 | 1 | 1 |
| 1 | 0 | 1 | 1 |
| 0 | 1 | 0 | 1 |
| 1 | 0 | 1 | 0 |
| 1 | 1 | 0 | 1 |
| 0 | 1 | 1 | 0 |
| 0 | 0 | 1 | 1 |
| 1 | 0 | 0 | 1 |
| 0 | 1 | 0 | 0 |
| 0 | 0 | 1 | 0 |
| 0 | 0 | 0 | 1 |
| 1 | 0 | 0 | 0 |

从表 3-3 可以看出，最长周期为 15。在这一个周期里面涵盖了[1，$2^n$-1]内的所有整数，并且都不是按固定顺序出现的，具有很好的随机性。

## 3.3　轻量级分组密码算法的整体结构

轻量级分组密码所用整体结构对于分组密码的轮数选择、软硬件性能有深刻影响，一般采用可证明安全理论的方法研究整体结构对差分、线性等分析方法的抵抗力。

### 3.3.1 Feistel 结构

Feistel 结构是一种迭代结构，它的每轮迭代结构都相同，是右半数据被作用于轮函数 F 后，再与左半数据进行异或运算的结构。F 函数总是非线性且不可逆的，在分组密码中一般称为轮函数。Feistel 结构是一种将任何 F 函数转换为置换的通用方式，由 Horst Feistel 在设计分组密码 Lucifer 时发明，此后被广泛应用于 DES、GOST、RC5 等分组密码算法。Feistel 逻辑结构如图 3-4 所示。

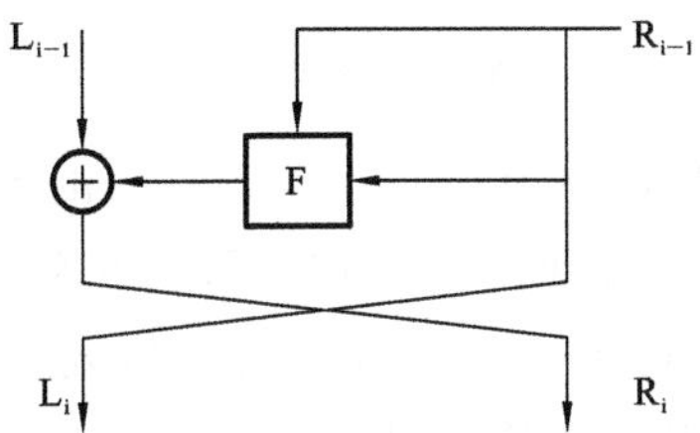


**图 3-4　Feistel 逻辑结构图**

加解密相似是 Feistel 结构的最大优点，且对于任何的轮函数 f(x)，Feistel 结构都是可逆的，然而该结构存在一轮只扩散一半的局限。

### 3.3.2 广义 Feistel 结构

广义 Feistel 结构是 Feistel 结构的一种推广，简称 GFS。GFS 形式多样，包括Ⅰ-型 GFS、Ⅰ-型 GFS、Nyberg-型 GFS。Feistel 结构将输入分组划分成 2 个子块，GFS 则是将输入分组划分为 $k(k>2)$个子块，在此基础上可以降低轮函数的规模，从而降低软硬件实现代价。

近年来，李浪、刘波涛等人在设计分组密码算法 QTL 时提出了一种广义 Feistel 型结构的新变种，该结构一轮改变所有块消息，且加解密共用一种结构，有效提高算法扩散速度且低资源占用。变种广义 Feistel 结构如图 3-5 所示。

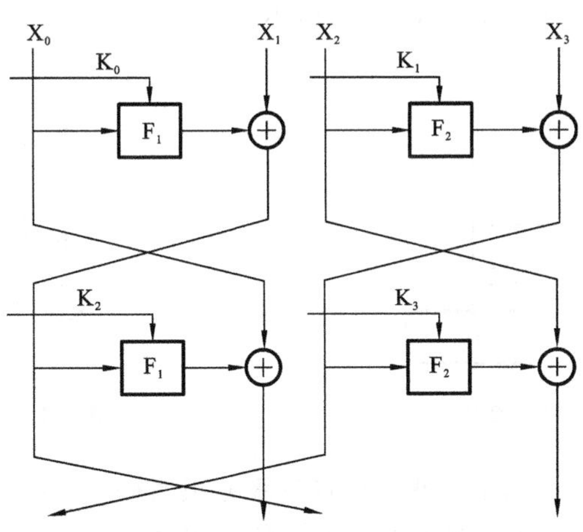


**图 3-5　变种广义 Feistel 结构图**

### 3.3.3 SPN 结构

SPN 结构分组密码加解密局部有似，且由混淆层和线性层级联而成。SPN 逻辑结构如图 3-6 所示。

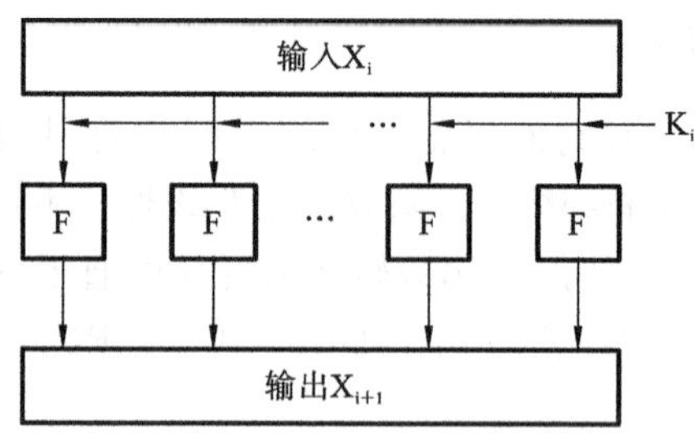


图 3-6　SPN 结构

混淆层是一个非线性双射变换，通常由若干个 m×m 的 S 盒并行排列组成，如 AES 的混淆层由 16 个 8×8 的 S 盒并排，PRESENT 的混淆层由 16 个 4×4 的 S 盒并排，任意一个 S 盒输出的 a 比特仅与其输入的 a 比特相关，与其他 S 盒的输入线性无关。

线性层一般通过置换、移位及异或等手段改善 SPN 结构型轻量级分组密码的雪崩特性，并且有效提高密码算法对差分攻击和线性攻击的抵抗能力。

SPN 结构轻量级分组密码的扩散速度优于 Feistel 结构，但是对称性差，加解密时间也不相同。

### 3.3.4　MISTY 结构和 Lai-Massey 结构

MISTY 结构是在 Feistel 结构的研究成果上推广的一种整体结构，当左右长度不一样时，合理选取轮函数可以使得 MISTY 结构达到比 Feistel 结构更高的安全性。MISTY 结构如图 3-7 所示。

Lai-Massey 结构由 Vaudenay 提出，使用模加、模减运算，以及一个正型置换 σ 构建。在 FOX 算法中，σ 函数被具体化为 $\sigma=(x_l,x_r)=(x_r,x_l x_r)$，并且 Lai-Massey 结构中的模运算也统一为异或运算。Lai-Massey 结构如图 3-8 所示。

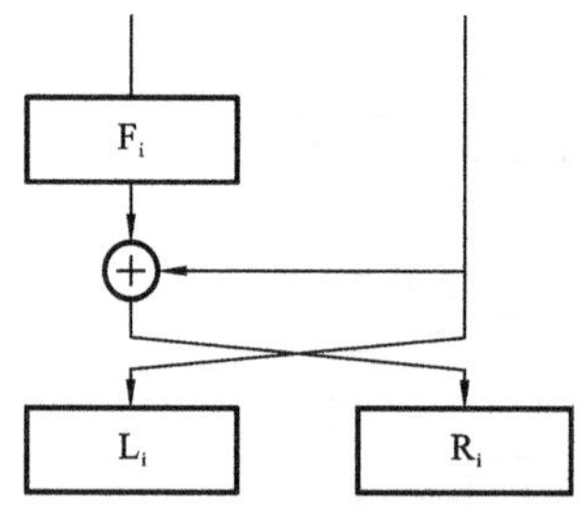


图 3-7　MISTY 结构

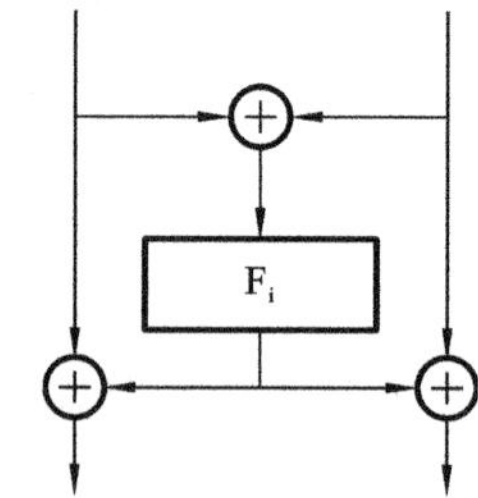


图 3-8　Lai-Massey 结构

在过去的几年中，已经提出了一些经典轻量级分组密码。这些轻量级分组密码多采用单一加密方法，2018 年李浪、刘波涛等人设计了一种采用 SP 网络结构和 Feistel 网络结构进行加密的不同加密方法。当前的 SP 网络具有加密和解密过程不同的限制。为了解决这个问题，他们利用非线性和线性分量的内卷相关特性来修改 SP 网络结构。修改后的版本使加密和解密程序或电路能够像 Feistel 网络结构一样工作。最后，他们将这三个新颖的想法实例化为轻量级分组密码 SFN。SFN 加密算法结构图 3-9 所示。

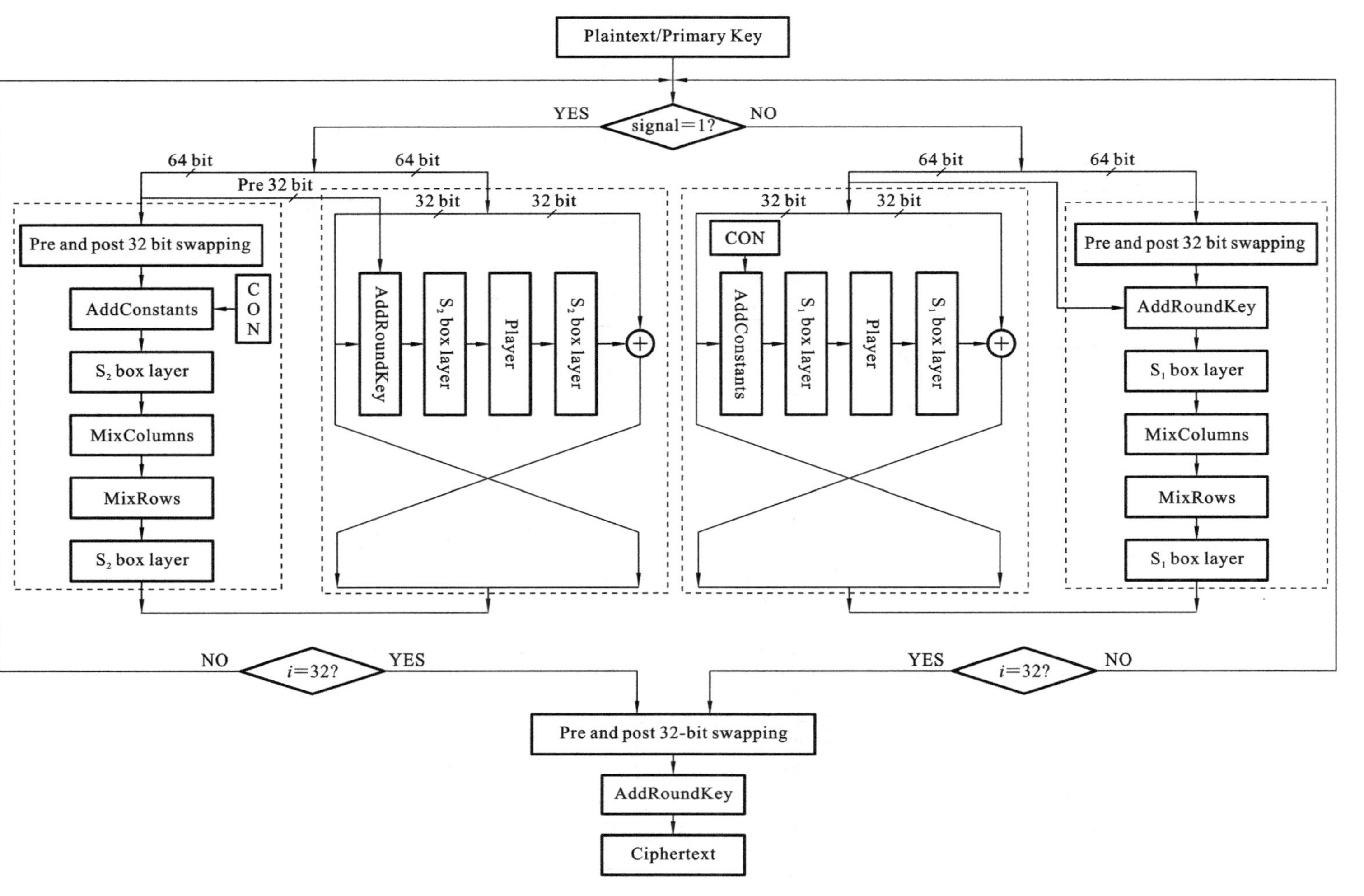


**图3-9　轻量级分组密码 SFN 加密结构图**

# 习　题　3

一、选择题

1. 下列哪个轻量级分组密码属于 Feistel 结构。(　　)

A. RECTANGLE　　B. PRESENT　　C. LED　　D. LBock

2. 在有限域 GF(7)上计算 5+6 与 5×6。(　　)

A. 4,2　　B. 4,1　　C. 5,1　　D. 5,2

二、填空题

1. ______和______是设计密码体制的两种基本方法。

2. SPN 结构和 Feistel 结构是基于______方法设计分组密码较为常用的结构。

3. 在设计分组密码过程中主要考虑______、______和______三个因素。

4. SPN 结构轮变换分为两层:第一层是______,是由密钥控制的非线性变换,通常由 S 盒实现;第二层是______,通常由于密钥无关的可逆线性变换实现。

三、判断题

1. 有限域上所有的元素都存在逆元。

2. 非线性 S 盒是大部分轻量级分组密码算法的唯一非线性组件。

3. 在设计 S 盒时,要根据实际情况,判断是否需要满足所有的设计原则。

4. Feistel 是密码设计的一个结构,而非一个具体的密码产品。

四、简答题

1. 请分别简述 Feistel 结构和 SPN 结构的优点和缺点。

2. 用 GF(2)上的不可约多项式 $x^4+x+1$ 构造 $GF(2^4)$,找出一个本原元,并计算 $x^2+x+1$ 的逆。

3. 写出 Feistel 网络结构加密运算的算法。在此假定:① 明文的长度为 2m 位;② 函数 $f(x,y)=x+y$(布尔加运算);③ 子密钥不变,都等于密钥 k,长度为 m 位;④ 执行循环次数为 r;当 m=16,r=3,k=11110000 时给出下列明文的密文:

(1) 1111 1111 1111 1111

(2) 0000 0000 0000 0000

(3) 1111 0000 1111 0000

(4) 1010 1010 1010 1010

# 第 4 章　轻量级分组密码非线性层

本章主要讨论轻量级分组密码算法中的非线性组件设计。非线性层的密码强度决定了整个轻量级分组密码算法的安全强度，因为大多数线性密码容易受到各种近似攻击。轻量级分组密码的设计遵循混淆和扩散原则，而某些描述非线性变换的布尔函数在轻量级分组密码中起着混淆作用。从 QTL[13]、PRESENT[1]、LBlock[11]、GIFT[29]、SFN[30]、Midori[31]、SKINNY[32]、PRINCE[33]、Piccolo[4]、RECTANGLE[28]、TWINE[25]、LED[5]、KLEIN[12]、ITUbee[26]、SIMON 和 SPECK[34]、Simeck[9]、CHAM[35] 等经典轻量级分组密码来看，一般由 4 bit 非线性 S 盒混淆明文统计关系，如 PRESENT、QTL 等，部分基于 ARX 结构采用"模加""与"等运算方式，如 HIGHT、SIMON、SPECK、Simeck、CHAM。

S 盒首次出现在 Lucifer 算法中，随后因 DES 的使用而广为流传，它能够在一定程度上混淆算法的中间结果，从而提高攻击者对算法进行攻击的难度。S 盒本质上可看作映射 $S(x)=(f_1(x),\cdots,f_m(x)):F_2^n \to F_2^m$，通常简称 S(x)是一个 n×m 的 S 盒，它的密码强度决定了整个分组密码算法的安全强度。如何设计有效的 S 盒是分组密码设计和分析中的难题。

2015 年，卢森堡大学的科研人员开发了一个开源框架"轻量级密码系统(FELICS)"，该平台通过测试 IoT 设备上不同的先进轻量级分组密码，从而确定最佳算法。根据 FELICS 给出的结果，基于 ARX 的分组密码实现优于所有其他基于 SPN 或 Feistel 的密码[36]。基于 ARX 结构的密码算法是指通过综合使用模加、(循环)移位以及异或来实现算法的非线性性、混淆性和扩散性。

## 4.1　S 盒的设计准则

S 盒在分组密码、流密码以及 Hash 函数等对称密码的设计里有重要应用，是主要的非线性变换部件。为了抗差分分析，S 盒应具有低的差分均匀度；为了抗线性分析，S 盒应具有高的非线性度。我们主要考虑 S 盒的非线性度、差分均匀度、雪崩特性和扩散特性以及代数次数和项数分布，下面给出这些准则的定义。

**定义 4.1.1**　设 $f(x):F_2^n \to F_2$ 是 n 元布尔函数。称 $\check{F}(\omega)$ 是 f(x)的 Walsh-Hadamard 变换，$\check{F}(\omega)=\sum(-1)^{f(x)\oplus L_\omega(x)}$，其中 $L_\omega(x)=\omega_1 x_1 \oplus \omega_2 x_2 \oplus \cdots \oplus \omega_n x_n$，$\omega=(\omega_1,\omega_2,\cdots,\omega_n)\in F_2^n$。

**定义 4.1.2**[37]　令 $S(x)=(f_1(x),f_2(x),\cdots,f_m(x)):F_2^n \to F_2^m$ 是一个多输出函数，称 $N_s=\min d_H(u\cdot S(x),l(x))$，$l\in L_n$，$0\neq u\in F_2^m$ 为 S(x)的非线性度，它等于 S 盒各输出位的任意非零线性组合形成布尔函数与 l 之间的最小汉明距离。如果对于每个非零线性组合所形成的布尔函数都进行 Walsh-Hadamard 变换，则可形成 WHT 矩阵，其中矩阵元素可表示为

$$\check{B}_\theta(\omega)=\sum_x \check{L}_\theta(y)\cdot\check{L}_\omega(x)(\check{L}_\omega(x)=(-1)^{L_\omega(x)})$$

$WH_{max}$ 表示 $\check{B}_\theta(\omega)$ 的最大绝对值，因此 $N_s=\frac{1}{2}(2^n-WH_{max})$。当 $WH_{max}$ 降低时，可以提高

S盒非线性度。

**定义 4.1.3** S盒的差分均匀度为

$$D(s)=\max_{a\in F_2^n,b\in F_2^n}\#\{x|f(x+a)+f(x)=b\}$$

其中，#{}表示集合元素个数。

差分密码分析方法是分析分组密码的一种典型分析手段，大量研究表明，S盒抵抗差分密码分析的能力本质上取决于差分分布表和差分均匀度。差分分析的关键在于利用了S盒的差分分布表中的特殊元素，如果某些元素值明显大于其他各元素的值，则这些元素的位置对差分攻击有效。为了抵抗差分攻击，S盒的差分均匀度应当尽可能的小。

**定义 4.1.4** $f(x)=(f_1(x),\cdots,f_m(x)):F_2^n\to F_2^m$，$n\geqslant m$，如果对于任意的 $e_i\in F_2^n$，$1\leqslant i\leqslant n$，$1\leqslant j\leqslant n$，都有$f_j(x)+f_j(x+e_i)$是一个平衡函数，则称 f(x)满足严格雪崩准则。其中，$e_i$ 的第 i 个分量为 1，其余分量为 0。

**定义 4.1.5**[38] $f(x)=(f_1(x),\cdots,f_m(x)):F_2^n\to F_2^m$，$n\geqslant m$，如果 $\alpha\in F_2^n$，对于任意的 $1\leqslant j\leqslant n$，$f_j(x)+f_j(x+\alpha)$都是一个平衡函数，则称 f(x)关于 α 满足扩散准则。

严格雪崩特性和扩散特性用于衡量S盒的输入对输出改变的随机性，它也是S盒设计的重要指标之一，因为差分密码分析的本质取决于输出改变量的不均匀分布。

对于S盒的扩散准则，从理论上说，过分强调S盒的扩散准则将限制其他准则的满足，从而给构造高强度的S盒带来困难。例如，n×m 的S盒满足 n 次扩散准则时，必须要求 n 为偶数，$n\geqslant 2m$，则S盒的正交性不能得到满足。

**定义 4.1.6**[39] 设 $f(x):F_2^n\to F_2$ 代数正规型为

$$f(x)=a_0\sum_{\substack{1\leqslant i_1<\cdots<i_k\leqslant n\\1\leqslant k\leqslant n}}a_{i_1i_2\cdots i_k}x_{i_1}x_{i_2}\cdots x_{i_k}$$

其中，$x=(x_1,\cdots,x_n)$，$a_0,a_{i_1i_2i_k}\in F_2$，则 f(x)的代数次数 D(f)为

$$D(f)=\max\{0\leqslant k\leqslant n|a_{i_1i_2\cdots i_k}=1,\quad 1\leqslant i_1<\cdots<i_k\leqslant n\}$$

f(x)的代数正规型中的 i 次项的个数称为 f(x)的 i 次项数，所有 $i(1\leqslant i\leqslant n)$次项数之和称为 f(x)的项数。

S盒的代数次数用于衡量S盒的代数非线性程度，代数次数的大小一定程度上反映了S盒的线性复杂度，S盒线性复杂度越高，越难用线性表达式逼近，且S盒的代数次数可以作为抵抗代数攻击的参数。而项数分布的程度则与插值攻击密切相关。

S盒的设计准则较多，有些设计准则之间相互限制，因此并不是所有的S盒设计必须满足所有的设计准则。例如，Camllia 算法对其他较为复杂的攻击方法具有很好的抵抗能力，但该算法中的S盒并不满足严格雪崩效应准则。在输入改变 1 比特的情况下输出比特改变的比例都比较接近 0.5，因此也具有较好的雪崩效应。对于采用 SPN 结构的分组密码，由于其良好的扩散性能，在这种情况下可以适当降低对S盒扩散性能的要求，此外，一些攻击可以被算法的其他组件抵抗，例如，可以使用轮常量来打破对称性和抵抗滑动攻击。

## 4.2 S盒的构造方法

一般地，可以将S盒的构造方法分为两大类：一类是用数学方法构造；另一类是随机生成构造[40][41]。

**1. 数学方法构造**

使用某些数学原理来设计 S 盒使其能够抵抗差分攻击和线性攻击，且拥有良好的雪崩性能。目前常用的数学方法有以下几种。

(1) 对数函数和指数函数。

SAFER 系列密码采用的均是这一组函数，因为它们拥有良好的密码学性能。在 8×8 的 S 盒置换中，代数次数和项数与随机置换的相应值接近，非线性度和差分均匀度也都相对较好。

(2) 有限域上的逆映射。

有限域上的逆映射是当前构造 S 盒的主要方法，许多著名的密码算法均采用逆映射来完成 S 盒的构造，如 Shark、Square 等。但由于在有限域 GF($2^8$)中的表达式太过简单，导致 Shark 密码算法不能有效抵抗插值攻击。因此，常将逆映射与仿射函数相结合来弥补这个缺点。

(3) 有限域上的幂函数。

幂函数是人们在寻求构造 S 盒方法的过程中发现的一种有限域的特殊结构，因其具有一定的研究价值而受到研究人员的关注，由此诞生了名为幂函数的一种代数结构。幂函数被运用到了密码算法的设计中。但是，幂函数的代数结构相对简单，难以抵御插值攻击和高阶差分密码分析攻击，通常只将幂函数运算作为构造 S 盒的基础部分。

(4) 混沌映射。

确定性混沌系统具有很好的不可预知性和随机性，在密码算法中也占有一席之地。混沌学中的“初始敏感性”与密码学中要求输入的微小改变能够引起输出的较大变化的特性契合，也采用混沌映射构造 S 盒。

**2. 随机生成构造**

随机生成构造出的 S 盒通常使人相信没有陷门，然而该方法对时间和计算资源要求较高，有很高的设计成本。目前常用构造方法如下：

(1) 随机生成一批 S 盒，再对它们进行测试，选出较好的，并基于这些好的 S 盒来构造新的 S 盒。Serpent 算法所使用的 S 盒就是基于 DES S 盒构造出来的。

(2) 通过使用某个特定的密码体系结构来构造 S 盒。例如，CRYPTON 中使用的 S 盒就是利用 3 轮 Feistel 结构的密码算法来构造的。

## 4.3　典型的 S 盒设计

S 盒的使用模式大致分为两类：一类是静态使用，即 S 盒在算法中始终保持不变，如 AES、SMS4、Camellia 使用有限域 GF($2^8$)上乘法求逆变换构造的 S 盒，MARS 使用随机产生的 8 输入 32 输出 S 盒。还有一类是动态使用，如 RC4 每运行一次，S 盒的某两个位置的值交换一次。还有一些分组密码算法(如 Khufu、Twofish)使用与密钥相关的 S 盒[42]。

### 4.3.1　典型静态使用模式下 S 盒设计

AES 算法的 S 盒是基于数学方法设计的，它利用有限域 GF($2^8$)上的乘法求逆运算以及有限域 GF(2)上的仿射运算构造了一个 8×8 的非线性变换，其中仿射运算可以消除有限域上乘法运算的不动点 0,1,具体构造方式[43]如下。

(1) 输入域元素 $x\in GF(2^8)$,求 $y=x^{-1}$,其中$x^{-1}$定义如下如下:

$$y=x^{-1}=\begin{cases}x^{254}, & x\neq 0\\ 0, & x=0\end{cases}$$

(2) 在 $GF(2^8)$中的元素分量为$(y_7,y_6,y_5,y_4,y_3,y_2,y_1,y_0)$,仿射变换定义如下:

$$z=\begin{bmatrix}1&1&1&1&1&0&0&0\\0&1&1&1&1&1&0&0\\0&0&1&1&1&1&1&0\\0&0&0&1&1&1&1&1\\1&0&0&0&1&1&1&1\\1&1&0&0&0&1&1&1\\1&1&1&0&0&0&1&1\\1&1&1&1&0&0&0&1\end{bmatrix}\begin{bmatrix}y_7\\y_6\\y_5\\y_4\\y_3\\y_2\\y_1\\y_0\end{bmatrix}+\begin{bmatrix}0\\1\\1\\0\\0\\0\\1\\1\end{bmatrix}=\begin{bmatrix}y_7\\y_6\\y_5\\y_4\\y_3\\y_2\\y_1\\y_0\end{bmatrix}+\begin{bmatrix}y_6\\y_5\\y_4\\y_3\\y_2\\y_1\\y_0\\y_7\end{bmatrix}+\begin{bmatrix}y_5\\y_4\\y_3\\y_2\\y_1\\y_0\\y_7\\y_6\end{bmatrix}+\begin{bmatrix}y_4\\y_3\\y_2\\y_1\\y_0\\y_7\\y_6\\y_5\end{bmatrix}+\begin{bmatrix}y_3\\y_2\\y_1\\y_0\\y_7\\y_6\\y_5\\y_4\end{bmatrix}+0x63$$

$$='1f'y+'96'y_7+'46'y_6+'2e'y_5+'1a'y_4+'63'$$

(3) AES 算法 S 盒基础域的元素分量和元素之间的关系为

$$\begin{bmatrix}y_0\\y_1\\y_2\\y_3\\y_4\\y_5\\y_6\\y_7\end{bmatrix}=\begin{bmatrix}29&2d&3d&26&78&9c&d1&2b\\b0&ed&0c&50&b0&ed&0c&50\\58&f0&46&bf&b8&ad&a7&e3\\05&11&1a&5f&e5&4c&fb&03\\a6&e2&59&f1&47&be&b9&ac\\53&b5&fc&16&0f&55&a1&f7\\a4&e6&49&ea&19&5a&f4&56\\52&b4&fd&17&0e&54&a0&f6\end{bmatrix}\begin{bmatrix}y\\y^2\\y^4\\y^8\\y^{16}\\y^{32}\\y^{64}\\y^{128}\end{bmatrix}$$

AES 的 S 盒代数式为

$$z='63'+'8f'x^{127}+'b5'x^{191}+'01'x^{223}+'f4'x^{239}+'25'x^{247}+'f9'x^{251}+'09'x^{253}+'05'x^{254}$$

## 4.3.2 典型动态使用模式下 S 盒设计

从密码算法研究可知,当 n 值增大到一定程度时,域 $GF(2^n)$上的置换几乎都是非退化的,如果此时 S 盒的选取与输入明文和密钥相关,则能极大提高其密码学特性。有关研究人员已经构造了置换与密钥相关的动态 S 盒[42]。

Twofish 算法是美国 Bruce Schneier 等人提供的一个候选算法。它的总体结构是一个 16 轮的 Feistel 结构,主要特点是 S 盒由密钥控制。在构造密钥相关 S 盒时,需要使用两个 8 位的置换$q_0$和$q_1$以及密钥。

首先对密钥作一个线性变换,得到 k 个 32 位数据$L_0,L_1,\cdots,L_{k-1}$,其中 k 根据密钥长度可以取 2,3,4。对 32 位输入 X,将其分为 4 个字节,每个字节查两个 8 位的置换$q_0$和$q_1$中的一个,然后异或密钥数据,重复上述步骤至少 k 次,再查一次$q_0$或$q_1$,得到 32 位输出 Y。Twofish 密钥相关 S 盒构造如图 4-1 所示。

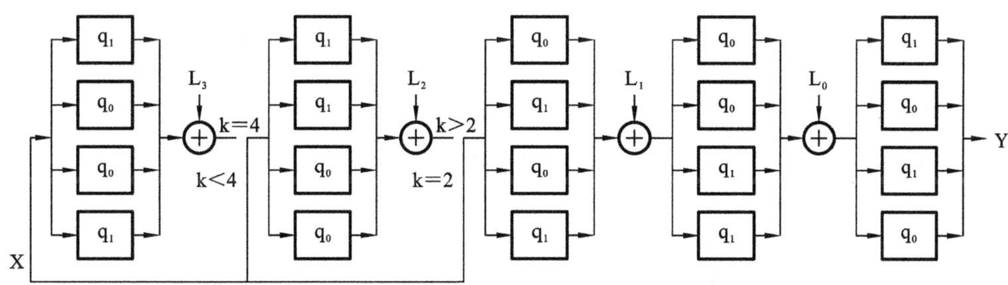


**图 4-1**　Twofish **密钥相关 S 盒构造示意图**

# 4.4　S 盒指标评估软件 SboxAssessment

SboxAssessment 软件是为实现对称密码算法中非线性 S 盒的安全性指标自动评估而开发的软件。用户能够利用该软件实现密码算法中核心组件 S 盒的非线性度、差分均匀性、最佳线性逼近优势、代数次数、代数正规式、代数项数分布、不动点个数、扩散特性以及雪崩特性等指标的自动计算。

该软件支持单个 S 盒评估和批量 S 盒评估两种模式。SboxAssessment 软件能够快速、全面地评估密码算法中核心部件的安全性，同时具有操作简便、评估指标全面的特点，能够有效、快速地对 S 盒的密码学特性进行全面评估，具有很强的实用性。

## 4.4.1　SboxAssessment 软件

SboxAssessment 软件运行在 PC 及其兼容机上，要求奔腾以上 CPU，256 MB 以上内存，2 GB以上硬盘。软件可以运行在 Windows XP/Win7 /win10 操作系统环境。该软件为绿色软件，无需安装，直接单击相应图标，就可以显示出软件的主菜单，进行软件操作。

用户待评估的 S 盒中各元素需用十进制数表示。如果评估单个 S 盒，则可以直接在窗口中输入 S 盒的具体内容。如果要评估多个 S 盒，则需要将这些 S 盒存入一个文本文件中，并且这些 S 盒的输入尺寸与输出尺寸均相同。

S 盒中各元素项之间需要用限定的分隔符分隔开。分隔符可以是如下符号中的任意一个或连续多个的组合：

(1) 空格；

(2) 中文或英文的逗号；

(3) 中文或英文的句号；

(4) 中文或英文的分号；

(5) 制表符；

(6) 回车符；

(7) 换行符。

## 4.4.2　SboxAssessment 软件使用步骤

### 4.4.2.1　启动 SboxAssessment 软件

在文件夹里找到 sboxAssessment. exe 直接单击图标启动软件。启动后界面如图 4-2 所示。

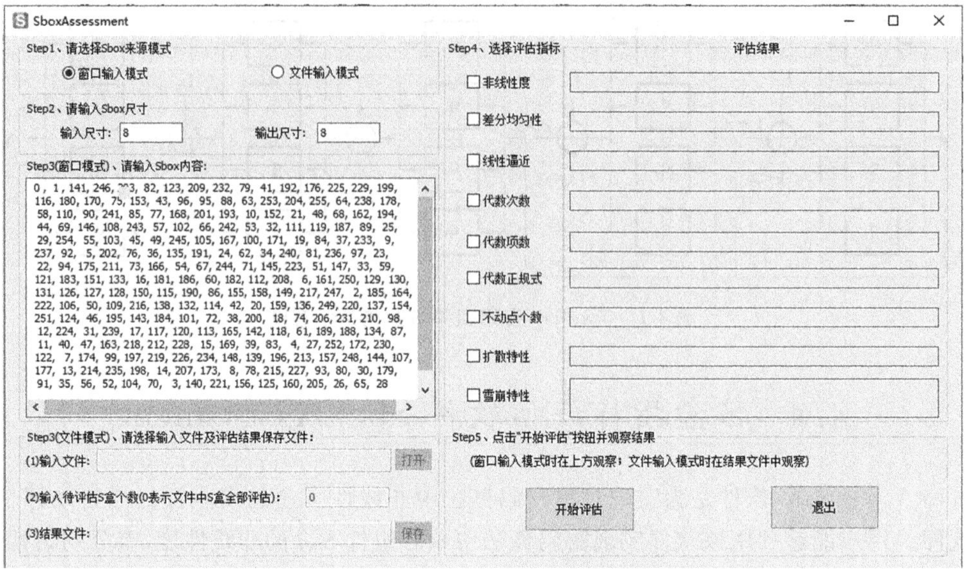

图 4-2 SboxAssessment 软件启动界面

#### 4.4.2.2 S 盒评估

第一步：选择 S 盒的来源模式。

S 盒有两种来源模式：

(1) 窗口输入模式；

(2) 文件输入模式。

这两种模式只能二选一，默认为窗口输入模式。

当选中窗口输入模式时，只能通过“输入 Sbox 内容”文本编辑框输入一个 S 盒的内容。此时“输入文件”相关选择框被禁用。

当选中文件输入模式时，只能通过选择包含单个 S 盒或多个 S 盒的文件来提供待评估 S 盒具体信息。此时“输入 Sbox 内容”文本编辑框被禁用。

第二步：输入 S 盒的输入尺寸以及输出尺寸，如图 4-3 所示。

图 4-3 待评估 S 盒尺寸输入尺寸、输出尺寸框截图

根据待评估 S 盒的输入、输出尺寸信息，分别在“输入尺寸”文本编辑框和“输出尺寸”文本编辑框中输入对应的信息。输入、输出尺寸均为 1～8 的整数，默认值均为 8。若测试轻量级分组密码 PRESENT 的 S 盒，则输入、输出尺寸为 4。

第三步：输入 S 盒元素值。

(1) 若在第一步中选择的是窗口输入模式，则在“输入 Sbox 内容”文本编辑框中输入一个 S 盒的全部元素，各元素用十进制数表示，各元素之间用分隔符隔开。

(2) 若在第一步中选择的是文件输入模式，则依下面步骤进行。

(a) 选择包含 S 盒内容的文件。

单击“打开”按钮，将会弹出文件选择对话框，选择包含待评估 S 盒的文本文件。当文件被选中后，输入文件文本框内显示被选中的文件路径及文件名，如图 4-4 所示。

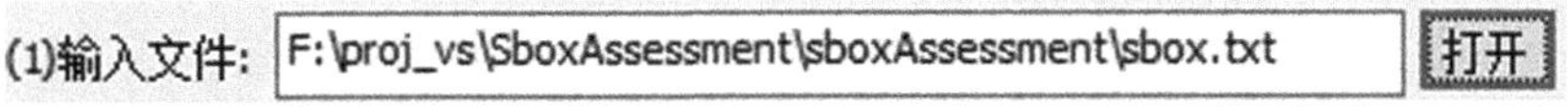

(1)输入文件: F:\proj_vs\SboxAssessment\sboxAssessment\sbox.txt 打开

图 4-4　SboxAssessment 软件输入文件文本框截图

文件中可以包含一个或多个 S 盒；S 盒中各元素项之间需要用限定的分隔符分隔开；各个 S 盒之间也需要用限定的分隔符隔开。

(2) 设定待评估的 S 盒个数。

在待评估的 S 盒个数文本框中输入要评估的 S 盒个数，如图 4-5 所示。

(2)输入待评估S盒个数(0表示文件中S盒全部评估): 0

图 4-5　输入待评估 S 盒个数文本框截图

如果设定 S 盒个数不超过文件中实际包含的 S 盒个数，则评估到指定个数后就自动结束。

如果设定 S 盒个数为 0 或多于实际文件中包含的个数，则读到文件结束后自动结束。

考虑到产生的文件过大将不利于打开，本软件将一次评估的最大 S 盒个数设定为 10000000。

评估结束后，该文本框将自动显示实际评估的 S 盒个数。

(3) 设置保存评估结果文件。

单击“保存”按钮将弹出文件对话框，可以设定保存评估结果的文本文件路径及文件名。默认文件名为 sbox_assessment_result. txt。

(3)结果文件: 保存

图 4-6　SboxAssessment 软件保存测试文件截图

第四步：选择要评估的指标。

单击对应的复选框，可以选中对应的评估指标。复选框呈现“☑”表示对应的评估指标被选中。可以选中一个或多个要评估的指标。

第五步：单击“开始评估”按钮。

单击“开始评估”按钮，将自动根据用户选中的评估指标项计算 S 盒的相关评估指标值。

评估结束后将会弹出提示对话框，如图 4-8 所示。

单击“确认”按钮后，将返回主对话框，并显示评估结果。

第六步：观察评估结果。

(1) 如果选择的是窗口输入模式，则相关评估结果将在窗口中显示，如图 4-9 所示。

代数正规式将在当前路径下的文本文件 sbox_ANF_outfile. txt 中详细显示，如图 4-10 所示。

(2) 如果选择的是文件输入模式，则相关评估结果将记录在用户设定的结果文件中，部分结果如图 4-11 所示。

第七步：退出。

单击“退出”按钮或窗口右上角的“×”按钮，将关闭 SboxAssessment 评估软件。

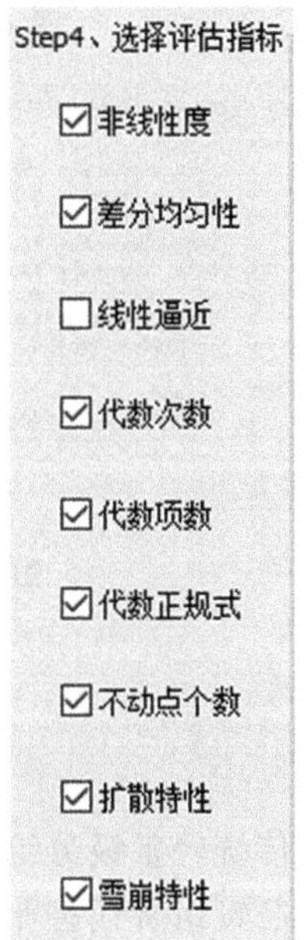


图 4-7　SboxAssessment 软件待评估指标框选截图

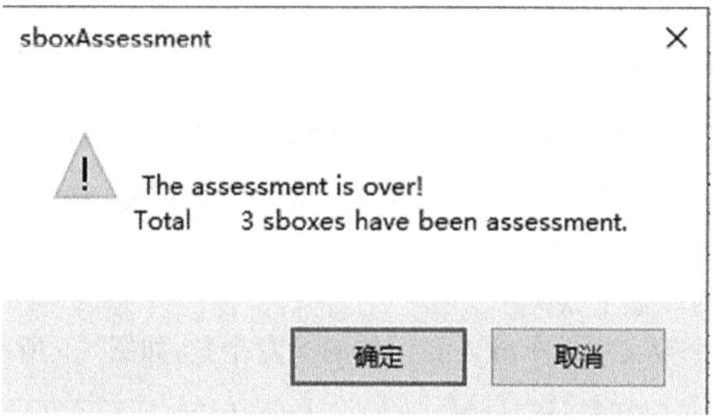

sboxAssessment

The assessment is over!
Total　3 sboxes have been assessment.

确定　取消

图 4-8　SboxAssessment 软件评估结束界面截图

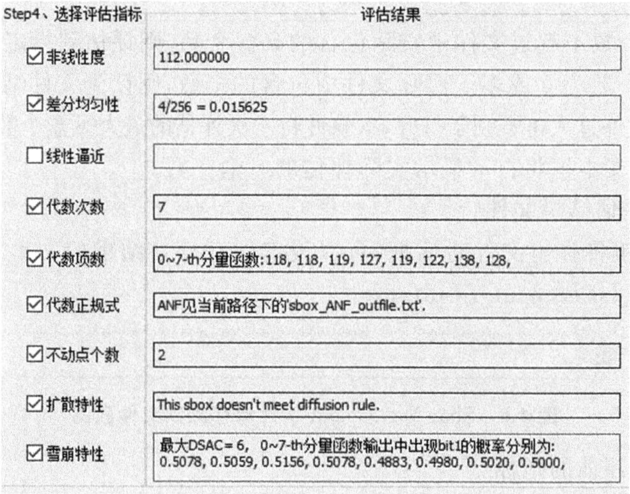

| Step4、选择评估指标 | 评估结果 |
|---|---|
| ☑非线性度 | 112.000000 |
| ☑差分均匀性 | 4/256 = 0.015625 |
| ☐线性逼近 | |
| ☑代数次数 | 7 |
| ☑代数项数 | 0~7-th分量函数:118, 118, 119, 127, 119, 122, 138, 128, |
| ☑代数正规式 | ANF见当前路径下的'sbox_ANF_outfile.txt'. |
| ☑不动点个数 | 2 |
| ☑扩散特性 | This sbox doesn't meet diffusion rule. |
| ☑雪崩特性 | 最大DSAC=6, 0~7-th分量函数输出中出现bit1的概率分别为:<br>0.5078, 0.5059, 0.5156, 0.5078, 0.4883, 0.4980, 0.5020, 0.5000, |

图 4-9　SboxAssessment 软件窗口输入模式评估结果界面截图

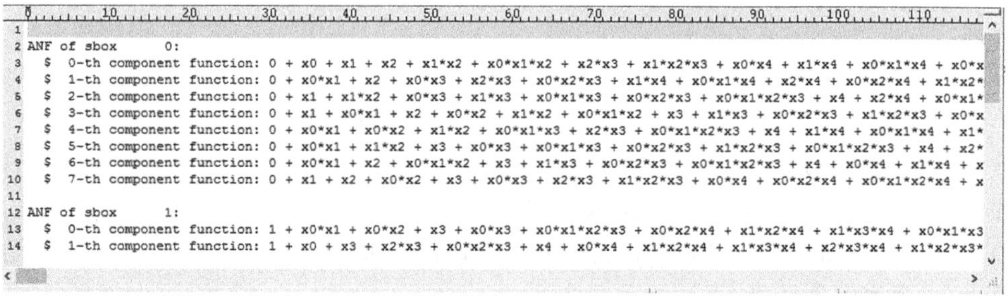

```

ANF of sbox      0:
  $  0-th component function: 0 + x0 + x1 + x2 + x1*x2 + x0*x1*x2 + x2*x3 + x1*x2*x3 + x0*x4 + x1*x4 + x0*x1*x4 + x0*x
  $  1-th component function: 0 + x0*x1 + x2 + x0*x3 + x2*x3 + x0*x2*x3 + x1*x4 + x0*x1*x4 + x2*x4 + x0*x2*x4 + x1*x2*
  $  2-th component function: 0 + x1 + x1*x2 + x0*x3 + x1*x3 + x0*x1*x3 + x0*x2*x3 + x0*x1*x2*x3 + x4 + x2*x4 + x0*x1*
  $  3-th component function: 0 + x1 + x0*x1 + x2 + x0*x2 + x1*x2 + x0*x1*x2 + x3 + x1*x3 + x0*x2*x3 + x1*x2*x3 + x0*x
  $  4-th component function: 0 + x0*x1 + x0*x2 + x1*x2 + x0*x1*x3 + x2*x3 + x0*x1*x2*x3 + x4 + x1*x4 + x0*x1*x4 + x1*
  $  5-th component function: 0 + x0*x1 + x1*x2 + x3 + x0*x3 + x0*x1*x3 + x0*x2*x3 + x1*x2*x3 + x0*x1*x2*x3 + x4 + x2*
  $  6-th component function: 0 + x0*x1 + x2 + x0*x1*x2 + x3 + x1*x3 + x0*x2*x3 + x0*x1*x2*x3 + x4 + x0*x4 + x1*x4 + x
  $  7-th component function: 0 + x1 + x2 + x0*x2 + x3 + x0*x3 + x2*x3 + x1*x2*x3 + x0*x4 + x0*x2*x4 + x0*x1*x2*x4 + x

ANF of sbox      1:
  $  0-th component function: 1 + x0*x1 + x0*x2 + x3 + x0*x3 + x0*x1*x2*x3 + x0*x2*x4 + x1*x2*x4 + x1*x3*x4 + x0*x1*x3
  $  1-th component function: 1 + x0 + x3 + x2*x3 + x0*x2*x3 + x4 + x0*x4 + x1*x2*x4 + x1*x3*x4 + x2*x3*x4 + x1*x2*x3*
```

图 4-10　sbox_ANF_outfile. txt 文件中的部分评估结果截图

## 4.5　ARX 结构基本知识和特性

与传统轻量级分组密码相比，基于 ARX 结构的密码通过模加运算、异或运算和循环移位运算的逻辑组合代替非线性 S 盒来实现自身的安全性。该结构具有运算简单、实现快速的特性，因此得到了广泛的应用。

近年来，为了在软件上获得更快的实现速度，许多密码算法都采用了类似的部件。同时，为了避免密码算法受到差分攻击，基于 ARX 结构的密码算法放弃了布尔函数的使用。对于

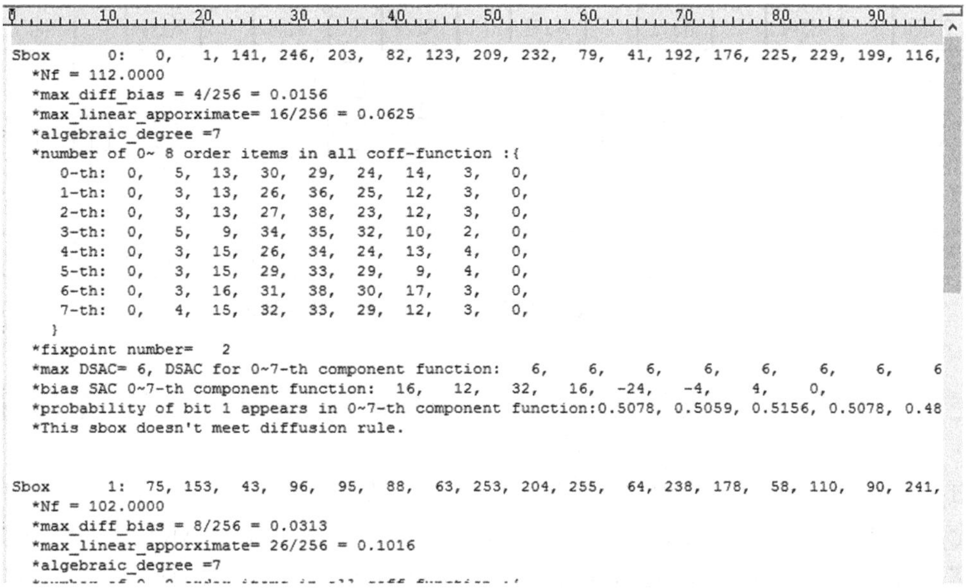

```
Sbox      0:   0,    1, 141, 246, 203,   82, 123, 209, 232,   79,   41, 192, 176, 225, 229, 199, 116,
  *Nf = 112.0000
  *max_diff_bias = 4/256 = 0.0156
  *max_linear_apporximate= 16/256 = 0.0625
  *algebraic_degree =7
  *number of 0~ 8 order items in all coff-function :{
     0-th:  0,    5,  13,  30,  29,  24,  14,   3,   0,
     1-th:  0,    3,  13,  26,  36,  25,  12,   3,   0,
     2-th:  0,    3,  13,  27,  38,  23,  12,   3,   0,
     3-th:  0,    5,   9,  34,  35,  32,  10,   2,   0,
     4-th:  0,    3,  15,  26,  34,  24,  13,   4,   0,
     5-th:  0,    3,  15,  29,  33,  29,   9,   4,   0,
     6-th:  0,    3,  16,  31,  38,  30,  17,   3,   0,
     7-th:  0,    4,  15,  32,  33,  29,  12,   3,   0,
   }
  *fixpoint number=   2
  *max DSAC= 6, DSAC for 0~7-th component function:   6,    6,    6,    6,    6,    6,    6,    6
  *bias SAC 0~7-th component function:  16,   12,   32,   16,  -24,   -4,    4,    0,
  *probability of bit 1 appears in 0~7-th component function:0.5078, 0.5059, 0.5156, 0.5078, 0.48
  *This sbox doesn't meet diffusion rule.


Sbox      1:  75, 153,  43,  96,  95,  88,  63, 253, 204, 255,  64, 238, 178,  58, 110,  90, 241,
  *Nf = 102.0000
  *max_diff_bias = 8/256 = 0.0313
  *max_linear_apporximate= 26/256 = 0.1016
  *algebraic_degree =7
```

**图 4-11** SboxAssessment **软件文件输入模式评估结果界面截图**

ARX 结构的密码来说,模加运算是其唯一的非线性运算,循环移位运算和异或运算则保障了算法的扩散性。其中,运算字的扩散性由循环移位运算来保证,两个运算字之间的扩散性则由异或运算来实现。模加运算、异或运算和循环移位运算都是非常简单的,可以在软件和硬件上快速实现。当这三种运算结合在一起使用时,经过多轮迭代之后,就在其优点的基础上又带来了运算的复杂性和非线性。因此,基于 ARX 结构可以用来设计软件和硬件上快速实现的安全密码算法。在安全性研究方面,S 盒具有非线性、差分概率均匀化和差分概率容易求解的优点。S 盒的运算通常是基于 word 级别的,对于采用 S 盒算法的差分、线性分析已经提出了很多有效的方法,同时取得了很多的成果。但是,ARX 结构的运算是基于 bit 级别的,虽然许多密码学家对其进行了一些研究,但是取得的成果并不是很显著。尽管三种运算结构都比较简单,易于快速实现,但是由于三种运算之间相互影响的复杂性,使得其抗差分、线性能力很难进行量化分析,构造一条有效的差分路径仍然比较困难。因此,对于 ARX 结构算法的差分安全性证明和差分分析依然是十分困难的。

## 4.6 基于 ARX 结构轻量级分组密码 HIGHT

2006 年,Hong 等人基于 ARX 结构设计轻量级分组密码 HIGHT,该算法执行 8 位 ARX 操作,迭代轮数为 32。HIGHT 密码轮函数流程如图 4-12 所示。

$$F0=(X\lll 1)\oplus(X\lll 2)\oplus(X\lll 7)$$

$$F1=(X\lll 3)\oplus(X\lll 4)\oplus(X\lll 6)$$

由于已经在第 2 章详细介绍了 HIGHT 密码算法,故本节不再介绍具体加密流程。由图 4-12 可知,HIGHT 密码是 8 分支广义 Feistel 结构,主要涉及移位、模加以及异或三种运算形式,且分别循环向左移动 1 位、2 位、3 位、4 位、6 位、7 位。但是在 AVR 单片机和 MSP 单片机中没有可以循环任意数字的指令,如果要实现循环移动 3 位的指令,则必须实现 3 次 1 位移位指令,因此,该算法设计的 F0(x)和 F1(x)在 8 位微控制器上操作次数过多。

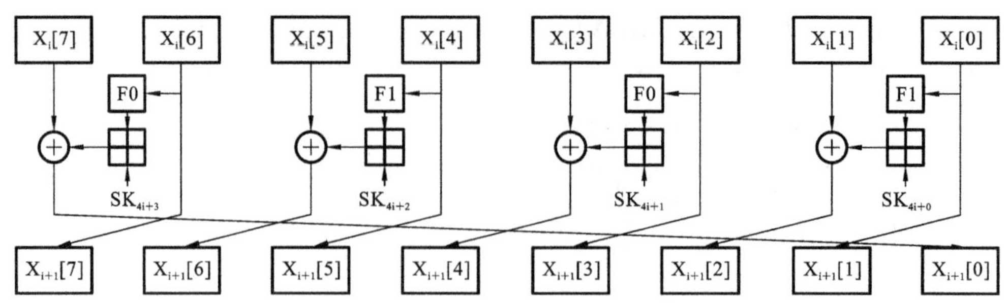


**图 4-12　轻量级分组密码 HIGHT 轮函数结构图**

# 4.7　基于 ARX 结构轻量级分组密码 SIMON 和 SPECK

对于 ARX 结构的传统定义是指采用模加、异或以及循环移位等运算，而 2013 年美国国家安全局提出的轻量级分组密码 SIMON 和 SPECK 大大改善了基于 ARX 结构中的轻量级分组密码，算法中提出的“与”运算代替了传统的模加运算，以提高硬件效率。SIMON 和 SPECK 系列轻量级分组密码均采用 Feistel 结构，可以在线性扩散和非线性混淆操作之间实现良好的平衡。SIMON 密码是针对硬件环境设计的，SPECK 密码则是针对软件环境设计的，为了提高算法灵活性，设计者提供了 10 个版本，如表 4-1 所示。

**表 4-1　SIMON 和 SPECK 所有版本列表**

| 轻量级分组密码 | 明文分组长度(2n) | 密钥分组长度(mn) | 迭代轮数(rounds) |
|---|---|---|---|
| SIMON<br>SPECK | 32 | 64 | 32<br>22 |
| SIMON<br>SPECK | 48 | 72 | 36<br>22 |
| SIMON<br>SPECK | 48 | 96 | 36<br>23 |
| SIMON<br>SPECK | 64 | 96 | 42<br>26 |
| SIMON<br>SPECK | 64 | 128 | 44<br>27 |
| SIMON<br>SPECK | 96 | 96 | 52<br>28 |
| SIMON<br>SPECK | 96 | 144 | 54<br>29 |
| SIMON<br>SPECK | 128 | 128 | 68<br>32 |
| SIMON<br>SPECK | 128 | 192 | 69<br>33 |
| SIMON<br>SPECK | 128 | 256 | 72<br>34 |

### 4.7.1 SIMON 密码设计原理

SIMON 密码每一轮操作描述如图 4-13 所示，明文被均分成 L′和 R′两个部分，每个部分的二进制位数都为 n。每轮的加密主要涉及三种操作，分别是异或(⊕)、按位与(&)以及循环左移(⋘)。第 i($0\leqslant i<r$)轮加密时，首先将轮函数左端输入$L^i$分别循环向左移动 1 位、8 位和 2 位得到$L^i_{\lll 1}$、$L^i_{\lll 8}$、$L^i_{\lll 2}$，将$L^i_{\lll 1}$与$L^i_{\lll 8}$进行按位与运算，所得结果与右端轮函数输入 R′进行异或运算，然后将所得结果与$L^i_{\lll 2}$、子密钥$K^i$进行异或运算，就能得到轮函数左端输出$L^{i+1}$，轮函数右端输出$R^{i+1}$即轮函数左端输入$L^i$，一轮加密完成。SIMON 密码轮函数计算公式如下：

$$f(x)=(L^i_{\lll 1}\ \&\ L^i_{\lll 8})\oplus L^i_{\lll 2}$$

$$(L^{i+1},R^{i+1})\leftarrow(R^i\oplus f(x)\oplus K^i,L^i)$$

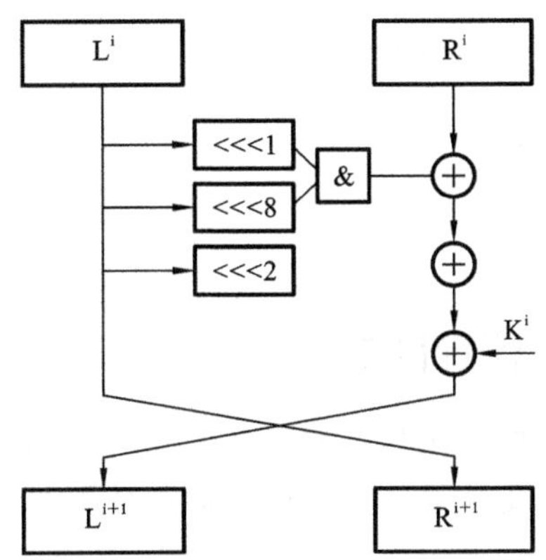


**图 4-13　SIMON 密码轮函数操作图**

SIMON 密码所有版本的轮函数操作都是一致的，有差异的地方在于密钥扩展算法。密钥扩展算法为每一轮提供参与轮密钥加运算所需的子密钥。根据 SIMON 密码版本中初始密钥“字”的个数 m，分为三种扩展算法，具体扩展过程如下：

$$k_{i+m}=C_i\oplus(Z_j)_i\oplus k_i(I\oplus S^{-1})S^{-3}k_{i+1},\quad m=2$$

$$k_{i+m}=D_i\oplus(Z_j)_i\oplus k_i(I\oplus S^{-1})S^{-3}k_{i+2},\quad m=3$$

$$k_{i+m}=E_i\oplus(Z_j)_i\oplus k_i(I\oplus S^{-1})(S^{-3}k_{i+3}\oplus k_{i+1}),\quad m=4$$

$C_i$、$D_i$、$E_i$ 都是常数，它们的二进制位数为 n，最低两位为 0，其他高位为 1。Z 是一个常数组，在每种 SIMON 版本下的取值都是固定的，每轮加解密只选取一个比特位参与运算。

Z[5][62]=

{1,1,1,1,1,0,1,0,0,0,1,0,0,1,0,1,0,1,1,0,0,0,0,1,1,1,0,0,1,1,0,1,1,1,1,1,0,1,0,0,0,1,0,0,1,0,1,0,1,1,0,0,0,0,1,1,1,0,0,1,1,0},

{1,0,0,0,1,1,1,0,1,1,1,1,1,0,0,1,0,0,1,1,0,0,0,0,1,0,1,1,0,1,0,1,0,0,0,1,1,1,0,1,1,1,1,1,0,0,1,0,0,1,1,0,0,0,0,1,0,1,1,0,1,0},

{1,0,1,0,1,1,1,1,0,1,1,1,0,0,0,0,0,0,1,1,0,1,0,0,1,0,0,1,1,0,0,0,1,0,1,0,0,0,0,1,0,0,0,1,1,1,1,1,1,0,0,1,0,1,1,0,1,1,0,0,1,1},

{1,1,0,1,1,0,1,1,1,0,1,0,1,1,0,0,0,1,1,0,0,1,0,1,1,1,1,0,0,0,0,0,0,1,0,0,1,0,0,0,1,0,1,0,0,1,1,1,0,0,1,1,0,1,0,0,0,0,1,1,1,1},

{1,1,0,1,0,0,0,1,1,1,1,0,0,1,1,0,1,0,1,1,0,1,1,0,0,0,1,0,0,0,0,0,0,1,0,1,1,1,0,

0,0,0,1,1,0,0,1,0,1,0,0,1,0,0,1,1,1,0,1,1,1,1};

**例 4-1** C 语言实现 SIMON 密码密钥扩展过程。

```
void key_schedule(){
    u64 tmp;
    for (int i=KEY_WORDS; i<ROUNDS; ++i) {
        tmp=rotate(k[i-1],-3);
        if (KEY_WORDS==4)
        tmp ^=k[i-3];
        tmp ^=rotate(tmp,-1);
        k[i]=k[i-KEY_WORDS] ^z[CONST_J][(i-KEY_WORDS)%62] ^tmp ^CONST_C;
    }
    if (PRINT_ROUND_KEYS) {
        for (int i=0; i<ROUNDS; ++i)
            printf("%s\n",binary(k[i]));
        printf("\n\n");
    }
}
```

## 4.7.2 SPECK 密码设计原理

SPECK 系列分组密码算法的轮函数结构比较简单，主要由循环向左移位（$\lll\beta$）、循环向右移动（$\ggg\alpha$）、异或运算（$\oplus$）以及有限域上的模加运算（$\boxplus$）组成。每一轮加密函数的具体操作过程如图 4-14 所示。

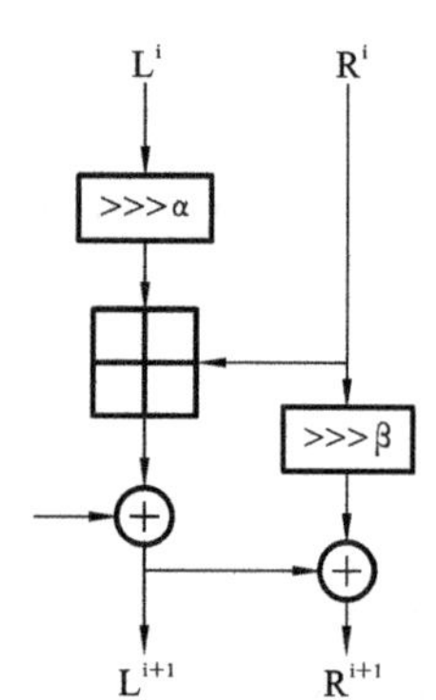


图 4-14 SPECK 算法轮函数操作图

设$L^i$、$R^i$分别为第 r 轮加密轮函数的输入分组，$L^{i+1}$、$R^{i+1}$分别为第 i 轮加密轮函数的输出分组，$K^i$表示第 i 轮的子密钥，$L^i$、$R^i$、$K^i$分组长度均为 n 位。第 i 轮加密时，首先将左端输入$L^i$循环向右移动 α 位，然后与右端输入$R^i$进行有限域上模加运算。将运算结果与轮子密钥$K^i$进行异或运算，得到左端的输出$L^{i+1}$。右端输入$R^i$循环向左移动 β 位，与左端输出$L^{i+1}$进行异或运算得到右端的输出$R^{i+1}$，一轮加密完成。计算公式如下：

$$L^{i+1}=((L^i\ggg\alpha)\boxplus R^i)\oplus K^i$$

$$R^{i+1}=(R^i\lll\beta)\oplus L^{i+1}$$

SPECK 各版本密码轮函数的结构与参数设置是相同的，区别在于密钥扩展函数。设 $K=(l_{m-2},\cdots,l_0,k_0)$是各个版本 SPECK 密码的主密钥，其中$l_i,k_0\in GF(2^n)$。输出的子密钥为 $k_0,k_1,\cdots,k_{r-1}$。对于 $m\in\{2,3,4\}$，计算$l_i$和$k_i$公式如下：

$$l_{i+m-2}=(k_i+(l_i\ggg\alpha))\oplus i$$

$$k_{i+1}=(k_i\lll\beta)\oplus l_{i+m-2}$$

采用上述公式计算出的$k_i$就是第 i 轮的子密钥，其中 $0\leqslant i<r$。

**例 4-2** C 语言实现 SPECK 密码密钥扩展算法。

```
void KeyExpansion (u32 l[],u32 k[])
{
```

```
    u8 i;
    for (i=0; i<26; i++)
    {
        l[i+3]=(k[i]+ROTATE_RIGHT_32(l[i],8))^i;
        k[i+1]=ROTATE_LEFT_32(k[i],3)^l[i+3];
    }
}
```

## 4.8 Simeck 密码设计原理

Simeck 是受 SIMON 分组密码家族启发而开发的一组分组密码，专门运行于无源 RFID 标签等硬件资源有限设备。为了适应嵌入式的不同应用系统，包括 RFID 系统，SIMECK 密码支持 32/64、48/96 及 64/128 三种版本，迭代轮数分别为 32、36 及 44。SIMECK 轮函数采用按位“与”“异或”和循环移位操作组合进行加密运算，并且重用轮函数进行密钥扩展，更符合分组密码轻量化设计的要求。

Simeck 系列算法的加密整体采用平衡型 Feistel 结构，由轮加密函数和密钥扩展策略构成。其中轮函数由负责增强加密算法非线性的按位“&”运算、提供加密扩散性的“⊕”运算和循环移位操作组合而成，轮函数加密结构如图 4-15 所示。每一轮加密时，首先将轮函数左端$L^i$分别循环向左移动 5 位、1 位得到$L^i_{\lll 5}$、$L^i_{\lll 1}$，将轮函数左端输入$L^i$和$L^i_{\lll 5}$作按位与运算，所得结果与轮函数右端输入$R^i$作异或运算。然后将所得结果与$L^i_{\lll 1}$、$K^i$进行异或运算，就能得到轮函数左端输出$L^{i+1}$，轮函数右端输出$R^{i+1}$即轮函数左端输入$L^i$，一轮加密完成。Simeck 密码轮函数计算公式如下：

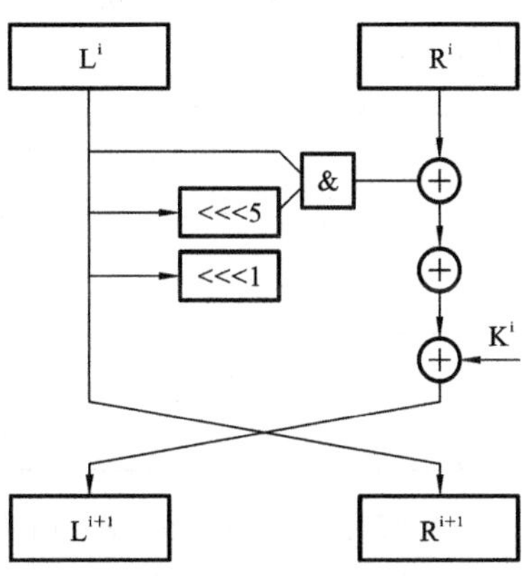


图 4-15　Simeck 轮函数流程图

$$f(x)=(L^i \,\&\, L^i_{\lll 5})\oplus L^i_{\lll 1}$$

$$(L^{i+1},R^{i+1})\leftarrow(R^i\oplus f(x)\oplus K^i,L^i)$$

该设计优势在于能够使用已有的轮函数硬件加载密钥扩展算法，无需设计额外的硬件电路，减少资源消耗的同时能利用轮函数的非线性提高密钥扩展算法的安全性，更符合分组密码轻量化设计的要求。其密钥扩展算法流程如下：

将主密钥 MK 均分成 4 个加密字长度，记为$(t_2,t_1,t_0,k_0)$，其中$k_0$为主密钥的最低 n 位，$t_2$为主密钥的最高 n 位，它们分别作为密钥扩展寄存器$(T_2,T_1,T_0,K_0)$的初始状态。将$T_0$和$K_0$分别作为加密轮函数的左端输入和右端输入，同时引入加密常量 C 和 LFSP 生成的 m-序列能增强算法安全性。在每轮运算结束后，将寄存器 $K_0$中的结果作为下一轮加密的轮子密钥，计算公式如下：

$$\begin{cases} k_{i+1}=t_i \\ t_{i+3}=k_i\oplus f(t_i)\oplus C\oplus (z_j)_i \end{cases}$$

其中，$C=2^n-4$，$(z_j)_i$为 m-序列$z_j$的第 i$(0\leqslant i\leqslant T\text{-}1)$位，Simeck 32/64 和 Simeck 48/96 使用相同的$z_0(j=0)$，$z_0$是周期为 31 的 m-序列，可以由初始状态为(1,1,1,1,1,1)的原始多项式$x^5+$

$x^2+1$ 生成。当轮数大于 31 时，序列就会重复。Simeck 64/128 使用周期为 63 的另一个 m-序列$z_1$(j=1)，该序列由具有初始状态(1,1,1,1,1,1,1)的原始多项式$x^6+x+1$ 生成。

## 习 题 4

一、选择题

1. (　　)不是 S 盒的设计准则。

A. 非线性度　　B. 差分均匀度　　C. 线性逼近值　　D. S 盒规模

2. 4 bit S 盒的非线性度最大为(　　)。

A. 4　　B. 1　　C. 2　　D. 6

3. 下列密码中(　　)起非线性混淆作用的是 S 盒组件。

A. CHAM　　B. PRESENT　　C. LEA　　D. HIGHT

二、填空题

1. S 盒是对称密码算法中主要的______部件，其密码性质的好坏直接影响到密码算法的整体安全性。

2. ARX 结构中可以充当非线性 S 盒的混淆作用的组件有______以及______________________。

三、简答题

1. 4×4 S 盒元素表如下：

| x | 0 | 1 | 2 | 3 | 4 | 5 | 6 | 7 | 8 | 9 | A | B | C | D | E | F |
|---|---|---|---|---|---|---|---|---|---|---|---|---|---|---|---|---|
| S(x) | C | 5 | 6 | B | 9 | 0 | A | D | 3 | E | F | 8 | 4 | 7 | 1 | 2 |

(1) 假设上述 S 盒的输入值为 8 位 0110_1000，那么 S 盒的输出值是多少。

(2) 写出上述 S 盒的逆 S 盒元素表。

2. 给定公式：

$$(L^{i+1}, R^{i+1}) \leftarrow (R^i \oplus f(x) \oplus K^i, L^i)$$

假设$L^i$=1100_1010，$R^i$=0001_1011，$f(x)=L^i \,\&\, L^i_{\lll 2}$，$K^i$=1110_0100，计算$L^{i+1}$以及$R^{i+1}$的值。

# 第 5 章　轻量级分组密码扩散层

## 5.1　轻量级密码算法的新特点

轻量级分组密码算法在设计时主要考虑的是“轻量化”，而对“轻”这个概念的理解，主要体现在以下几方面。

1）对“重量”的理解

密码学界对密码算法设计中“重量”的理解，一般是指运行算法所需要的时间和空间的资源占用量，这可以在两种不同的环境中进行测量：硬件环境和软件环境。但值得一提的是，硬件环境中的轻量级算法并不意味着软件环境中的轻量级，反之亦然。

（1）硬件环境中的“重量”。

硬件环境中的“重量”包括存储方面和时间效率方面。在存储方面，主要考虑实现算法需要的逻辑门数量，该量一般使用 GE(gate equivalence，1 GE 等价于一个与非门）作为单位。在时间效率方面，使用吞吐量（throughput）来表示，也就是在给定时钟频率下，算法每秒钟处理的数据比特数；包括密钥扩展操作在内的延时也是考量点之一。对上述量的评估比较复杂，由于各种硬件环境较多且不同密码研究人员使用不同的评估环境和方式，因而很难对不同密码研究人员的实现结果进行恰当的比较。

（2）软件环境中的“重量”。

软件环境中的“重量”包括算法运行的时间复杂度和存储复杂度。时间复杂度的一种评估方式是加密算法（或解密算法）处理 1 字节数据需要的时钟周期数，但在某些特定的应用场景中，密钥扩展等间接开销也较大，这种计算方式不太准确；另外一种就是考虑算法整体的延时，也就是将所有间接开销都计算在内，考虑需要的时钟周期数。存储复杂度主要是考虑算法正常运行时占用的 RAM 空间量，另外，还要考虑算法存储（如 Flash）占用的空间量。

（3）耗电功率。

耗电量是软硬件实现都要考虑的一个指标。RFID 中存在功率限制，或者说某些嵌入式设备是采用电池供电的，在设计算法时，应当考虑算法运行时的平均耗电量以及相应的功率峰值。

2）对“轻量级密码算法”的理解

2012 年，SAARINEN 和 ENGELS 从 RFID 或轻量化传感器网络的工业使用方面提出了轻量级密码算法应该符合的限制和目标，主要包括：

（1）算法可在不经过明显改动的条件下，实现单向可调的认证加密算法、解密算法以及安全的哈希函数。

（2）各种输入（包括初始化向量 IV、认证关联数据等）的填充以及操作规则需明确定义，输入数据比率应当尽可能小，以避免消息的扩展操作。

（3）初始化向量 IV 可以不是 nonce（nonce 在重用选择 IV 攻击中也是安全的），在各种可能的攻击模型中，安全强度与密钥以及状态的长度一致。

(4) 硬件实现应当低于 2000 门(GE),该实现包含加密、解密算法以及相应的状态存储;在 MCU 或 CPU 平台上的软件实现速度以及大小也应在设计时作为指标进行考虑。

(5) 算法应当有不低于 50 个周期的延时,且加密或解密的吞吐量满足每周期至少输出 1 比特。

(6) 功率应当低于 1～10 $\mu$W/MHz,相应的峰值应分别低于 3 $\mu$W 和 30 $\mu$W,也就是说在 2 MHz 频率下,峰值应当低于 1. 5 ～15 $\mu$W/MHz。

基于以上特性的要求,本章将重点讨论如何实现轻量级密码算法扩散层的设计。众所周知,轻量级分组密码算法是基于实现平台环境的改变,由传统分组密码算法改进衍变而生,因此对轻量级分组密码特性的研究,很有必要与传统分组密码算法结合进行。

## 5.2　扩散层的设计准则

在分组密码算法的结构中,扩散层是分组密码的重要组成部分,它是实现扩散作用的主要结构。该结构常位于 S 盒后,将 S 盒的输出打乱、混合,使得输出的比特尽可能与其他 S 盒的输入比特也有关,从而避免攻击者对密钥的逐段破译。扩散层能够把 S 盒的混淆效果进一步加强,也可以说它具有雪崩效应的作用,换言之,使线性层输出的每一比特受到更多 S 盒输出的影响。也就是说,让 S 盒输出的任一比特通过扩散层后能影响更多的输出比特。因此,扩散层能起到进一步强化加密算法抵抗攻击能力的效果。一个性能良好的扩散层对于加密算法的安全性起到至关重要的作用。

经典分组加密算法的扩散层结构可以分为以下几类:

(1) 置换表;

(2) 线性变换矩阵;

(3) 代数式;

(4) 方程组;

(5) 逻辑结构图。

在现实应用中,扩散层的表示形式有许多种类型,其设计方法也有很多种。其主要实现方式为置换和线性变换。

### 5.2.1　置换

#### 1. 分组密码中置换理论的研究现状

置换理论一直是密码学研究的热点之一。因为一个密码体制的好坏主要取决于它所使用的密码函数,而密码函数本质上是一个置换的分组密码,主要取决于它所使用的置换的好坏。特别是差分密码分析和线性密码分析的提出,以及对 DES 类密码体制的成功破译,迫使人们设计更好的密码算法,寻找更好的置换源。因此,高阶非线性置换的构造,以及几乎完全非线性置换的构造,成为研究者们讨论比较多的问题。

另一方面,研究者出于对数据变换的有效性和随机性的考虑,又在寻找其他密码置换源,其中正形置换和全距置换是两类比较理想的置换源,因而,它们也成为人们关注的一个焦点。但正形置换和全距置换的研究难度较大,它们的计数问题还没有解决,它们的构造问题还有待学者们进一步的研究。当然,学者们还对满足其他密码特性的置换进行了研究,讨论了置换的各非线性准则之间的关系;随之又出现对置换多项式的研究,因为,对它的研究可以直接指导人们对密码置换的研究；另外，利用伪随机函数构造伪随机置换和超伪随机置换也是密码学置换理论研究的一个方向。

产生扩散最简单的方法是通过 P 置换。最初的置换只是将明文的位置进行置换，如 DES 将明文按照比特进行换位。现代密码则把置换扩展为整个明文空间上的置换，而不只是简单的位置换位，如 Rijndael、Twofish、Camellia 等分组密码。这样能更快地起到扩散作用，使一个比特的变化，影响到更多比特的变化。

P 置换的目的就是实现雪崩效应。由于按比特置换在软件实现中是难以实现的，因此，如果混淆层是由 m 个 $n\times n$ 的 S 盒并置而成，则 P 置换一般设计成 $(F_2^n)^m\rightarrow(F_2^n)^m$ 的一个置换，其中 $(F_2^n)^m=F_2^n\times\cdots\times F_2^n$。

**定义 5.2.1**　令 $P:(F_2^n)^m\rightarrow(F_2^n)^m$ 是一个置换，$a=(a_1,\cdots,a_m)\in(F_2^n)^m$，$W_H(a)$ 表示非零 $a_i$ 的个数，则称

$$B(P)=\min_{a\neq 0}(W_H(a)+W_H(P(a)))\tag{5-1}$$

为置换 P 的分支数。

**定义 5.2.2**　假设 $S(x)=(f_1(x),\cdots,f_m(x)):F_2^n\rightarrow F_2^m$ 是一个多输出函数，令

$$\delta_s=\frac{1}{2^n}\max_{\substack{\alpha\neq 0\\ \alpha\in F_2^n}}\max_{\beta\in F_2^m}\left|\{x\in F_2^n:S(x\oplus\alpha)\oplus S(x)=\beta\}\right|\tag{5-2}$$

则 $\delta_s$ 称为 S(x) 的差分均匀性。

**定义 5.2.3**　假设 $S(x)=(f_1(x),\cdots,f_m(x)):F_2^n\rightarrow F_2^m$ 是一个多输出函数，令

$$N_S=\min_{\substack{l\in L_n\\ 0\neq u\in F_2^m}} d_H(u\cdot S(x),\ \ l(x))\tag{5-3}$$

$$q_S=\frac{1}{2}-\frac{N_S}{2^n}\tag{5-4}$$

则 $N_S$ 为 S(x) 的非线性度，$q_S$ 为 S(x) 的最佳优势。

对于 SP 网络型密码，令 $\delta_s$ 为 S 盒的差分均匀性，$q_S$ 为 S 盒一个 r 轮 SP 型密码的最佳优势，令 $t=B(P)$。

在一个差分特征中，如果 S 盒的输入差分不为零，则称此 S 盒是活动的。在线性密码分析中，如果某个 S 盒的一些输入和输出比特被涉及，则称此 S 盒是活动的。如果 t 是置换 P 的分支数，则 2 轮特征（线性逼近）的活动 S 盒不少于 t 个。因此，r 轮特征（线性逼近）的活动 S 盒的个数 $\eta$ 满足：$\eta\geqslant r\times t/2$，r 是偶数；$\eta\geqslant(r-1)\times t/2+1$，r 是奇数。

由此可知，任意差分特征的概率不大于 $\delta_s{}^{\eta}$；任意线性逼近的优势不大于 $2^{\eta-1}(q_S)^{\eta}$。P 的分支数 t 越大，则 $\eta$ 越大，差分（线性）密码分析所需的选择（已知）明文数越多，即分析的难度增大了。因此，P 的分支数 t 可以作为 P 置换的一个设计准则。

### 2. 不同类型的置换

#### 1）布尔置换

数字电路的发展带来了今天的电子时代，以计算机为主体的大型数字通信网络已成为当今世界通信的主要基础。对电子计算机的功能人们已经很熟悉了，而它惊人的处理数据的能力却是从最基本的逻辑运算开始的。

数字电路中的基本逻辑运算可以由 GF(2) 上的函数来描述，这对数字电路的设计和分析带来了极大的方便，通常称在 GF(2) 上定义的函数为布尔函数。

布尔函数在数字通信及计算机科学中有重要应用，同时，在密码学中也是一类非常重要的函数。如流密码中，线性移位寄存器、非线性移位寄存器以及各种非线性组合器都是用布尔函数设计的，所使用的布尔函数的性质直接影响着这些密钥流生成器的安全。早在数据加密标准 DES 的设计中，就使用了布尔函数。利用布尔函数还可以构造单向函数和单向杂凑函数等。

布尔函数的完整定义如下：$GF^n(2) \rightarrow GF(2)$上的函数称为 n 个变元的布尔函数或 n 元布尔函数，表示为 $f(x_1, x_2, \cdots, x_n)$或 $f(x)$，其中 $x=(x_1, x_2, \cdots, x_n) \in GF^n(2)$。为了讨论方便，常将向量 x 与一个二进制整数对应，即

$$x = (x_1, x_2, \cdots, x_n) = \sum_{i=1}^{n} x_i 2^{n-i} \tag{5-5}$$

且常用真值表表示函数，称为布尔函数的真值表示。

密码学中使用的布尔函数必须满足一定的密码学特性，下面介绍与布尔函数的密码学特性有关的一些概念。

假设$F_n$为所有 n 元布尔函数构成的集合，$L_n$为所有 n 元线性布尔函数构成的集合。在这里，一个布尔函数 $I(X) \in F(X)$称为线性的，若存在$a_i \in GF(2)$，$i=0,1,2,\cdots,n$，使 $I(x)=a_0+a_1x_1+\cdots+a_nx_n$。

设 $f(x) \in F_n$，则 $f(x)$在真值表中 1 的个数为 $f(x)$的重量，用 $W(f)$表示。

$f(x)$的次数为 $f(x)$多项式中系数不为 0 的最高次项的次数，用 $\deg(f)$表示。

设 $f(x), g(x) \in F_n$，$f(x)$与 $g(x)$的距离为它们在真值表中对应分量的值互不相同的分量的数目，用 $d(f,g)=W(f+g)$表示。

设 $f(x) \in F_n$，则 $f(x)$的非线性度为 $f(x)$与$L_n$中所有线性函数的最短距离，用 $N(f)$表示。

$$N(f) = d(f,g) = \min d(f,\alpha), \quad \alpha \in L_n$$

基于以上定义，布尔置换的基本性质可描述如下：

有限集合 S 上的一个置换实际上是一个双射 Ø：对任意的$x_1, x_2 \in S$，$Ø(x_1) \neq Ø(x_2)$当且仅当$x_1 \neq x_2$。如果把置换看作一个置换盒，对任意输入 x，其输出 z 是 x 经置换后的映像（见图 5-1）。

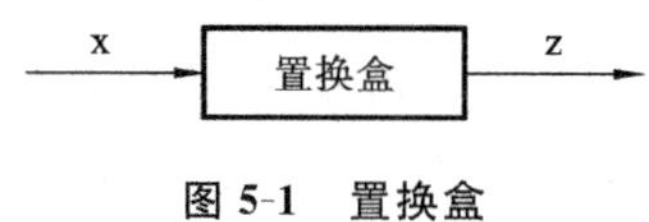


**图 5-1　置换盒**

设 $S=\{0,1,\cdots,2^n-1\}$，由式(5-5)得，S 中的每个元素都可以用一个长为 n 的二元向量来表示，这样在用置换盒描述置换的实现时，可看作 n 个分量的输入对应 n 个分量的输出，每个输出分量都是 n 个输入分量的函数。由于输入分量和输出分量都是 GF(2)上的数，因此，每个输出分量都是 n 个输入分量的某一布尔函数。这样，集合 S 上的置换可以由 n 个布尔函数来实现。这种由布尔函数表示的集合 $S=\{0,1,\cdots,2^n-1\}$上的置换，即为布尔置换。

布尔置换是置换的一种特殊表示形式，它只用来实现$2^n$个元素的置换，而正是这种特殊表示的置换在密码体制设计中有重要应用。例如，著名的 RSA 公钥密码体制就是一种多项式置换。实际上，布尔置换就是一种具有 n 个变元的正交多项式组。一般地，对于一个 n 阶布尔置换，习惯地表示为 $P=\{f_1,\cdots,f_n\}$，以下是布尔置换的一些性质。

**性质 5.2.1**　设 $P=\{f_1,\cdots,f_n\}$是一个布尔置换，$\sigma$ 是集合$\{1,2,\cdots,n\}$上的一个置换，则$\{f_{\sigma(1)},\cdots,f_{\sigma(n)}\}$也是一个布尔置换。

**性质 5.2.2**　设 $P=\{f_1,\cdots,f_n\}$是一个布尔置换，$D=(d_y)$是一个 $n\times n$ 阶二元矩阵，$C=(c_1,\cdots,c_n)\in GF^n(2)$，则 $P(xD+C)=\{f_1(xD+C),\cdots,f_n(xD+C)\}$是一个布尔置换当且仅当 D 是非奇异矩阵。

**性质 5.2.3**　设 $P=\{f_1,\cdots,f_n\}$和 $Q=\{g_1,\cdots,g_n\}$是两个同阶布尔置换，则它们的复合 $P(Q)=\{f_1(g_1,\cdots,g_n),\cdots,f_n(g_1,\cdots,g_n)\}$是一个新的布尔置换。

**性质 5.2.4**　设 $P=\{f_1,\cdots,f_n\}$是一个$2^n$布尔置换，$\{g_{i,1},\cdots,g_{i,n_i}\}$是$2^n$阶布尔置换，$i=1,\cdots,k$ 且$n_1+\cdots+n_k=n$，则

$$\begin{aligned}Q=\{&g_{1,1}(f_1,\cdots,f_{n_1}),\cdots,g_{1,n_1}(f_1,\cdots,f_{n_1}),\\&g_{2,1}(f_{n_1+1},\cdots,f_{n_1+n_2}),\cdots,g_{2,n_2}(f_{n_1+1},\cdots,f_{n_1+n_2}),\cdots,\\&g_{k,1}(f_{n_1+\cdots+n_{k-1}+1},\cdots,f_n),\cdots,g_{k,n_k}(f_{n_1+\cdots+n_{k-1}+1},\cdots,f_n)\}\end{aligned}$$

是一个$2^n$布尔置换。

目前对分组密码有代表性的攻击方法有三种，即差分攻击、线性攻击、分别征服攻击，它们分别由密码函数的差分均匀性、非线性度和相关免疫性等准则来刻画。本节主要介绍布尔置换的非线性度和差分均匀性。

设 $F=(f_1(x),\cdots,f_n(x))$为一布尔置换，则 F 的非线性度可定义为

$$N(F)=\min_{W\in F^n,W_W\neq 0}N(w'F) \tag{5-6}$$

N(F)越大，F 抵抗线性攻击的能力就越强。

设 $F=(f_1(x),\cdots,f_n(x))$为一布尔置换，则 F 的差分均匀性可定义为

$$\delta(F)=\max_{\beta\in F_2^n,0\neq\alpha\in F_2^n}\#\{x\in F(x\oplus\alpha)\oplus F(x)=\beta\} \tag{5-7}$$

其中，#{ * } 表示集合{ * }中元素的个数。δ(F)越小，F 抵抗差分攻击的能力就越强。

基于以上定义，有定理如下所述：$F=(f_1(x),\cdots,f_n(x))$为一布尔置换，则

$$N(F)\leqslant 2^{n-1}-\frac{1}{2}\sqrt{\frac{2^{2n}-2^{n+1}+2^n\delta(F)}{2^n-1+\frac{1}{2^{n-1}}}}$$

此定理说明，当 δ(F)越大时，N(F)就越小，即当 F 抵抗差分攻击的能力较弱时，F 抵抗线性攻击的能力也较弱。当 N(F)越大时，δ(F)就越小，即当 F 抵抗线性攻击的能力较强时，F 抵抗差分攻击的能力也较强。

2）非线性置换

（1）几乎完全非线性置换。

**定义 5.2.4**　设 f(x)为$GF^n(2)$上的置换，且 $g(x,a)=f(x)+f(x+a)$，$a\neq 0$，如果 x 取遍$GF^n(2)$时，g(x,a)恰好取$GF^n(2)$上的$2^{n-1}$个非零向量，则称 f(x)为$GF^n(2)$上的几乎完全非线性置换，简记为 APN 置换。

基于上节所述布尔置换的性质可得以下定理。

**定理 5.2.1**　设 $f(x)=(f_1(x),\cdots,f_n(x))$为$GF^n(2)$上的置换，则有：

① $f_1(x)$是平衡的；

② $ord(f_1)\leqslant n-1$；

③ 如果 f(x)为 APN 置换，则 f(Ax+b)为 APN 置换，当且仅当 A 为$GF^n(2)$上的非奇异矩阵，$b\in GF^n(2)$。

**定理 5.2.2**　若 $f(x)=(f_1(x),\cdots,f_n(x))$为$GF^n(2)$上的 APN 置换，则$f_i$均不为仿射布尔

函数。

**定理 5.2.3** 若 $f(x)=(f_1(x),\cdots,f_n(x))$为$GF^n(2)$上的 APN 置换，则每一个二次项$x_i x_j$ $(i\neq j)$必在至少一个$f_i$中出现。

(2) $GF(2^d)$上高阶非线性置换。

**定义 5.2.5** 设 $F=F_q$为含 q 个元素的一个有限域，$f:F^n\to F$，f 的非线性度定义为 f 与 F 上所有仿射函数的汉明距离，表示为

$$N(f)=\min_{u\in F^n,v\in F}\{x\in F_n\mid f(x)\neq u'x+v\} \tag{5-8}$$

容易得到：$\forall u\in F^n,u\neq 0$，有

$$N(f)\leqslant(q-1)q^{n-1}=\{x\in F^n\mid u'x\neq 0\} \tag{5-9}$$

3) 正形置换

设 m_bit 按位模 2 加法，用$Z_2^m$记二元 m 维组的模 2 加法群，以二进制数$(a_0,a_2,\cdots,a_{m-1})$表示一个整数 $i=\sum_{j=0}^{m-1}a_j 2^j,a_j\in\{0,1\}$，则正形置换可定义如下。

**定义 5.2.6** 一个$Z_2^m$上的正形置换是一个一一映射$\sigma:Z_2^m\to Z_2^m$，它满足$\{x\oplus\sigma(x)\}=Z_2^m$。

例如，

$\sigma_1$：00→00
10→11
01→10
11→01

$\sigma_1$为$Z_2^2$上的正形置换。

$\sigma_2$：00→00
10→11
01→01
11→10

$\sigma_2$不为$Z_2^2$上的正形置换。

从拉丁方出发，对正形置换还可以作另一种表述。一个$2^n$阶正形拉丁方 $L(e_{ij})$是一个$2^m\times 2^m$方阵，它的第 i 行第 j 列的元素为 $e(i,j)=i\oplus j,i,j\in Z_2^m$。

而一个$2^m$阶拉丁方的截集是从该拉丁方中选取的$2^m$个单元的集合，每行一个，每列一个，没有两个单元包含同样的符号。一个$2^m$阶拉丁方截集的全集记作$S^0(m)$。例如，如图 5-2 所示的是一个 4 阶正形拉丁方。

| 0 | 1 | 2* | 3 |
|---|---|---|---|
| 1* | 0 | 3 | 2 |
| 2 | 3* | 0 | 1 |
| 3 | 2 | 1 | 0* |

**图 5-2 4 阶正形拉丁方**

0 行 2 列的 2，1 行 0 列的 1，2 行 1 列的 3，3 行 3 列的 0 构成了 4 阶正形拉丁方的一个截集。

正形置换还存在第二种定义。

**定义 5.2.7**　一个$Z_2^m$正形置换 $P\in S_{2^m}$，它满足 $P\in S^0(m)$。也就是说，一个$2^m$阶正形置换是$2^m$阶正形拉丁方的一个截集。

以向量表示置换 P，$P=\{\sigma(0),\sigma(1),\cdots,\sigma(2^m\text{-}1)\}$，并记恒等置换为$I=\{0,1,\cdots,2^m-1\}$。

还有第三种正形置换的定义。

**定义 5.2.8**　一个$2^m$阶正形置换是$S_{2^m}$中的一个置换，它满足$P\oplus I\in S_{2^m}$，称 $P\oplus I$ 为 P 的补置换。

以上三个定义是一致的，只是出发点不同，可根据方便选择使用。根据定义可知，容易得到正形置换的基本性质。

**性质 5.2.5**　如果$P\in S_{2^m}$为$2^m$阶正形置换，则其补 $P\oplus I$ 为$2^m$阶正形置换。

该性质说明，正形置换成对出现，$2^m$阶正形置换的总数为偶数。

**性质 5.2.6**　如果$P\in S_{2^m}$为$2^m$阶正形置换，而 $r\in Z_2^m$，则 $P\oplus r$ 为$2^m$阶正形置换。

该性质说明，由一个正形置换可以简便地生成$2^m$个正形置换。

**性质 5.2.7**　如果有 $P=\{\sigma(0),\sigma(1),\cdots,\sigma(2^m-1)\}$为正形置换，则$P^{-1}$亦为正形置换。

**性质 5.2.8**　正形置换是完全平衡映射。

该性质说明，不论正形置换的代数结构如何，其置换强度不变，数据变换是有效的。

4) 全距置换

全距置换，简单地说，n 个元素$(1,\cdots,n)$的一个全距置换就是满足 $1\to2,2\to3,\cdots,(n-1)\to n$ 的间距值互不相同的置换。

关于全距置换的精确定义有如下几种表示形式。

**定义 5.2.9**　在 $a_1a_2\cdots a_n$ 中，若 $i(1\leqslant i\leqslant n)$处在第 $x_i$ 位，则称 i 在此排列中的坐标为 $x_i$。$\{a_1,a_2,\cdots,a_n\}$中 i 的坐标，就是 i 在 $a_1a_2\cdots a_n$ 中的坐标。

**定义 5.2.10**　在 $a_1a_2\cdots a_n$ 中，若 i 排在 $i+1$ 的前面，则称 $i,i+1$ 构成这个排列的一个顺序单增对；若 $i+1$ 排在 i 的前面，则称 $i,i+1$ 构成这个排列的一个顺序单减对。

**定义 5.2.11**　排列 $a_1a_2\cdots a_n$ 中，i 到 j 的距离 $D(i,j)$定义为

$$D(i,j)=x_j-x_i+tn \tag{5-9}$$

此处的$x_i$，$x_j$分别表示 i，j 的坐标，其中 $t=\begin{cases}0, & \text{当 } x_j-x_i>0\\ 1, & \text{当 } x_j-x_i<0\end{cases}$。

**定义 5.2.12**　在 $a_1a_2\cdots a_n$ 中，如果 $D(1,2),D(2,3),\cdots,D(n-1,n)$互不相同，则称$\{a_1,a_2,\cdots,a_n\}$为 n 个元素的一个全距置换。

由此定义可知，全距置换的平移还是全距置换。因此，一个全距置换的所有平移可看成同一个全距置换。

下面举例说明全距置换，根据定义判断排列是否是全距置换。

例如，判断下列排列是否是全距置换。

(1) $\{1,3,2,5,8,4,6,7\}$；

(2) $\{1,3,5,2,8,4,6,7\}$。

分析：

(1) 排列$\{1,3,2,5,8,4,6,7\}$是一个 8 阶全距置换。因为，在这个置换中

$1\to2$ 的间距值为 2；

$2\to3$ 的间距值为 7；

3→4 的间距值为 4；
4→5 的间距值为 6；
5→6 的间距值为 3；
6→7 的间距值为 1；
7→8 的间距值为 5；

它们的间距值互不相同。

（2）排列{1,3,5,2,8,4,6,7}则不是全距置换。因为在这个置换中

1→2 的间距值为 3；
2→3 的间距值为 6；
3→4 的间距值为 4；
4→5 的间距值为 5；
5→6 的间距值为 4；
6→7 的间距值为 1；
7→8 的间距值为 5；

它们之间有相同的间距值。

接下来介绍关于全距置换的一些基本定理与性质。

**定理 5.2.4**　设$\{a_1,a_2,\cdots,a_n\}$为 1,2,…,n 这 n 个元素的一个全距置换，则

（1）n 为偶数；

（2）$|x_n-x_1|=\frac{n}{2}$；

（3）当$x_n-x_1=\frac{n}{2}$时，$a_1a_2a_n$的顺序单增对总数为$\frac{n}{2}$，当$x_n-x_1=\frac{n}{2}$时，$a_1a_2a_n$的顺序单增对总数为$\frac{n}{2}-1$。

**推论 5.2.1**　设$\{a_1,a_2,\cdots,a_n\}$中，如有$x_n-x_1=\frac{n}{2}$，且$a_1a_2a_n$的顺序单增对总数为$\frac{n}{2}$，则

$$D(1,2)+D(2,3)+\cdots+D(n-1,n)=\frac{n(n-1)}{2} \tag{5-10}$$

**定理 5.2.5**　$\{a_1,a_2,\cdots,a_n\}$为全距置换，当且仅当满足下列条件之一时成立：

（1）$x_1,x_2,\cdots,x_n$为 1,2,…,n 的一个全距排列，$x_i(1\leqslant i\leqslant n)$为 i 在$\{a_1,a_2,\cdots,a_n\}$中的坐标。

（2）$\{b_0=0,b_1,b_2,\cdots,b_n\}$为 Z/(n)的一个排序，$b_i(1\leqslant i\leqslant n-1)$为$\{a_1,a_2,\cdots,a_n\}$中 i 到 i+1 的距离。

**推论 5.2.2**　$\{a_1,a_2,\cdots,a_n\}$是全距置换，则$2x_{i+1}\neq(x_i+x_{i+2})\bmod n(1\leqslant i\leqslant n-2)$，其中$x_i,x_{i+1},x_{i+2}$分别为 i,i+1,i+2 在$\{a_1,a_2,\cdots,a_n\}$中的坐标。

**定理 5.2.6**　设$\sigma_1=\{a_1,a_2,\cdots,a_n\}$为 2,3,…,n−1 的一个全距置换。将 1,n 插入$a_2,a_3,\cdots,a_{n-1}$的间隔中，且令$D(1,n)=\frac{1}{2}$，则所得 n 阶置换$\sigma_1=\{1,\cdots,n,\cdots\}$满足

$$D(1,2)+D(2,3)+\cdots+D(n-1,n)=\frac{n(n-1)}{2} \tag{5-11}$$

定理 5.2.6 有重要意义。例如：

对 4 阶全距置换{2,3,5,4}和{2,4,5,3}，根据定理 5.2.6，将 1,6 插入 2,3,4,5 的间隔

中，可得到两组置换，即

$$\begin{cases}\sigma_1=\{1,2,3,6,5,4\}\\ \sigma_2=\{1,3,5,6,4,2\}\\ \sigma_3=\{1,5,4,6,2,3\}\\ \sigma_4=\{1,4,2,6,3,5\}\end{cases},\quad \begin{cases}\sigma_5=\{1,2,4,6,5,3\}\\ \sigma_6=\{1,4,5,6,3,2\}\\ \sigma_7=\{1,5,3,6,2,4\}\\ \sigma_8=\{1,3,2,6,4,5\}\end{cases}$$

这 8 个置换均满足 $D(1,2)+D(2,3)+\cdots+D(n-1,n)=\frac{n(n-1)}{2}$，并且全部 4 个 6 阶的全距置换都在其中，它们是$\sigma_2$，$\sigma_3$，$\sigma_5$，$\sigma_8$。

全距置换作用于数据可以打乱原数据的位置，同时又使元素间距离的所有可能性都出现。所以，从换位角度看，全距置换具有良好的密码学性质。

### 5.2.2　线性变换

线性变换是分组密码扩散层的又一种实现方式，其目的是使得分组通过扩散层的每一个字节都是操作前字节的线性组合。对于 AES 算法，在此算法的每一轮运算中，分组数据依次经过 S 盒，行移位操作，列混淆操作，其中列混淆操作就是 AES 算法的扩散层（见图 5-3）。由图 5-3 可知，AES 算法操作后的每一个字节都是操作前 4 个字节相互异或的结果。

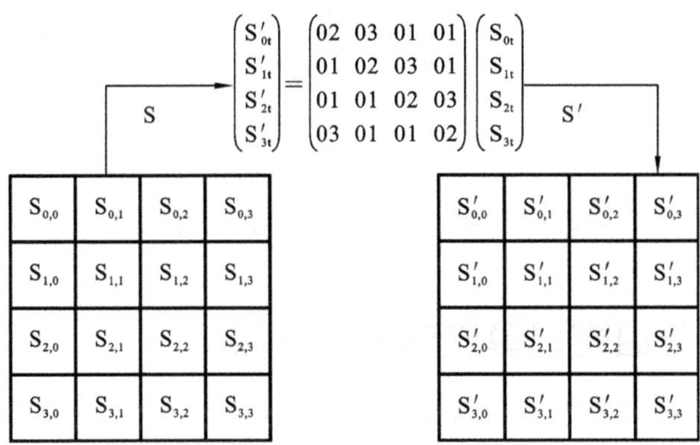

图 5-3　AES 的扩散层

需要说明的是，线性变换的具体操作细节在各个算法中都不尽相同，如高级标准 AES 分组密码算法和国密算法 SMS4，虽然它们的扩散层都采用线性变换的实现方式，但是具体的操作细节却不同，AES 分组密码算法的扩散层的操作方式为列混淆，而 SMS4 算法的扩散层的操作方式为循环移位。

在功耗分析当中，当攻击者选取的中间值位于扩散层后并且当扩散层的实现方式为线性变换时，由于这种实现方式彻底打破了密钥与中间值按字节一一对应的关系，所以攻击者很难找到与密钥按字节高度相关的中间数据，这就给实际的功耗分析带来困难。

## 5.3　扩散层的构造方法

对于置换 $P:(F_2^n)^m\to(F_2^n)^m$，显然分支数 $t=B(P)\leqslant m+1$。利用纠错码的知识可以构造分支数达到最佳的置换 P。

方法 5-1：分支数最佳的置换 P 的构造。

分支数最佳的置换，即 $t=m+1$。如 SHARK、SQUARE、Rijndael 和 Twofish 等算法中都通过列混淆达到 $m=4,t=5$。

方法 5-2：多维 2 点变换扩散器。

还可以利用与 Hadamard 矩阵有关的一些方法来保证分支数，如在 SAFER 系列密码中，用的是多维 2 点变换扩散器(multi-dimensional 2-point transform diffuser)，其中的混乱过程保证有如下性质：从第一个盒子到最后一个盒子均有一条路径，而盒子本身的变换用的是 PHT(Pseudo Hadamard Tansfom)。SAFER＋＋算法以前的 SAFER 系列密码用的是 2-PHT，SAFER＋＋用的是 4-PHT，此时，$m=16,t=10$；Twofish 算法在对两个 32 比特进行混合时，也使用了 2-PHT。

方法 5-3：利用字节之间的逻辑运算构造。

还可以利用字节之间的逻辑运算来实现 P 置换，如 Camellia 和 E2 算法考虑到字节的多个平台的有效实现，为了构建 P 置换，将它表示为{0,1}上的 8×8 的矩阵 P，用字节异或就能实现。

$$Z_i=\bigoplus_{j=0}^{7} t_{ij},\quad Z_j=\bigoplus_{t_{ij}=1} Z_j \tag{5-12}$$

这里的 $t_{ij}$ 为矩阵 P 的 i 行 j 列上的元素。P 置换的每个输出字节都是输入字节的一个线性变换。这种结构中 $m=8,t=5$。

上述的构造方法各有优缺点，方法 5-1 构造的 P 的分支数最佳，但是实现比较困难；方法 5-2 实现相对容易，但所构造的 P 的分支数较小；方法 5-3 没有使分支数达到最大，但分支数达到 5，也能起到较快的扩散作用。

## 5.4 典型的密码扩散层

### 5.4.1 传统分组密码算法典型扩散层

DES 的使用年限不到 20 年，已被数次攻破而被认为是不安全的，其中两个最著名的攻击是差分密码分析和线性密码分析。但 DES 的设计至今仍闪烁着人类设计思想的精华，其结构和部件仍在被后人效仿。DES 的轮函数采用 Feistel 结构，8 个 S 盒，扩充-压缩置换，块置换。其算法简洁快速且加解密相似，但一个明显的缺陷是 S 盒为黑盒，因此公众会抱怨并怀疑它设有陷门。早期的迭代分组密码设计主要围绕 DES 进行，后来在此基础上有很大发展，出现了众多的 Feistel 型密码，如 LOKI，FEAL，GOST，Lucifer 等。

IDEA 是第一个不采用 Feistle 结构的密码算法。IDEA 的安全性设计思想是：采用同一明文空间上的三个不同的群运算，使掩蔽、混淆和扩散融为一体。IDEA 是分组密码算法的杰出代表，开创了新的一类设计风格。此后出现的 NEA 也是一种 IDEA 型的密码算法。

SAFER(secure and fast encryption routine)是一类独特的迭代分组密码算法，其结构既不像 DES，又不像 IDEA。SAFER 有许多变形算法，SAFER 类密码算法的许多设计细节是缜密周到的，如计算部件的编排使差分攻击的成功率最小，又如线性层的设置使乘法运算最简化等。而“字节运算”也使 SAFER 成为分组密码算法设计的样板之一。

SAFER 系列分组密码算法包括：SAFERK-64、SAFERK-128、SAFERSK-64、SAFERSK-128、SAFERSK-40，SAFER＋和 SAFER＋＋。SAFERK-64 是 SAFER 系列中的第一个算法，它是 1993 年由瑞士的 James L. Massey 为 Cylink 公司设计的。SAFERK 和 SAFERSK

算法的分组长度都是 64 位，用户选择密钥(又叫种子密钥、主密钥)的长度在算法名称中标出，可以为 40、64 或者 128 位。SAFER+是 AES 的一个候选算法，它的设计按照 AES 征集算法的要求，分组长度为 128 位，用户选择密钥长度可为 128、192 或者 256 位。SAFER++是 SAFER 系列算法中的后继更新产品，它是 NESSIE 的一个候选算法，有两个版本：一个分组长度为 64 位，密钥长度为 128 位；另一个分组长度为 128 位，密钥长度为 128 位或者 256 位。

SAFER 系列密码有下面一些共同特点：

(1) 它们都是面向字节的算法，加密、解密及密钥扩展算法中使用的都是字节到字节的运算，这使得它在 Smart 卡等方面的应用很有优势。

(2) 加密的轮函数采用“代换-线性变换”(S-LP)结构，在迭代的每一轮中，先对轮输入作用一个由轮子密钥控制的可逆函数 S，然后再作一个可逆的线性变换 LP。由于置换是一种特殊的线性变换，这种结构可以看为 SP 结构的推广。

(3) 在密钥扩展算法中，使用了“密钥偏差”，即给每一个子密钥加上一个常数，避免产生弱密钥。随着设计者不断改进其算法，使得后来的算法具有更好的密码学特性，算法的安全强度、抵抗现有攻击的能力和实现效率都有不同程度的提高。

本节仅以 SAFER 系列算法中 SAFERK-64 和 SAFER+，以及 SAFER++的扩散层的设计作简要介绍。

SAFERK-64、SAFER+和 SAFER++的扩散层采用了类似的结构，设计者把它们称为多维 2-点变换器。多维 2-点变换器结构中的盒子“2-TRA”是 $Z_{2^n}\times Z_{2^n}\rightarrow Z_{2^n}\times Z_{2^n}$ 的一个线性变换，这样一个线性变换可以与 $Z_{2^n}$ 上的一个可逆 2×2 矩阵 $H=\begin{bmatrix} a & b \\ c & d \end{bmatrix}$ 相等价。当且仅当 $(ad-bc)$ 是 $Z_{2^n}$ 环中的可逆元，且 $(ad-bc)$ 是奇数时，矩阵 H 是可逆的。

其中，定义为“transform shuffle” 的变换层是一个从集合 $\{1,2,\cdots,2^D\}$ 到它自身的一个置换，并且具有如下性质：保证从第一层的每个“2-TRA”盒子到第 D 层的每个“2-TRA”盒子都有一条路径。取 $H=\begin{bmatrix} 2 & 1 \\ 1 & 1 \end{bmatrix}$，由这个矩阵决定的 2-TRA 称为 2-PHT(伪 Hadamard 变换)。由 Shannon 提出的扩散原则，在密码设计中，应使得明文和密文的每一个数字单元影响尽可能多的密文数字单元，对于 D 维 2-点变换扩散器，已有文献给出了相应的定义和结果。

**定义 5.4.1**　令 $\mu_D(P)$ 表示 D 维 2-点变换扩散器 P 在改变一个输入时，输出改变的最小数目。当 $\mu_D(P)$ 达到极大值时，称 P 是一个最优 D 维 2-点变换扩散器。

**定理 5.4.1**　基于“2-PHT”的 D 维 2-点变换扩散器是最优的充要条件是“transform shuffle”把偶数映射为偶数的置换，并且最优 D 维 2-点变换扩散器的 $\mu_D(P)$ 取值有如下递归表达式：$\mu_D=\mu_{D-1}+\mu_{D-2}$，$\mu_1=1$，$\mu_2=2$。

多维 2-点变换扩散器可以推广到多维 n-点变换扩散器，同样的，2-PHT 可以推广到 n-PHT，它所对应的矩阵是

$$H=\begin{bmatrix} 2 & 1 & 1 & \cdots & 1 & 1 \\ 1 & 2 & 1 & \cdots & 1 & 1 \\ \vdots & \vdots & \vdots & & \vdots & \vdots \\ 1 & 1 & 1 & \cdots & 2 & 1 \\ 1 & 1 & 1 & \cdots & 1 & 1 \end{bmatrix}$$

**定理 5.4.2**　基于“n-PHT”的 D 维 n-点变换扩散器是最优的，其充分必要条件是“transform shuffle”是把偶数映射为模偶数的一个置换。

SAFERK-64 的扩散层是一个三维 2-点变换扩散器，其中，变换 2-TRA 采用 2-PHT，“transform shuffle”是置换[1 3 5 7 2 4 6 8]，即第一个字节保持不变，第三个字节变为第二个字节，第五个字节变为第三个字节，依次类推。由定理 5.4.1 可知，这不是一个最优的变换扩散器。

SAFER+的扩散层是一个四维 2-点变换扩散器，其中，变换 2-TRA 采用 2-PHT，“transform shuffle”是置换[9 12 13 16 3 2 7 6 11 10 15 14 1 8 5 4]，由定理 5.4.1 可知，这是一个最优的变换扩散器，$\mu_D(P)$达到了最大值 5。

SAFER++的扩散层先给扩散层的输入作一个置换，这个置换与其后的变换扩散器中的“transform shuffle”相同。然后，置换结果进入一个二维 4-点变换扩散器，其中，4 阶变换采用 4-PHT，“transform shuffle”是置换[9 6 3 16 1 14 11 8 5 2 15 12 13 10 7 4]，由定理 5.4.2 可知，这是一个最优的变换扩散器，$\mu_D(P)$达到了最大值 10。

可见，SAFER++比 SAFER+的扩散性能更好，也更简洁，这使得它在实现时速度也更快，在 SAFER+中，扩散层的执行需要做 64 次加法运算，而在 SAFER++中，扩散层的执行只需要 48 次加法运算。

## 5.4.2 轻量级分组密码算法典型扩散层

PRESENT 算法在 CHES 2007 上被提出，是与 AES 差异较大的 SPN 结构算法，其线性变换是面向比特进行操作的，而非传统方法中常用的面向字节的变换，该算法已被国际标准化组织(ISO)标准化。现以 PRESENT 算法的置换层为例，介绍轻量级分组密码算法的扩散层设计方法。

PRESENT 算法是一种自反结构的置换层设计，它完全摆脱了常规的置换层设计结构，与传统的分组密码算法，如 AES 的置换层即列混淆不同，PRESENT 算法是以一个比特作为置换函数的输入单位的，而不是列混淆那样以字节为单位。

置换层变换仅仅是将所有输入比特交换位置，重新排列，改变输入之间的位置关系，再将所有输入不加以运算地输出，这样做的好处是使置换层结构简单，在硬件实现上几乎不用任何元器件就可以实现置换层：因为它只是一些连线而已。

PRESENT 的扩散层是 64 个输入比特的排列置换，是一个非常美的对称结构，PRESENT 算法的轮函数结构如图 5-4 所示。该算法把每一轮中的 16 个 S 盒的 4 位输出顺序等分成 4 个分组，扩散层的映射满足下列规则：

(1) 每个 S 盒的 4 位输入分别来自前一轮不同组中的每个 S 盒的一位输出；

(2) 每组的 4 个 S 盒的 16 位输入分别来自前一轮所有 S 盒的一位输出；

(3) 每个 S 盒的 4 位输出分别作为下一轮 4 个不同组 S 盒的一位输入；

(4) 不同组 S 盒的输出作为下一轮没有交集的 S 盒集合的输入。

这样的设计扩散性很差，每一比特的输入改变只能造成每一比特输出的改变，而且输入中 0 和 1 的比例在输出中并没有改变。所以 PRESENT 的设计者希望用 S 盒的扩散性来弥补置换层扩散能力的不足：每个 S 盒满足雪崩效应，一个输入的改变至少造成两位输出的改变；并且 PRESENT 的设计者为算法设计了足够高的轮数(31 轮)，就是为了密钥和明文能充分混淆，明文能在密文中充分扩散。

PRESENT 算法的设计理念具有大多数轻量级分组密码算法设计的共性，比如，存在多个

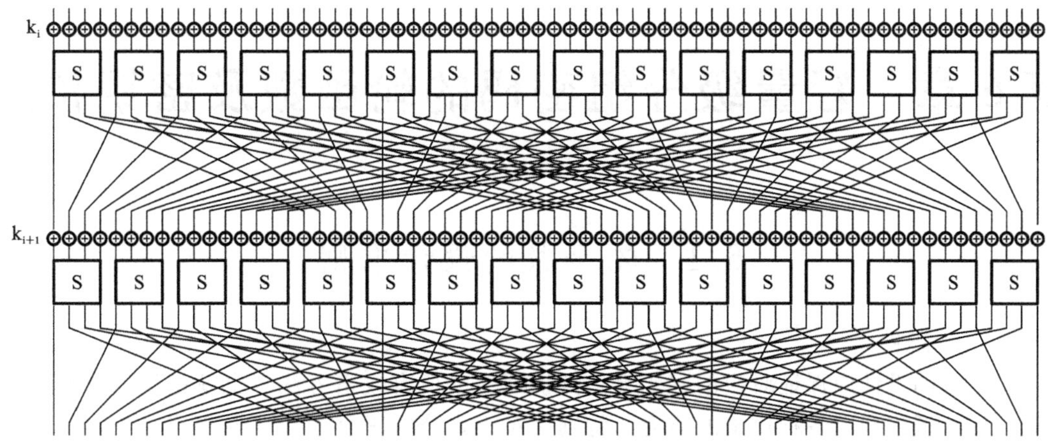


**图 5-4**　PRESENT **算法的轮函数结构**

S 盒时，使用相同的 S 盒，利于算法的多种实现方式，如并行以提高加密速率，或者串行重用 S 盒以降低资源占用。又如，线性层比较简单，使用按半字节的位置置换方法，而位置置换在硬件中几乎不占用资源，复杂矩阵在硬件中可以通过简单矩阵的重用来实现，资源占用低。

## 习　题　5

1. 轻量级密码扩散层与传统密码扩散层的区别有哪些？

2. 轻量级密码扩散层设计的基本思想是什么？

3. 经典分组加密算法的扩散层有哪些不同的结构？在轻量级分组密码算法中是否适用，为什么？

4. 简述轻量级分组密码算法扩散层的基本构造方法。

# 第6章　轻量级分组密码的轮函数及密钥扩展

## 6.1　轮函数的设计准则

（1）安全性。

轮函数的设计应保证对应的密码算法抵抗现有的所有攻击方法。也就是说，设计者应能估计轮函数抵抗现有各种攻击的能力。特别是对于差分密码分析和线性密码分析，设计者应能估计最大差分概率及最佳线性逼近的优势。

（2）速度。

轮函数和轮数直接决定了算法的加解密速度。现有的密码算法有两种设计趋势：一是构造复杂的轮函数，使得轮函数本身针对差分（线性）密码分析等攻击方法是非常安全的，但是考虑到加密速度，采用此类轮函数的密码算法的轮数必须要小；二是构造简单的轮函数，这样的轮函数本身似乎不能抵抗差分（线性）密码分析等攻击方法，但此类轮函数运行速度快，因而轮数可以很大。当轮函数的各种密码指标适当时，我们也可以构造出实际安全的密码算法。

（3）灵活性。

灵活性是许多分组密码算法的最基本要求之一，是指使得密码算法能够在多平台上得到有效实现，如在8位、16位、32位及64位的处理器上均能实现。

## 6.2　轮函数的种类

现有的密码算法的轮函数可以分为两种：一种是有S盒的，如DES、LOKI系列及E2等；另一种是没有S盒的，如IDEA、RC5及RC6等。没有S盒的轮函数的“混淆”主要靠加法运算、乘法运算及数据依赖循环等来实现。下面进一步讨论这些运算。

加法、减法和异或：这些是最简单的运算，被用来混合数据值和密钥值，这些运算在软件和硬件实现中都非常快，但一般不提供更多的“密码强度”，通常在密码算法中交错使用异或、加法和减法，以确保密码算法中运算不相互抵消。另外，加法和减法较难抵抗能量和定时攻击，异或没有定时攻击的弱点，用自变量补码可抵抗能量攻击。

固定次数的循环/移位：固定次数的循环/移位主要用来使数据比特到达指定的位置，不易遭受定时攻击，用包含循环/移位量及其补码的寄存器内容可抵抗能量攻击。

数据依赖循环：数据依赖循环是因RC5的使用而闻名，它的软硬件实现都很快，与算术运算（如加法）相比，这种运算抵抗线性密码分析的能力比较强。数据依赖循环的一个问题是循环数量仅依赖于w比特字的最低log w比特，这可能导致差分弱点。RC6和MARS通过与乘法运算组合来解决此问题。但是数据依赖循环最难抵抗定时和能量攻击。

乘法：乘法被IDEA及其变形密码所采用。但应注意，即使对现代处理器而言，乘法运算的时间也是其他运算时间的2倍，并且硬件实现代价更高。因此，在设计密码时，应尽量避免使用乘法。另外，乘法最难抵抗定时和能量攻击。

一般来说，轮函数的“混淆”由 S 盒或算术运算来实现。虽然 S 盒需要一些存储器，例如，8 比特 S 盒需 256 字节的存储器，但是 S 盒的实现方式没有限制，可以采用随机 S 盒、密钥相关 S 盒及基于数学函数的 S 盒。另一方面，虽然算术运算不需要存储器，但其软件程序和结构是特殊的，这与轮函数的“灵活性”设计准则有所不合。此外，查表运算至少比乘法运算快 3 或 4 倍，因此，使用 S 盒是当今设计轮函数的主流。查表运算不易遭受定时攻击，并可用地址及其补码抵抗能量攻击。

在轻量级分组密码的设计过程中，需要尽可能减少实现算法中每个组件所需的资源，才能使整体实现规模最小。在 SP 结构分组密码算法中，非线性组件即 S 盒通常占据了实现整个加密算法所需基本门电路数的最大比例。因此，设计一种小规模的 S 盒对分组密码算法走向超轻量化，从而大规模实现对微型移动终端设备的协议认证和数据加密起到至关重要的作用。

S 盒因 DES 的使用而广为流行。S 盒是许多密码算法中唯一的非线性部件，因此，它的密码强度决定了整个密码的安全强度。S 盒本质上均可看作映射 $S(x)=(f_1(x),\cdots,f_m(x))$：$F_2^n \rightarrow F_2^m$，通常简称 S 是一个 $n\times m$ 的 S 盒。当参数 m 和 n 选择得很大时，几乎所有的 S 盒都是非线性的，而且发现某些攻击所用的统计特性比较困难。但反过来，m 和 n 过大，将给 S 盒的设计带来困难，而且增加算法的存储量。传统分组密码使用的 S 盒通常是 8×8 的，流行的轻量级 S 盒是 4×4 的。

S 盒主要提供了分组密码算法所必需的混淆作用，但如何全面、准确地度量 S 盒的密码强度，如何设计安全有效的 S 盒是分组密码设计和研究中的难题。

目前，S 盒主要用以下指标来度量：非线性度、差分均匀度、代数次数和项数分布、完全性、雪崩效应和扩散特性。SP 网络结构的密码还要求 S 盒具有可逆性。另外，一个密码要让人们放心使用，还要求 S 盒没有陷门。

一个好的轻量级分组密码要既便于硬件实现又便于软件实现，且能达到一定的安全性。对某种结构的 S 盒，其软件实现和硬件实现均能达到很好的效果，这就是 S 盒设计追求的目标。

人工方式筛选的 S 盒函数虽能满足很好的安全特征（如雪崩效应），但是因为它是从大量随机生成的 S 盒中按照一定的过滤条件穷尽搜索筛选出来的，所以输入变量和输出变量之间没有明显的数学规律可言。虽然 S 盒在安全性和软件实现效果方面都很理想，但用硬件方式实现它就很难找到紧凑的结构。所以凡是人工筛选的且位数比较高的 S 盒，如随机产生的 8 bit S 盒，只适合软件实现。轻量级分组密码中的 S 盒若是采用人工筛选的方式确定的，而又要使该算法能适合硬件实现，那么 S 盒的位数只能限制得比较低，如 PRESENT 所用的 S 盒宽度只有 4 bit。

我们可以来粗略估算人工方式筛选的 8 bit S 盒与 4 bit S 盒在实现上的规模差距，这里可以假设前者是 AES S 盒函数表的实现，后者是 PRESENT S 盒函数表的实现。采用软件实现的方式，8 bit S 盒占用 2048 bit 的空间，4 bit S 盒占用 64 bit 的空间，前者是后者规模的 32 倍。采用硬件实现的方式，通过两者的二元布尔表达式可知：前者包含 8 个布尔函数，后者是 4 个布尔函数；前者每个布尔函数大致包含 128(1/2×256)项，后者每个布尔函数大致包含 8(1/2×16)项；前者每个布尔函数的每项平均包含 4(1/2×8)bit，后者每个布尔函数的每项平均包含 2(1/2×4)bit。所以 8 bit S 盒的硬件规模是 4 bit S 盒的大约 64((8/4)×(128/8)×(8/4))倍。

根据上面的对比可知：降低 S 盒的宽度可以使实现规模大大减小。所以小型 S 盒更适合用在轻量级分组密码中，而该类算法通常用在 RFID 和 WSN 等应用场景中，均是以硬件实现的方式居多。所以如何设计一个便于硬件实现的小型 S 盒是研究的重点。

PRESENT 的 S 盒虽然宽度小，但是采用人工方式筛选的，所以其硬件实现规模相对于整个 PRESENT 的实现规模来说，要占据相当大的比例。有文献中提到 PRESENT 的 S 盒大小为 45.448 GE，占据整个规模的 57.28%。若 4 bit S 盒采用数学函数的方式设计，即找到一个具有满足安全性指标所提到的数学性质的函数来设计该 S 盒，那么 S 盒的实现规模会大大减小，这也会使得轻量级分组密码的实现规模降到更低，适合应用在更多依靠微型终端计算的安全领域中。

采用数学函数设计的 S 盒时，所有输入比特作为一个整体，与所有输出比特作为一个整体之间，存在一元函数关系。因此，不用单独实现每个输出比特的布尔函数，而是实现一元函数的运算结构。通常这个函数是简单的非线性函数，所以在实现上更紧凑，门电路规模要远远小于人工筛选的同宽度的 S 盒的硬件实现。

## 6.3　典型密码算法的轮函数

### 6.3.1　传统分组密码算法的轮函数典型案例

迭代分组密码轮函数的通常结构可描述为以下形式。

设 x 为轮输入，z 为轮子密钥；迭代分组密码轮函数用 R(x,z)表示，其值为

$$R(x,z)=SPN(x\otimes z^{(1)},z^{(2)}) \tag{6-1}$$

式中：⊗表示群加密运算；SPN( *，* )是替换置换网络。还有如下结构：

$$R(x,z)=Q(S(x\otimes z^{(1)},z^{(2)})) \tag{6-2}$$

$$O(x,z^{(1)})=Q(x)\otimes z^{(1)} \tag{6-3}$$

式中：$S(*,z^{(2)})$为卷积密码；Q 为对合置换且为⊗的自同构；O( *，* )称为输出变换。上式的结构具有加解密相似性，IDEA 及一些著名的分组密码都具有这种结构。

IDEA(International data encryption algorithm)是瑞士的 James Massey、Xuejia Lai 等人提出的加密算法，算法使用的密钥长度为 128 位，数据块大小为 64 bit。其抗强力攻击能力比 DES 的强，同一算法既可加密也可解密。IDEA 的轮函数 R(x,z)算法描述如下。

轮输入 $x=(x_1,x_2,x_3,x_4)$是 64 bit 数据块，轮子密钥 $z=(z_1,z_2,z_3,z_4,z_5,z_6)$是 96 bit 数据块。

$$\text{A1. } (e,f,g,h)=(x_1\odot z_1,x_2\boxplus_{16}z_2,x_3\boxplus_{16}z_3,x_4\odot z_4) \tag{6-3}$$

$$\text{A2. } (p,q)=(e\oplus g,f\oplus h) \tag{6-4}$$

$$\text{A3. } (t,u)=(((p\odot z_5)\boxplus_{16}q)z_6,\quad t_{16}(p\odot z_5)) \tag{6-5}$$

$$\text{A4. } (a_1,a_2,a_3,a_4)=(e\oplus t,f\oplus u,g\oplus t,h\oplus u) \tag{6-6}$$

$$\text{A5. } (y_1,y_2,y_3,y_4)=(a_1,a_2,a_3,a_4) \tag{6-7}$$

其中，式(6-3)的 A1 为群加密，群运算为$\otimes=(\odot,\boxplus_{16},\boxplus_{16},\odot)$；式(6-5)的 A3 为 MA 结构，式(6-7)的 A5 是对合置换 Q。

由上述可见，IDEA 的轮函数基本部件是群加密和 MA 结构。其第一轮的结构示意图如图 6-1 所示。

以后的各轮均采用此结构，当然，所用的子密钥和轮输入是不同的。由图 6-1 可见，IDEA

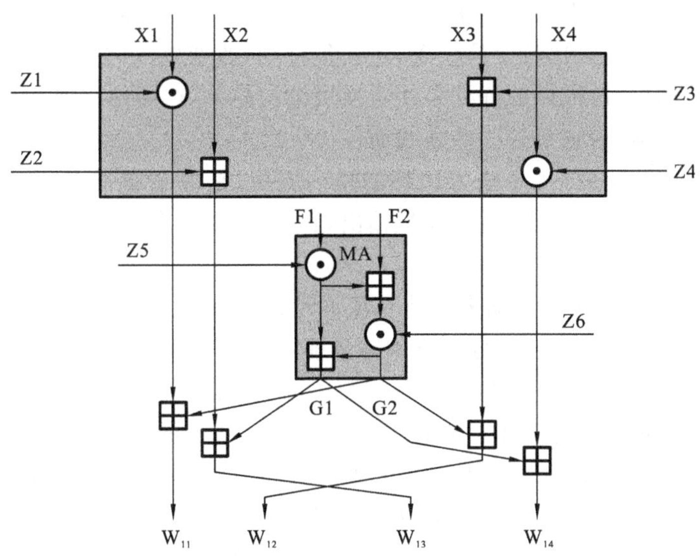


图 6-1　IDEA 第一轮结构示意图

不是传统的 Feistel 结构，每轮开始时有一个变换，该变换的输入是 4 个子段和 4 个子密钥，变换中的运算是两个乘法和两个加法，输出的 4 个子段经过异或运算形成两个 16 bit 的子段作为 MA 结构的输入。MA 结构也有两个输入的子密钥，输出是两个 16 bit 的子段。

MA 结构是一个有密钥($z_1$，$z_2$)参与的 32 bit 混淆/扩散部件，如式(6-5)所示。其结构图如图 6-2 所示。

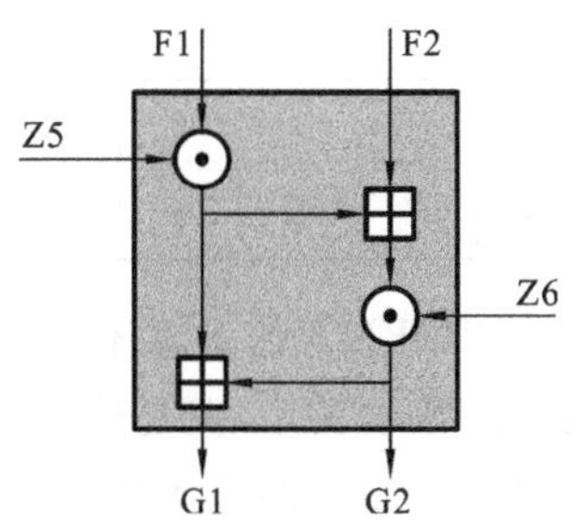


图 6-2　MA 结构示意图

由图 6-2 可见，MA 结构中主要由乘加结构的基本单元实现的。MA 结构的一个潜在弱点是“非平凡透明性”，即存在非恒等双射($d_1$，$d_2$，$d_3$，$d_4$)，使当$(t,u)=MA(p,q,z_5,z_6)$时，总有$(d_3(t),d_4(u))=MA(d_1(p),d_2(q),z_5,z_6)$，其中$d_1(p)=0\odot p$，$d_2(q)=-q \bmod 2^{16}$，$d_3(t)=0\odot t$，$d_4(u)=2-u \bmod 2^{16}$。

有文献对 IDEA 的随机性进行分析，文中提到：

(1) 如已确定轮输入 x 和轮输出 y，轮子密钥 z 的自由度为 32 bit。

(2) 如假设两个轮输入$x^{(1)}$和$x^{(2)}$以及轮子密钥 z 均为随机变量，并且对应得到两个轮输出$y^{(1)}$和$y^{(2)}$。在 IDEA 中，当$(x_1^{(1)},x_3^{(1)})=(x_1^{(2)},x_3^{(2)})$时，恒有 $y_1^{(1)}y_2^{(1)}=y_1^{(2)}y_2^{(2)}$；当$(x_2^{(1)},x_4^{(1)})=(x_2^{(2)},x_4^{(2)})$时，恒有 $y_3^{(1)}y_4^{(1)}=y_3^{(2)}y_4^{(2)}$。

而对 IDEA 差分扩散性能分析，首先讨论了对于$\oplus_1$的差分性能。同样假设两个不同的轮输入$x^{(1)}$和$x^{(2)}$以及轮子密钥 z 均为随机变量，对应得到两个轮输出$y^{(1)}$和$y^{(2)}$。非幺元差分记为 $\Delta x=x^{(2)}\oplus_1 x^{(1)^{-1}}$，$\Delta y=y^{(2)}\oplus_1 y^{(1)^{-1}}$。由此可知，其条件概率可表示为 $P(\Delta y=n|\Delta x=m)$，记为$p_1(m,n)$。

总而言之，IDEA 能抗差分分析和相关分析，几乎没有 DES 意义下的弱密钥，易于软硬件实现，加密速度快。

### 6.3.2　轻量级密码算法的轮函数典型案例

PRESENT 算法的置换层设计完全摆脱了常规的置换层设计结构，与 AES 的置换层即列混淆不同,它是以一个比特作为置换函数的输入单位的,而不是列混淆那样以字节为单位。置换层变换仅仅是将所有输入比特交换位置,重新作排列,改变输入之间的位置关系,再将所有输入不加以运算地输出,这样做的好处是使置换层结构简单,在硬件实现上几乎不用任何元器件就可以实现置换层:因为它只是一些连线而已。

PRESENT 的扩散层是 64 个输入比特的排列置换,是一个非常美的对称结构,如图 5-4 所示。我们把每一轮中的 16 个 S 盒的 4 位输出顺序等分成 4 个分组,扩散层的映射满足下列规则:

(1) 每个 S 盒的 4 位输入分别来自前一轮不同组中的每个 S 盒的一位输出;

(2) 每组的 4 个 S 盒的 16 位输入分别来自前一轮所有 S 盒的一位输出;

(3) 每个 S 盒的 4 位输出分别作为下一轮 4 个不同组 S 盒的一位输入;

(4) 不同组 S 盒的输出作为下一轮没有交集的 S 盒集合的输入。

这样的设计扩散性很差,每一比特的输入改变只能造成每一比特输出的改变,而且输入中 0 和 1 的比例在输出中并没有改变。所以 PRESENT 的设计者希望用 S 盒的扩散性来弥补置换层扩散能力的不足:每个 S 盒满足雪崩效应,一位输入的改变至少造成两位输出的改变;并且 PRESENT 的设计者为算法设计了足够高的轮数(31 轮),就是为了密钥和明文能充分混淆,明文能在密文中充分扩散开来。

PRSENT 的 S 盒是按照 4 bit 的宽度设计的,下面列出 S 盒的函数表(见表 6-1),输入/输出值用十六进制表示。

**表 6-1　PRESENT 的 S 盒表**

| x | 0 | 1 | 2 | 3 | 4 | 5 | 6 | 7 | 8 | 9 | A | B | C | D | E | F |
|---|---|---|---|---|---|---|---|---|---|---|---|---|---|---|---|---|
| S(x) | C | 5 | 6 | B | 9 | 0 | A | D | 3 | E | F | 8 | 4 | 7 | 1 | 2 |

PRSENT 的 S 盒不是基于数学函数来设计的,S 盒的 4 比特输入和 4 比特输出之间没有明显的数学关系,但是输出比特和输入比特之间可以用 S 盒的函数表来计算二元布尔函数表达式。令 S 盒的输入从高位到低位依次是 $x_3x_2x_1x_0$,输出从高位到低位依次是 $y_3y_2y_1y_0$,用绘制“卡诺图”的方法来计算它的布尔代数表达式:

$$y_0 = x_0 + x_2 + x_1x_2 + x_3$$

$$y_1 = x_1 + x_0x_1x_2 + x_3 + x_1x_3 + x_0x_1x_3 + x_0x_2x_3$$

$$y_2 = 1 + x_0 + x_1 + x_1x_2 + x_0x_1x_2 + x_3 + x_0x_1x_3 + x_0x_2x_3$$

$$y_3 = 1 + x_0 + x_1 + x_1x_2 + x_0x_1x_2 + x_3 + x_0x_1x_3 + x_0x_2x_3$$

可以得出每个输出比特与所有输入比特相关,也就是说任何一个输入位的改变会影响所有的输出比特(输入比特 A 影响输出比特 B 不意味着输入比特 A 改变,输出比特 B 就一定会改变,这还要取决于其他输入比特的值,但是一定存在这样的情况,当其他 3 位输入取值固定时,改变输入比特 A,那么输出比特 B 一定改变)。

这样的设计满足完全雪崩效应,所有的 1 比特输入差分不会造成 1 比特输出差分,而且 S 盒的非线性度高、差分分布均匀,此处不作详细分析。

由此可知,PRESENT 的置换层的硬件实现极为简单,就是一些连线,但是它的软件实现却颇为麻烦,需要多次数组之间的元素交换,下面给出实现方法。令一轮中 S 盒变换从左到右编号 0 到 15,将两轮中共 32 个 S 盒看作 32 个点,它们的连接方式组成了一个二分图,每个顶点度数是 4,通过寻找这个二部图的连通图,发现它存在 4 个连通图,如图 6-3 所示。4 个连通图都是一样的完全二部图。

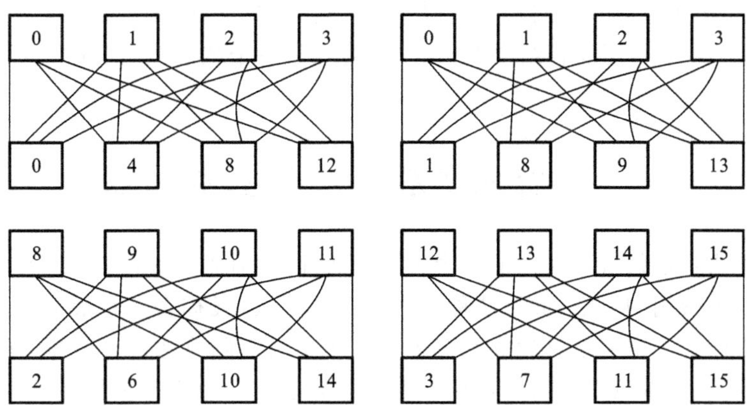


**图 6-3　相邻两轮的 S 盒，通过置换层相互连接形成的 4 个完全二部图**

我们将完全二部图看作两个字节到另外两个字节的映射，因为计算机中字节是处理数据的单位。任意两个连续的 S 盒的输出比特顺序为（b0，b1，b2，b3，b4，b5，b6，b7），经过置换层之后这 8 个比特的前后顺序就会变成（b0，b4，b1，b5，b2，b6，b3，b7）。可以设计一个函数 g，它将连续两个 S 盒的输入当作一个字节作为函数的输入，这个字节先被分成两半，分别被 S 盒替代变换后再执行上面说到的 8 比特前后顺序重排列变换，得出最后输出的一个字节，函数 g 的直观结构如图 6-4 所示。

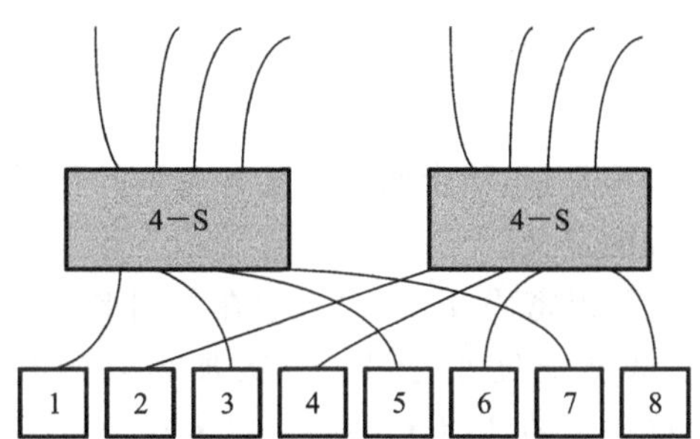


**图 6-4　S 轮函数中 S 盒与置换 P 部分组合后的函数 g**

设两个输入字节为 $B_0$、$B_1$，两个输出字节为 $B_0^*$、$B_1^*$，那么由完全二部图和函数 g 可以得到：

$$B_0^* = (g(B_0)\&C0) \mid (G(B_1)\&C0) \ggg 2 \mid ((g(B_0)\&30) \ggg 2) \mid ((g(B_0)\&30) \ggg 4)$$

$$B_1^* = (g(B_0)\&0C) \lll 4 \mid (g(B_1)\&0C) \lll 2 \mid ((g(B_0)\&03) \lll 2) \mid (g(B_0)\&03)$$

为了提高运算效率，可以用查表的形式实现函数 g，需要 8 bit×256＝2 Kb 的空间，每轮中只需要两次查表运算即可。

将 PRESENT 的分组状态看作 4×4 的矩阵，每个元素是半个字节，那么就有状态矩阵：

$$\begin{bmatrix} S_{0,0} & S_{0,1} & S_{0,2} & S_{0,3} \\ S_{1,0} & S_{1,1} & S_{1,2} & S_{1,3} \\ S_{2,0} & S_{2,1} & S_{2,2} & S_{2,3} \\ S_{3,0} & S_{3,1} & S_{3,2} & S_{3,3} \end{bmatrix}$$

由完全二部图可知，某一轮的第 4i、4i＋1、4i＋2、4i＋3 个 S 盒会连接到下一轮的第 i、i＋

4、i+8、i+12 个 S 盒,其中 i∈{0,1,2,3},它们分别表示分组状态中的某一列元素和某一行元素,这两组元素关于矩阵对角线对称。所以当作为$B_0$,$B_1$的第 x 列的 4 个状态单元时,经过变换该列内容变成 $B_0^*$、$B_1^*$,还需将结果 $B_0^*$、$B_1^*$ 放置在另一个状态数组的第 x 行中(为了防止数据被覆盖),即作矩阵翻转。

## 6.4 密钥扩展算法的基本原理

密钥扩展算法是迭代分组密码的一个重要组成部分,对于一般的迭代分组密码,都有一个由种子密钥生成子密钥的算法,此算法称为密钥扩展算法(又称密钥扩展方案)。密钥扩展算法的理论设计目标是子密钥统计独立和灵敏性。在实用密码算法的设计中,子密钥统计独立是不可能做到的,设计者只是尽可能使得子密钥趋近于统计独立。灵敏性是指密钥更换的有效性,即改变种子密钥的少数几比特,对应的子密钥应该有较大程度的改变。

纵观近几年推出的分组密码,为了达到这两个目标,密钥扩展算法的设计应遵循下面的几个准则。

(1) 实现简单。

密钥扩展算法的设计应遵循分组密码软硬件设计原则,以便于它的软硬件实现。

(2) 速度。

在大量数据用一个密钥加密的情况下,密钥扩展算法的速度慢一点不是问题,但考虑到应用软件的需要,比如互联网上每个包在线路上需要不同的密钥加密,如果密钥扩展所花的时间多于 3 次分组加密的时间,则密钥扩展算法将影响整个工作进程。

(3) 不存在简单关系。

相关密钥攻击中的简单关系是指,给定两个有某种关系的种子密钥,能预测它们轮子密钥之间的关系。下面给出更一般的定义。

**定义 6.4.1** 令 E 是一个分组密码,$E_K(\cdot)$表示在密钥 K 作用下的加密函数,f、$g_1$、$g_2$ 是“简单”函数,即 f、$g_1$、$g_2$ 的总复杂度小于 E(一次加密)的复杂度。如果 $E_K(P)=C$,$E_{f(K)}(g_1(P,K))=g_2(C,K)$,则称 E 在 $E_K(\cdot)$和 $E_{f(K)}(\cdot)$之间有简单关系。

如果存在简单关系,则可能出现下列问题:

① 可能会得到相关密钥攻击的线索。

② 利用选择明文攻击会减少穷尽搜索的复杂度。具体攻击步骤如下:

第 1 步:令 PK 表示密钥集合。

第 2 步:随机选取明文 P。

第 3 步:获取密文 $C=E_K(P)$。

第 4 步:选取密钥 $K'\in PK$。

① 计算 $C'=E_{K'}(P)$,如果 $C'=C$,输出 $f(K')$。

② 获取密文 $C^*=E_K(g_1(P,K'))$,如果$g_2(C',K')=C^*$,输出 $f(K')$。

第 5 步:从 PK 中排除 $K'$和 $f(K')$,并继续第 4 步。

(4) 种子密钥的所有比特对每个子密钥比特的影响应大致相同。

类似的准则是每个子密钥应和种子密钥的所有比特有关,对于迭代分组密码,如果密钥扩展算法不满足此准则,则可以用中间相遇攻击对该密码实施攻击。例如,SAFER++的密钥扩展算法不满足此准则,可利用此缺陷对它进行攻击。

(5) 从一些子密钥比特获得其他子密钥(或者种子密钥)比特在计算上是"难"的。

大多数密码分析(如差分密码分析和线性密码分析)的目的是获得一个特殊的子密钥,这个特殊的子密钥一般都是第 1 轮或最后一轮的子密钥。因此,考虑到实际安全性,如果攻击者获得了一些子密钥,则这个准则对于阻止整个密码的失败是很重要的。

(6) 没有弱密钥。

对于迭代分组密码,弱密钥有两种解释:一种是如果某个密钥的使用明显降低了密码的安全性,则称此密钥为弱密钥。例如,对于一部分密钥,LOKI97 针对线性密码分析是脆弱的,则称此部分密钥是 LOKI97 针对线性密码分析的弱密钥。另一种是类似于 DES 的弱密钥和半弱密钥。

**定义 6.4.2**　令 $E_K(\cdot)$是在密钥 K 作用下的加密函数,$D_{K^*}(\cdot)$是在密钥 $K^*$ 作用下的解密函数。如果 $E_K(\cdot)=D_K(\cdot)$,则称 K 为弱密钥。如果 $D_{K^*}(\cdot)=D_{K^*}(\cdot)$,则称 K 和 $K^*$ 为一对半弱密钥。

分组密码的密钥应该是随机选取的,如果弱密钥的个数很少,则对密码的安全性影响不大。然而如果存在某种弱密钥,则找出基于分组密码的密码杂凑函数的碰撞会变得更加容易。

以上的六个准则并不是设计好的密钥扩展算法的充分条件。反之,在具体设计时,可依据不同的需要,加强或减弱某些准则,如 DES 和 MARS 等都有弱密钥。

## 6.5　密钥扩展算法实例

下面针对 Feistel 型密码,给出密钥扩展算法的一个设计方法。

**算法 6.5.1**:

令 $E_K(\cdot)$是分组长度为 2m 位的 r 轮 Feistel 型密码,K 为种子密钥,每个轮子密钥的长度为 n 位且 $n\leqslant 2m$。

第 1 步:定义一个初始密钥扩展算法,输入种子密钥 K,输出 r 个轮子密钥$\{K_i\}=K_1,\cdots,K_r$,满足下列条件:

(1) 如果知道的已知明文的个数不超过 r,则$E_{\{K_i\}}(\cdot)$ 对于已知明文攻击是安全的。

(2) $E_{\{K_i\}}(\cdot)$没有定义 6.4.1 中所定义的简单关系,其中$g_1(P,K)=P\oplus a$,a 是常数。

第 2 步:轮子密钥$\{RK_i\}=\{RK_1,\cdots,RK_r\}$如下定义:

$$RK_i=\text{nMSB}(E_{\{K_i\}}(IV\oplus l)) \tag{6-6}$$

其中,IV 是固定值,nMSB(X)表示 X 的最高 n 比特。

**定理 6.5.1**　上述构造的密钥扩展算法具有如下性质:

(1) 从一些子密钥比特获得其他子密钥比特在计算上是"难"的,即给定 r 个子密钥的 s($<$rn) 比特,推测剩余的 rn−s 比特子密钥是"难"的,难的程度与用穷举搜索攻击$E_{\{K_i\}}(\cdot)$的复杂度一样。

(2) 给定两个有某种关系的种子密钥,预测它们轮子密钥之间的关系是"难"的,难的程度与 $E_{\{K_i\}}(\cdot)$的一次加密一样。

(3) 保证没有弱密钥,而半弱密钥出现的可能性很小。

**证**　给定集合$\{RK_i\}$中的 s($<$rn) 比特,注意到$\{RK_i\}$是 r 次加密$E_{\{K_i\}}(IV\oplus i)$的部分比特,所以如果能够以比穷举搜索更低的复杂度获取$\{RK_i\}$的剩余比特,则和算法 6.5.1 的第 1 步的第一条矛盾。

假设算法 6.5.1 的第 1 步的第二条不成立，则能找到两个种子密钥 K 和 $K^*$，它们之间的关系为：$f(K)=K^*$，轮子密钥之间的关系为：$g_2(RK_{i_1})=RK_{i_2}$，且 f 和 $g_2$ 的总复杂度小于 $E_{\{K_i\}}(\cdot)$ 的一次加密。这将和算法 6.5.1 的第 1 步的第二条矛盾，因为

$$E_{\{K_i\}}(P)=C \Rightarrow E_{f(K_i)}(P\oplus i\oplus n)=g_2(C)$$

其中，$P=IV\oplus i$，$C=RK_i$。

对于 $i_1\neq i_2$，显然 $RK_{i_1}\neq RK_{i_2}$，所以没有弱密钥。进一步，似乎不可能找到 K 和 $K^*$，使得对 $i=1,\cdots,r$，有 $E_K(IV\oplus i)=E_{K^*}(IV\oplus r+1-i)$。

只要加密算法 E 自身实现简单，则上述方法构造的密钥扩展算法就满足准则 1。另外，第 1 步选取合适的初始密钥扩展算法，也能基本保证密钥扩展算法满足准则 4。密钥扩展算法生成子密钥的时间大体是 E 加密 r 次的时间。密钥扩展算法的速度不合要求，则可以通过在算法 6.5.1 中，用加密函数的一部分代替加密函数来提高密钥扩展算法的速度，比如 S 盒并置而成的置换。

## 习 题 6

1. 轻量级分组密码算法的轮函数设计有哪些典型结构？
2. 简述轻量级分组密码算法的轮函数设计的基本思想。
3. 传统分组密码算法的轮函数与轻量级分组密码算法的轮函数有何异同？
4. 轻量级分组密码算法的密码扩展采用传统分组密码算法的设计理念可行吗，为什么？
5. 根据你的理解，结合实例，分析轻量级分组密码算法的轮函数的特点。
6. 简述轻量级分组密码密钥扩展算法的基本原理。

# 第7章　轻量级分组密码常用分析方法

轻量级分组密码是传统分组密码与当今时代相结合的产物，随着大量数据的计算和信息的传播在计算能力非常有限的微型设备中进行，经典的分组密码算法已经不适用于对该类设备进行信息安全保护。因此，轻量级分组密码这种既能提供安全保护又能占用更少资源的密码算法得到了广泛的关注。一个密码算法能够被广泛应用不仅应具有较高的实现效率，更重要的是能保证算法的安全性。然而，密码设计者在设计密码算法过程中，有时会因为追求高效性导致安全性能降低，因此，采用多种密码分析方法去分析算法的安全性是十分有必要的。由于轻量级分组密码算法的设计原则和结构与传统分组密码的大致相同，因此，对传统分组密码有效的分析方法对轻量级分组密码也适用。本章将介绍几种常用的轻量级分组密码分析方法，主要包括强力攻击、差分密码分析、线性密码分析、相关密钥密码分析、侧信道攻击等。

## 7.1　分析方法简述

密码设计的主要目的是保证明文的私密性、完整性、不可否认性和认证性，从而使发送者和接收者可以在不安全信道上进行安全的密码通信。密码算法的安全性是指即使密码分析者知道具体的密码算法，也无法推出明文或密钥。密码分析是指在密码通信过程中，非授权者在不知道解密密钥和通信者所采用的密码算法细节的条件下对密文进行分析，试图得到明文或密钥的过程。衡量一个密码算法的安全性有两种基本方法：实际安全和无条件安全（完善保密性）。实际安全性是根据破译密码系统所需的计算量来评价其安全性，如 RSA 系统的安全性就是基于大整数分解的困难性。无条件安全性则与对手的计算能力或时间无关。

（1）实际安全：根据实际条件下设备的计算能力来衡量算法的安全性，对于密钥强度低、迭代轮数少的算法，使用计算能力符合的计算设备即可强力攻破，这种分析是需要时间和概率的。

（2）无条件安全性：如果对于所有的明文 P 和密文 C，都有 $\Pr(P)=\Pr(P|C)$ 成立，其中 $\Pr(P)$ 表示明文 P 在消息空间的分布概率，$\Pr(P|C)$ 表示条件概率，就称该分组密码关于当前密钥具有无条件安全性。在该模型下假设攻击者有无限的资源。

对密码算法的分析也称为攻击。在密码分析领域，研究密码算法的安全性往往基于 Kerckhoffs 假设，即除密钥外，攻击者知道密码算法的每一个设计细节。在 Kerckhoffs 假设下，密码算法的安全性完全依赖于密钥保密性，而不是算法本身的保密性。在该假设下，根据攻击环境的不同可以将密码的攻击方法分为以下四类[51]。

（1）唯密文攻击：密码分析者除了所能截获到的密文，没有其他可以利用的信息，仅能通过对截获的密文进行分析来得到明文或密钥。在这种情况下进行密码破译是最困难的，经不起这种攻击的密码体制被认为是完全不保密的。

（2）已知明文攻击：密码分析者拥有一些明文和用同一个密钥加密这些明文的密文，通过对这些已知明文和相应密文的分析来恢复密钥。现代的密码体制不仅要求密码算法经受得住唯密文攻击，而且要经受得住已知明文攻击。

(3) 选择明(密)文攻击:密码分析者可以选择明(密)文,并通过在线询问获得这些明(密)文所对应的密(明)文。这种算法比已知明文攻击更有效,因为密码分析者能选择特定的明文去加密并可能产生更多关于密钥的信息。

(4) 自适应选择明(密)文攻击:密码分析者可以选择明(密)文,获得这些明(密)文所对应的密(明)文,对所获得的密(明)文进行某些运算得到一些新的密(明)文,并能得到这些新的密(明)文所对应的明(密)文。

显然,在上述几类攻击中,自适应选择明(密)文攻击是密码分析者可能发动的最强有力的攻击。如果密码算法在这种攻击下是安全的,则在其他几类攻击下一定是安全的。尽管在实际中自适应选择明(密)文攻击是很难实现的,设计者仍旧希望所设计的密码算法能够抵抗自适应选择明(密)文攻击。

通常情况下,对一个密码算法的攻击,是指从随机函数中区分出该密码算法。一个攻击的有效性一般用以下三个指标来衡量。

(1) 时间复杂度:指密码分析人员在完成部分轮或全部轮的密钥恢复过程中,处理所有数据所消耗的时间,通常用加(解)密次数或内存访问次数来衡量。这是衡量一个密钥恢复攻击方法优劣的最主要标准。

(2) 空间复杂度:是指攻击一个密码算法所占用的存储空间,通常以字节或者字来衡量。

(3) 数据复杂度:是指密码分析人员在实现一个密钥恢复攻击方法所需要的数据总量,通常用实施该攻击所需要的已知(或选择)明密文对的数量来确定。

一般地,空间和数据量比时间更昂贵。比如,一个需要 $2^{64}$ 存储量的攻击相比于一个需要 $2^{64}$ 步骤的算法代价要昂贵许多。在一些情况下,可以利用增加时间复杂度的方法来减少空间复杂度和数据复杂度。

除了以上三个指标之外,攻击的成功率、获取信息的类型以及数量也是衡量攻击有效性的参数,成功率是指攻击过程中执行结束后实现目标的概率。攻击成功获取的信息可能有等价密钥、明文碎片、密文碎片等。下面几小节将介绍几种常用的分组密码攻击方法。

## 7.2 强力攻击

强力攻击是对一些比较常用的、朴素的密码分析方法的统称。它们不仅对轻量级分组密码算法适用,对任何分组密码算法都适用,且攻击的复杂度仅依赖于分组长度和密钥长度,并且它们的复杂度是随着密钥长度增加呈指数增长的。强力攻击主要是通过穷举所有可能的密钥来对密码进行分析,现已知的强力攻击主要有穷尽密钥搜索攻击、字典攻击、查表攻击、时间存储折中攻击,本小节将对这几种攻击方法进行介绍。

### 7.2.1 穷尽密钥搜索攻击

穷尽密钥搜索攻击是指通过穷搜所有密钥来恢复正确密钥,若密钥长度为 k,在唯密文攻击下,攻击者需要利用所有可能的密钥对一个或多个密文进行解密,直至得到有意义的明文。在已知(选择)明文攻击时,攻击者试用密钥空间中的所有 $2^k$ 个密钥对一个已知明文加密,直至加密结果与该明文对应的已知密文相同,然后再用其他几个已知明密文对来验证该密钥的正确性,其时间复杂度为 $2^{k-1}$ 次加(解)密运算。穷尽密钥搜索理论上可以破译任何分组密码算法,但是它的效率很低,在实际密码分析中往往结合其他方法使用。

### 7.2.2 字典攻击

攻击者搜集明密文对并将它们编排成“字典”，当得到一个密文后，检查这个密文是否在字典中，如果在，则获得该密文对应的明文。如果分组长度为 n，则字典攻击需要 $2^n$ 个明密文对才能使得攻击者在不知道任何密钥信息的情况下加解密任何信息。

### 7.2.3 查表攻击

该方法采用的是选择明文攻击，攻击者通过预计算，将某个明文在所有密钥对应下的密文都存储起来，当获得明文及对应的密文时，通过查表的方式来恢复密钥。其存储复杂度为 $2^k$，其中 k 是密钥的长度。

### 7.2.4 时间存储折中攻击

经典的时间存储折中攻击（time-memory trade-off）是由 Hellman 于 1980 年提出的[52]，其基本思想是用时间复杂度换取空间复杂度。攻击中需要预计算和存储部分值，然后利用在线搜索的方法恢复密钥信息。其攻击的时间复杂度为 $o(2^{2n/3})$，空间复杂度也为 $o(2^{2n/3})$，但是预计算的时间复杂度为 $o(2^n)$。由于预计算为离线阶段，因此其时间复杂度不计入整个攻击的复杂度。以 DES 为例进行的时间存储折中攻击如下。

设 $R:\{0,1\}^{64}\rightarrow\{0,1\}^{56}$ 是一个约化函数，将 64 比特串变为 56 比特串。令 $P_0$ 是一固定的 64 比特明文，$E_K$ 为加密函数，定义函数：$g:\{0,1\}^{56}\rightarrow\{0,1\}^{56}, K\rightarrow g(K)=R(E_K(P_0))$。

首先，随机选取 m 个长为 56 比特的串，记为 $X(i,0)\ (1\leqslant i\leqslant m)$。

然后，攻击者根据递推关系：$X(i,j)=g(X(i,j-1))$ 计算 $X(i,j)(1\leqslant j\leqslant t)$，记 $X=(X(i,j))$ $(1\leqslant i\leqslant m, 1\leqslant j\leqslant t)$。

最后，得到一张有序对表 $T(P_0)=\{X(i,0), X(i,t)\}(1\leqslant i\leqslant m)$。

假定攻击者获得了明文 $P_0$ 在某个密钥 $K_0$ 作用下的密文 $C_0=DES_{K0}(P_0)$，并利用如下方式恢复密钥 $K_0$。

(1) 计算 $Y_1=R(C_0)$。

(2) 如果对某一 i $(1\leqslant i\leqslant m)$，$Y_j=X(i,t)$，那么从 $X(i,0)$ 出发，将函数 g 迭代 $t-j$ 次，计算 $X(i,t-j)$。如果 $C_0=DES_{X(i,t-j)}(P_0)$，那么置 $K=X(i,t-j)$ 并停机；否则转入(3)。

(3) 计算 $Y_{j+1}=g(Y_j)$。如果 $j\leqslant t$，则继续转入(3)；否则停机。

在 Demirci 和 Selcuk 攻击中，针对预计算存储复杂度较大的情况，为了平衡时间存储复杂度，结合经典的时间存储折中思想，他们提出：在预计算中，不需要计算所有可能的函数值，而是计算部分值。这样，攻击者需要用不同的明文重复多次在线攻击来平衡预计算值减少的影响。如果预计算值减少 $n_1$ 个因子，而在线阶段重复 $n_2$ 次攻击，这里 $n_1, n_2>1$，则正确密钥能够被恢复的概率为

$$1-\left(1-\frac{1}{n_1}\right)^{n_2}\approx 1-e^{-\frac{n_2}{n_1}}$$

这里所需要的数据量也将增加 $n_2$ 倍，同时要求所有数据量小于明文空间。如果 $n_2=n_1$，则成功概率为 63%。如果 $n_2=4\%$，则成功概率为 98%。相比于 Demirci 和 Selcuk 攻击中经典的数据时间存储折中方法，Dunkelman 等人所提出的差分列举技术也可以看作是一种特殊的数据时间存储折中方法。

时间存储折中攻击是一种选择明文攻击，该方法结合穷搜攻击与查表攻击，在选择明文攻击中以时间换空间。因此，该方法比穷尽密钥搜索时间复杂度小，比查表攻击空间复杂度低。

## 7.3 差分密码分析

差分分析最早是1990年由Biham和Shamir[53]针对DES提出的，它是攻击迭代型分组密码算法最有效的分析方法之一。分组密码的设计者每提出一个新的分组密码算法时，都要先考虑该密码抵抗差分分析的能力，是衡量一个分组密码安全性的重要指标。本节首先介绍差分密码分析的基本原理，随后介绍几种以差分密码分析为基础的扩展方法，包括高阶差分密码分析、截断差分密码分析、不可能差分密码分析。

### 7.3.1 差分密码分析基本原理

差分分析属于选择明文攻击，其研究内容为差分在加解密过程中的概率传播特性，主要通过分析明文对的差值对密文对的差值的影响来恢复部分密钥比特。接下来给出差分密码分析所用到的一些概念。

**定义 7.3.1**(差分)　设 $X$ 与 $X'$ 为分组密码的两个输入，且 $X,X'\in\{0,1\}^n$，则 $\Delta X=X\oplus X'$ 称为 $X$ 和 $X'$ 的差分，其中“$\oplus$”为异或运算。

**定义 7.3.2**(差分对)　假设明文对 $\{X,X'\}$ 的差分为 $X\oplus X'=\alpha$，经过 r 轮加密后，密文对 $\{Y_i,Y_i'\}$ 的差分为 $Y_i\oplus Y_i'=\beta$，$\alpha,\beta\in\{0,1\}^n$，则称$(\alpha,\beta)$为该分组密码的一个 r 轮差分对。

**定义 7.3.3**(差分特征)　当明文对 $\{X,X'\}$ 的差分满足 $X\oplus X'=\beta_0$，在 r 轮迭代加密的过程中，中间状态 $\{Y_j,Y_j'\}$ 的差分满足 $Y_j\oplus Y_j'=\beta_j$，其中 $1\leqslant j\leqslant i$，$\Omega=(\beta_0,\beta_1,\cdots,\beta_{i-1},\beta_i)$ 为一条 r 轮差分特征。

此处需要注意的是，差分与差分特征是有区别的，差分仅仅给出了输入与输出的差分值，中间状态的差分值未指定。差分特征不仅给出了输入与输出的差分值，还指定了中间状态差分值传播的具体情况。如下为DES的一个三轮差分特征。

由于DES整体结构为Feistel结构，设明文分组长度为64位，主密钥长度为56位，加密轮数为16轮，则DES算法的表达式为

$$\begin{cases}L_i=R_{i-1}\\R_i=L_{i-1}\oplus F(R_{i-1},K_i)\end{cases},\quad 1\leqslant i\leqslant 16$$

选择一对明文$(X,X')$，明文差分为 $\Delta X=(40080000,04000000)$，进行三轮加密后得到的密文为$(Y,Y')$。如图7-1所示，在第1轮时，根据S盒和扩展变换的性质可知输入差分 $R_1$ 经过F函数后由1个比特上有差分扩展为2个比特上产生差分，$(04000000\rightarrow 40080000)$的概率为1/4，以此类推可以得出此三轮DES的差分特征的总概率为 $1/4\times 1/4=2^{-4}$，根据构建的三轮差分特征，可以用来分析DES的更多轮数。

**定义 7.3.4**(差分概率)　是指当明文 X，轮子密钥 $K_1,K_2,\cdots,K_i$ 取值独立加密后，明文对 $(X,X')$的差分满足 $X\oplus X'=\alpha$，经过 r 轮加密后，密文$(Y_i,Y_i')$的差分满足 $Y_j\oplus Y_j'=\beta$ 的概念。这条 r 轮差分路径$(\alpha,\beta)$所对应的概率记为 $DP(\alpha,\beta)$，也可以写为 $DP(\alpha\rightarrow\beta)$。

**定义 7.3.5**(差分特征概率)　在明文 X，独立均匀取值轮子密钥 $K_1,K_2,\cdots,K_i$ 情形下，当明文$(X,X')$的差分值满足 $X\oplus X'=\alpha$，经过 r 轮加密后，中间状态$(Y_i,Y_i')$的差分满足 $Y_j\oplus Y_j'=\beta(1\leqslant j\leqslant i)$的概率，称为这条 r 轮差分特征 $\Omega=(\beta_0,\beta_1,\cdots,\beta_{i-1},\beta_i)$ 所对应的概率 $DP(\Omega)$。

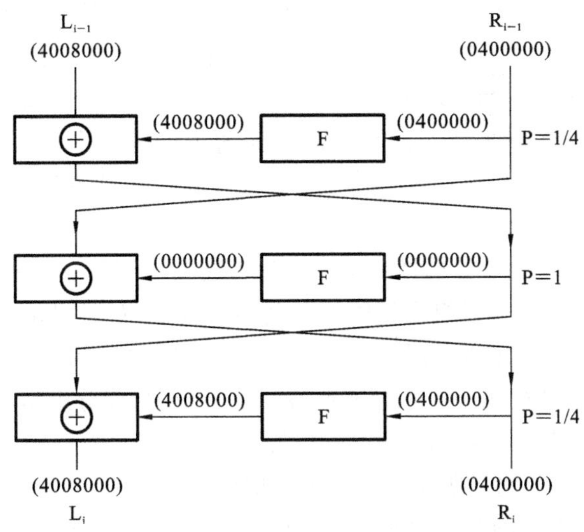


**图 7-1 DES 的三轮差分特征**

**定义 7.3.6**(正确对与错误对) 明文对$(X,X')$在加密过程中中间状态的差分满足差分特征 $\Omega,\Omega=(\beta_0,\beta_1,\cdots,\beta_{i-1},\beta_i)$ 为一条 r 轮差分特征，则称该明文对$(X,X')$针对给定的差分特征 $\Omega$ 是一个正确对；否则称其为错误对。

对于$\{0,1\}^n$上的随机置换，任意给定的差分 $\Delta X\rightarrow\Delta Y$，则它的平均概率 $P=\frac{1}{2^{n-1}}\approx\frac{1}{2^n}$。如果能够找到一条 r－1 轮差分，其概率大于$\frac{1}{2^n}$，那么这个 r－1 轮的分组密码就能够与随机置换区分开，利用这个差分区分器，就可以对分组密码进行密钥恢复攻击，攻击的目标是最后一轮，也就是第 r 轮的轮密钥，攻击的过程如下。

(1) 寻找一条 r－1 轮的高概率差分$(\alpha,\beta)$，设其概率为 p。

(2) 根据差分区分器的输出特征，确定要恢复的最后一轮轮密钥长度，不妨设长度为 s。对这 $2^s$ 个可能的密钥分别设置初始化为 0 的计数器。

(3) 随机选取差分为 $\alpha$ 的明文对$(X,X')$，这里 $X'=X\oplus\alpha$，利用同一未知的密钥对其进行加密，获得相应的密文对$(Y,Y')$。这里的选择明文对的数目为 $m=\frac{c}{p}$，c 为某个常数。

(4) 根据差分区分器的输出特征，过滤掉部分密文对，然后利用最后一轮中可能的密钥对剩余的密文对进行一轮解密，得到相应的一轮解密差分值。如果这个差分值等于 $\beta$，那么相应密钥对应的计数器就加 1。

(5) 将所有 $2^s$ 个计数器进行比较，将计数器值最大的计数器所对应的密钥作为正确密钥。

按照这个方法，可以倒序依次将各轮密钥恢复出来。

差分攻击经过多年的发展，出现了很多的推广和变种，但其本质都是研究差分在加密过程中的传播特性。下面接着介绍高阶差分攻击、截断差分攻击和不可能差分攻击这几种常用的差分攻击。

## 7.3.2 高阶差分密码分析

自从 1994 年来学嘉给出高阶差分的密码分析思想之后，1995 年，Knudsen 第一个在分组密码的分析中用到了高阶差分，并且与 Jakobsen 一起首次针对具体密码算法给出有效的高阶差分攻击[54]，该攻击使用 $2^9$ 个选择明文在 $2^{42}$ 的时间复杂度下恢复了 6 轮 KN 密码[64]最后一轮的密钥。此后，Shimoyama、Moriai 和 Kaneko 三人改进了此攻击，攻击的数据复杂度降到 $2^8$ 个选择明文和 $2^{14}$ 次轮函数计算[55]。在 Shimoyama 等人的攻击中，不是简单地高阶差分求和为 0，而是使用高阶差分的方法得到了关于最后一轮密钥的线性方程组，通过求解方程组得到了最后一轮的密钥，这样至少节省了一半的选择明文数量。Moriai 等人又进一步推广了该攻击，使用高阶差分的方法以更少的选择明文的代价得到关于最后一轮密钥的高次方程组，再使用“重线性化[56]”的方法求解方程组恢复密钥。利用该技巧，对于弱化的 5 轮的 CAST-128 密码，使用 $2^{17}$ 个选择明文和 $2^{25}$ 的时间复杂度恢复最后一轮的密钥[57]。经过一段时间的沉寂后，近年来高阶差分攻击又被用于一系列密码算法的分析中，如分组密码 Camellia[58]、KASUMI[59]、MISTY1[60][61][62]以及哈希函数 Luffa[65]等。

下面给出一般的分组密码高阶差分攻击方法的轮廓。

设 E 是一个有 r 轮迭代的分组密码算法，则这个分组密码算法可以写成 $Y=E(X,K)$。这里 $X\in F_2^n, K\in F_2^s$，并且 $Y\in F_2^m$。设 $E_i$、$K_i$ 和 $Y_i$ 分别是算法的加密轮函数、轮密钥和轮输出。

假如 r－1 轮算法 $E_{r-1}(X,K_1,\cdots,K_{r-1})$ 的次数为 d，则

$$\Delta_{a_1,\cdots,a_d}^{(d)} E_{r-1}(X,K_1,\cdots,K_{r-1})=0$$

这里 $a_1,\cdots,a_d\in F_2^{n+(r-i)s/r}$。设 $E_r^{-1}$ 是轮函数 $E_r$ 的逆函数，则

$$E_{r-1}(X,K_1,\cdots,K_{r-1})=E_r^{-1}(Y,K_r)$$

由以上等式可以得到如下方程：

$$\Delta_{a_1,\cdots,a_d}^{(d)} E_r^{-1}(Y,K_r)=0$$

即可以得到攻击方程：

$$\sum_{c\in F_2^{m+s/r}} E_r^{-1}(Y\oplus c,K_r)=0$$

从上面的攻击方程可知，当次数 d－1 足够小时，攻击者就可以得到最后一轮的轮密钥 $K_r$，依次往前类推就可以得到整个密码的密钥。攻击的一般过程如下：

(1) 寻找一个 r－1 轮的高阶差分区分器；

(2) 根据差分区分器的输出特征，确定要恢复的最后一轮轮密钥长度，不妨设长度为 s，对这 $2^s$ 个可能的密钥分别设置初始化为 0 的计数器；

(3) 随机选取一个 d＋1 维子空间 L，对所有 $X\in L$，利用同一未知的密钥对其进行加密，获得相应的密文对 Y；

(4) 利用最后一轮中可能的密钥对上述密文集进行一轮解密并求和，如果这个和的值等于 0，那么相应密钥对应的计数器就加 1；

(5) 将所有 $2^s$ 计数器进行比较，将那个明显要大于其他计数器所对应的密钥作为正确密钥。

### 7.3.3 截断差分密码分析

截断差分分析方法最先由 Knudsen 在 FSE 1994 上提出的[66]，它实际上是一种特殊形式的差分分析方法。与传统的差分分析方法相比，截断差分一般只考虑差分的部分性质，例如，只考虑属于一个特定集合的差分，或者差分的某些比特为 0。当然，截断差分分析也只能得到分块中的部分比特的信息。截断差分分析方法自提出后已被成功地应用于许多密码算法，如

SAFER[67]、IDEA [68]、E2[69]、Twofish [70]等分组密码算法，以及 Salsa20[71]等流密码算法。

本文考虑的截断差分形式为属于特定集合的差分。首先给出截断差分及其概率的定义。

**定义 7.3.7**(截断差分)　令 f：$F_{2^n} \to F_{2^n}$，集合 $A \subset F_{2^n}$，$B \subset F_{2^n}$，称 $A \to B = \{\alpha \to \beta \mid \exists \alpha \in A, \beta \in B, x \in F_{2^n}$，使得 $f(x \oplus \alpha) \oplus f(x) = \beta\}$ 为 f 的一条截断差分。

**定义 7.3.8**　$A \to B$ 为 f：$F_{2^n} \to F_{2^n}$ 的一条截断差分，则其概率为

$$P(A \to B) = \mathrm{Prob}\{f(x \oplus \alpha) \oplus f(x) \in B \mid \alpha \in A, x \in F_{2^n}\}$$

下面给出第 2 章中介绍的轻量级分组密码 PRINCE 算法的 1 轮截断差分特征，来加强对定义 7.3.7 的理解。假设第 1 轮和第 3 轮的 S 盒 $S_1$ 和 $S_3$ 的输出差分分别为 $\hat{M}^0$ 和 $\hat{M}^1$ 的不动点(此处记号与第 2 章的相同)，则对于 PRINCE 算法的轮函数 F，存在如下形式的截断差分：

$$\begin{pmatrix} A_1 & 0 & A_0 & 0 \\ 0 & 0 & 0 & 0 \\ A_0 & 0 & A_1 & 0 \\ 0 & 0 & 0 & 0 \end{pmatrix} \xrightarrow{F} \begin{pmatrix} A_1 & 0 & A_1 & 0 \\ 0 & 0 & 0 & 0 \\ A_0 & 0 & A_1 & 0 \\ 0 & 0 & 0 & 0 \end{pmatrix}$$

其中，$A_0 = \{1,4\}$，$A_1 = \{2,8\}$。

其对应的差分特征如图 7-2 所示(由于“密钥加”及“轮常数加”不影响差分传播，在图中略去了)。

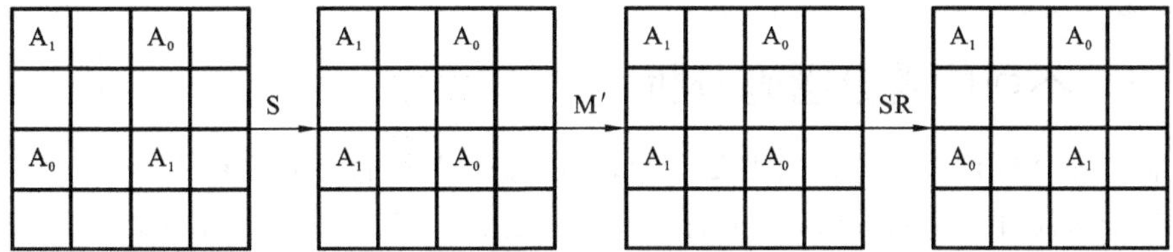


**图 7-2　截断差分的差分特征**

如果 $S_1$ 和 $S_3$ 的输出差分分别为 $\hat{M}^0$ 和 $\hat{M}^1$ 的不动点，则可构造出轮函数 F 的另一个 1 轮截断差分：

$$\begin{pmatrix} A_1 & 0 & A_0 & 0 \\ 0 & 0 & 0 & 0 \\ A_0 & 0 & A_1 & 0 \\ 0 & 0 & 0 & 0 \end{pmatrix} \xrightarrow{F} \begin{pmatrix} 0 & 0 & 0 & 0 \\ 0 & A_1 & 0 & A_0 \\ 0 & 0 & 0 & 0 \\ 0 & A_0 & 0 & A_1 \end{pmatrix}$$

图 7-3 给出了它对应的截断差分特征。

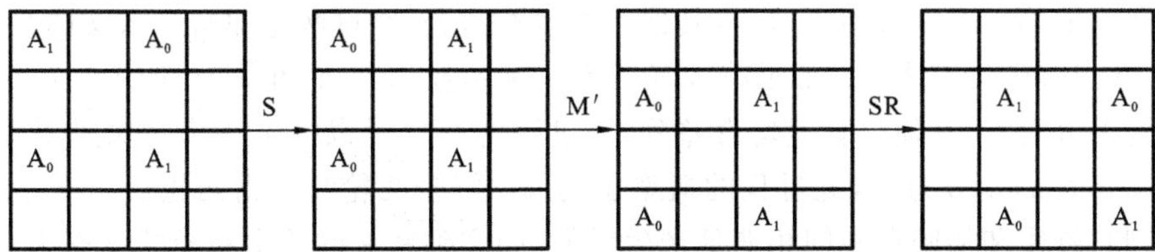


**图 7-3　另一个 1 轮截断差分特征**

由于 M′和 SR 不影响差分传播概率，所以要计算上述截断差分的概率，只需要分析替换层的差分传播概率。这时我们可验证以上两类截断差分的概率是相等的。其概率可用如下方式计算：

$$P_F = Ps((A_1,0,A_0,0)^T \to (B_1,0,B_1,0)^T) \times Ps((A_0,0,A_1,0)^T \to (B_0,0,B_0,0)^T)$$
$$= Ps((A_1,0,A_0,0)^T \to (B_0,0,B_0,0)^T) \times Ps((A_0,0,A_1,0)^T \to (B_1,0,B_1,0)^T)$$
$$= 49 \times 2^{-16} \approx 2^{-10.3853}$$

对于轮函数 $F^{-1}$，也有类似的结果，其 1 轮截断差分的概率为

$$P_{F^{-1}} = Ps^{-1}((B_1,0,B_1,0)^T \to (A_1,0,A_0,0)^T) \times Ps^{-1}((B_0,0,B_0,0)^T \to (A_0,0,A_1,0)^T)$$
$$= 49 \times 2^{-16} \approx 2^{-10.3853}$$

对于一个 r 轮迭代分组密码算法实施截断差分密码分析，一般流程如下：

(1) 寻找高概率且有效的 r－1 轮截断差分；

(2) 选择满足特定条件的明文，得到对应的密文，并从其中选择差分满足特定形式的密文对；

(3) 猜测密钥值并对第(2)步中选择的密文对进行部分解密，使用计数的方法确定正确密钥。

注意到第(1)步强调高概率且要“有效”，因为高概率的截断差分并不一定是有效的截断差分。例如，对任意的分组密码算法，非零输入差分对应的输出差分一定非零，因此截断差分 $\delta \to \Delta(\delta,\Delta \neq 0)$ 的差分概率为 1，而它却不是一条有效的截断差分，因为它不能提供任何密钥信息。此外，如果截断差分的概率不够高，则使用它进行密钥恢复攻击时所需的数据复杂度将会过高，或者说与穷尽搜索相比优势不大。

### 7.3.4 不可能差分密码分析

不可能差分分析是差分分析的重要变种，使用概率为 0 的差分路线作为区分器对算法进行攻击。对于迭代分组密码算法，明文输入差分满足 $\Delta X = X \oplus X' = \alpha_0$，$\alpha_r$ 为相应的第 r 轮输出 C 和 C′的差分 ΔC，若 $P(\Delta C = \alpha_r \mid \Delta X = \alpha_0) = 0$，则称 $\alpha_0 \to \alpha_r$ 为一条 r 轮不可能差分路线。

通常使用中间相遇方法搜索不可能差分路线：搜索加密方向概率为 1 成立的差分路线 $\alpha_0 \to \alpha_r$；同样搜索解密方向概率为 1 成立的差分路线 $\alpha_r \to \gamma_2$。若 $\gamma_1 \neq \gamma_2$，则 $\alpha_0 \to \alpha_r$ 为不可能差分路线。Biham 等人给出了一种可以适用于大多数密码算法结构的不可能差分搜索方法——μ 方法[74]，可以搜索算法的天然不可能差分。结合具体算法的不同特点，细化这种方法可以得到更多不可能差分路线。

对于明文的长度为 128 位，主密钥长度为 128 位，共加密 10 轮的 AES-128 中加密流程分别为字节替换(SubBytes)、行移位(ShiftRows)、列混淆运算(MixColumns)、密钥加(AddRoundKey)四个操作。下面给出了 AES 的一条不可能差分路径，从图 7-4 中可以看出，第一轮时在明文对的第一个字节引入差分，其他字节没有差分，经过两轮加密后密文的每个字节上均有差分，此过程的概率为 1。如果第 4 轮没有列混淆操作，并且在第 4 轮的 0、7、10、13 这 4 个字节处的差分为零，其他位置上均有差分，经过解密 2 轮可以推出在第 3 轮进 S 盒之前 0、5、10、15 这 4 块的差分为零，此过程的概率也为 1。解密两轮和加密两轮后每个字节均有差分矛盾，因此，解密和加密在中间相遇处产生矛盾，明文到密文的整个路径的概率为 0。

对 r 轮迭代密码算法进行不可能差分分析过程如下：

(1) 寻找 r－1 轮不可能差分路线 $\alpha_0 \to \alpha_{r-1}$；

(2) 选择差分为 $\alpha_0$ 的明文对并进行 r 轮加密，密文记为 C 和 C′；

(3) 猜测第 r 轮轮密钥 $K_r$ 的可能值，利用猜测的密钥分别对 C 和 C′解密一轮，中间值记为 D 和 D′，判断 $D \oplus D' = \alpha_{r-1}$ 是否成立，若成立则对应猜测值是错误的；

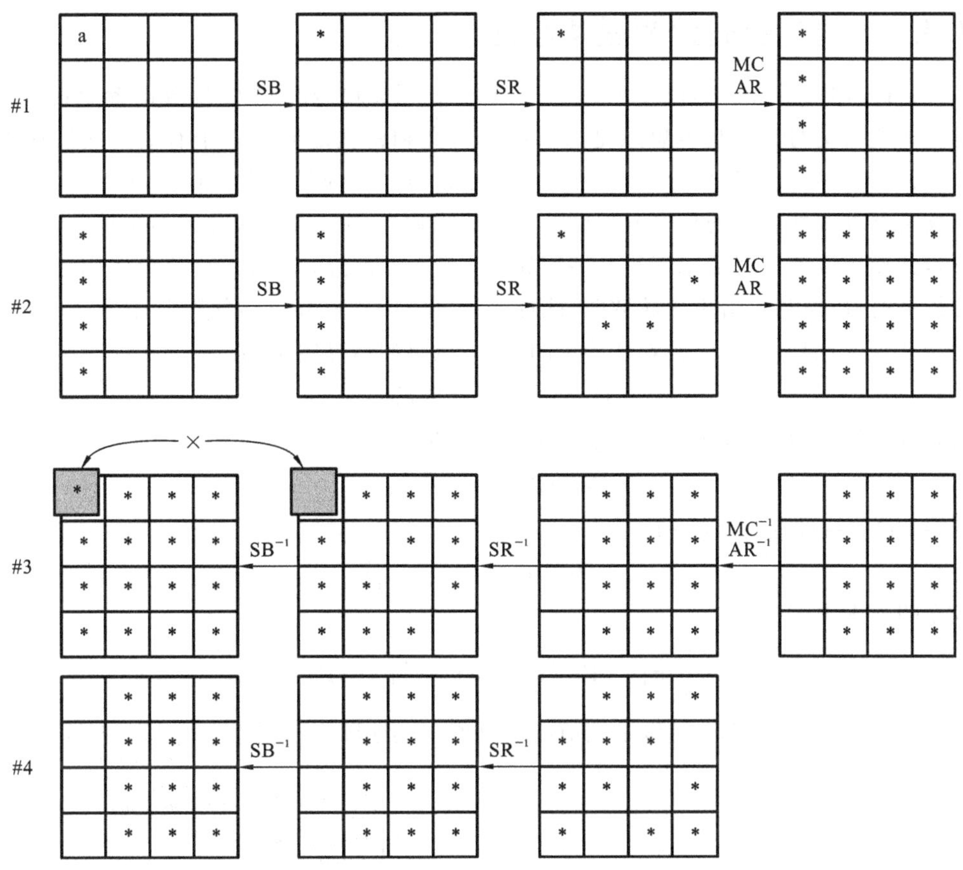


**图 7-4　AES 的不可能差分路径**

(4) 重复以上步骤，确定唯一正确密钥值。

如果上述步骤可以攻击得到 $|K|$ 比特密钥，每个明密文对可以淘汰 $2^{-t}$ 的密钥量，为唯一确定正确密钥值，明密文对数量 N 必须满足：

$$(2^{|K|}-1)\times(1-2^{-t})^N<1$$

计算可知

$$N>2^t\times\ln2\times|K|\approx2^{t-0.53}|K|$$

因此，不可能差分攻击的数据复杂度(明密文对数量)几乎不受所需恢复的密钥量影响，起主要作用的是每个明密文对所能淘汰的错误密钥量。

不可能差分分析是当今对密码算法进行分析的主要方法之一，更多关于不可能差分分析的经典应用和发展见文献[70]~[78]。

## 7.4　线性密码分析

线性分析作为分组密码中最基本、最常用的分析方法之一，它是由 Matsui 在 1993 年欧密会上针对 DES 算法提出的[79]，之后在 1994 年的美密会上 Matsui 改进了结果[80]，第一次用实验给出了对 16 轮 DES 的实际攻击。

### 7.4.1 线性密码分析基本原理

线性密码分析(linear cryptanalysis)是一种已知明文攻击的方法,即攻击者能获取当前密钥下的一些明密文对。其基本思想是通过寻找明文和密文之间的一个有效的线性逼近表达式,将分组密码与随机置换区分开,并在此基础上进行密钥恢复攻击,即通过研究明文、密文以及密钥满足某种线性关系的概率 p 得到能将分组密码与随机置换区分开的统计特征(称为线性特征),并使用该统计特征来恢复某些密钥。显然,对低轮 DES 而言,差分密码分析比线性密码分析更有效;但当攻击更多轮数时,线性密码分析要比差分密码分析更有效。

对于一个 n 比特的数 a,定义 $\Gamma_a$为 a 的掩码,掩码的运算定义为

$$\Gamma_a \cdot a = \bigoplus_{c=1}^{n} (\Gamma_a \cap a)_c$$

与差分分析类似,可以定义一个 j 轮的线性逼近[81]:

$$\Gamma_{b_i} \to \Gamma_{b_{i+1}} \to \cdots \to \Gamma_{b_{i+j}}$$

若第 l 轮的线性逼近 $\Gamma_{b_l} \to \Gamma_{b_{l+1}}$ 为

$$\Gamma_{b_l} b_l \oplus \Gamma_{b_{l+1}} b_{l+1} = \Gamma_{k_l} k_l \tag{7-1}$$

且其成立的概率为

$$\frac{1}{2} + p_l = \Pr\left(\Gamma_{b_l} b_l \oplus \Gamma_{b_{l+1}} b_{l+1} = \Gamma_{k_l} k_l\right)$$

其中,$k_l$为第 l 轮的子密钥,$p_l$可以是正值或者负值。根据堆积原理[52],可以得到 j 轮线性逼近的概率

$$\frac{1}{2} + p = \frac{1}{2} + 2^{j-1} \prod_{l=i}^{i+j-1} p_l$$

假设 $E' = E_1 \cdot E$ 为分组密码,其中 $E_1$表示 $E'$的最后少数几轮。基于上述关于 E 的线性特征,我们对 $E'$进行密钥恢复攻击(即获取 $E'$中使用的部分密钥比特信息):

第一步:收集 N 对关于 $E'$ 的明密文信息。假设 $E_1$中有 l 比特的密钥信息(记为 $K_g$)与上述线性特征有关联关系,即任意给定一对关于 $E'$的明密文信息,就可以通过猜测 $K_g$的值对该明密文对中的密文进行部分解密,并由此计算出式(7-1)等号左边部分的比特值。初始化 $2^l$ 个计数器$\{T_i\}_{0\leqslant i\leqslant 2^r-1}$。

第二步:对于 $K_g$每一个可能的取值 $i(0\leqslant i\leqslant 2^r-1)$,逐一对上述 N 对明密文信息中的密文进行部分解密,并根据式(7-1)等号左边的表达式计算相应的比特值,若该比特值为 0,则对应的 $T_i$加 1。

第三步:查找所有计数器中的最大值和最小值,并分别记为 $T_{max}$和 $T_{min}$,若

$$|T_{max} - N/2| > |T_{min} - N/2|$$

则猜测 $T_{max}$所对应的下标值为 $K_g$的正确值,并且式(7-1)等号右边部分的比特值为 0;若

$$|T_{max} - N/2| > |T_{min} - N/2|$$

则猜测 $T_{min}$所对应的下标值为 $K_g$的正确值,并且式(7-1)等号右边部分的比特值为 1。

在上述密钥恢复攻击算法中,我们所需的明密文对的数量 $N\approx c_N/\varepsilon^2$,其中,$c_N$与需要恢复的密钥比特数以及算法的成功概率密切相关。

线性密码分析同样有一些扩展算法,如接下来将要介绍的多重线性密码分析、非线性密码分析。

### 7.4.2　多重线性密码分析

在 Matsui 成果的基础上，Button S. Kaliski Jr 和 M. J. B. Robshaw 对线性密码分析方法进行了改进，提出了一种采用多重线性逼近的线性密码分析攻击法，它对攻击 DES 的有效性提供了细微的改进，但它具有普遍可用性，在某些情况下采用多重线性密码分析成功攻击分组密码有可能大大减少分析者所需的数据量。

如果用一个表达式来与明文 $P(i_1),P(i_2),\cdots,P(i_a)$，密文 $C(j_1),C(j_2),\cdots,C(j_b)$，及密钥 $K(k_1),K(k_2),\cdots,K(k_c)$ 的某些比特相联系，把 $P(i_1)\oplus\cdots\oplus P(i_a)$ 记作 $P[x_p]$，把单次线性逼近记作 $P[x_p]\oplus C[x_c]=K[x_k]$，该式成立的概率值为 $p=1/2+e,e>0$。那么多重线性密码分析算法可以如下表述。

假设有 n 个线性逼近，$1\leqslant i\leqslant n,P[x_p^i]\oplus C[x_c^i]=K[x_k^i]$，正好具有概率 $p_i=1/2+e_i$。

第一步：令 $T_i$ 是能使 $P[x_p^i]\oplus C[x_c^i]=K[x_k^i]$，左边等于 0 的明文/密文对的数量，令 N 是明文/密文对的总量。

第二步：对某组汉明重量$(a_1,a_2,\cdots,a_n)$，这里 $\sum_{i=1}^{n} a_i=1$，计算 $U=\sum_{i=1}^{n} a_i T_i$。

第三步：若 $U>N/2$，则推测 $K[x_k]=0$；否则推测 $K[x_k]=1$。一般情况下，$a_i=e_i/(e_1+e_2+\cdots+e_n)$。

在该密钥恢复攻击算法中，我们所需的明密文对的数量 $N\approx c_N/C^2$，其中，C 是指 n 个线性特征组成的线性系统的非平衡能力，其定义如下：

$$C^2=4\times\sum_{i=1}^{n} e_i^2$$

$c_N$与需要恢复的密钥比特数以及算法的成功概率密切相关，并且 Matsui 等人对 $c_N$的值进行了很好的估计[79]。

### 7.4.3　非线性密码分析

非线性密码分析方法是由 Knudsen 和 Robshaw 于 1996 年提出的，它是线性密码分析的一种推广，目的是为了降低线性密码分析的复杂度。令 F 是一迭代密码的轮函数，$K_i$是第 i 轮的子密钥，$C_{i-1}$是第 i 轮的输入，$C_i=F(C_{i-1},K_i)$是第 i 轮的输出，$C_0$和 $C_r$是一明密文对。

线性密码分析中所用的线性逼近一般具有 $C_0[\alpha_1]=C_r[\beta_r]\oplus K[\gamma]$的形式，它仅涉及明文、密文和密钥，是由单轮的线性逼近 $A_1,A_2,\cdots,A_r$复合而成，其中 $A_i$：$C_{i+1}[\alpha_i]=C_i[\beta_i]\oplus K_i[\gamma_i]$ 是第 i 轮的线性逼近且 $\alpha_{i+1}=\beta_i(1\leqslant i\leqslant r-1)$。

非线性逼近一般具有 $C_0[p_1(\alpha_1)]\oplus K[h(\gamma)]=C_r[q_r(\beta_r)]$的形式，它是由单轮的非线性逼近 $B_1,B_2,\cdots,B_r$复合而成，其中 $B_i$：$C_{i-1}[p_i(\alpha_i)]=C_i[q_i(\beta_i)]\oplus K[h_i(\gamma_i)]$是第 i 轮的线性逼近，$p_i,q_i,h_i$是多项式。

为了保证所构造的逼近仅涉及明文、密文和密钥，$B_1,B_2,\cdots,B_r$满足条件 $\alpha_{i+1}=\beta_i$，$p_{i+1}=q_i(1\leqslant i\leqslant r-1)$。对一个密码，构造满足条件 $\alpha_{i+1}=\beta_i,p_{i+1}=q_i(1\leqslant i\leqslant r-1)$的逼近 $B_1,B_2,\cdots,B_r$不太现实，但是注意对 $p_1$、$\alpha_1$、$q_r$、$\beta_r$没有任何限制，因此，在非线性逼近的构造中，第一轮的输入和最后一轮的输出可以是非线性的。

非线性密码分析的步骤如下。

第一步：寻找 S 盒的逼近。分别列出 S 盒的输入和输出，以及线性逼近成立的概率值。

第二步：寻找合适的轨迹，构造相应的逼近。

第三步：利用线性密码分析算法获取密钥信息。

实际上，非线性密码分析比线性密码分析更有效一些。非线性密码分析与线性密码分析的不同之处仅在于逼近的构造。为了使得逼近仅涉及明文、密文和密钥，一般只能在第 1 轮和最后一轮的输入(输出)出现非线性，最多也只能在第 1 轮、第 2 轮和最后两轮利用非线性逼近，因此，非线性密码分析对线性密码分析的提高是有限的。用非线性密码分析 r 轮分组密码，所需的明密文对一般不会少于用线性密码分析 r+4 轮所需的明密文对。

## 7.5 相关密钥密码分析

相关密钥攻击是由 Biham 于 1994 年独立提出的[81]，这种方法给了攻击者很高的权限，攻击者虽然并不知道确切的密钥值，但是他可以选择在每次加解密过程中使用的密钥之间的关系，即假设攻击者已知或者可以选择多次加密过程中使用的密钥之间的关系。一般而言，加密算法中的主密钥通过密钥扩展算法扩展成多个子密钥，然后这些子密钥参与到算法的每一轮迭代中，因此相关密钥分析反映了密钥扩展算法对密码算法抵抗攻击者分析的能力。起初相关密钥密码分析方法只适用于密钥扩展算法中具有固定产生子密钥的表达式的密码算法。后来经过研究发现，相关密钥密码分析单一的攻击效果有限，不过如果和其他攻击方法相结合使用，则对密码算法的威胁较大，随着可调分组密码[87]和 TWEAKEY[85] 框架概念的提出，越来越多的分组密码算法采用了基于这两种理念的设计，如 Deoxys-BC[84]、Joltik-BC[86]、SKINNY[88] 和 QARMA[83]，相关密钥设定越来越具有现实意义，主要归结为以下两个原因。

(1) 为了保证算法运算和实现的高效性，可调分组密码设计中一个重要的原则是调柄的资源消耗要尽可能的小。为了遵循这一理念，很多算法使用了非常简单的调柄密钥编排，比如编排方案中只采用线性操作。在这种设计中，由于密钥比特之间的数学关系简单，攻击者可以更轻易地发现密钥编排的特点，更轻易地进行相关密钥分析。

(2) 除了调柄密钥编排方案本身操作简单，可调分组密码还要求调柄比特公开，也就是说，攻击者可以完全控制这些比特的取值和相互关系。因此，获得特定的相关调柄密钥差分更加简单，一个极端的例子就是，我们可以完全利用调柄比特获取调柄密钥差分路线，密钥比特差分值为 0。

鉴于采用 TWEAKEY 框架的认证加密算法 Deoxys 成为 CAESAR 竞赛胜出算法之一，QARMA 算法发表在 FSE 2017 并已被 ARM 公司采用来保证数据安全性的现状，相信会有越来越多的分组密码算法采用 TWEAKEY 框架。因此，相关密钥设定下的安全性会成为衡量一个算法安全性的重要因素。

大多数情况下，相关密钥密码分析经常结合其他攻击方法来降低某一攻击的复杂度，或者增加攻击的轮数。此处主要介绍两种常见分析方式：相关密钥差分分析和相关密钥不可能差分分析。

**1. 相关密钥差分密码分析**

此处以 AES-192 为例，明文的长度为 128 位，主密钥长度为 192 位，共加密 12 轮。加密轮函数与第 2 章介绍的 AES-128 相同，密钥扩展算法的伪代码如下。

```
KeyExpansion(byte key[4*Nk],word w[Nb*(Nr+1)],Nk)
```

```
begin
   word temp
   i=0
   while(i< Nk)
     w[i]=word(key[4*i],key[4*i+1],key[4*i+2],key[4*i+3])
     i=i+1
  end while
  i=Nk
  while(i<Nk*(Nr+1))
      temp=w[i-1]
      if(i mod Nk=0)
          temp=SubWord(RotWord(temp)) xor Rcon[i/Nk]
      else if (Nk>6 and i mod Nk=4)
          temp=SubWord(temp)
      end if
      w[i]=w[i-Nk] xor temp
      i=i+1
  end while
end
```

根据密钥扩展算法的伪代码，选择一对相关密钥，密钥差分为(0000,0000,0Δ000,0Δ00,0000,0000)。相关密钥的前 6 轮子密钥差分如表 7-1 所示。

**表 7-1　AES 算法前 8 轮的子密钥差分**

| Round(i) | $\Delta k_{i,Col(0)}$ | $\Delta k_{i,Col(1)}$ | $\Delta k_{i,Col(2)}$ | $\Delta k_{i,Col(3)}$ |
|---|---|---|---|---|
| 0 | (0000) | (0000) | (0Δ000) | (0Δ000) |
| 1 | (0000) | (0000) | (0000) | (0000) |
| 2 | (0Δ000) | (0000) | (0000) | (0000) |
| 3 | (0000) | (0000) | (0Δ000) | (0Δ000) |
| 4 | (0Δ000) | (0Δ000) | ($\Delta_1$0000) | ($\Delta_1$0000) |
| 5 | ($\Delta_1\Delta$000) | ($\Delta_1$0000) | ($\Delta_1$0000) | ($\Delta_1$0000) |
| 6 | ($\Delta_1$00$\Delta_2$) | (000$\Delta_2$) | ($\Delta_1\Delta$0$\Delta_2$) | (0Δ0$\Delta_2$) |

第 0 轮时，在密钥的第 2 列第 1 个字节和第 3 列第 1 个字节引入差分，明文也在第 2 列第 1 个字节和第 3 列第 1 个字节引入差分，差分异或相抵消，所以第 1 轮明文没有差分。到第 3 轮时，密钥有差分，所以第三轮经过轮函数后，明文的输出为(0Δ00,0000,0000,0000)。第 4 轮时，密钥有差分，差分扩散为(0000,0000,0Δ00,'03' · Δ' ‖ 0Δ'Δ')。第 5 轮时，密钥有差分，差分经过轮函数的运算后扩散为(Δ0 ‖ '03' · Δ ‖ '02' · Δ,'02' · Δ ‖ 0 ‖ '03' · Δ ‖ 0,$\Delta_1$000,'02' · Δ″$\oplus\Delta_1$ ‖ Δ″Δ″ ‖ '03' · Δ″)，表 7-2 给出了 AES-192 算法的 5 轮相关密钥差分路径，其中 Δ'应满足'02' · Δ' = Δ。除此之外，差分 Δ、Δ'和 Δ″应根据 S 盒的差分分布表选择使概率 P(Δ→Δ)、P(Δ→Δ')、P(Δ'→Δ)和 P('03' · Δ'→Δ″)达到最大值的差分，当原始条件被满足后，表 7-2 中的 5 轮 AES-192 相关密钥差分路径有 15 个活跃字节，最坏情况下，概率为 $2^{-7\times15}=2^{-105}$。

表 7-2 AES 算法 5 轮相关密钥差分路径

| Round(i) | $\Delta x_i^M$ |
| --- | --- |
| 0 | (0000,0000,0Δ00,0Δ00) |
| 1 | (0000,0000,0000,0000) |
| 2 | (0000,0000,0000,0000) |
| 3 | (0Δ00,0000,0000,0000) |
| 4 | (0000,0000,0Δ00,'03′ · Δ′ ‖ 0Δ′Δ′) |
| 5 | Δ0 ‖ '03′ · Δ ‖ '02′ · Δ,'02′ · Δ ‖ 0 ‖ '03′ · Δ ‖ 0,$\Delta_1$000,'02′ · Δ″⊕$\Delta_1$ ‖ Δ″Δ″ ‖ '03′ · Δ″ |

**2. 相关密钥不可能差分密码分析**

仍以 AES-192 为例，根据密钥编排算法的伪代码，选择一对相关密钥，密钥差分为(a000,0000,a000,0000,0000,0000)。相关密钥的前 8 轮子密钥的差分如表 7-3 所示。

表 7-3 AES 算法前 8 轮的子密钥差分

| Round(i) | $\Delta k_{i,Col(0)}$ | $\Delta k_{i,Col(1)}$ | $\Delta k_{i,Col(2)}$ | $\Delta k_{i,Col(3)}$ |
| --- | --- | --- | --- | --- |
| 0 | (a000) | (0000) | (a000) | (0000) |
| 1 | (0000) | (0000) | (a000) | (a000) |
| 2 | (0000) | (0000) | (0000) | (0000) |
| 3 | (a000) | (0000) | (0000) | (0000) |
| 4 | (0000) | (0000) | (a000) | (a000) |
| 5 | (a000) | (a000) | (a000) | (a000) |
| 6 | (a00b) | (000b) | (a00b) | (000b) |
| 7 | (a00b) | (000b) | (a0cb) | (a0c0) |
| 8 | (00cb) | (00c0) | (a0cb) | (a0c0) |

首先，按照加密的方向，构造了一个概率为 1 的 4.5 轮相关密钥差分。其次，按照解密方向，构造了一个概率为 1 的 1 轮相关密钥差分，这两条差分路径在中间相遇产生矛盾，整条路径的概率为 0。图 7-5 所示的为 AES-192 算法 5.5 轮相关密钥不可能差分路径，在第 1 轮时明文输入差分 $x_1^M$=(a000,0000,a000,0000)，第 1 轮的子密钥差分异或为 0，所以第 2 轮经过 SubByte 变换、ShiftRows 变换和 MixColumn 变换后都没有差分产生。第 3 轮密钥有差分，此时差分为(a000,0000,0000,0000)。第 4 轮经过 SubByte 变换、ShiftRows 变换、MixColumn 变换和 AddRoundKey 变换后差分为(* * * *,0000,a000,a000)，其中"*"代表有差分但不确定差分具体值。第 5 轮时，经过一系列轮函数操作后差分扩散为 $x_5^O$=(? * * *,? * * *,????,????)，其中"?"代表不确定是否有差分。

在第 6 轮时密文差分形式为 $x_6^O$=(????,????,????,000b)，经过 AddRoundKey、MixColumn、ShiftRows、SubByte 的逆变换后差分形式为 $x_6^M$=(? 0??,?? 0?,??? 0,0???)。正常情况下，$x_5^O$应和 $x_6^M$是相同的，但此时 $x_5^O$的第 1 个字节有差分，而 $x_6^M$的第一个字节没有差分，此处出现矛盾。

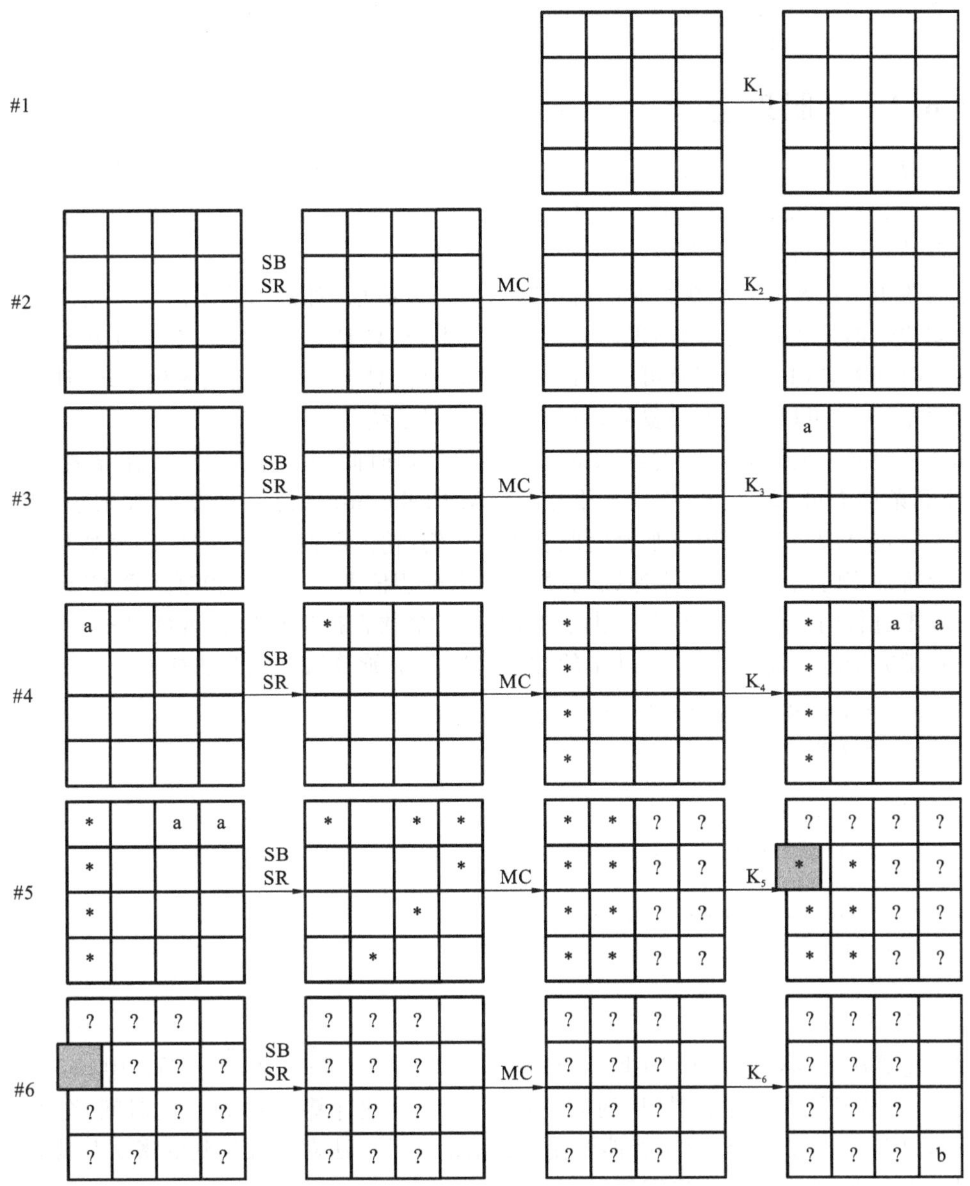


图 7-5　AES 算法 5.5 轮相关密钥不可能差分路径

## 7.6　侧信道攻击

在传统的密码算法攻击方式中，主要从密码算法本身的设计考虑其安全性能，将密码算法看作一个抽象的数学变换，从代数、信息论、计算复杂性、逻辑和统计结构上研究其是否满足安全，从而给出其安全性指标度量。然而，对于一个实用性的密码系统(如密码芯片)，其安全性不仅与采用的密码算法相关，而且还涉及程序设计和电路实现等。研究表明，即使密码算法在理论上是安全的，也可能由于不安全的物理实现而不安全。侧信道攻击就是基于密码芯片在运行时有可能泄露某些中间状态信息(如出错消息、执行时间、功耗和电磁辐射等)，使得攻击者有机会采集与密钥相关的关键信息，从而成功猜测明文或密钥。相应的旁路攻击典型方法可以分为功耗攻击(power analysis attack)[93]、计时攻击(timing attack)[94]、故障攻击(fault attack)[95]、电磁攻击(EM attack)[96]等,接下来我们将介绍相关内容。

## 7.6.1 计时攻击

计时攻击概念由 Paul Kocher [97]于 1996 年首次提出,从数学上证明了计时攻击的可行性,并对 Diffie-Hellman、RSA、DSS 进行计时攻击破解分析。近几年,学者们对智能卡等计算能力较弱的设备进行计时攻击研究,取得了一定的成果。

计时攻击利用密码算法执行时间所反映出的密钥信息,对密码系统进行攻击。这种攻击方法试图攻击的是密码算法的实现而非密码算法本身,只要密码系统在对不同密文执行解密时存在着时间差异,其密钥就有可能被计时攻击破解。对于一个脆弱的密码系统,计时攻击只需要知道密文,就可以以并不昂贵的计算来破解密码系统。

加密系统通常会因为不同的输入而有不同的处理时间,其中的原因包括:省略不必要操作、分支和条件语句、高速缓冲存储器命中(RAM Cache hits)、处理器指令(如乘法和除法)运行时间不固定,以及其他原因。加密时间长短与密钥、输入数据(明文或密文)密切相关。攻击者通过分析加密时间差异所产生原因,就能够获取密钥信息。文中以模幂运算 $C^d \bmod n$ 为例对计时攻击进行阐述。而在应用中,由于 C、d、n 三个数直接进行模幂运算很不方便,因此需要使用数学方法进行简化计算,最基本的方法就是平方-乘算法。该算法如下。

```
输入:密文 C,模数 n,w 比特的密钥 d=(d_{w-1},…,d_1,d_0)
输出:明文 P=C^d mod n
Let P=1
  For k=w-1 downto 0
    Let P=P^2 mod n
    If (d_k is 1)
      then Let P=(P*C) mod n
    EndIf
  EndFor
Return(P)
```

在上述算法中,第 4 行的条件指令会影响执行路径。在第 k 轮 For 循环中,第 4 行条件成立与否,由私钥的第 k 个比特 $d_k$ 的值决定。因此,算法计算 $c^d \bmod n$ 的时间,会因为私钥值的不同而有所不同。假如攻击者能够使用合适的统计方法对所收集到的密文及其对应的执行时间做出分析,就可以推测出密钥 d。

在实际应用中,攻击者连接到加密系统,要求它解密所选择的密文,然后等待响应。加密系统响应所需要的确切时间就给了攻击者一些重要的信息。实际上,如果密钥的某个比特是 1,来自集合 A 的输入常常比来自集合 B 的输入响应要快一些。而如果该密钥的比特是 0,则没有差异。攻击者就可以利用这个差异来攻击系统。他从集合 A 和集合 B 中都产生数百万个询问,试图从这两个群的响应时间上找到一些统计差异。可能有其他因素影响到确切的响应时间,但是可以通过足够多的询问对它们进行校正。最终,你收集了足够多的数据来测量对 A 和 B 的响应时间是否不同。这样,攻击者就得到了 1 比特的密钥信息,然后攻击者设法获得下一个比特。

## 7.6.2 功耗攻击

功耗攻击是侧信道攻击中一种比较高效的密码攻击方法,其基本思想是通过分析密码设备运行过程中的功耗泄露来获取密钥。功耗攻击主要包括简单功耗攻击、差分功耗攻击[55]等。

简单功耗分析利用密码算法的加密操作实现细节与功耗之间的关系，直接从功耗曲线中获取密钥信息。也就是说，攻击者试图直接或间接地由一条功耗曲线来推断出密钥。简单功耗分析本质上是从功耗曲线中推测出在特定时刻正在执行的特定指令以及正在被处理数据的值。因此，攻击者要想实施简单功耗攻击，必须对密码算法、密码算法的实现以及设备的内部结构非常熟悉，这使得简单功耗分析很难实施。

差分功耗攻击是最流行的功耗分析方法，一般有以下 5 大基本步骤：

(1) 获取功耗曲线；

(2) 选择中间值；

(3) 刻画密钥假设的表达式并计算出假设中间值；

(4) 将假设中间值映射为假设能量消耗值；

(5) 进行统计检验并对功耗曲线和假设能量消耗进行比较。

差分功耗分析与简单功耗分析相比，其优点是不需要知道密码实现的具体细节，而是采用统计分析的方法。Kocher 等人给出的差分功耗分析，利用的是均值差法。Kocher 等人提出的差分功耗分析方法的基本描述如下。

攻击者首先收集一个功耗曲线的一密文对的大集合$(S_i, C_i)$，然后确定一个选择函数 D。选择函数 D 是以密文和部分密钥的猜测作为输入，输出一个比特；其基本思想是，如果密钥猜测正确，则选择函数 D 的输出比特反映了密码实现过程中真实出现的一些信息；如果猜测错误，则选择函数 D 的输出比特随密文的不同是随机的。

然后，攻击者猜测部分密钥 $K_s$，并根据选择函数 D 的输出值(0 或 1)将功耗曲线划分到两个集合中，一个满足条件 $D(C_i, K_s)=0$，另一个满足条件 $D(C_i, K_s)=1$。然后计算每个集合中功耗曲线的平均值，这两个平均值之间的差值称为差分曲线。如果部分密钥猜测错误，则这两个集合不相关，随着功耗曲线数量的增加，差分曲线将逐渐变得平滑；而当猜测正确时，差值接近于与能量消耗之间的相关性，这就会导致差分曲线中尖峰的出现。

例如，Shimoyama 等人便对 KN 密码进行了功耗攻击[55]，其具体的攻击实现过程如下。

(1) 对 N 个明文 $m_i (i=1,\cdots,N)$ 进行加密运算，从而获得功耗曲线 $S_i[j] (i=1,\cdots,N$，j 对应采样的时间点)，得到对应的 N 个密文 $c_i (i=1,\cdots,N)$。

(2) 选择算法执行过程中的某个中间值作为区分函数。例如，可以把区分函数 $D(c,b,K)$ 定义为如下计算过程：对于密文 c，计算第 16 轮加密开始时 DES 中间值 L 的第 $b (0\leqslant b<32)$ 个比特的值。与该比特对应的输入 S 盒的 6 比特的密钥记为 $K_s (0\leqslant K_s<64)$。

(3) 利用功耗曲线来判断猜测密钥 $K_s$ 是否正确。

① 利用 $D(c,b,K)$ 的输出值或把 N 条功耗曲线划分到两个集合 $S_0$、$S_1$ 中，$S_0$、$S_1$ 的定义如下：

$$S_0=\{S_i[j] \mid D(c,b,K)=0\},\quad S_1=\{S_i[j] \mid D(c,b,K)=1\}$$

② 分别求集合 $S_0$、$S_1$ 中功耗曲线的平均值 $A_0[j]$ 和 $A_1[j]$：

$$A_0[j]=\frac{1}{S_0}\sum_{S_i[j]\in S_0} S_i[j],\quad A_1[j]=\frac{1}{S_1}\sum_{S_i[j]\in S_1} S_i[j]$$

③ 求 $A_0[j]$ 与 $A_1[j]$ 的差值 $T[j]$：$T[j]=A_0[j]-A_1[j]$，其中 $T[j]$ 表示选择函数 $D(c,b,K)$ 的输出值在采样点 j 处对功耗测量值的影响效果，是在 N 个密文 $c_i (i=1,\cdots,N)$ 上的平

均值。

如果猜测密钥 $K_s$ 不正确，那么大约会有一半的密文 $c_i$ 在使用选择函数 D 计算出来的 b 值与实际的值不同。因此，选择函数 D 与目标设备的实际计算值不相关，即 D 相当于一个随机函数，有 $\lim\limits_{N\to\infty} T[j]\approx 0$。

如果猜测密钥 $K_s$ 正确，则由选择函数 D 计算出的值等于目标比特 b 的实际值的概率为 1。因此，选择函数 D 与目标比特的值相关。这样，当 $N\to\infty$ 时，T[j] 趋向于目标比特 b 对能量消耗的影响。而其他与 D 无关的因素造成的影响则趋向于 0。由于能量消耗与正在处理的数据有关，差分曲线 T[j] 的图形将随着功耗曲线数量的增加而越来越扁平；但在选择函数 D 与被处理数据相关的区域，则会出现尖峰。

### 7.6.3 电磁分析

由于密码芯片的电磁辐射信号中蕴含着和密钥信息相关的有用信息，芯片内部处理的数据和电磁辐射造成的电磁信息泄露之间具有相关性。这种相关性的存在，便是密码芯片容易遭到电磁分析攻击的原因和物理基础。

电磁攻击通常假定攻击者除密钥不知道外，可以尽可能多地获取攻击信息。也就是说，该攻击的实施是建立在一定的假设之上的。一般情况下，这些假设主要包括：

（1）已经获取了需要攻击的密码芯片；

（2）知道密码芯片所使用的密码算法；

（3）可以利用密码芯片针对同一个密钥和不同的明文（密文）数据进行密码运算，且密码芯片的电磁信息泄露与被运算处理的数据相关；

（4）需要一个采集电磁信息的装置，并能够获取数据加密（解密）的开始或结束时刻，使得攻击者能够精确地测量在密码芯片工作过程中的电磁信息；

（5）执行密码运算的环境应该恒定，即对于相同的明文（密文）和密钥来说，重复算法执行所呈现的电磁信息特性应该完全相同；

（6）攻击者必须有一定的统计学与概率论知识和编程能力，能够编写程序实现电磁信息的采集和统计分析。其中，统计分析在电磁攻击中有着非常重要的作用，其数学基础是假设检验理论。

假设检验是统计学的一个概念，根据样本提出的关于总体的假设是否正确作出判断：是拒绝，还是接受。被检验的假设 $H_0$ 称为原假设，它的否命题 $H_1$ 称为备择假设。处理假设检验问题的一般步骤如下：

（1）根据实际问题的要求，提出原假设 $H_0$ 及备择假设 $H_1$ 的具体内容；

（2）根据假设来确定检验统计量，并确定相应的统计量的分布；

（3）给定显著性水平以及样本容量，并根据其确定拒绝域的范围；

（4）根据样本观测值算出统计量的具体值，并作出决策是接受 $H_0$ 还是拒绝 $H_0$。

电磁攻击的基本思想是利用密码芯片工作过程中产生的电磁信息泄露依赖于密码运算的中间结果（中间值）这一事实，而这些中间值与密钥具有直接或间接的相关关系，再根据密码学知识和数学上的统计分析方法进行破译密钥信息。电磁攻击的基本原理如图 7-6 所示。

在电磁攻击过程中，为了获取密码模块中的密钥，攻击者首先给出密钥的部分比特的猜测值，用猜测密钥根据某攻击模型进行理论计算得出模型输出的信息特征，然后输入数据到含有实际密钥的密码芯片并观测该芯片物理输出的电磁信息特征，将两个信息特征进行统计分析，

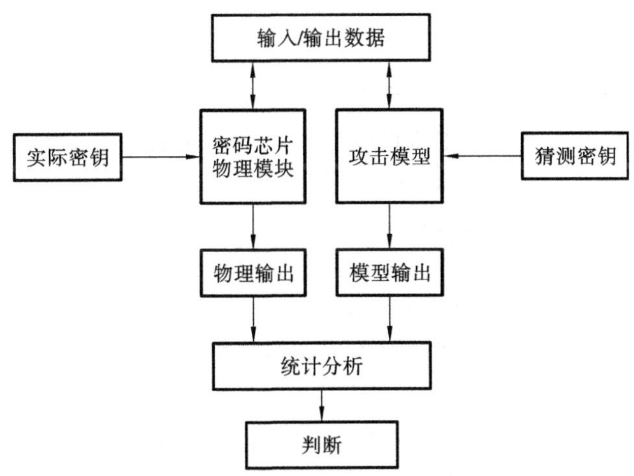


图 7-6　电磁攻击的基本原理框图

根据分析结果中两个信息特征是否一致来判断密钥猜测是否正确，最终得到正确的密钥。

### 7.6.4　故障攻击

在加密过程中，通过计算机导入错误信息使其产生故障，并从中获取密码系统信息的一种密码分析方法，称为故障攻击方法。该方法在 1996 年首次提出，Boneh 等人利用随机硬件故障攻击公钥密码体制，成功获取了基于 CRT 方式实现的 RSA 签名算法密钥。

故障攻击利用密码设备出错时输出的错误信息来辅助分析，从而恢复密码的秘密信息。这里所要用到的额外信息就是密码设备在发生故障时产生的故障值或是故障时发生的现象。需要强调的是，这里的额外信息不仅是指密码设备的错误输出，密码设备在注入故障时的整个行为(如设备是否出故障，故障的时候设备是停止工作还是将设备锁死等行为)都可以作为可供利用的额外信息。第一步就是要诱导密码设备来产生这部分的额外信息，这个过程称为故障注入。故障注入一般是将密码设备置于不正常的工作环境中来完成。初级的密码注入方法包括将密码设备置于高温、超低温或是强电磁环境，将芯片表面置于强光照等，这些方法对于早期的没有采用任何相关防护的设备是有效的，不过随着故障攻击研究的深入，大部分的密码设备都增加了一些防护来抵抗这些基本的故障注入方法。高级的注入方法可以对卡片的工作环境进行更为精细化的控制，比如可以给密码设备的电源或时钟输入提供异常值，专用的故障注入设备可以触发设备工作，在指定的时间上产生符合某个特定模式电源或时钟波形。更为高级的故障注入方式是激光注入，激光注入一般需要剖开设备，露出设备的电子元件的硅表面，通过控制在特定时间的特别位置上打出特定强度的激光就可以比较精确地让设备出错，产生我们需要的额外信息。根据使用的注入手段和设备安全防护的方法的不同，故障注入得到的信息也各不相同。

故障攻击的第二步就是利用故障注入产生的额外信息来进行分析。首先需要从故障注入的结果中提取有用的信息。故障攻击的利用方法一般假设一个故障模型，这个模型就是对这部分额外信息的一个简化的、抽象的、形式化的描述。实际的额外信息的提取往往十分复杂，必须结合要攻击的设备和故障注入方式等来综合分析，确定哪一部分信息才是后续的故障利用中真正可用的旁路信息。这部分内容实际上就相当于对故障注入后产生的结果进行建模，然后从中提取可以利用的信息，抽取后的最终信息经过组织之后就是后续分析所要用到的故障模型。有了故障模型之后就可以结合密码设备中的密码算法和它的实现方式来进行故障利用。

下面以第 2 章介绍的轻量级分组密码 Piccolo 算法的差分故障分析为例，对故障攻击的过程进一步进行说明。接下来的讨论中假设故障都处在 F 函数的输入端，也就是相应中间值的第 0、1 和 4、5 字节。在差分故障攻击中通常需要计算非线性组件 S 盒的输入和输出差分值。但是 Piccolo 的 F 函数采用了三明治结构，两层 S 盒被扩散矩阵隔开了，这样要同时计算出 S 盒的输入与输出差分值就比较困难。为了解决这个问题，本书将 S 盒整体视为需要处理的非线性单元。F 函数是 16 比特输入 16 比特输出的，构造 F 函数的输入/输出差分表就不是很现实，因此这里猜测一部分密钥值，然后检查 F 函数的输入/输出值是否满足下式：

$$F(I_{(16)}) \oplus F(I'_{(16)}) = O_{(16)} \oplus O'_{(16)}$$

如果不满足，则猜测密钥是错误的，直接从候选密钥集合中删除，否则就保留。例如，假如分析 Piccolo 算法最后一轮的左边分支，使用 1000 次实验来进行模拟。每次模拟中随机生成主密钥和明文值。然后模拟最后一轮第一字节上的随机故障，在这样的设定下产生了正确和错误的密文。猜测白化密钥 $wk_2$，将 $C_{0(16)}$、$C'_{0(16)}$ 和白化密钥分别进行异或，这样就可以得到针对该猜测密钥的最后一轮 F 函数输入的差分值。最后一轮 F 函数输出的差分值等于 $C_{1(16)}$ 和 $C'_{1(16)}$ 的异或值。在每次试验中，我们记录通过上述测试的候选密钥的个数。表 7-4 所示的是相应的模拟结果。表中 key cand 行表示在模拟中通过测试的候选密钥的数目，occurs 行表示在 1000 次模拟中有多少次模拟最后剩余的候选密钥个数为 key cand。通过表 7-4 可以看出，在大多数情况下，候选密钥的个数可以从 $2^{16}$ 下降到不超过 32。简单计算可以得出候选密钥的期望值，为 6.954。该模拟的结果证明了上述方法的有效性。

**表 7-4 候选密钥个数分布表**

| Key cand | 2 | 4 | 6 | 8 | 10 | 12 | 14 | 16 |
|---|---|---|---|---|---|---|---|---|
| occurs | 291 | 308 | 78 | 149 | 13 | 11 | 2 | 93 |
| Key cand | 18 | 20 | 24 | 32 | 34 | 36 | 48 | 64 |
| occurs | 2 | 8 | 7 | 30 | 1 | 2 | 3 | 2 |

此处先假设有两对有效故障密文对，故障发生的位置分别是在第 22 轮的 F 函数输入部分的中间值 $I^{22}_{0(8)}$ 和 $I^{22}_{5(8)}$ 上。故障分析包括三步，经过分析可以恢复出 80 比特主密钥中的 64 比特。本节的最后会将前面的讨论推广到故障位置随机的情况。

故障分析的第一步是猜测白化密钥 $wk_2$ 和 $wk_3$。当故障被注入在倒数第三轮的第 0 个字节时，可以在最后一轮得到一个有用的中间状态。故障传播路径如图 7-7 所示。其中实线表示无故障状态，虚线表示肯定有故障的状态，点划线表示可能有故障的状态。从图中可以看出，字节 $I^{24}_{2(8)}$ 和 $I^{24}_{3(8)}$ 肯定不存在故障。此时最后一轮的左边 F 函数输出的差分值就等于 $C_{1(16)}$ 和 $C'_{1(16)}$ 的异或值，这样就可以使用上面示例中的方法进行故障攻击。使用验证条件可以得到白化密钥 $wk_2$ 的少数候选值。故障发生在倒数第三轮的第 4 个字节时分析与此类似，相应的可以得到白化密钥 $wk_3$ 的候选值。

故障分析的第二步是在得到的白化密钥的候选值上进一步计算轮密钥 $rk_{48}$ 和 $rk_{49}$。处理的流程和第一步相似，但是这一次使用倒数第二轮的 F 函数。这一轮的 F 函数输出的差分值可以直接计算正确错误密文的异或值得到。正确和故障情况下 F 函数的输入值的计算需要用到正确错误的密文、白化密钥的候选集合和最后一轮的轮密钥的猜测值。根据猜测值是否

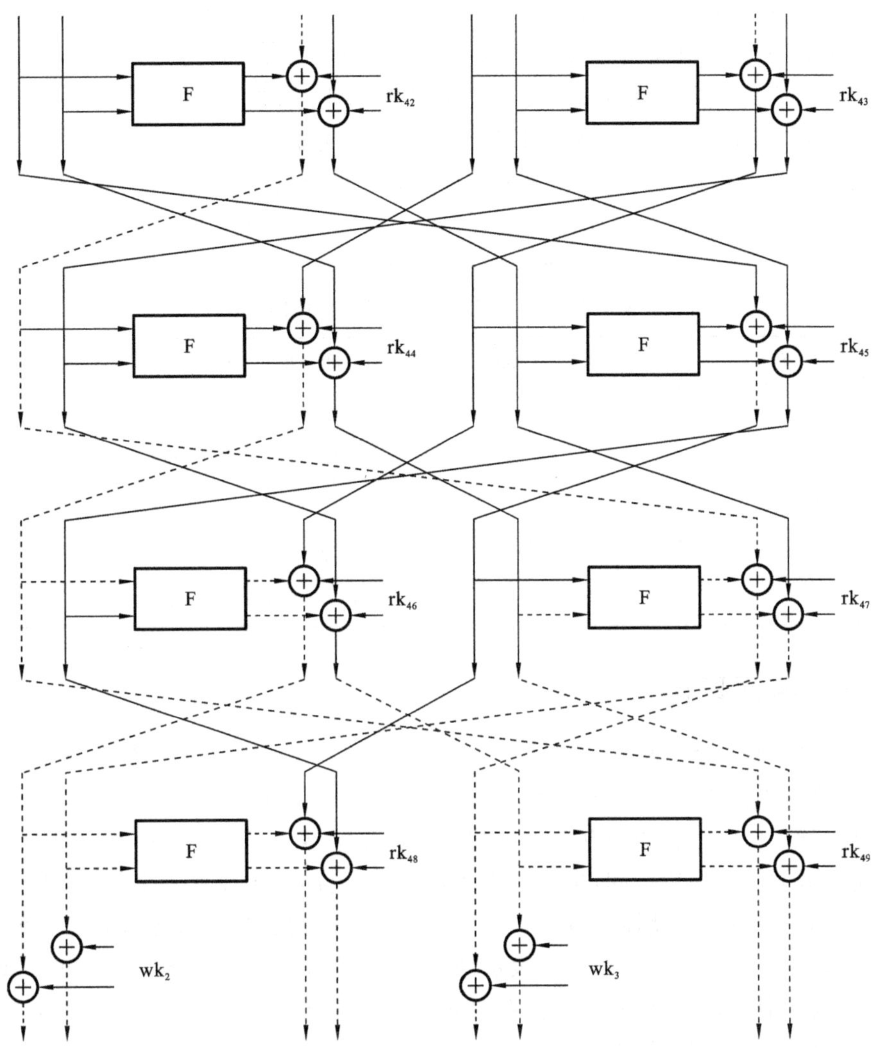


**图 7-7　倒数第三轮 F 函数输入故障传播路径图**

能使得 F 函数成立，就可以去掉错误的轮密钥的猜测值。第二步需要满足的条件可以用下列公式表示：

$$F(I^{23}_{0(16)})F(I'^{23}_{0(16)})=C_{0(8)}C_{5(8)}$$

$$I^{23}_{0(16)}=I^{23}_{0(8)}I^{23}_{1(8)}$$

$$I^{23}_{0(8)}=\mathrm{Ibyte}(C_{3(16)}\oplus rk_{49}\oplus F(C_{2(16)}\oplus wk_3))$$

$$I^{23}_{1(8)}=\mathrm{Ibyte}(C_{3(16)}\oplus rk_{49}\oplus F(C_{2(16)}\oplus wk_3))$$

$$I'^{23}_{0(16)}=I'^{23}_{0(8)}I'^{23}_{1(8)}$$

$$I'^{23}_{0(8)}=\mathrm{Ibyte}(C'_{3(16)}\oplus rk_{49}\oplus F(C'_{2(16)}wk_3))$$

$$I'^{23}_{0(8)}=\mathrm{rbyte}(C'_{1(16)}\oplus rk_{48}\oplus F(C'_{0(16)}wk_2))$$

其中，Ibyte( · ) 表示 16 比特字的左边字节，而 rbyte( · ) 表示 16 比特字的右边字节。经过上面两步的筛选，仍然有很多候选密钥，得益于 Piccolo-80 的密钥扩展算法，可以进一步删除错误密钥的组合。根据白化密钥可以完整地恢复出主密钥的第 4 个字，同时我们观察到轮密钥 $rk_{46}$、$rk_{47}$ 仅仅依赖于主密钥的第 4 个字。这样给定候选密钥的组合，就可以唯一地确定倒数第三轮的轮运算的输出状态。在倒数第三轮的 F 函数上测试就可以进一步地缩小密码空间。模拟结果表明，在一些情况下要猜测这些位的密钥可以唯一确定。

逆向使用密钥扩展算法就可以恢复出主密钥的 64 比特，剩余 16 比特未知。仅需要一对正确的明密文对，使用穷举的方式就可以完整地恢复出主密钥。

上述实验中不需要知道这两对故障密文分别是和哪个故障位置对应的，可以分别做假设，然后求解。如果限定有效故障密文对的数量为 2，并且故障发生在倒数第三轮的 F 函数的输入端的 4 个字节中，表 7-5 给出了各种故障组合恢复主密钥的能力。

表 7-5 2 字节故障恢复密钥能力对照表

| 故障位置 | 恢复的密钥 |
|---|---|
| (0,4),(1,5) | $mk_0$、$mk_1$、$mk_2$、$mk_3$ |
| (0,5) | $mk_3$、$mk_4$、$mk_1$ 的左边字节，$mk_0$ 的右边字节 |
| (1,4) | $mk_3$、$mk_4$、$mk_0$ 的左边字节，$mk_1$ 的右边字节 |
| (0,1) | $mk_4$ 的左边字节，$mk_3$ 的右边字节 |
| (4,5) | $mk_3$ 的左边字节，$mk_4$ 的右边字节 |

### 7.6.5 缓存攻击

缓存攻击是一种重要的侧信道攻击手段，它主要利用密码算法在执行过程中通过缓存泄露的信息，结合密码算法本身的数学原理，展开对密码系统的攻击，是一种高效的攻击方法。

缓存是一种存储空间较小但存取速度却很高的存储器，它位于 CPU 和存储容量比较大、操作速度比较低的主存储器之间，也可以集成在 CPU 内部。缓存由一个目录（也称为标记或标签）存储器和一个数据存储器组成。每当 CPU 需要读写数据时，首先查找缓存的地址部分标签字段是否存在该地址。若存在，则表示命中缓存，读取缓存中该地址对应的数据部分；若不存在，则称为未命中，这时仍然从主内存单元中读取数据，并同时将该地址和对应的数据分别写入缓存的标签字段和数据部分。如果下次再访问该地址，则可命中。

根据缓存攻击应用场合的不同，它在密码分析中可以分为以下两种：① 基于时间泄露的缓存攻击主要针对微处理器、嵌入式微处理器中的密码算法实现，时间信息可以在本地甚至远程环境下采集，在网络环境下也有望实现密钥的恢复；② 基于功耗、电磁泄漏的缓存攻击主要针对嵌入式微处理器中的密码实现，可利用示波器、电磁接收机等设备采集密码算法的执行功耗、电磁和时间二维信息，推断出密码算法在缓存上的访问命中率和失效序列。因此，缓存攻击通常与本章其他攻击配合使用，为其他攻击手段提供最佳攻击点，以提高攻击效果。

## 7.7 其他分析方法

除了以上介绍的分析方法之外，密码分析的方法还有多种，本节将介绍几种常用的密码攻击方法，如积分密码分析、碰撞攻击、插值攻击、模板攻击等。

### 7.7.1 积分密码分析

在总结 SQUARE 攻击、Saturation 攻击和 Multiset 攻击的基础上，Knudsen 在 FSE 2002

上将上述攻击方法都纳入了积分攻击范畴，并给出了积分攻击和高阶积分攻击的一般原理和方法[100]。利用这些思想，人们分析了 Rijndael、Camellia、FOX 和 CLEFIA 等著名算法的安全性[102]~[106]，取得了差分密码分析和线性密码分析所不能得到的成果。Zraba 人等在 FSE 2008 上提出了基于比特的积分攻击，丰富了积分攻击的理论[107]。

积分攻击是一种选择明文攻击，一般首先寻找积分区分器，通常是选取满足特定形式的一组明文进行加密，然后对密文进行异或求和即"积分"，通过积分值的不随机性将一个密码算法与随机置换区分开。这种不随机性通常表现为某些位置的和恒为 0，和为 0 的位置称为平衡位置。基于字节设计的密码算法，加解密运算一般都是基于字节的操作，加密过程中可以保持字节结构不被破坏。所以积分攻击天然地适用于基于字节设计的密码算法。在利用积分攻击分析基于字节设计的分组密码时，一般选择某些字节全遍历，而其他字节为常数的明文组。

设 V 是群(G，+)的一个子群，则函数 f 在 V 上的积分定义为：$\int_V f = \sum_{x \in V} f(x)$，通常 x 为明文，f(x) 为密文。对一个 r + 1 轮密码实施积分攻击的步骤通常为：

(1) 计算 r 轮密码的某个积分值 $\int_V f = v_0$；

(2) 对所有 $x \in V$，计算相应的密文；

(3) 猜测最后一轮子密钥 $k^*$，对密文部分解密，并对所得结果求和，不妨记求和的结果为 $\alpha$；

(4) 若 $\alpha = v_0$，则 $k^*$ 可能为正确密钥，否则淘汰。

## 7.7.2　碰撞攻击

Schramm 在 2003 年上提出了"内部"碰撞攻击[108]的概念，并给出了包含对算法的密码设备的实际攻击。如果在一个密码算法中某个函数输入两个不同值，对应的该函数的输出相同，则称为发生了内部碰撞。碰撞攻击的基本思想是寻找特定位置的碰撞，通过碰撞产生的关系推导出密钥的一些信息，因此每发生一次碰撞都会减小密钥搜索空间。

在轮函数中，碰撞可能发生在 S 盒处，也可能发生在第一次 MixColumns 操作之后。下面以 MixColumns 为例，对应明文 d 和 d′，考察执行完列混淆操作后状态的第一个字节：

$$b_0 = 02 \cdot S(d_0 \oplus k_0) \oplus 03 \cdot S(d_1 \oplus k_1) \oplus S(d_2 \oplus k_2) \oplus S(d_3 \oplus k_3)$$

$$b'_0 = 02 \cdot S(d'_0 \oplus k_0) \oplus 03 \cdot S(d'_1 \oplus k_1) \oplus S(d'_2 \oplus k_2) \oplus S(d'_3 \oplus k_3)$$

假定可以选择满足如下条件的两个明文 d 和 d′：

$$d_0 = d'_0 = 0, \quad d_1 = d'_1 = 0, \quad d_2 = d'_2 = a, \quad d_3 = d'_3 = b$$

如果 $b_0$ 和 $b'_0$ 碰撞，则有下式成立：

$$b_0 \oplus b'_0 = S(a \oplus k_2) \oplus S(a \oplus k_3) \oplus S(b \oplus k_2) \oplus S(b \oplus k_3) = 0$$

知道 a 和 b，就可以穷举 $k_2$ 和 $k_3$ 所有可能的值，从而缩小密钥穷举搜索空间。

2007 年，Bogdanov 提出了一种改进的碰撞攻击，利用 AES 中 S 盒输入处发生的碰撞，高效恢复 AES 的子密钥，具体方法如下：

攻击者随机选取明文输入密码设备中进行加密，这里我们研究第一轮的各个 S 盒，比如前两个字节的 S 盒，把它的输入记为 $p_1 \oplus k_1$ 和 $p_2 \oplus k_2$（该值是明文字节与对应密钥字节的异或）。攻击者通过研究这两个 S 盒操作的功耗曲线之间的相似度来判断两个 S 盒是否发生内部碰撞，一旦检测到碰撞，则意味着 $S(p_1 \oplus k_1) = S(p_2 \oplus k_2)$，从而有 $p_1 \oplus k_1 = p_2 \oplus k_2$，即 $k_1 \oplus$

$k_2 = p_1 \oplus p_2$。由于攻击者知道 $p_1$ 和 $p_2$，从而可以得到用 $k_1$ 表示 $k_2$ 的关系式。

对于第一轮其他 S 盒重复上述实验，最理想情况下可以得到如下关系式组：

$$\begin{cases} k_1 \oplus k_2 = \Delta_{1,2} \\ \quad\vdots \\ k_1 \oplus k_{16} = \Delta_{1,16} \end{cases}$$

即可以用 $k_1$ 表示出 $k_2$，…，$k_{16}$ 中的任意字节，此时通过遍历 $k_1$ 就可以确定其他 120 比特密钥，用穷举搜索的方法即可破解所有的密钥。

实践中，需要对两个操作的曲线进行检测碰撞，判断它们中对应的两部分是否相等。常用的方法是对要检测的两个操作各取若干条波形分别进行平均，将噪声降低到一定的范围内；然后再在这两条平均波形的相同位置上取若干个关键点，计算所有关键点之间的差的平方和，该和作为这两条平均波形之间的距离。若该距离小于某个阈值，则认为碰撞发生，否则认为没有发生碰撞。

## 7.7.3 插值攻击

插值攻击的思想是由 Jakobsen 和 Knudsen 等人在 FSE 1997 上提出的[109]，日本学者 Aoki 等人在 SAC 1999 上给出了插值攻击的一般情形，即“线性和”方法[110]。Kurosawa 在 SAC 2000 上指出，利用插值攻击不能唯一得到密钥，而是得到一系列等价密钥[111]；由于用插值的方法分析一个密码算法时，首先必须构造一个有限域，尽管不同的不可约多项式构造出的有限域同构，但是对一个具体的多项式而言，项数会有所不同，从而攻击复杂度也会受到一定的影响。因此，Youssef 等人研究了在不同的多项式表示下，插值攻击的复杂度问题[112]。利用插值的思想，可以将 SNAKE 算法表示成两个多项式的商，从而可以对简化轮数的 SNAKE 算法构成威胁[113][114]。插值攻击本质上属于一种代数攻击，但在恢复密钥阶段，目前采用的是逐一验证并淘汰的方法，因此攻击复杂度主要集中在猜密钥阶段，寻找有效的代数方法来恢复密钥就成为一个比较有意义的课题。另外，人们一般认为，S 盒的代数次数和项数决定了一个算法对插值攻击的免疫程度，但是 S 盒的代数次数、项数和算法对插值攻击的免疫能力之间的关系并没有给出精确刻画，还需解决。

设 r 轮密码的密文和明文之间的多项式函数为 $f(x)$，其次数为 $\deg(f(x))=N$，则基于多项式的插值攻击一般步骤如下：

（1）随机选取 $N+2$ 个明文 $P_i(1\leqslant i\leqslant N+2)$，计算相应的密文 $C_i(1\leqslant i\leqslant N+2)$；

（2）猜测最后一轮子密钥，不妨记为 $k^*$，对 $C_i$ 部分解密，相应值记为 $D_i$；

（3）利用 $N+1$ 个点 $(P_1, D_1)$，…，$(P_{N+1}, D_{N+1})$ 和 Lagrange 插值公式，计算 $f^*(x)$，使得 $f^*(P_i)=D_i(1\leqslant i\leqslant N+1)$；

（4）检验 $f^*(P_{N+2})=D_{N+2}$ 是否成立，若成立，则记 $k^*$ 为正确密钥，否则淘汰。

通过上述步骤可以发现，插值攻击的复杂度主要包括两个部分：一是多项式的次数；二是所需要猜测的密钥量。要想改进插值攻击的结果，就必须从这两个方面着手。

## 7.7.4 模板攻击

模板攻击[115]通常需要两个阶段：第一个阶段是建立模板，对能量消耗特征进行刻画；第二个阶段是模板匹配，利用模板实施攻击。模板攻击中，一般假设攻击者有能力对被攻击的设备特征进行刻画。例如，攻击者可能拥有一台与被攻击设备类型相同的设备，并且该设备完全由攻击者控制。利用该设备，攻击者可以建立模板并进行后续的攻击。

模板的建立可以有多种方法，如可以基于每一个明文和密钥字节对(p,k)建立模板，也可以基于某个中间值建立模板，如某个 S 盒的输出。这里，我们基于汉明重量模型建立模板，取中间值 f(p,k)的汉明重量建立模板，这样可以不用为同样汉明重量的数值建立不同的模板。

Mahanta 等人指出能量迹可以用多元正态分布刻画[116]，多元正态分布由均值 m 向量和协方差矩阵 C 定义，称为(m,C) 模板。从原理上讲，模板匹配就是对给定一个被攻击设备的能量迹 T 和模板(m,C)使用下式评估其符合该模板的概率大小：

$$p(T;(m,C))=\frac{\exp\left(-\frac{1}{2}(T-m)'C^{-1}(T-m)\right)}{\sqrt{(2\cdot\pi)^n\cdot\det(C)}}$$

同理，使用这种方式对能量迹和每一个模板进行计算，这样就可以得到概率

$$p(T;(m,C)_{k_1}),\cdots,p(T;(m,C)_{k_j})$$

概率值的大小反映了模板与给定能量迹的匹配程度，直觉上正确密钥应该与最大概率相对应。实际上这也是有统计学知识基础的[117]，如果所有密钥等概率分布，则判定准则如下：如果 $k_j$ 使得

$$p(T;(m,C)_{k_j})>p(T;(m,C)_{k_i}),\ \forall i\neq j$$

成立，则判定 $k_j$ 对应正确密钥。实际上该准则又称为极大似然准则。

### 7.7.5　Biclique 分析

Biclique 分析方法是由中间相遇攻击衍生出来的一种分组密码分析方法，它将 Biclique 结构与中间相遇攻击相结合，优化了中间相遇攻击的分析结果。Biclique 分析方法是在 2011 年由 Bogdanov 等人[118]提出的，文中首次对全轮 AES 算法提出了攻击，并且不需要假设相关密钥，这极大地促进了分组密码安全性分析学的发展。

中间相遇攻击是利用密码算法中的一些中间状态值，将算法整体分割为明文-中间状态和中间状态-密文两部分，在运算时既能够从明文方向进行前向计算，又能够从密文方向进行后向计算，并且这些计算都不需要知道全部的主密钥信息。攻击者仅仅需要保留这些部分密钥候选，如果两部分的中间状态可以匹配上，就认为密钥可以作为候选的正确密钥，最终得到全部的候选密钥，再进行排除即可得到正确的密钥，达到密钥恢复的效果。

Biclique 分析与中间相遇攻击相似，也是将算法整体分割三个部分，在运算时可以从明文和密文两个方向进行分析，具体的攻击流程如下：

(1) 密钥划分。将大小为 $2^n$ 的密钥空间划分成大小为 $2^{2d}$ 的密钥子集 K[i,j]，这样的子集共有 $2^{n-2d}$ 个，这就对密钥进行完全划分。

(2) 构建 Biclique 结构。根据密钥子集 K[i,j]构成一个 d 维 Biclique 结构，这个维度 d 取决于 i 和 j 的大小。

(3) 选择中间变量，并进行匹配。选择合适的中间变量 v 将算法划分，对两个方向的差分进行预计算、匹配和重计算，得到可供候选的正确密钥。

(4) 密钥筛选。对所有获得的候选密钥进行密钥穷举搜索，最终得到所有准确的密钥。

从具体的攻击流程可以看出，Biclique 结构的构造是整个分析算法的核心，根据构造所得结构的维数的不同，可以将其分为平衡 Biclique 结构、非平衡 Biclique 结构以及星型 Biclique 结构。

Biclique 结构实际上是将集合中的所有元素可选择地分为两个部分，并且两边互相映射达到满射的效果，实际上就是一个二分图，将开始状态 S 中的每一个元素 $S_j$ 和结束状态 C 中的每一个元素 $C_i$，从 $S_j$ 到 $C_i$ 的一条路径表示在密钥 K[i,j]下进行加密。一般情况下，集合 S 和 C 中的元素个数不需要完全相同。我们称 3 元组[{$C_i$},{$S_j$},{ K[i,j] }]为一个($d_1$,$d_2$) 维的 Biclique 结构，如果

$$S_j \xleftrightarrow{K[i,j]} C_i,\quad \forall i\in\{0,\cdots,2^{d_1}-1\},\quad \forall j\in\{0,\cdots,2^{d_2}-1\}$$

当 $d_1=d_2=d$ 时，称为平衡 Biclique 结构；当 $d_1\neq d_2$时，称为非平衡 Biclique 结构；当 $d_1=1,d_2=2d$ 时，称为星型 Biclique 结构。

对很多密码算法而言，构造一个维度较大并且长度较长的 Biclique 是很难的，尤其是对扩散性很好的算法。因此，对一个算法是否能够进行 Biclique 密码分析的关键在于算法的扩散性，这个扩散性就包括轮函数的扩散性和密钥扩展算法的扩散性。一般来说，中间相遇攻击及其变体和 Biclique 分析相结合能适用于简单密钥扩展算法和低扩散性质的分组密码。

下面以第 2 章中提到的轻量级分组密码 LED-128 为例，进行 Biclique 分析。

密钥划分：由于 LED 算法的密钥编排过程在选择上只是将 128 比特的密钥空间进行左右部分的划分，因此选择对整个 128 比特的密钥空间进行操作。将算法的 128 比特密钥空间，即 $2^{128}$ 个密钥划分为 $2^{112}$ 个密钥集合，每个密钥集合中包含 $2^{16}$ 个密钥。用基密钥 K[0,0]表示所有 128 比特的密钥空间，选择将该密钥中的 $k_{16}$、$k_{17}$、$k_{18}$、$k_{19}$ 这 4 个半字节的密钥状态固定为 0，剩余的 28 个位置跑遍所有可能的值，共有 $2^{4\times 28}=2^{112}$ 种取值。接下来，对这 4 个半字节进行划分，将密钥空间的 $k_{17}$ 和 $k_{18}$ 这两个半字节的值设为 i，将 $k_{16}$ 和 $k_{19}$ 这两个半字节的值设为 j，这样就构成了密钥集合 K[i,j]，其中 i 和 j 有 $2^{2\times 4}\cdot 2^{2\times 4}=2^{16}$ 种取值。这样便完成了对全部密钥空间的完全划分。

Biclique 结构：选择从密文方向构建一个覆盖 LED-128 算法第 37～48 轮的 Biclique 结构，将密钥集合 K[i,j] 分为两个差分，其中 K[·,j]为前向差分，记为 $\Delta_j^k(K_1\parallel K_2)$差分，K[i,·] 为后向差分，记为$\nabla_i^k(K_1\parallel K_2)$差分。让 Δ 差分和∇差分分别从前向和后向两个方向扩散传播，可以看出，两个差分在两个方向上的扩散并没有共享任何活跃非线性部件(S 盒)，这就形成两条相互独立的差分传播路径。将这两条路径合并，从密文方向上我们就得到了一个覆盖 LED-128 算法第 37～48 轮的 8 维 Biclique 结构。由于前向差分经 12 轮已扩散至 LED 的所有密文，所以本次攻击的数据复杂度为全密文本 $2^{64}$，且理论上不存在更多轮数的 8 维 Biclique 结构。

预计算：接下来根据从密文方向构造的 Biclique 结构，对没有被覆盖到的前 36 轮进行匹配。我们从密文方向将算法 E 表示为

$$E:P\xrightarrow{e_1}V\xrightarrow{e_2}S\xrightarrow{b}C$$

其中，$E=e_1\cdot e_2\cdot b$，$e_1$代表从明文 P 映射到匹配变量 V 的加密子算法，$e_2$代表从匹配变量 V 映射到中间状态 S 的加密子算法，b 代表从密文方向上构造的 Biclique 结构。我们选择第 18 轮的第 3 个半字节，将它进行前向和后向的匹配。

预计算从加密方向的 $e_1$ 和解密方向的$e_2^{-1}$两个方向进行。其中，$e_1:P_j\xrightarrow{K[0,j]}\overrightarrow{V_{0,j}}$和$e_2^{-1}$：$\overleftarrow{V_{i,0}}\xleftarrow{K[i,0]}S_i$的过程中需要调用 $2^8$ 次 $e_1\cdot e_2$，对应产生 $2^8$ 个计算值，这些计算值的存储复杂度为 $2^8$。

匹配：前向匹配覆盖算法的第 1～18 轮。对于 $0\leqslant i,j\leqslant 2^8-1$，比较 $e_1$ 过程中$P_j\xrightarrow{K[0,j]}$

$\overrightarrow{V_{0,j}}$和$P_j \xrightarrow{K[i,j]} \overrightarrow{V_{i,j}}$，找到两者计算值不同，显然这取决于密钥 K[0,j]和 K[i,j]之间的差分，即差分 i。可以看到前向匹配过程中，第 5 轮的 2 个 S 盒、第 6 轮的 8 个 S 盒、第 7～17 轮的全部 S 盒以及第 18 轮的 4 个 S 盒标明了需要重计算。因此，前向过程共需要计算 2＋8＋11×16＋4＝190 个 S 盒。由于 LED 的密钥编排算法中没有 S 盒的参与，因此没有需要重计算的部分。

后向匹配覆盖算法的第 19～36 轮。对于 $0 \leqslant i,j \leqslant 2^8-1$，我们对$e_2^{-1}$过程中已经存储的$\overleftarrow{V_{i,0}} \xleftarrow{K[i,0]} S_i$ 和$\overleftarrow{V_{i,j}} \xleftarrow{K[i,j]} S_i$ 进行比较，找到两者不同的计算值，显然这取决于密钥 K[i,0]和 K[i,j]之间的差分，即差分 j。可以看到后向匹配过程中，第 19 轮的 1 个 S 盒、第 20 轮的 4 个 S 盒、第 21～35 轮的全部 S 盒以及第 36 轮的 8 个 S 盒标明了需要重计算。因此，后向过程共需要计算 1＋4＋15×16＋8＝253 个 S 盒。密钥编排过程不需要重计算。

### 7.7.6　组合分析

随着越来越多的密码分析方法被提出，密码设计者在设计算法时就会考虑抵抗各种分析方法，特别是主流的差分分析、线性分析、相关密钥分析与不可能差分分析等多种方法对新的密码算法的威胁逐渐减弱，密码分析学者也在利用算法的弱点不断地寻求新的分析方法。需要注意的是，不同的分析方法一般是利用算法的不同弱点进行攻击，比如差分分析主要是利用密码算法差分分布不均匀进行攻击的；线性分析主要是利用一种偏离 1/2 概率成立的密码算法的明密文和密钥之间的线性关系进行攻击；相关密钥分析主要是针对算法的密扩展算法，利用轮密钥之间的关系进行攻击的。因此，考虑将多种分析方法相结合形成新的分析方法对算法进行分析可以尽可能多的利用密码算法的弱点，而不是单一的针对某一弱点进行攻击，充分发挥各个分析方法的优势。正因为如此，将多种分析方法相结合对密码算法进行分析逐渐成为一种趋势，相关密钥差分、相关密钥不可能差分、不可能飞来去器等组合分析方法被不断提出。本小节通过将相关密钥分析、不可能差分分析与飞来去器分析组合，对第 2 章介绍的 LBlock 轻量级分组密码进行分析来对组合分析进一步进行介绍。

飞来去器分析：随着密码分析技术的发展，最基础的差分分析方法对大量密码算法已经很难构成威胁，因此，密码学者在不断寻求新的密码分析方法。Wagner 在 1999 年提出了一种新的密码分析方法：飞来去器分析[119]。该方法利用两条高概率低轮数差分特征进行组合构成一条高概率高轮数的差分特征替代差分分析中直接寻找一条较高概率较高轮数的差分特征。飞来去器分析实现主要有两个部分：利用差分特征构造飞来去器区分器和利用区分器进行前后扩展恢复密钥。下面简单描述飞来去器分析原理。

将密码算法 $E:\{0,1\}^k \times \{0,1\}^n \rightarrow \{0,1\}^n$表示为两个子算法的连接：$E=E_0 \cdot E_1$，$\alpha \rightarrow \beta$ 表示以概率为 p 满足 $E_0$的一条差分特征，$\delta \rightarrow \gamma$ 表示以概率为 q 满足 $E_0$的一条差分特征，并且满足 $p \cdot q > 2^{-\frac{n}{2}}$。选择 N 个明文对并记为$(P,P')$，其通过算法加密后对应的密文对记为$(C,C')$，且$(P,P')$满足$P'=P \oplus \alpha$。将选取的 N 个明文对使用子算法 $E_0$加密后，可得到约为 Np 个数据对：$(E_0(P), E_0(P'))$，且满足 $E_0(P) \oplus E_0(P')=\beta$。同样，选择 N 个密文对并记为$(C,C')$，且满足 $C=C \oplus \delta$ 和 $C'=C' \oplus \delta$，将 N 个密文对$(C,C')$使用子算法 $E_1$解密后，$E_1^{-1}(C)_1^{-1}(C')=\gamma$ 以概率为 q 成立；同样使用子算法 $E_1$ 解密密文对$(C',C'^*)$，$E_1^{-1}(C')E_1^{-1}(C'^*)=\gamma$ 以概率为 q 成立，可得到大约 $Npq^2$ 个数据对：$(E_1^{-1}(C'), E_1^{-1}(C'^*))$，而$E_1^{-1}(C') \oplus E_1^{-1}(C'^*)=E_1^{-1}(C) \oplus E_1^{-1}(C^*) \oplus E_1^{-1}(C) \oplus E_1^{-1}(C') \oplus E_1^{-1}(C^*) \oplus E_1^{-1}(C^{*'})=\beta \oplus \gamma \oplus \gamma=\beta$，所以，可得到 $Np^2q^2$ 个明文对：

$(E_1^{-1}(C'), E_1^{-1}(C'^*))$，且满足$E_1^{-1}(C') \oplus E_1^{-1}(C'^*) = \alpha$。

简单来说，如果发送数据的过程是正确的，那么数据应该原样返回。对于一个随机置换来说，满足 $P' \oplus P'^* = a$ 的概率为 $N \cdot 2^{-n}$，所以，当 $p^2q^2 > 2^{-n}$时，可以利用大量的数据来进行分析，从而区分出分组密码和随机置换。

利用相关密钥不可能飞来去器区分器分析方法对密码算法进行分析时，需找到一个相关密钥不可能飞来去器区分器，再对区分器进行前后扩展从而完成密钥恢复。与不可能差分分析一样，相关密钥不可能飞来去器也是一个过滤错误密钥从而恢复正确密钥的一种攻击方法。当猜测的密钥满足相关密钥不可能飞来去器路径时，说明该密钥猜测错误需进行过滤，直至最后剩下极少或唯一密钥。利用相关密钥不可能飞来去器区分器分析方法对密码算法进行分析时，首先将分组密码算法 E 分割为两个子算法 $E_0$和 $E_1$，即 $E = E_0 \cdot E_1$，并且 $E_0$和 $E_1$都是由两条相关密钥差分特征组成，这四条特征的密钥分别为 $K_A$、$K_B$、$K_C$、$K_D$，且满足关系 $K_A \oplus K_B = \Delta K_\alpha$，$K_C \oplus K_D = \Delta K_{\alpha'}$，$K_A \oplus K_C = \Delta K_\beta$，以及 $K_B \oplus K_D = \Delta K_{\beta'}$，区分器的四条相关密钥差分特征满足下列要求：

(1) 相关密钥差分特征 $\alpha \to \beta$ 是通过 $E_0$加密后得到的，加密所用到的密钥是 $K_A$和 $K_B$，并且该特征成立概率是 1；

(2) 相关密钥差分特征 $\alpha' \to \beta'$是通过 $E_0$加密后得到的，加密所用到的密钥是 $K_C$和 $K_D$，并且该特征成立概率是 1；

(3) 相关密钥差分特征 $\delta \to \gamma$ 是通过 $E_1$加密后得到的，加密所用到的密钥是 $K_A$和 $K_C$，并且该特征成立概率是 1；

(4) 相关密钥差分特征 $\delta \to \gamma$ 是通过 $E_1$加密后得到的，加密所用到的密钥是 $K_B$和 $K_D$，并且该特征成立概率是 1；

其中，$\alpha$、$\beta$、$\gamma$、$\delta$、$\alpha'$、$\beta'$、$\gamma'$和 $\delta'$均为 n 比特块，假设差分特征在中间相遇时符合条件：$\beta \oplus \beta' \oplus \gamma' \oplus \neq 0$ 形成相关密钥不可能飞来去器区分器，利用该区分器进行前后扩展，就可进行密钥猜测。

确定了相关密钥不可能飞来去器区分器后，进行前后扩展操作，利用扩展部分进行密钥猜测，剔除满足整个路径的密钥，直到只剩下正确密钥为止。

下面将介绍对 22 轮 LBlock-s 算法的相关密钥不可能飞来去器分析。通过分析该算法结构和轮函数特点，构建出 15 轮的相关密钥不可能飞来去器区分器：((00000000,00000000),(00000000,00000000))$\not\to$((00000 * 00,00000000),( * 0000000,00000))主密钥差分为 $\Delta K_\alpha = \Delta K_{\alpha'} =$(11000000000000000000)，$\Delta K_\beta = \Delta K_{\beta'} =$(000000 00000000000000)，将此区分器前后分别扩展 4 轮和 3 轮，可实现对 22 轮 LBlock-s 算法的攻击。

通过第 2 章对 LBlock-s 算法的密钥扩展算法分析可知，其扩散速度相对较快，所以在对该算法进行相关密钥不可能飞来去器分析时，首先确定 4 个密钥差分特征。由密钥扩展算法可知，在合适的地方引入非 0 密钥差分，并不会使得每个轮密钥都有非 0 差分。当没有非 0 密钥差分通过 S 盒时，平均每出现一次非 0 密钥差分后会连续出现两次全 0 密钥差分；但是当一个非 0 密钥差分通过 S 盒后，将会导致非 0 差分扩散，并有可能一直出现非 0 密钥差分的现象。由此，应在合适的位置引入非 0 密钥差分，使其非 0 半字节尽可能晚的进入 S 盒。在进行密钥扩展时，密钥寄存器的第 76～79 或者 72～75 位间若存在非 0 差分，则无法确定下一轮的密钥差分的非 0 差分扩散，从而影响可用密钥差分特征长度。因此，为了得到尽可能长的密钥差分特征，这里首先通过确定密钥寄存器中第 52～55 位(因为经过一次左移 24

位即抵达 76～79 位)存在非 0 差分 1,然后利用密钥扩展算法前后扩展的方式获取可用密钥差分特征。通过这样的方式,可得到足够长的密钥差分特征,此时主密钥差分为(11000000000000000000),然后选定 $\Delta K_{\alpha}=\Delta K_{\alpha'}=(11000000000000000000)$。非 0 密钥差分在一定轮数后不断扩散,为提高攻击轮数,选择子算法 $E_1$ 的密钥差分 $\Delta K_{\beta}=\Delta K_{\beta'}=$(000000 00000000000000),即所构建的区分器的密钥存在关系:$K_A=K_C$,$K_B=K_D$,意味着该区分器仅使用两个加密密钥。所用到的前 13 轮密钥差分由 $\Delta K_{\alpha}$ 扩展生成。当得到密钥差分特征后,需要对区分器的输入和输出差分进行选择。在选择输入差分时,有两种方案进行选择:

(1) 选定全 0 输入差分,利用密钥的非 0 差分进行差分扩散;

(2) 利用数据对的非 0 输入差分和密钥的非 0 差分进行抵消。

此处选择第一种方式来构造区分器。使用此方法时,尽量选择密钥差分是全 0 的轮数开始往下迭代,因此这里选择 $E_0$ 的第一条相关密钥差分特征 $\alpha\to\beta$ 和第二条相关密钥差分特征 $\alpha'\to\beta'$ 的输入差分(00000000,00000000),致使第 5 轮和第 6 轮没有非 0 差分扩散,而利用第 7 轮非 0 的密钥差分往下扩散,有利于提高分析算法的轮数。因此,$E_0$ 的第一条相关密钥差分特征 $\alpha\to\beta$ 和第二条相关密钥差分特征 $\alpha'\to\beta'$ 均是(00000000,00000000) → (????????,0 * ???? * ?),主密钥差分为 $\Delta K_{\alpha}=\Delta K_{\alpha'}=(11000000000000000000)$。在选择区分器输出差分时,由于该区分器存在密钥关系 $K_A=K_C$,$K_B=K_D$,即 $E_1$ 的两条相关密钥差分特征的密钥差分为全 0,因此必须通过数据对的差分进行差分扩散。为减弱非 0 差分的扩散速度,需使输出差分的非 0 差分半字节尽可能的少,此处选择输出差分仅有一个 4 比特字节存在差分进行向上解密,通过对比多条差分特征,最终选择 $E_1$ 的第一条相关密钥差分特征 $\delta\to\gamma$ 和第二条相关密钥差分特征 $\delta'\to\gamma'$ 的输入差分(00000 * 00,00000000)和( * 0000000,00000000),使得两条差分特征在同一轮有尽量多的非 0 半字节位置出现重复,从而在每猜测一次密钥时淘汰更多的数据四元组。$\alpha\to\beta$ 和 $\alpha'\to\beta'$ 特征的详细差分信息如图 7-8 所示,相关密钥差分特征 $\delta\to\gamma$ 和 $\delta'\to\gamma'$ 的具体差分信息分别如图 7-9 和 7-10 所示。图 7-8～图 7-10 表示 15 轮 LBlock-s 相关密钥不可能飞来去器区分器,$E_0$ 是 E 中前 9 轮(第 5 轮至第 13 轮)相关密钥差分特征,$E_1$ 表示后 6 轮(第 14 轮至第 19 轮)相关密钥差分特征。

选定的 $E_0$ 两条相关密钥差分特征 $\alpha\to\beta$ 和 $\alpha'\to\beta'$ 均为(00000000,00000000)→(???????,0 * ???? * ?)且 $\Delta K_{\alpha}=\Delta K_{\alpha'}=(11000000000000000000)$,$E_1$ 的第一条相关密钥差分特征 $\delta\to\gamma$ 和第二条相关密钥差分特征 $\delta'\to\gamma'$ 的输入差分为(00000 * 00,00000000)和( * 0000000,00000000),$\Delta K_{\beta}=\Delta K_{\beta'}=$(000000 00000000000000),以上 4 条相关密钥差分特征可组成一个 LBlock-s 算法的 15 轮相关密钥不可能飞来去器区分器。

将以上所给出的 15 轮相关密钥不可能飞来去器区分器进行向前扩展 4 轮,向后扩展 3 轮操作,可完成对 22 轮 LBlock-s 的相关密钥不可能飞来去器分析,具体扩展的差分路径如图 7-11、图 7-12 和图 7-13 所示。由于选择 $E_0$ 的两条差分路径相同,故得到 22 轮 LBlock-s 算法两条特征的加密输入差分均为$(\Delta L_0,\Delta R_0)=$ (0 * 00000 * , * 0? 0 * 00 * )。

结合图 7-11、图 7-12 和图 7-13 的扩展情况,对 LBlock-s 算法的具体攻击过程如下:

(1) 收集数据四元组。选择 $2^{24}$ 个明文来构造一个结构,该结构包括 $2^{24}\times 2^{24}\times 1/2=2^{47}$ 个明文对,其中除 $R_0$ 的第 0、3、5、7 和 $L_0$ 的第 0、6 个半字节以外的半字节取值必须保证差分为 0。具体地说,明文对满足输入差分为$(\Delta L_0,\Delta R_0)=$ (0 * 00000 * , * 0? 0 * 00 * )。选择 $2^n$ 个上述的明文结构,可以形成 $2^{n+47}$ 个明文对,记作$(P,P^*)$。继续选择 $2^n$ 个上述的明文结构,仍然可以形成 $2^{n+47}$ 个明文对,记作$(P',P'^*)$。由此可以形成明文四元组$(P,P^*,P',P'^*)$。总共

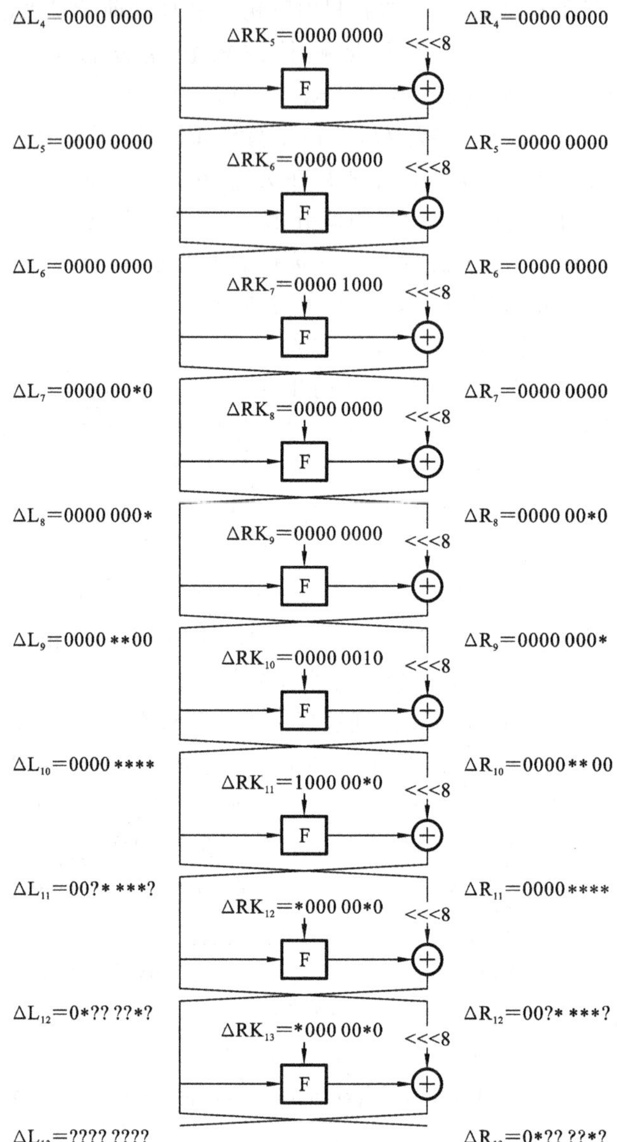


**图 7-8　相关密钥差分特征 $\alpha\to\beta$ 和 $\alpha'\to\beta'$**

选择了 $2^{n+1}$ 个明文结构,可以形成 $2^{2n+94}$ 个明文四元组。

(2) 对密文四元组进行筛选。利用密钥 $K_A$、$K_B$、$K_C$、$K_D$ 对在上一个步骤中得到的数据四元组进行 22 轮加密操作,由此可得密文四元组(C,C*,C′,C′*)。再筛选密文四元组,只留下密文消息满足输出差分为((0**0000*,000*00*0),(**00000*,000*00*0))的四元组,此时还剩下 $2^{2n+6}$ 个密文四元组。

(3) 依次猜测密钥 $RK_{22,1}$ 和 $RK_{22,4}$,共计 8 比特。猜测密钥 $RK_{22,1}$ 时,需对留下的密文四元组(C,C*,C′,C′*)的(C,C′) 进行一轮部分解密操作,验证其是否满足等式(7-2),过滤掉不满足等式的密文四元组。

$$S(L_{21,1}\oplus RK_{22,1})\oplus S(L_{21,1}\oplus RK_{22,1}\oplus \Delta L_{21,1})=\Delta L_{22,0} \tag{7-2}$$

对留下密文四元组的(C′,C′*)进行一轮部分解密,验证其是否满足等式(7-2),过滤掉不

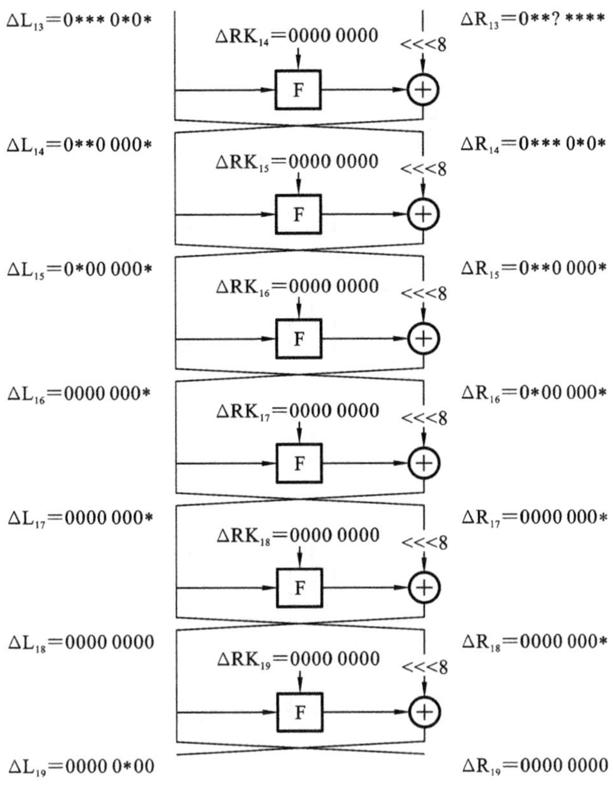


**图 7-9　相关密钥差分特征 δ→γ**

满足等式的密文四元组。经过这些过滤后，继续猜测密钥 $RK_{22,4}$ 并过滤四元组，对留下密文四元组的(C,C′) 进行一轮部分解密，验证其是否满足等式(7-3)，过滤掉等式不满足的密文四元组。

$$S(L_{21,1}\oplus RK_{22,1})\oplus S(L_{21,1}\oplus RK_{22,1}\oplus \Delta L_{21,1})=\Delta L_{22,0} \tag{7-3}$$

对剩余密文四元组的$(C',C'^{*})$ 进行一轮部分解密，验证其是否满足等式(7-3)，过滤掉不满足等式的密文四元组。完成该步操作后还剩余 $2^{2n-10}$ 个数据四元组，且该步时间复杂度为：$(2^{2n+6}\times 2^4+2^{2n-2}\times 2^8)\times 1/8\times 1/22\approx 2^{2n+2.63}$。

(4) 用与上一步类似的方法，依次猜测密钥 $RK_{1,0}$、$RK_{1,6}$ 和 $RK_{1,7}$；$RK_{2,1}$ 和 $RK_{1,3}$；$RK_{3,2}$、$RK_{2,0}$ 和 $RK_{1,1}$；$RK_{21,3}$、$RK_{22,7}$、$RK_{21,5}$ 和 $RK_{22,6}$；$RK_{20,2}$、$RK_{21,5}$、$RK_{22,6}$、$RK_{20,7}$、$RK_{21,3}$ 和 $RK_{22,7}$。

(5) 通过 $L_{3,5}$ 猜测来确定 $RK_{4,5}$。由于 $L_{3,5}$ 总共有 $2^8$ 种可能，对四元组第四轮部分加密，保留满足等式(7-4)的四元组：

$$F(\Delta L_{3,5}\oplus RK_{4,5})\oplus L_{2,2}=0 \tag{7-4}$$

由 S 盒的差分分布表可知，满足第 4 轮输出要求的概率为 16，因此将剩余 $2^{2n-66}\times 2^8\times 1/6\approx 2^{2n-60.58}$ 个四元组，该步骤的时间复杂度为：$(2^{2n-66}\times 2^8\times 2^{64})\times 1/8\times 1/22\approx 2^{2n-1.46}$。如果经过以上所有步骤排除不满足条件的四元组后仍有剩余，则表明此密钥猜测满足了相关密钥不可能飞来去器特征，从而猜测错误，需要重新进行猜测。

选择 $2^{34}$ 个明文结构，即 n=33，错误密钥无法通过检验的概率为：$(1-1/6)^{2^8}\approx 2^{-67.34}$，故此攻击方法能够以很高的概率恢复出正确密钥。

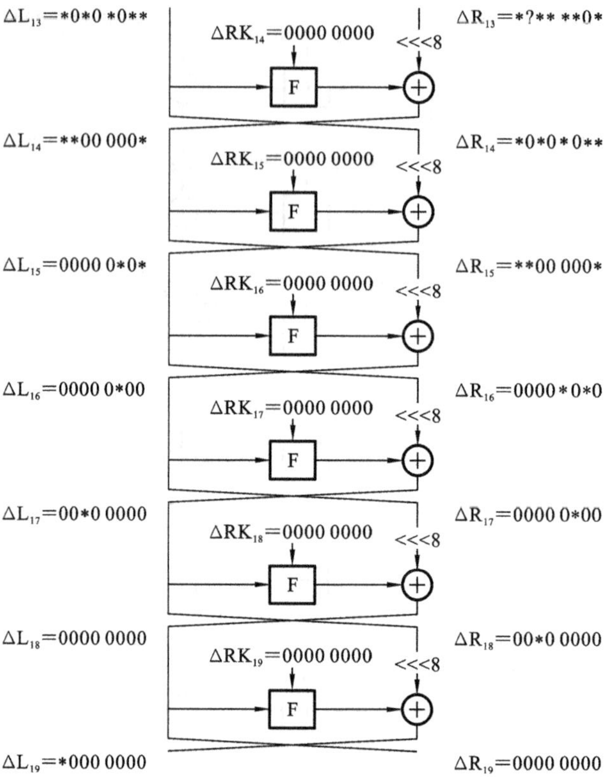


**图 7-10　相关密钥差分特征 $\delta'\to\gamma'$**

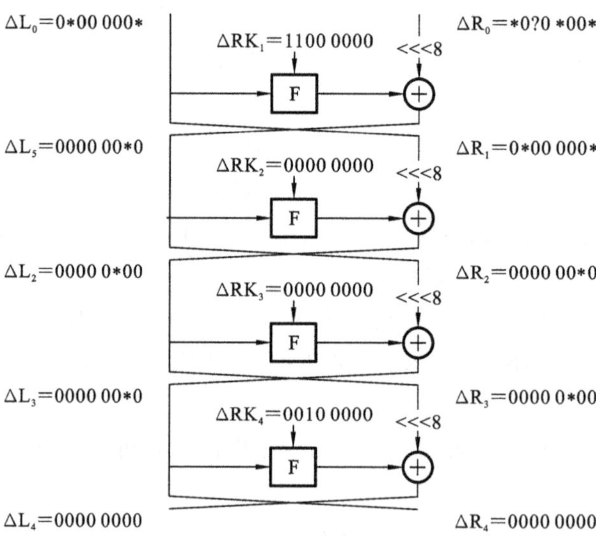


**图 7-11　$\alpha\to\beta$ 和 $\alpha'\to\beta'$ 向上扩展的差分特征**

综上所述，当 n=33 时，总的时间复杂度为：$2^{2n+2.63}+2^{2n-5.37}+2^{2n-12.46}+2^{2n-7.88}+2^{2n-4.37}+2^{2n-2.88}+2^{2n-1.46}=2^{2n+2.76}=2^{68.76}$ 次 22 轮加密运算，总共需要 $2^{n+1+24}=2^{58}$ 个选择明文。所以攻击过程时间复杂度约为 $2^{68.76}$ 次 22 轮加密运算，数据复杂度为 $2^{58}$ 个选择明文。

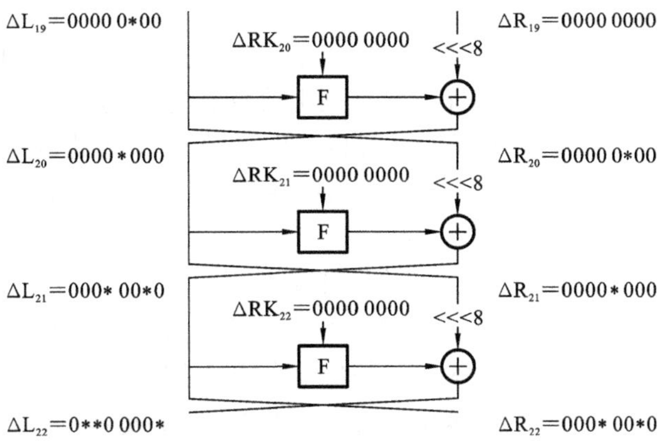


**图 7-12　$\delta \rightarrow \gamma$ 向下扩展的差分特征**

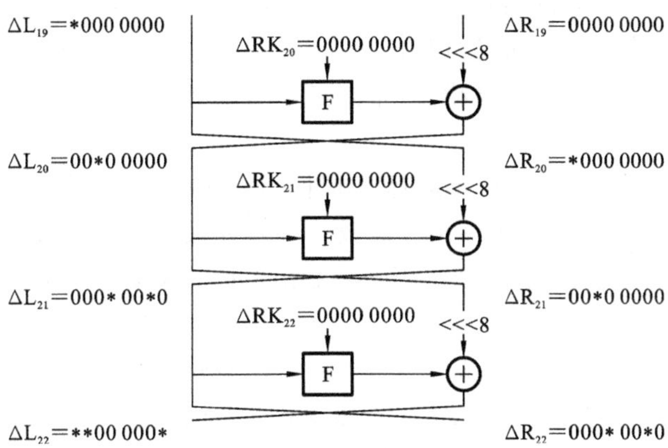


**图 7-13　$\delta' \rightarrow \gamma'$ 向下扩展的差分特征**

## 7.7.7　自动化分析

在差分密码分析与线性密码分析中，关键是寻找高概率的差分特性与线性逼近；对于最大差分特性概率与最大线性逼近概率是通过分析算法存在最小活跃 S 盒的数量来进行计算的。目前，自动化搜索算法来获取活跃 S 盒最小值，成为差分密码分析与线性密码分析的最有效的方法。2011 年，Mouha 等人[120]将混合整数线性规划(mixed-integer linear programming, MILP)问题应用于自动化求解最小活跃 S 盒，该方法以字节作为差分变量单位，结合 SPN 结构与 Feistel 结构算法的轮函数，对字节级混淆与扩散模块组件进行约束分析、编程实现求解。

**1. 混合整数线性规划基本原理**

混合整数线性规划(MILP)是一类源于线性规划的优化，目标是优化在一定约束条件下的目标函数。MILP 在学术界和工业界都得到了广泛的应用。在分组密码各个模块，MILP 的模型是不一样的。用 MILP 方法对轻量级密码进行差分分析与线性分析，通过约束条件，得到活跃 S 盒的个数之和最小的情况，即为最优差分与线性特征。用一个简单例子来说明线性规划：已知

$$\begin{cases} x \geqslant 0 \\ y \geqslant 0 \\ 2x + y - 4 \leqslant 0 \end{cases}$$

且 $z=x+2y$，求 z 的值域。

由 $x\geqslant 0$、$y\geqslant 0$ 及 $2x+y-4\leqslant 0$ 这三个不等式形成一个封闭区间，我们把这个封闭的区间称为可行域。求函数 $z=x+2y$ 在这个封闭区间上的极值。

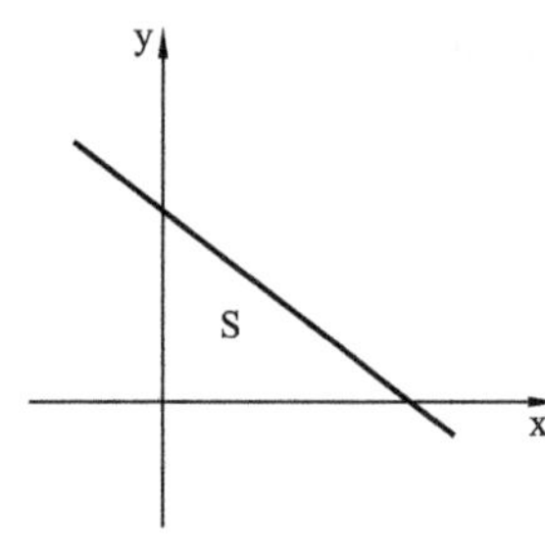


图 7-14 数学线性规划图

从图 7-14 可以看出，封闭区间 S 就是我们所说的可行域。这个可行域 S 正是由线性约束条件即三个不等式 $x\geqslant 0$、$y\geqslant 0$ 及 $2x+y-4\leqslant 0$ 构成的。而我们要求的正是在满足约束条件 $x\geqslant 0$、$y\geqslant 0$ 及 $2x+y-4\leqslant 0$ 下的每组的值（满足约束条件 $x\geqslant 0$、$y\geqslant 0$ 及 $2x+y-4\leqslant 0$ 下的每组的值为可行域 S 下的可行解），其中使得目标函数 $z=x+2y$ 的值最大和最小的 $(x,y)$ 值就是要找的最优解。

**2. 搭建自动化搜索的 MILP 模型**

在密码算法中，轮函数通常包括轮密钥加、常数加、S 盒变换、行移位及列混淆等，这些模块的运算是基于字节分组变换运算的。具有混淆作用的模块是 S 盒变换，具有线性扩散作用的模块是行移位变换与列混淆变换。对于多数密码算法而言，根据其算法结构特点，建立自动化 MILP 模型，重点考虑是以下几个操作：

（1）异或运算。

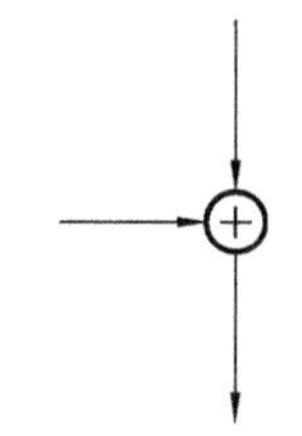

图 7-15 异或操作图

轮密钥加及常数加等操作是异或运算，如图 7-15 所示，对于异或运算来说，它有两个输入、对应一个输出。假设一个异或操作的输入分别为 $x_0$ 和 $x_1$，异或运算的输出为 y。当 $x_0$ 和 $x_1$ 值相同时，y 为零。当 $x_0$ 和 $x_1$ 值不同时，y 为 1。当 $x_0$ 和 $x_1$ 都有差分时，y 没有差分。当 $x_0$ 有差分、$x_1$ 没有差分或者当 $x_0$ 没有差分、$x_1$ 有差分时，y 有差分。异或运算的差分分支数为 2。在异或运算中，引入一个变量 $d^{\oplus}$（上标代表异或运算），该变量取值为 1 或 0。假设两个输入差分为 $x_{in0}$ 和 $x_{in1}$，输出差分为 $x_{out}$，当这两个输入差分 $x_{in0}$、$x_{in1}$ 及输出差分 $x_{out}$ 均为 0 时，变量 $d^{\oplus}$ 为 0，其他情况下，变量 $d^{\oplus}$ 为 1。异或运算具体约束关系如下：

$$x_{in0}^{\oplus}+x_{in0}^{\oplus}+x_{out}^{\oplus}\geqslant 2d^{\oplus}$$
$$d^{\oplus}\geqslant x_{in0}^{\oplus}$$
$$d^{\oplus}\geqslant x_{in1}^{\oplus}$$
$$d^{\oplus}\geqslant x_{out}^{\oplus}$$

（2）线性置换。

在线性置换 L 当中，给定差分分支数为 B，将线性变换输入差分变量表示为 $x_{in}^{L}$，则输出差分表示为 $x_{out}^{L}$，引入一个取值 0 或 1 的变量 $d^{L}$。假设线性置换输入半字节差分变量表示为 $(x_{in0}^{L},x_{in1}^{L},\cdots,x_{in(n-1)}^{L})$，则输出半字节差分变量表示为 $(x_{out0}^{L},x_{out1}^{L},\cdots,x_{out(n-1)}^{L})$，当 $x_{in0}^{L},x_{in1}^{L},\cdots,x_{in(n-1)}^{L}$ 和 $x_{out0}^{L},x_{out1}^{L},\cdots,x_{out(n-1)}^{L}$ 都为 0 时，$d^{L}$ 取值为 0，否则，$d^{L}$ 取值为 1。

线性置换约束不等式表示为

$$x_{in0}^{L},x_{in1}^{L},\cdots,x_{in(n-1)}^{L}+x_{out0}^{L}+x_{out1}^{L},\cdots,x_{out(n-1)}^{L}\geqslant B\,d^{L}$$
$$d^{L}\geqslant x_{in0}^{L}$$
$$d^{L}\geqslant x_{in1}^{L}$$
$$\vdots$$
$$d^{L}\geqslant x_{in(n-1)}^{L}$$

$$d^L \geqslant x^L_{out0}$$
$$d^L \geqslant x^L_{out1}$$
$$\vdots$$
$$d^L \geqslant x^L_{out(n-1)}$$

(3) S 盒非线性变换。

S 盒在密码算法流程中广泛存在，对于一个算法中能够被用到的 S 盒来说，引入一个变量 $A_t$，这个变量 $A_t$ 的取值可以为 0 或 1。将一个 $m \times n$ 的 S 盒记为 $A_t$，假设 $(x_0, \cdots, x_m)$ 为输入差分，$(y_0, \cdots, y_n)$ 为输出差分，则规定当 $(x_0, \cdots, x_m)$ 全为 0 时，$A_t$ 为 0，否则 $A_t$ 为 1。

$$\begin{cases} A_t - x_i \geqslant 0, x \in (0, \cdots, m-1) \\ x_0 + x_1 + \cdots + x_{m-1} - A_t \geqslant 0 \end{cases}$$

对于一个映射的 S 盒来说，输入与输出是相对应的。即假设输入有差分，则对应输入的输出有差分，若输入没有差分，则对应输入的输出必然没有差分，用不等式约束为：

$$\begin{cases} n\sum_{j=0}^{n} y_j - \sum_{i=0}^{m} x_i \geqslant 0 \\ m\sum_{i=0}^{m} x_j - \sum_{j=0}^{n} y_i \geqslant 0 \end{cases}$$

# 习　题　7

1. 给出 3 轮 DES 的差分密码分析。
2. 本章介绍的攻击方法中有哪几种是唯密文攻击，哪几种是选择明文攻击？
3. 给出 5 轮 DES 的线性密码分析与非线性密码分析。
4. 分别对 AES 进行不可能差分分析及积分攻击，观察 AES 是否对两种分析方法免疫。
5. 举出几种常见的侧信道攻击技术。
6. 写出对 LED 算法中 4×4 的 S 盒进行故障攻击的步骤。
7. 用相关密钥密码分析来分析 LBlock 算法，观察 LBlock 算法是否对这种分析方法免疫。
8. 用 Biclique 分析方法尝试对 ITUbee 算法进行全轮攻击，观察 ITUbee 算法是否对这种分析方法免疫。
9. 选择本章中介绍的 2～3 种方法进行组合，尝试对第 2 章中介绍的几种轻量级分组密码算法中的 1 种算法进行分析，并计算密钥恢复成功的概率。
10. 自动化分析求解的目标是什么？

# 第 8 章　轻量级分组密码设计与分析实例

前面的章节介绍了轻量级分组密码算法设计与分析的相关理论知识。为了加深对上述理论知识的理解，理论联系实际，本章以几个典型轻量级分组密码算法为例，分别介绍轻量级分组密码算法的设计与分析方法。8.1 节以三种新型轻量级分组密码算法——Magpie 算法、Surge 算法和 QTL 算法为例，介绍轻量级分组密码算法的设计方法；8.2 节以轻量级分组密码算法——PRESENT、ITUbee 和 PRINCE 为例，分别介绍功耗攻击分析、代数旁路分析、差分故障分析；8.3 节以 AES 和 LED 算法为例，介绍对密码算法的安全防护；8.4 节以密码算法——KLEIN、PRESENT、LBlock 和 Piccolo 为例，介绍密码算法的优化方法；8.5 节介绍轻量级分组密码的应用。

## 8.1　轻量级分组密码设计举例

随着物联网技术的发展，物联网技术已经广泛应用于工业制造、车联网、环境监测、安防、智慧家居等领域，推动了军事、工业和民用等各个领域的信息化发展，属于未来战略支柱性产业。与此同时，针对物联网设备的攻击日益增加，对物联网中的传感器节点进行监听、俘获、窃取、修改数据以及注入假数据等，物联网存在着安全问题。因此，物联网的安全性也受到了学术界和工业界的重视，物联网中关键数据的保密性、安全性和隐私性成为重点关注内容。这些物联网中的信息安全问题可以通过相应的加密算法或者协议来解决。

由于物联网中的硬件设备资源(计算能力、存储空间、能量)受限，密码算法在物联网中的应用也受到了限制。通常，密码算法需要专门的硬件加以支持。然而硬件实现所需资源也并不是没有限制的，对于一个低成本的射频识别标签(radio frequency identification，RFID)，可以用于信息安全的资源不超过 2000 个标准门电路(gate equivalent，GE)。传统的 AES 等密码算法硬件实现所消耗的资源要大于 2000 GE，并不适合资源受限的物联网应用场景。在资源受限的情况下，如何加强设备的数据安全性，是密码算法面临的一个重大挑战。由于以上原因，产生了轻量级分组密码。轻量级分组密码就是为了适应低功耗、低面积，同时又需要满足安全性需求，而提出来的一类分组密码算法。

目前广泛使用的轻量级分组密码算法，通过异或、加法、乘法、循环等基本运算构造轮函数，然后进行循环迭代计算形成高效、高安全的密码算法。分组密码算法从轮函数结构上主要可分为 SPN(substitution-permutation network)和 Feistel 两大类型。

早期的轻量级分组密码算法主要关注算法在硬件实现时的面积。2006 年，Hong 等人就已经提出了分组密码算法 HIGHT，适合于射频识别标签传感器等资源受限的场合。HIGHT 算法的分组长度为 64 位，密钥长度为 128 位，硬件实现的 HIGHT 算法仍然需要消耗 3048 个门电路的资源。在 CHES 2007 会议上，Bogdanov 等人提出了 PRESENT 加密算法，该算法支持 80 位和 128 位密钥长度，分组长度为 64 位。PRESENT 算法在硬件面积的轻量化上取得了很好的效果，PRESENT-80 算法只需要 1570 个门电路，获得了业界的广泛认可。随后，PRESENT 算法设计者之一的 L. Knudsen 提出了 PRINTCIPHER，并在 ASIC 平台上分别实现了 PRINTCIPHER-48 和 PRINTCIPHER-96 两种版本，其门电路数分别为 402 门和 726 门。为了减少密码算法硬件实现的面积，在 CHES 2011 上提出了 LED 算法。LED 算法是一种具有 SP 结构的分组迭代密码算法，其明文长度为 64 位，密钥长度为 64 位和 128 位，对应的轮数分别为 32 轮和 48 轮，分别用 LED-64 和 LED-128 表示。

随着轻量级分组密码的发展，研究者对轻量级分组密码算法研究重心从减少硬件实现面积转移到提高密码算法的安全性和降低算法延迟时间。2013 年，美国国家安全局提出了 SIMON算法，SIMON 算法结构相对简单，轮函数操作也不复杂，在计算速度上更有优势。SIMON算法采用 Feistel 结构，根据不同的分组长度和密钥长度给出了 10 个版本。分组长度为 2n，n＝16，24，32，48，64，密钥长度为 mn，m＝2，3，4，通常记作 SIMON 2n/mn。为了纪念发现 PRESENT 算法 10 周年，在 CHES 2017 上，Banik 等人提出了一种新型轻量级分组密码算法——GIFT 算法。GIFT 算法结构与 PRESENT 算法的类似，并且充分发挥了 PRESENT 算法的设计优点，因此 GIFT 算法无论在实现面积上还是在速率方面都要优于 PRESENT 算法。我国学者李浪在 2017 年提出了一种高安全的轻量级分组密码算法 Magpie。Magpie 密码算法是 SPN 结构分组密码算法，分组长度为 64 位，密钥长度固定为 96 位，加密运算 32 轮后输出 64 位密文。2018 年，李浪等人又提出了一种新型低资源、高效轻量级分组密码算法 Surge。Surge 密码分组长度为 64 位，使用 64 位、80 位和 128 位 3 种密钥长度，也是基于 SPN 结构。

因此，在设计轻量级分组密码时，除了满足占有资源少这个原则，还可以从提高安全和效率、降低能耗等方面构造算法。本节以 Magpie 算法、Surge 算法和 QTL 算法为例，介绍轻量级分组密码算法的设计方法，其中 Magpie 是一种具有高安全性的轻量级分组密码算法，而 Surge 算法则具有低资源、高效等特点，QTL 算法是一种超轻量级分组密码算法。

### 8.1.1　新型高安全轻量级分组密码算法 Magpie

李浪等人提出了一种新的高安全性轻量级分组密码算法 Magpie[14]。Magpie 是基于 SPN 结构，分组长度为 64 位，密钥长度为 96 位，包含 32 轮运算。Magpie 密码算法包括两个部分：运算部分和控制部分。运算部分，每轮运算包括五个基本运算模块：常数加；S 盒变换；行移位；列混淆；轮密钥加。控制部分，将密钥的第 65～96 位作为 Magpie 加密算法的控制信号，其中密钥第 65～80 位作为 S 盒变换控制信号，第 81～96 位值作为列混淆、行移位和每轮运算的控制信号。由于控制信号是由密钥的相应位决定的，而密钥又是用户随机自定的，这样整个算法加密运算模块顺序是不固定的，从而提高了安全性。

#### 1. Magpie 加密运算流程

Magpie 算法的运算流程如图 8-1 所示。Magpie 算法的加密流程不是固定的，由运算部分来控制轮运算中每个模块的运算顺序，将 96 位密钥的第 65～96 位作为 Magpie 加密算法的控制信号，控制算法的加密方式。Magpie 算法的解密只要将输入明文与初始密钥换成输入密文和变换后轮密钥，密文就可以解密成明文。这种方式在加密模块的基础上不增加资源，能够简单、快速地实现解密运算，节省了算法所占用的资源。

Magpie 密码算法采用密钥控制加密方式，将密钥中的 32 位即第 65～96 位作为控制信号，其中第 65～80 位作为 S 盒变换控制信号，第 81～96 位作为行移位变换、列混淆变换等轮运算顺序的控制信号，每一位控制连续的两轮运算。采用密钥控制加密算法的加密方式，这是

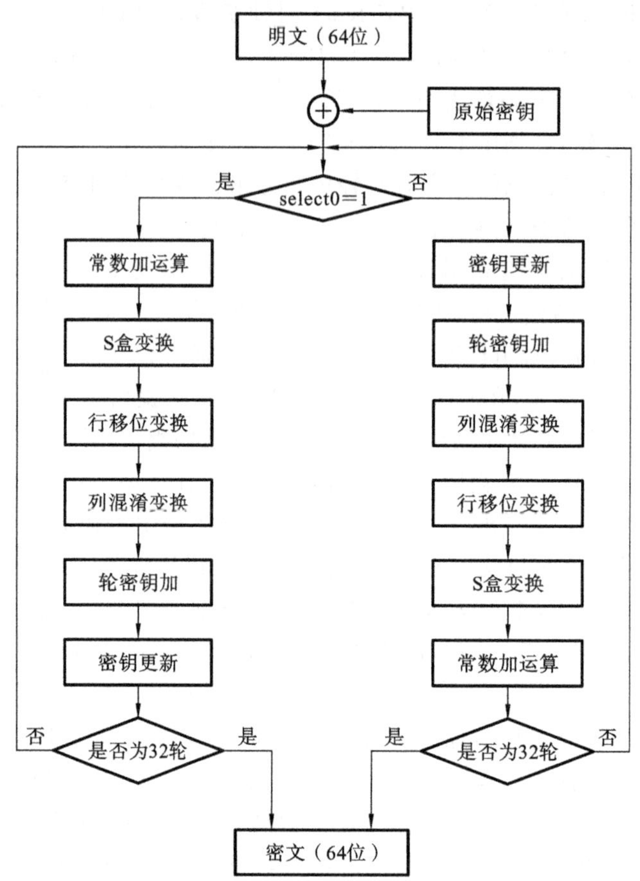


**图 8-1　Magpie 加密流程图**

一种新的控制方式，有效地提高了密码算法的安全性。

用 C 语言对 Magpie 密码算法中加密运算描述如下：

```
算法 8-1  Magpie 加密运算
输入:Plaintext,密钥 key
输出:密文 Ciphertext
state=Plaintext;
AddRoundKey(key);
for(i=0; i<32; i++) {
if(key[81+(i/2)]==1){
PlainRoundi(state,key);
Updatekey(key);
}
else{
Updatekey (key);
PlainRoundi (state,key);
}
}
Ciphertext=state;
```

其中 PlainRoundi 代表每轮运算中的 5 个基本运算顺序，Magpie 算法加密的方法是通过把密钥的一部分作为控制信号控制轮运算内加密模块的运算顺序，使加密过程随机化，能够有效提高密码算法自身的安全性。

结合上述 C 语言算法描述，Magpie 算法加密过程包括以下几个步骤：

(1) 将 64 位明文加载至寄存器。

(2) 将待加密数据与 96 位密钥的前 64 位进行轮密钥加运算获得中间运算结果，根据 96 位密钥的后 32 位控制信号对待加密数据进行 32 轮运算。

每轮运算中五个基本运算的顺序由 select0 控制，96 为密钥中的第 81～96 位依次作为 32 轮运算的控制信号 select0，每一位控制连续两轮运算。当 select0＝1 时，模块运行的顺序为：常数加运算→S 盒变换→行移位变换→列混淆变换→轮密钥加；当 select0＝0 时，模块运行的顺序为：轮密钥加→列混淆变换→行移位变换→S 盒变换→常数加运算。

明文(Plaintext)为 64 位，将其中每 4 位记作一个 $m_i(0\leqslant i<16)$；$Plaintext=m_0 \| m_1 \| \cdots \| m_{14} \| m_{15}$；同理将 96 位密钥 key 记作：$key=k_0 \| k_1 \| \cdots \| k_{22} \| k_{23}$。加密中间状态命名为 state。

常数加(AddConstants)：将 state 最左边 8 位和最右边 8 位与 RC[i]$(0\leqslant i<32)$异或，i 表示数组 RC 中的第 i 个元素，同时表示第 i 轮运算。数组 RC 满足 RC[i]＝RC[31-i] $(0\leqslant i<32)$，具体值如下：

```
byte RC[32]= {
0x02,0x03,0x06,0x0A,
0x3C,0x92,0xA3,0x61,
0xA8,0xCD,0xFE,0x3B,
0x2C,0x6E,0x25,0x6D,
0x6D,0x25,0x6E,0x2C,
0x3B,0xFE,0xCD,0xA8,
0x61,0xA3,0x92,0x3C,
0x0A,0x06,0x03,0x02
};
```

Magpie 的 S 盒构造是在 PRESENT 密码算法 S 盒的基础上进行修改，构造一个二维数组，使其满足如下关系：

```
x=Sbox[1][Sbox[0][x]];
x=Sbox[0][Sbox[1][x]];
```

通过上面的构造公式，给出其中 Sbox[2][16]的值如下：

```
Sbox[2][16]={
5,14,15,8,12,1,2,13,11,4,6,3,0,7,9,10,
12,5,6,11,9,0,10,13,3,14,15,8,4,7,1,2
};
```

S 盒变换(SubCells)：将加密中间状态 state 记作：$state=S_0 \| S_1 \| \cdots \| S_{14} \| S_{15}$。S 盒变换受控于控制信号 select1，96 位密钥中的第 65～80 位依次作为 S 盒变换的控制信号 select1，每一位控制连续两轮运算。当 select1＝0 时，S 盒为{5,14,15,8,12,1,2,13,11,4,6,3,0,7,9,10}；当 select1＝1 时，S 盒为{12,5,6,11,9,0,10,13,3,14,15,8,4,7,1,2}。因此，每轮运算可定义为：$C_i=Sbox[key[64+i]][S_i](0\leqslant i<16)$。

行移位(ShiftRows):该模块中有控制信号select0,将state看作一个4×4的矩阵,每个元素由4位二进制数组成,如果控制信号select0=1,采用第一种方案:state的第一行循环左移一个半字节,第二行循环左移1个字节,第三行循环左移半个字节,第四行保持不动。如果控制信号select0=0,采用第二种方案:state的第一行循环右移一个半字节,第二行循环右移1个字节,第三行循环右移半个字节,第四行保持不动。

Magpie密码算法列混淆包括两个矩阵。第一个矩阵构造如下:

```
const byte MixColMatrix[16]={
4,1,2,2,
8,6,5,6,
11,14,10,9,
2,2,15,11
};
```

由上可以求出MixColMatrix的逆矩阵如下:

```
const byte r_MixColMatrix[16]={
12,12,13,4,
3,8,4,5,
7,6,2,14,
13,9,9,13
};
```

将上面的MixColMatrix[16]及其逆矩阵r_MixColMatrix[16]组合到一个矩阵里,这样加解密就可以复用,排列如下:

```
byte Matrix1[32]={
4,12,1,12,2,13,2,4,
8,3,6,8,5,4,6,5,
11,7,14,6,10,2,9,14,
2,13,2,9,15,9,11,13
};
```

列混淆(MixColumns):该模块中有控制信号select0,将明文state看作一个4×4的矩阵,每个元素有4位,固定矩阵与矩阵state相乘。如果控制信号select0=1,则为state×r-MixColMatrix;如果控制信号select0=0,则为state×MixColMatrix。在MixColMatrix与r_MixColMatrix中,还需要根据select0信号的值选择矩阵中的相应元素参与运算,有如下关系:当select0=为1时,选出矩阵r_MixColMatrix中的元素12,12,13,4,3,8,4,5,7,6,2,14,13,9,9,13,将这16个元素组成一个4×4的矩阵和state进行有限域($X^4+X+1$)乘法运算;当select0=0时,选出矩阵MixColMatrix中的元素4,1,2,2,8,6,5,6,11,14,10,9,2,2,15,11,将这16个元素组成一个4×4的矩阵和state进行有限域($X^4+X+1$)乘法运算。

轮密钥加(AddRoundKey):将state和密钥的前64位进行异或运算。

### 2. 密钥更新

密钥更新是将密钥的前64位每轮做一次S盒变换,密钥S盒变换和明文S盒变换相同。

### 3. Magpie解密算法实现

Magpie密码算法的优点之一就是解密完全复用加密模块。具体操作步骤如下:

(1) 将密钥最后 32 位二进制数取反(即 1 变成 0,0 变成 1);

(2) 将密钥最后 16 位二进制数倒置(k80k81k82 …… k93k94k95→k95k94k93……k82k81k80)。

Magpie 加密算法运算部分中的逆运算:

(1) 常数加(AddConstants):RC 用如下公式表示:RC[i]= RC[31-i],可以看出 AddConstants 的逆运算就是其本身。

(2) S 盒变换(SubCells):Sbox 数组满足如下关系:

x=sbox[1][sbox[0][x]];

x=sbox[0][sbox[1][x]]。

sbox 第一个下标由密钥 key[64]到 key[79]控制,只需要将密钥 key[64]到 key[79]的控制信号取反,便能满足上述关系,从而实现 SubCells 的逆运算。

(3) 行移位(ShiftRows):同样受控制信号 select 作用,控制信号 select 等于 1 与控制信号 select 等于 0 时进行交换,分别控制行移位相反的运算。

(4) 列混淆(MixColumns):其中矩阵 MixColumns 是通过 select 信号的值控制 MixColMatrix[16]与 r_MixColMatrix[16]两个不同的矩阵:

当 select=1 时,选出矩阵 r_MixColMatrix 中的元素 12,12,13,4,3,8,4,5,7,6,2,14,13,9,9,13;

当 select=0 时,选出矩阵 MixColMatrix 中的元素 4,1,2,2,8,6,5,6,11,14,10,9,2,2,15,11;

而这两个矩阵互为逆矩阵,因此只需要将密钥 key 的控制信号取反,便能实现该运算的逆运算。

(5) 轮密钥加(AddRoundKey):在特征值为 2 的有限域中,异或的逆运算就是其本身。

将 Magpie 加密算法每轮加密记作 Ri(0≤i<32),则加密过程如下(其中 P 代表明文 Plaintext,C 代表密文 Ciphertext):P→R0(key[81])→R1(key[81])→R2(key[82])→R3(key[82])…→R28(key[95])→R29(key[95])→R30(key[96])→R31(key[96])→C。

将密钥按照如下规则修改后则为解密运算:

(1) 将密钥最后 32 位二进制数取反(即 1 变成 0,0 变成 1);

(2) 将密钥最后 16 位二进制数倒置(k81k82k83 … k94k95k96)→(k96k95k94 … k83k82k81)。

Magpie 解密运算过程如下(其中 P 代表明文 Plaintext,C 代表密文 Ciphertext):C→R0(key[96]→R1(key[96])→R2(key[95])→R3(key[95])…→R28(key[82])→R29(key[82])→R30(key[81])→R31(key[81])→P。

Magpie 密码算法测试数据如表 8-1 所示。

**表 8-1　测试数据**

| Plaintext | Key | Ciphertext |
|---|---|---|
| 0123_4567_89AB_CDEF | 0123_4567_89AB_CDEF_0123_4567 | FA6E_88AA_D71A_45E2 |
| FA6E_88AA_D71A_45E2 | 9C2B_1467_35A8_EDCF_FEDC_195D | 0123_4567_89AB_CDEF |
| A5DE_14CF_3BB5_8740 | 0876_7877_CB53_381B_77E6_4B65 | 4CDE_AEDC_9949_6779 |
| 4CDE_AEDC_9949_6779 | 9B76_7B77_139B_BB48_8819_592D | A5DE_14CF_3BB5_8740 |

## 8.1.2　新型低资源、高效轻量级分组密码算法 Surge

### 1. Surge 密码算法描述

李浪等人提出了一种新型低资源、高效轻量级分组密码算法 Surge[15]。Surge 密码算法采用 SPN 结构，分组长度为 64 位，密钥长度为 64 位、80 位和 128 位共 3 种，对应记为 Surge-64、Surge-80 和 Surge-128，迭代轮数 $N_R$ 分别为 32、36 和 40。

算法加密轮运算中包含常数加(AddConstants)、轮密钥加(AddRoundKey)、S 盒变换(SubCells)、行移位(ShiftRows)、列混淆(MixColumns)5 个模块。算法解密轮运算包含列混淆逆变换(InvMixColumns)、行移位逆变换(InvShiftRows)、S 盒逆变换(InvSubCells)、轮密钥加变换(AddRoundKey)和常数加逆变换(InvAddConstants)5 个模块。Surge 加密运算流程如图 8-2 所示，解密运算的流程如图 8-3 所示。

### 2. Surge 加密过程

用 C 语言对 Surge 加密的描述如算法 8-2 所示。

```
算法 8-2 Surge 加密
输入:Plaintext,Key
输出:Ciphertext
State←Plaintext;
for i= 1 to N_R do
AddConstants(State);
AddRoundKey(State,Key);
SubCells(State);
ShiftRows(State);
MixColumns(State);
end for
AddConstants(State);
AddRoundKey(State,Key);
SubCells(State);
ShiftRows(State);
Ciphertext←State;
```

结合上述 C 语言算法描述，Surge 算法加密过程包括以下几个步骤：

(1) 将 64 位明文加载至寄存器。

(2) 根据密钥长度为 64 位、80 位和 128 位，分别进行 32、36 和 40 次轮运算。每轮运算中包含常数加、轮密钥加、S 盒变换、行移位变换、列混淆变换。

(3) 进行最后一轮运算，运算包括常数加、轮密钥加、S 盒变换、行移位变位，最终得到 64 位密文。

Surge 算法各个模块的运算单元为 4 bit，算法分组长度为 64 位，分为 16 个单元，分别为 $state_0$，$state_1$，…，$state_{15}$。密钥长度为 64 位时，分为 16 个单元，分别为 $key_{00}$，$key_{01}$，…，$key_{15}$；密钥长度为 80 位时，分为 20 个单元，分别为 $key_{00}$，$key_{01}$，…，$key_{19}$；密钥长度为 128 位时，分为 32 个单元，分别为 $key_{00}$，$key_{01}$，…，$key_{31}$。

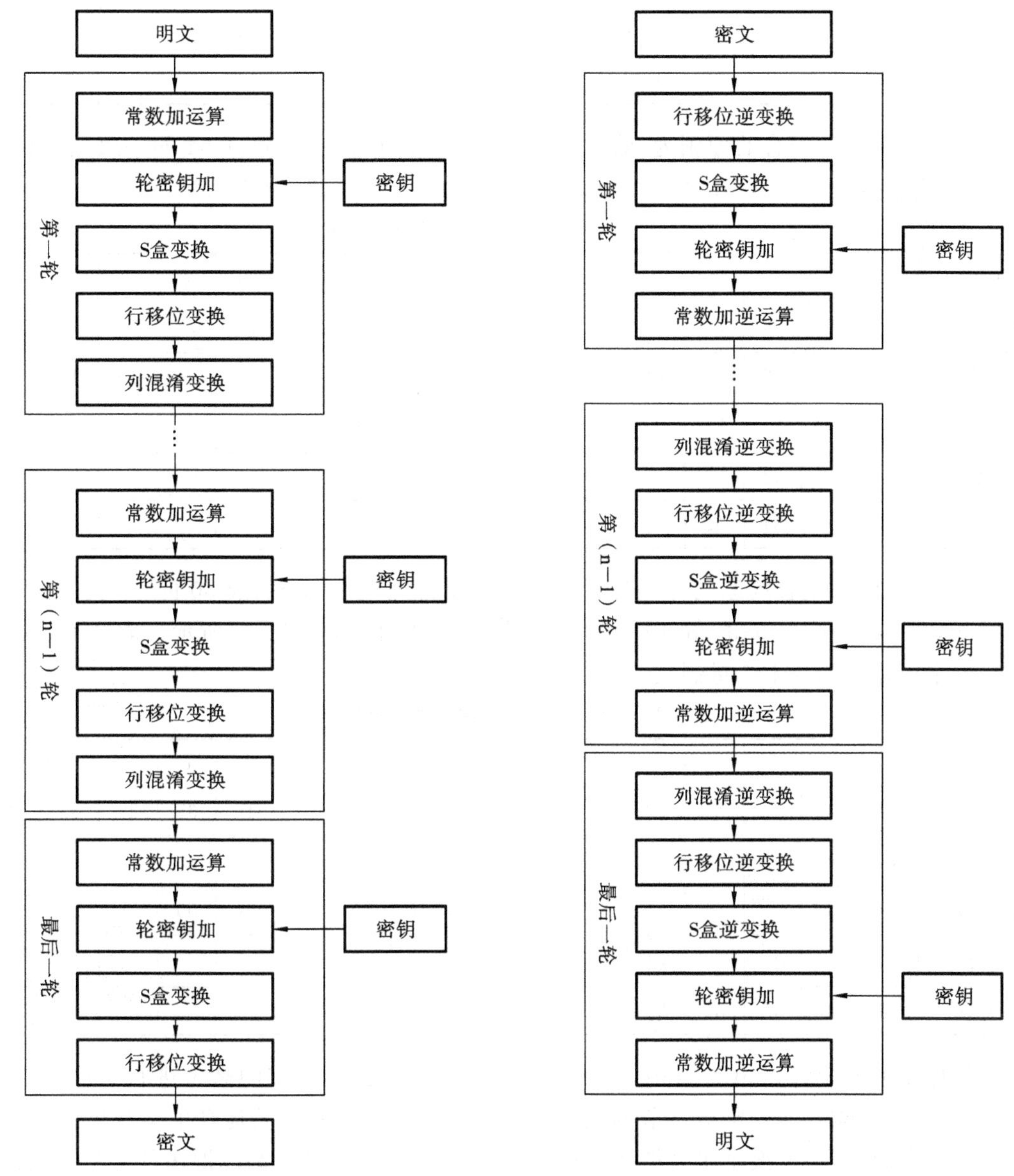


**图 8-2**　Surge **算法的加密过程**

**图 8-3**　Surge **算法的解密过程**

常数加(AddConstants)：常数加运算中轮常数选取的原则为高位从 0，1，2，3 中选取，低位从 0～15 选取。

Surge-64 轮常数组合的原则为，当高位为 0 时，低位为 0～15 的奇数组合；高位为 1 时，低位为 0～15 的偶数组合；当高位为 2 时，低位由 0～15 的偶数组合；高位为 3 时，低位为 0～15 的奇数组合。共有 32 个组合数，32 个组合常数随机固定一个排列，如表 8-2 所示，每一轮常数固定不变。

**表 8-2**　Surge-64 **算法常数加变换常数**

| 轮数 | 0 | 1 | 2 | 3 | 4 | 5 | 6 | 7 | 8 | 9 | a | b | c | d | e | f |
|---|---|---|---|---|---|---|---|---|---|---|---|---|---|---|---|---|
| 轮常数 | 22 | 35 | 07 | 20 | 0d | 39 | 3d | 1e | 1a | 2e | 31 | 14 | 37 | 26 | 33 | 12 |

| 轮数 | 10 | 11 | 12 | 13 | 14 | 15 | 16 | 17 | 18 | 19 | 1a | 1b | 1c | 1d | 1e | 1f |
|---|---|---|---|---|---|---|---|---|---|---|---|---|---|---|---|---|
| 轮常数 | 2a | 18 | 0f | 24 | 05 | 1c | 16 | 2c | 3f | 10 | 03 | 0b | 09 | 01 | 28 | 3b |

Surge-80 轮常数组合的原则为：前 32 个组合数及排列顺序与 Surge-64 的一致，后面依次还包括 0x36、0x30、0x34、0x32 等 4 个组合数，共 36 个组合数，如表 8-3 所示。

**表 8-3　Surge-80 算法常数加变换常数**

| 轮数 | 0 | 1 | 2 | 3 | 4 | 5 | 6 | 7 | 8 | 9 | a | b | c | d | e | f |
|---|---|---|---|---|---|---|---|---|---|---|---|---|---|---|---|---|
| 轮常数 | 22 | 35 | 07 | 20 | 0d | 39 | 3d | 1e | 1a | 2e | 31 | 14 | 37 | 26 | 33 | 12 |
| 轮数 | 10 | 11 | 12 | 13 | 14 | 15 | 16 | 17 | 18 | 19 | 1a | 1b | 1c | 1d | 1e | 1f |
| 轮常数 | 2a | 18 | 0f | 24 | 05 | 1c | 16 | 2c | 3f | 10 | 03 | 0b | 09 | 01 | 28 | 3b |
| 轮数 | 20 | 21 | 22 | 23 | | | | | | | | | | | | |
| 轮常数 | 36 | 30 | 34 | 32 | | | | | | | | | | | | |

Surge-128 常数组合的原则为：前 36 个组合数及排列顺序与 Surge-80 的一致，后面依次还包括 0x38、0x3c、0x3e、0x3a 等 4 个组合数，共 40 个组合数，如表 8-4 所示。表 8-2～表 8-4 中的一个字节数据均为十六进制数。

**表 8-4　Surge-128 算法常数加变换常数**

| 轮数 | 0 | 1 | 2 | 3 | 4 | 5 | 6 | 7 | 8 | 9 | a | b | c | d | e | f |
|---|---|---|---|---|---|---|---|---|---|---|---|---|---|---|---|---|
| 轮常数 | 22 | 35 | 07 | 20 | 0d | 39 | 3d | 1e | 1a | 2e | 31 | 14 | 37 | 26 | 33 | 12 |
| 轮数 | 10 | 11 | 12 | 13 | 14 | 15 | 16 | 17 | 18 | 19 | 1a | 1b | 1c | 1d | 1e | 1f |
| 轮常数 | 2a | 18 | 0f | 24 | 05 | 1c | 16 | 2c | 3f | 10 | 03 | 0b | 09 | 01 | 28 | 3b |
| 轮数 | 20 | 21 | 22 | 23 | 24 | 25 | 26 | 27 | | | | | | | | |
| 轮常数 | 36 | 30 | 34 | 32 | 38 | 3c | 3e | 3a | | | | | | | | |

常数加变换方法为：$state_0$，$state_8$ 与第 i($0 \leqslant i \leqslant N_R$)轮常数字节的高位进行异或，$state_4$，$state_{12}$ 与第 i($0 \leqslant i \leqslant N_R$)轮常数字节的低位进行异或。此方法每一轮运算中运算单元少且需要的寄存器资源少，但变换结果会扩散到整个数据中，是一个高效且高度混淆的常数加变换方法。运算关系如图 8-4 所示。

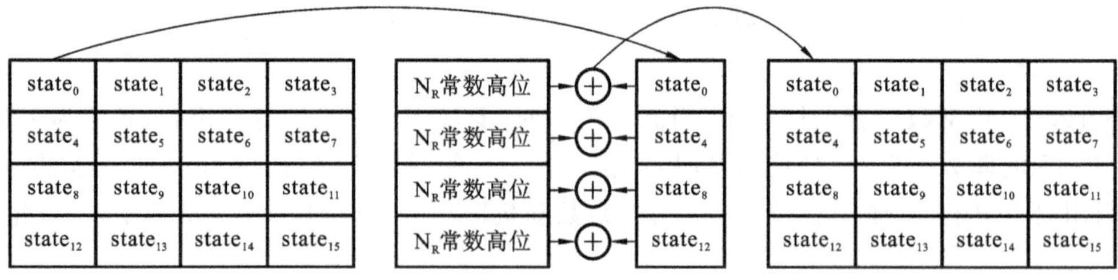


**图 8-4　常数加变换**

轮密钥加(AddRoundKey)：将 64 bit 明文或每一轮中间值与第 i($0 \leqslant i \leqslant N_R$)轮轮密钥 64 bit 进行异或运算，64 bit 明文或每一轮中间值 State($state_0$，…，$state_{15}$)、第 i 轮轮密钥($k_0^i$，…，$k_{15}^i$)的运算关系如式(8-1)所示。

$$\text{state}_j \rightarrow \text{state}_j \oplus k_j^i \quad (0 \leqslant j \leqslant 15) \tag{8-1}$$

其中，轮密钥的产生规则为：Surge 算法分为 3 种密钥长度，即 64 位、80 位、128 位。当密钥长度为 64 位时，每一轮的轮密钥就是 64 bit 原始密钥，轮密钥组合子项如式(8-2)所示。当密钥长度为 80 位，且 i 为奇数次轮运算时，轮密钥为原始密钥前 64 bit；当 i 为偶数次轮运算时，轮密钥为原始密钥后 64 bit，轮密钥组合子项如式(8-3)、式(8-4)所示。当密钥长度为 128 位，且 i 为奇数次轮运算时，轮密钥为原始密钥前 64 bit；当 i 为偶数次轮运算时，轮密钥为原始密钥后 64 bit，轮密钥组合子项如式(8-5)、式(8-6)所示。

64 bit 密钥组合子项密钥为

$$\text{Key}_i = \begin{bmatrix} \text{key}_{00} & \text{key}_{01} & \text{key}_{02} & \text{key}_{03} \\ \text{key}_{04} & \text{key}_{05} & \text{key}_{06} & \text{key}_{07} \\ \text{key}_{08} & \text{key}_{09} & \text{key}_{10} & \text{key}_{11} \\ \text{key}_{12} & \text{key}_{13} & \text{key}_{14} & \text{key}_{15} \end{bmatrix} \tag{8-2}$$

80 bit 密钥 $\text{Key}_i = \text{key}_{00} \cdots \text{key}_{19}$ $(1 \leqslant i \leqslant N_R)$ 组合子项，当 i 为奇数次轮运算密钥时：

$$\text{Key}_i = \begin{bmatrix} \text{key}_{00} & \text{key}_{01} & \text{key}_{02} & \text{key}_{03} \\ \text{key}_{04} & \text{key}_{05} & \text{key}_{06} & \text{key}_{07} \\ \text{key}_{08} & \text{key}_{09} & \text{key}_{10} & \text{key}_{11} \\ \text{key}_{12} & \text{key}_{13} & \text{key}_{14} & \text{key}_{15} \end{bmatrix} \tag{8-3}$$

当 i 为偶数次轮运算密钥时：

$$\text{Key}_i = \begin{bmatrix} \text{key}_{04} & \text{key}_{05} & \text{key}_{06} & \text{key}_{07} \\ \text{key}_{08} & \text{key}_{09} & \text{key}_{10} & \text{key}_{11} \\ \text{key}_{12} & \text{key}_{13} & \text{key}_{14} & \text{key}_{15} \\ \text{key}_{16} & \text{key}_{17} & \text{key}_{18} & \text{key}_{19} \end{bmatrix} \tag{8-4}$$

128 bit 密钥 $\text{Key}_i = \text{key}_{00} \cdots \text{key}_{31}$ $(1 \leqslant i \leqslant N_R)$ 组合子项，当 i 为奇数次轮运算密钥时：

$$\text{Key}_i = \begin{bmatrix} \text{key}_{00} & \text{key}_{01} & \text{key}_{02} & \text{key}_{03} \\ \text{key}_{04} & \text{key}_{05} & \text{key}_{06} & \text{key}_{07} \\ \text{key}_{08} & \text{key}_{09} & \text{key}_{10} & \text{key}_{11} \\ \text{key}_{12} & \text{key}_{13} & \text{key}_{14} & \text{key}_{15} \end{bmatrix} \tag{8-5}$$

当 i 为偶数次轮运算密钥时：

$$\text{Key}_i = \begin{bmatrix} \text{key}_{16} & \text{key}_{17} & \text{key}_{18} & \text{key}_{19} \\ \text{key}_{20} & \text{key}_{21} & \text{key}_{22} & \text{key}_{23} \\ \text{key}_{24} & \text{key}_{25} & \text{key}_{26} & \text{key}_{27} \\ \text{key}_{28} & \text{key}_{29} & \text{key}_{30} & \text{key}_{31} \end{bmatrix} \tag{8-6}$$

S 盒变换(SubCells)：S 盒变换是 Surge 算法的唯一非线性组件。

行移位变换(ShiftRows)：对于 16 个单元组成的 4×4 矩阵，矩阵每一行左循环不同的单元移量，第 0 行单元移量循环左移 3 个单元移位变换的运算关系如图 8-5 所示。

列混淆变换(MixColumns)：采用硬件实现友好型变换矩阵 M，矩阵 M 是由简单元素 0，1，2，4 组合成矩阵 A，根据有限域 $GF(2^4)$ 运算中的 4 次方构造出来的，构造公式如式(8-7)所示，其中的数据以十六进制表示。

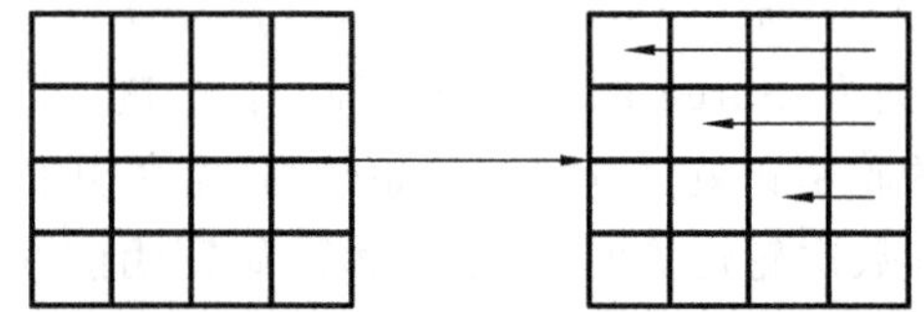

图 8-5 行移位变换运算关系图

$$(A)^4=\begin{pmatrix}4&1&2&2\\1&0&0&0\\0&1&0&0\\0&0&1&0\end{pmatrix}=\begin{pmatrix}5&2&b&f\\e&8&c&4\\2&6&a&8\\4&1&2&2\end{pmatrix}=M \tag{8-7}$$

**3. Surge 解密过程**

用 C 语言对 Surge 解密的描述如算法 8-3 所示。

```
算法 8-3  Surge 解密
输入:Ciphertext,Key
输出:Plaintext
State←Ciphertext;
InvShiftRows(State);
InvSubCells(State);
AddRoundKey(State,Key);
InvAddConstants(State);
for i= 1 to N_R do
    InvMixColumns(State);
    InvShiftRows(State);
    InvSubCells(State);
    AddRoundKey(State,Key);
    InvAddConstants(State);
end for
Plaintext←State;
```

结合上述 C 语言算法描述，Surge 算法解密过程包括以下几个步骤：

(1) 将 64 位密文加载至寄存器。

(2) 进行首轮运算，运算内容包括行移位逆变换、S 盒逆变换、轮密钥加、常数加逆变换。

(3) 根据密钥长度为 64 位、80 位和 128 位，分别进行 32、36 和 40 次轮运算。每轮运算中包含列混淆逆变换、行移位逆变换、S 盒逆变换、轮密钥加、常数加逆变换。完成 $N_R$ 轮运算后，即可得到明文。

Surge 使用了加密运算变换中 4 种逆变换与轮密钥加变换，其中轮密钥加逆变换为其自身；以加密运算相反的顺序对密文进行解密，解密过程与加密过程使用的密钥相同。

常数加逆变换(InvAddConstants)：每一轮常数固定不变，Surge-64、Surge-80 与 Surge-128 解密运算是加密运算的反序。

S 盒逆变换(InvSubCells)：Surge 算法解密采用 PRESENT 算法加密过程的 S 盒。

行移位逆变换(InvShiftRows)：对于 16 个单元组成的 4×4 矩阵，每一行右循环不同的单元移量，第 0 行循环右移 3 个单元，第 1 行循环右移 2 个单元，第 2 行循环右移 1 个单元，第 3

行单元移量保持不变，则行移位逆变换的运算关系如图 8-6 所示。

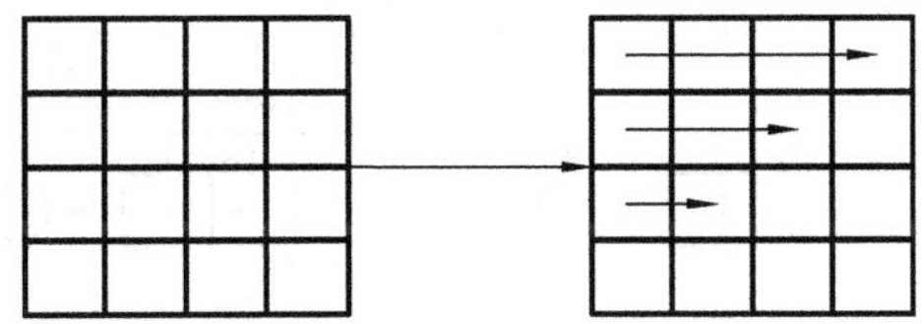

图 8-6　行移位逆变换运算关系

列混淆逆变换（InvMixColumns）：列混淆矩阵为逆矩阵 $M^{-1}$，矩阵 $M^{-1}$ 是由矩阵 $A^{-1}$ 在有限域 GF($2^4$) 运算中的 4 次方构造的，构造公式如式（8-8）所示，其中的数据以十六进制表示。Surge 解密时第一轮没有列混淆逆变换。

$$(A^{-1})^4=\begin{pmatrix}0&1&0&0\\0&0&1&0\\0&0&0&1\\9&2&9&1\end{pmatrix}^4=\begin{pmatrix}9&2&9&1\\9&b&b&8\\4&a&f&3\\8&2&2&c\end{pmatrix}=M^{-1}\tag{8-8}$$

列混淆逆变换运算是 State 中元素 4×4 矩阵与列混淆变换矩阵 $M^{-1}$ 在有限域 GF($2^4$) 上的乘法变换，变换公式如式（8-9）所示，其中的数据以十六进制表示。

$$\text{State}=\begin{pmatrix}9&2&9&1\\9&b&b&8\\4&a&f&3\\8&2&2&c\end{pmatrix}\times\begin{pmatrix}\text{state}_0&\text{state}_1&\text{state}_2&\text{state}_3\\\text{state}_4&\text{state}_5&\text{state}_6&\text{state}_7\\\text{state}_8&\text{state}_9&\text{state}_{10}&\text{state}_{11}\\\text{state}_{12}&\text{state}_{13}&\text{state}_{14}&\text{state}_{15}\end{pmatrix}\tag{8-9}$$

### 8.1.3　超轻量级分组密码算法 QTL

#### 1. 算法整体架构描述

为了克服现有轻量级分组密码算法存在的如下问题：基于 Feistel 结构算法，一轮迭代运算只改变一半分组数据；算法解密过程较复杂，实现时需要为算法解密消耗资源；轻量级分组密码算法占用资源多、加密性能低且易受攻击，故设计了一种新型超轻量级分组密码算法，命名为 QTL。

新型超轻量级 QTL 分组密码，采用了一种新型广义 Feistel 结构。QTL 分组密码算法的分组长度为 64 位，密钥长度为 64 位和 128 位两种，分别记为 QTL-64 算法和 QTL-128 算法，QTL-64 算法与 QTL-128 算法的迭代轮数 $N_R$ 对应为 16 轮、20 轮。QTL 轻量级分组密码算法加密结构如图 8-7 所示。

算法轮函数运算主要包含 F 函数（F-function）变换和轮置换 T（round Transposing）变换；但最后一轮函数运算不进行轮置换 T 变换，如图 8-8 所示。

F 函数变换过程为：轮常数加变换→轮密钥加变换（AddRoundKey）→S 盒变换（SubCell）→P 置换（Permutation）→S 盒变换（SubCell）。

将 64 位明文（Plaintext）/密文（Ciphertext）数据从高位开始按 16 位一组依次分为 4 组，加密明文数据记作：$X_0$、$X_1$、$X_2$ 及 $X_3$，解密密文数据记作：$Y_0$、$Y_1$、$Y_2$ 及 $Y_3$，当 64 位密钥（Key）数据从高位开始按 16 位一组依次分为 4 组，得到轮密钥数据记作：$K_0$、$K_1$、$K_2$ 及 $K_3$。

当 128 位密钥（Key）数据在奇数轮时，128 位中前 64 位数据从高位开始按 16 位一组依次分为 4 组；在偶数轮时，128 位中后 64 位数据从高位开始按 16 位一组依次分为 4 组；奇偶数

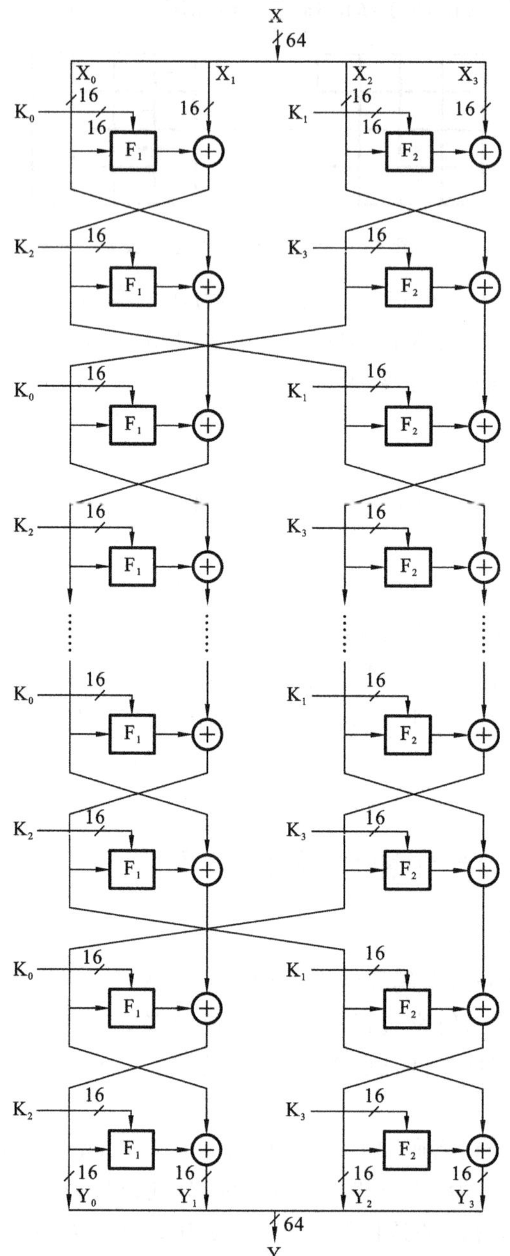


**图 8-7　QTL 轻量级分组密码算法加密结构图**

轮的轮密钥数据记作：$K_0$、$K_1$、$K_2$及$K_3$。

QTL 分组密码算法伪代码描述如下：

```
算法 8-4:QTL 密码加密过程
输入:Plaintext,Key;
输出:Ciphertext;
Plaintext→X0,X1,X2,X3;Key→K0,K1,K2,K3;
  for i=1 to NR-1 do                    //进行前面 NR-1 运算
    for j=1 to 2 do
    XX0=X0,XX1=X1,XX2=X2,XX3=X3;
```

```
        AddConstants(X0,CON1),AddConstants(X2,CON2);
        if (j==1)
         AddRoundKey(X0,K0),AddRoundKey(X2,K1);
        else
         AddRoundKey(X0,K2),AddRoundKey(X2,K3);
          SubCell(X0),SubCell(X2);
         Permutation(X0),Permutation(X2);
         SubCell(X0),SubCell(X2);
         X0=X0^XX1,X1=XX0,X2=X2^XX3,X3=XX2;
        end for
        T0=X0,T1=X1,T2=X2,T3=X3;          //进行轮置换 T 变换
        X0=T3,X1=T0,X2=T1,X3=T2;
    end for
    for j=1 to 2 do                       //进行最后一轮运算,没有进行轮置换 T 变换
        XX0=X0,XX1=X1,XX2=X2,XX3=X3;
          AddConstants(X0,CON1),AddConstants(X2,CON2);
        if (j==1)
          AddRoundKey(X0,K0),AddRoundKey(X2,K1);
        else
          AddRoundKey(X0,K2),AddRoundKey(X2,K3);
        SubCell(X0),SubCell(X2);
        Permutation(X0),Permutation(X2);
        SubCell(X0),SubCell(X2);
        X0=X0^XX1,X1=XX0,X2=X2^XX3,X3=XX2;
    end for
    Y0=X1,Y1=X0,Y2=X3,Y3=X2;
Ciphertext←Y0,Y1,Y2,Y3;
```

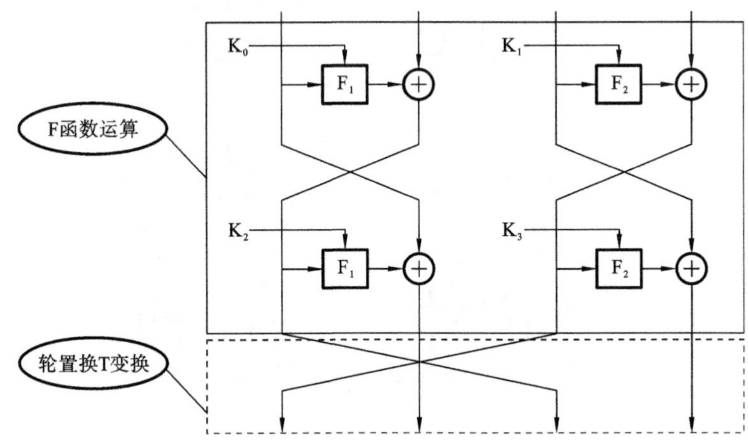


**图 8-8　QTL 轻量级分组密码算法轮函数结构图**

QTL 轻量级分组密码算法解密结构如图 8-9 所示,过程如算法 8-5 中的描述。

```
算法 8-5:QTL 密码解密过程
输入:Ciphertext,Key;
输出:Plaintext;
     if (j==1)
```

```
    AddRoundKey(Y0,K2),AddRoundKey(Y2,K3);
else
    AddRoundKey(Y0,K0),AddRoundKey(Y2,K1);
```

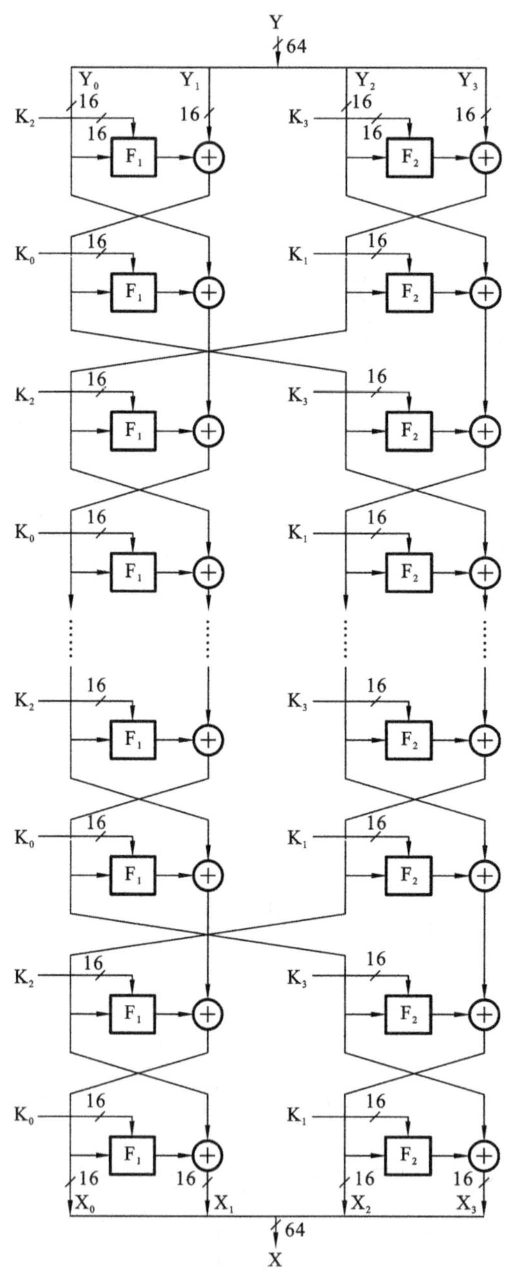


**图 8-9**　QTL 轻量级分组密码算法解密结构图

解密复用加密过程，在轮密钥加变换中交换加密轮密钥使用顺序，将加密轮密钥 $K_0$ 使用处换成 $K_2$，$K_1$ 使用处换成 $K_3$，$K_2$ 使用处换成 $K_0$，$K_3$ 使用处换成 $K_1$。除此之外，密钥为 128 位时，解密奇数轮的轮密钥为加密偶数轮的轮密钥，解密偶数轮的轮密钥为加密奇数轮的轮密钥。

**2. 算法模块描述**

1）F 函数变换（F-function）

F 函数变换为 $F_1$ 函数与 $F_2$ 函数变换，其中 $F_1$ 函数与 $F_2$ 函数采用轮函数不同，但运算过程一致，F 函数运算过程为：轮常数加变换→轮密钥加变换→S 盒变换→P 置换→S 盒变换，如式(8-10)所示。

$$\begin{cases} (0,1)^{16} \to (0,1)^{16} \\ F_1:(X_i,K_j) \to Y_i = S(P(S(X_i \oplus CON_1 \oplus K_j))), \quad i=0 \text{ or } 1, j=0 \text{ or } 2 \\ F_2:(X_i,K_j) \to Y_i = S(P(S(X_i \oplus CON_2 \oplus K_j))), \quad i=2 \text{ or } 3, j=1 \text{ or } 3 \end{cases} \tag{8-10}$$

具体过程如图 8-10 所示（图中 $k_i$ 指代轮密钥中某一特定位，$0 \leqslant i \leqslant 15$）。

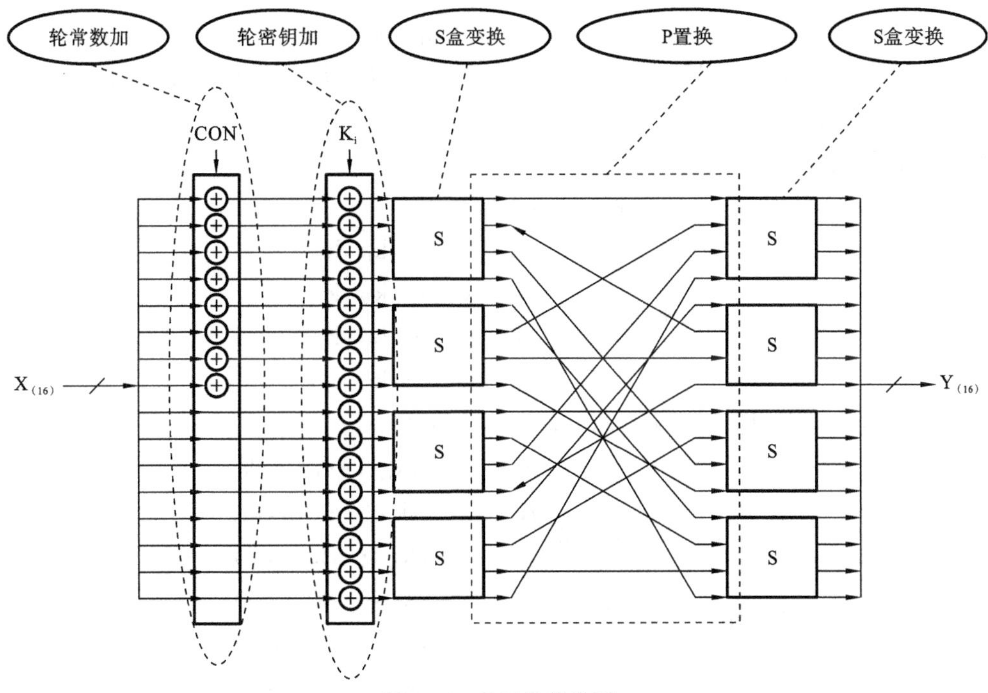


**图 8-10　F 函数结构图**

2）轮常数加变换（AddConstants）

F 函数当中的轮常数加变换是将 16 位数据进行操作，轮常数数据（CON）分为 $CON_1$ 和 $CON_2$。我们定义了 $n(0 \leqslant n \leqslant N_R)$ 轮常数为 $CON_1^n$ 和 $CON_2^n$。表 8-5 所示的为 QTL-64 算法轮常数数据，表 8-6 所示的为 QTL-128 算法轮常数数据。在轮常数加变换操作中，输入运算数据高 8 位与轮常数一起进行异或运算。

**表 8-5　QTL-64 算法轮常数 $CON_1^n$ 和 $CON_2^n$（十六进制表示）**

| n | 0 | 1 | 2 | 3 | 4 | 5 | 6 | 7 |
|---|---|---|---|---|---|---|---|---|
| $CON_1^n$ | 00 | 01 | 02 | 03 | 04 | 05 | 06 | 07 |
| $CON_2^n$ | 10 | 11 | 12 | 13 | 14 | 15 | 16 | 17 |
| n | 8 | 9 | A | B | C | D | E | F |
| $CON_1^n$ | 08 | 09 | 0A | 0B | 0C | 0D | 0E | 0F |
| $CON_2^n$ | 18 | 19 | 1A | 1B | 1C | 1D | 1E | 1F |

**表 8-6　QTL 128 算法轮常数 $CON_1^n$ 和 $CON_2^n$（十六进制表示）**

| n | 0 | 1 | 2 | 3 | 4 | 5 | 6 | 7 | 8 | 9 |
|---|---|---|---|---|---|---|---|---|---|---|
| $CON_1^n$ | 00 | 01 | 02 | 03 | 04 | 05 | 06 | 07 | 08 | 09 |
| $CON_2^n$ | 14 | 15 | 16 | 17 | 18 | 19 | 1A | 1B | 1C | 1D |
| n | 10 | 11 | 12 | 13 | 14 | 15 | 16 | 17 | 18 | 19 |
| $CON_1^n$ | 0A | 0B | 0C | 0D | 0E | 0F | 10 | 11 | 12 | 13 |
| $CON_2^n$ | 1E | 1F | 20 | 21 | 22 | 23 | 24 | 25 | 26 | 27 |

3）轮密钥加变换（AddRoundKey）

每轮的轮密钥加运算，为进入 F 函数的 16 位加密数据/解密数据与 16 位的轮密钥进行异或运算。其中每一轮运算的轮密钥为 $K_0$、$K_1$、$K_2$ 及 $K_3$。算法加密与解密使用同一密钥，算法解密交换加密轮密钥使用顺序。

算法轮密钥具体组成过程如下：

密钥长度为 64 位时，记为 $(k_{63}, k_{63}, \cdots, k_1, k_0)$，则

$$
\text{轮密钥}\begin{cases}K_0=(k_{63}, k_{63}, \cdots, k_{49}, k_{48})\\K_1=(k_{47}, k_{46}, \cdots, k_{33}, k_{32})\\K_2=(k_{31}, k_{30}, \cdots, k_{17}, k_{16})\\K_3=(k_{15}, k_{14}, \cdots, k_1, k_0)\end{cases}
$$

密钥长度为 128 位时，记为 $(k_{127}, k_{126}, \cdots, k_1, k_0)$，则

$$
\text{加密轮密钥}\begin{cases}\text{奇数轮}\begin{cases}K_0=(k_{127}, k_{126}, \cdots, k_{113}, k_{112})\\K_1=(k_{111}, k_{110}, \cdots, k_{97}, k_{96})\\K_2=(k_{95}, k_{94}, \cdots, k_{84}, k_{80})\\K_3=(k_{79}, k_{78}, \cdots, k_{65}, k_{64})\end{cases}\\\text{偶数轮}\begin{cases}K_0=(k_{63}, k_{63}, \cdots, k_{49}, k_{48})\\K_1=(k_{47}, k_{46}, \cdots, k_{33}, k_{32})\\K_2=(k_{31}, k_{30}, \cdots, k_{17}, k_{16})\\K_3=(k_{15}, k_{14}, \cdots, k_1, k_0)\end{cases}\end{cases}
$$

$$
\text{解密轮密钥}\begin{cases}\text{偶数轮}\begin{cases}K_0=(k_{127}, k_{126}, \cdots, k_{113}, k_{112})\\K_1=(k_{111}, k_{110}, \cdots, k_{97}, k_{96})\\K_2=(k_{95}, k_{94}, \cdots, k_{84}, k_{80})\\K_3=(k_{79}, k_{78}, \cdots, k_{65}, k_{64})\end{cases}\\\text{奇数轮}\begin{cases}K_0=(k_{63}, k_{63}, \cdots, k_{49}, k_{48})\\K_1=(k_{47}, k_{46}, \cdots, k_{33}, k_{32})\\K_2=(k_{31}, k_{30}, \cdots, k_{17}, k_{16})\\K_3=(k_{15}, k_{14}, \cdots, k_1, k_0)\end{cases}\end{cases}
$$

4）S 盒变换（SubCell）

S 盒变换是 QTL 算法唯一非线性组件，QTL 算法的 S 盒引用 Midori 算法的 S 盒，QTL 算法的 S 盒元素如表 8-7 所示。

**表 8-7　QTL 算法的 S 盒元素表**

| X | 0 | 1 | 2 | 3 | 4 | 5 | 6 | 7 | 8 | 9 | A | B | C | D | E | F |
|---|---|---|---|---|---|---|---|---|---|---|---|---|---|---|---|---|
| S[x] | C | A | D | 3 | E | B | F | 7 | 8 | 9 | 1 | 5 | 0 | 2 | 4 | 6 |

F 函数中的 S 盒替换变换，将进行 S 盒变换的 16 位数据分为 4 个 4 位，记作：$X_0$、$X_1$、$X_2$ 及$X_3$，替换得到$Y_0$、$Y_1$、$Y_2$及$Y_3$，如式(8-11)所示。

$$F_2^4 \to F_2^4:\ X_i \to Y_i = S(X_i),\quad 0 \leqslant i \leqslant 3 \tag{8-11}$$

5）P 置换(Permutation)

P 置换是按照每一位进行交换，在 F 函数中 P 置换变换过程如下。

输入 16 位数据从高位到低位表示为

$$P_0, P_1, P_2, P_3, P_4, P_5, P_6, P_7, P_8, P_9, P_{10}, P_{11}, P_{12}, P_{13}, P_{14}, P_{15}$$

经 P 置换将数据比特位位置进行交换，高位到低位顺序数据输出结果为

$$P_0, P_5, P_{10}, P_{15}, P_{12}, P_1, P_6, P_{11}, P_8, P_{13}, P_2, P_7, P_4, P_9, P_{14}, P_3$$

6）轮置换 T 变换(round transposing)

轮置换 T 变换将算法加密/解密中输入 64 位数据划分 4 个字(16 位)，然后做字的置换操作；具体操作是将进行轮置换 T 变换的 64 位输入数据从高位到低位依次划分为 4 个字$T_0$、$T_1$、$T_2$及$T_3$，以$T_2$、$T_1$、$T_0$及$T_3$作为轮置换 T 变换运算的 64 位输出数据，轮置换 T 变换的结构如图 8-11 所示。其中最后一轮不进行轮置换 T 变换。

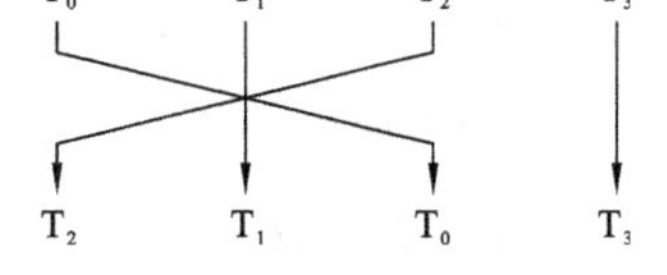


**图 8-11　轮置换 T 变换结构图**

### 3. 算法结构

设计了一种新型广义 Feistel 结构，该结构算法克服了传统 Feistel 结构算法中一轮迭代运算只改变一半分组数据的不足，从而做到一轮迭代运算改变全部分组数据。该新型广义 Feistel 结构的算法具有很好的扩散效果，打破了 SPN 结构的轻量级算法扩散效果好，但实现时消耗资源较多；传统 Feistel 结构的轻量级算法实现所需资源较少，但算法扩散效果较差的两大瓶颈问题。算法结构高度对称，算法解密复用加密模块，交换加密轮密钥使用顺序，就可以进行解密，操作简便，实现解密不消耗额外资源，并且密码算法模块具有相似对称组件，实现时可以相互复用，减少实现资源。

在保证算法足够安全下，进一步使算法具有更低成本、更低功耗、更高性能。我们采取无密钥扩展方式，QTL 算法第一个实现了在广义 Feistel 结构中采用无密钥扩展操作。该方式在抵抗攻击方面与 LED、PRINCE 以及 ITUbee 算法有着同样的效果。另外，密码算法没有密钥扩展，容易受到相关密钥攻击，所以在安全性分析当中，给出了抵抗相关密钥攻击证明。

### 4. F 函数结构

在 F 函数结构当中，变换过程为：轮常数加变换→轮密钥加变换→S 盒变换→P 置换→S 盒变换。在两个非线性 S 盒变换之间，使用一个线性的 P 置换。这样设计的 F 函数具有实现资源少、安全性高的特点。在 F 函数当中，轮常数不需要花费存储资源进行保存，轮密钥加及左右数据异或操作都是 16 位数据的操作，相比其他 32 位数据的操作，密码算法进行序列化结构工艺实现所需硬件资源更少。在 F 函数当中，使用 2 次 S 盒变换操作，这样设计的 F 函数具有更高的安全特性。因此，当 QTL 算法加密一定轮数之后，保证了算法具有很多差分与线性活性 S 盒数量。

**5. 轮置换 T 变换与 P 置换变换**

为了进一步提高算法的扩散效果，并且减少线性变换当中的硬件花费，我们构造两个高效的线性变换：一个是轮置换 T 变换；另一个是 P 置换变换。轮置换 T 变换是一个 16 位字之间的移动操作，P 置换是一个位之间的移动操作。算法的 P 置换不同于 PRESENT 算法的 P 置换，该 P 置换结合 S 盒变换特性，能够减少算法连续几轮变换出现单个活性 S 盒现象，并且使得算法的差分特性与线性逼近具有相同的活性 S 盒数量。同时，这两个线性变换在硬件实现过程中是不需要花费资源的，只是通过简单连线操作。因此，这两个线性变换是非常适合软硬件受限环境操作的。

**6. S 盒变换**

S 盒变换对于分组算法本身来说，是一个非常重要的模块。S 盒的选择，需要从算法本身的安全与软硬件实现上进行综合分析考虑。在基于轮结构工艺实现上，多个 S 盒进行并行实现，此时，需要的硬件资源是一个非常大的开销，所以，尽量采用一个非常小的 S 盒。目前，大量的轻量级分组使用的是 4×4 S 盒，当采用 PRESENT 算法 S 盒时，一个 S 盒硬件实现需要花费 24.33 GE，而功耗延迟为 0.47 ns。PRESENT 算法的 S 盒相比 AES 算法的 8×8 S 盒小很多，但是 PRESENT 算法的 S 盒的硬件资源消耗与功耗延迟相对较高。我们采用 Midori 算法的第一个 S 盒作为 QTL 算法的 S 盒，这个 S 盒硬件实现只需 13.3 GE，功耗延迟为 0.24 ns，相比 PRESENT 算法，硬件资源与功耗延迟将减半。因此，QTL 算法的 S 盒是非常适合作为轻量级密码算法的 S 盒。

**7. 轮常数加变换**

为了提高算法安全性与减少存储资源，轮常数加变换不是选择固定常数作为轮常数，而是选择轮数 $n(0 \leqslant n \leqslant N_R)$ 作为轮常数，其中 n 为常数 $CON_1^n$，$(N_R+n)$ 为常数 $CON_2^n$。轮常数加变换是为了避免 QTL 算法每一轮 F 函数变换具有相似性，这样能够让 QTL 算法抵抗自相似攻击，从而使轮常数变换在提高算法安全条件下，不需要消耗太多的软硬件资源。

## 8.2 轻量级分组密码分析举例

随着轻量级分组密码发展，越来越多的分析方法也相继提出，主要有差分分析、线性分析、代数分析和功耗分析等。为了保证所设计密码算法的安全性，通常需要对其进行安全性分析，如差分分析、线性分析、代数分析、故障攻击分析和功耗分析等。

差分分析最早是 1990 年由 Biham 和 Shamir 针对 DES 提出的，它是攻击迭代型分组密码算法最有效的分析方法之一。差分分析属于选择明文攻击，其研究内容为差分在加解密过程中的概率传播特性，主要通过分析明文对的差值对密文对的差值的影响来恢复部分密钥比特。

线性分析是一种已知明文攻击的方法，即攻击者能获取当前密钥下的一些明密文对。其基本思想是通过寻找明文和密文之间的一个有效的线性逼近表达式，将分组密码与随机置换区分开，并在此基础上进行密钥恢复攻击，即通过研究明文、密文以及密钥满足某种线性关系的概率 p 得到能将分组密码与随机置换区分开的统计特征(称为线性特征)，并使用该统计特征来恢复某些密钥。

在加密过程中，通过计算机导入错误信息使其产生故障，并从中获取密码系统信息的一种密码分析方法，称为故障攻击方法。故障攻击利用密码设备出错时输出的错误信息来辅助分析,从而恢复密码的信息。这里所要用到的额外信息就是密码设备在发生故障时产生的故障值或是故障时发生的现象。

代数分析主要利用密码体制的代数性质及现有代数系统求解方法来攻击密码体制。它可以用于攻击流密码、分组密码及多变量密码等体制。常见的代数分析方法有两类:Grobner 基方法和 XL (eXtended linearization)方法。

功耗分析可以利用密码芯片运行过程中泄露的功耗信息,对密码芯片进行分析,实施的过程简单、攻击效率高,极具破坏性。功耗攻击的方法主要有:简单功耗攻击、差分功耗攻击、相关功耗攻击以及高阶差分功耗攻击。

简单功耗攻击是通过对密码芯片加密运行过程中泄露的功耗信息,直接获取密钥等信息的攻击方法。当采用简单功耗攻击时,需要对攻击设备中运行的加密算法的具体指令序列有一个详细的了解。如果密码算法运行的指令直接依赖于密钥,在泄露的功耗能量图中能识别指令,那么就很容易攻击成功。一般情况下,操作指令的功耗比较接近,此外在测量过程中存在一定误差以及环境噪声的干扰,单纯使用简单功耗攻击的方法较难获得成功。

差分功耗攻击是一种通过统计分析密码芯片加密运行过程中的功耗信息而恢复密钥的攻击方法,根据大量的功耗曲线样本来分析密钥的值,相对简单功耗攻击具有更高攻击强度。差分功耗攻击不需要详细知道加密算法的具体执行细节,而且即使采集的功耗信息存在噪声干扰也可以恢复密钥。

相关功耗攻击是差分功耗攻击的改进,通过计算两组离散变量之间的相关系数来确定密钥。

高阶差分功耗攻击是差分功耗攻击的发展。差分功耗攻击在攻击过程中,仅仅攻击一个点,高阶差分功耗攻击同时攻击几个点,研究密钥数据和功耗曲线中几个点的关联。

由于差分功耗攻击方法具有易实现、低成本以及成功率较高的优点,获得了广泛应用。差分功耗攻击的攻击步骤如下:

(1) 选择密码运算过程中与密钥相关的某一点作为中间值;

(2) 输入明文进行加密,采集加密过程中的功耗波形;

(3) 根据输入的明文和猜测的密钥,计算中间值;

(4) 建立合适的功耗泄露模型,把中间值映射为假设的功耗波形;

(5) 多次重复试验,统计分析假设的功耗波形与实际采集的功耗波形之间的相关性。

本节根据几个比较典型的轻量级分组密码算法,介绍密码算法的分析方法。8.2.1 小节以轻量级分组算法 PRESENT 为例,介绍差分功耗攻击的方法;8.2.2 小节以 ITUbee 密码算法为例,介绍代数旁路分析的方法;8.2.3 小节以 PRINCE 算法为例,介绍差分故障分析的方法;8.2.4 小节以 LED 算法为例,介绍基于 MILP 的密码安全性分析方法。

### 8.2.1　轻量级 PRESENT 加密算法功耗攻击研究

PRESENT 算法是一个轻量级分组算法,在 CHES 2007 国际会议上由 Bogdanov 等人提出[121],主要为物联网中资源受限的智能卡或加密节点开发设计,虽然是轻量级密码算法,但 31 轮 PRESENT 密码算法完全可以抵抗现有的数学攻击。

1999 年,Paul Kocher 等人在 CRYPTO 会议上提出了差分功耗分析(differential power analysis,DPA)的攻击方法,与其他密码攻击方法相比较,功耗攻击这种方式具有成本不高、时间复杂度小等优点。

本小节以轻量级分组密码算法 PRESENT 为例，介绍功耗攻击在实际中的应用。

**1. PRESENT 算法描述**

PRESENT 算法的设计思路借鉴了 DES 加密算法，但具体实现还是有很大差别，PRESENT 的 S 盒是 4 位进 4 位出，位移和模 2 加运算，同时，PRESENT 的轮函数采用 SP 结构（替代—轮换），而 DES 采用 Feistel 结构；相比 DES、AES 等加密算法更适合资源受限的物联网安全应用。PRESENT 分组长度为 64 位，密钥长度可以为 80 位或 128 位；64 bit 明文经过 31 轮的迭代和最末轮白化运算后得到需要的 64 bit 密钥。PRESENT 算法加密运算流程如图 8-12 所示。

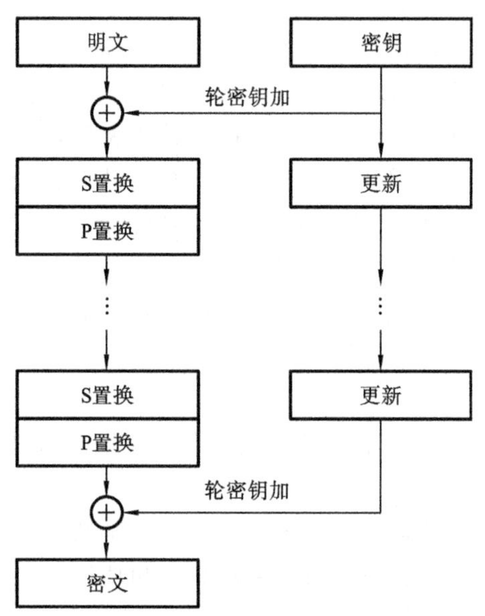


**图 8-12　PRESENT 算法加密运算流程**

PRESENT 分组长度为 64 位，即每次运算操作输入 64 位，又由于是 4 位进 4 位出的方式，故推算共有 16 个 S 盒，其加密轮函数 F 主要操作有轮密钥加、S 盒变换、P 置换。31 轮中每一轮包括线性置换 P 和非线性置换 S，非线性置换 S 常称为 S 盒变换。这里选取密钥长度为 80 位的 PRESENT 密码算法进行功耗攻击分析。

令 K 为用户选取的密钥，则

$$K=K_{79}K_{78}K_{77}K_2K_1K_0$$

定义$K_i$为 PRESENT 运算中第 i 轮密钥，则

$$K_i=K_{63}K_{62}K_{61}K_2K_1K_0=K_{79}K_{78}K_{77}K_{18}K_{17}K_{16}$$

上式表明第 i 轮密钥是左移 64 位组成的，因为 PRESENT 算法分组长度为 64 位。在功耗攻击中只需分析一轮 64 位的密钥，即可将密钥分析的空间复杂度从 $2^{80}$ 降低至 $2^{16}$。

**2. PRESENT 功耗攻击**

1）PRESENT 功耗攻击分析模型

PRESENT 芯片在实际进行加密数据处理时，PRESENT 密码芯片集成电路中的负载电容会进行充放电动作，芯片电路就一定会有相应的能耗变化，相对于 PRESENT 密码芯片内部的数据寄存器中的某一位触发器，能耗变化的大小与密码芯片电路中数据处理是一一映射的，这种映射在电路级别反映为电容的充电与放电行为，对应于寄存器则为相应的触发器的高低电平翻转（即 0、1 变化），在操作数级别则对应着 PRESENT 密码算法指令运算时前后数据

的汉明距离。由于存在着这种对应映射关系，故可用汉明距离来表示 PRESENT 密码芯片在加密运算时的相应功耗变化。

将 PRESENT 密码芯片寄存器中的 1、0 翻转变化与其能耗变化映射，对应操作数这一级别，并根据寄存器状态的前后变化来建立 Hamming distance 功耗模型。PRESENT 密码芯片加密运行时功耗模型可描述为 $W=aH(D\rightarrow R)+b$，其中，功耗用 W 表示；数据的汉明距离用 H 表示；寄存器变化前后的状态用 D 和 R 表示，D 代表 PRESENT 密码算法运算时输入的原始操作数；R 代表密码算法运算完成时的结果；D 和 R 的汉明距离则用 $H(D\rightarrow R)$ 表示；a 和 b 是根据运算时实际环境确定的常量。

在一定条件下可以取 $a=1, b=0$，则可简化为 $W=H(D\rightarrow R)$。

2) *PRESENT 密码算法攻击点选取*

PRESENT 密码算法是 16 个 S 盒变换，S 盒在 PRESENT 密码芯片中运算时的功耗较大，密钥与明文进行异或运算时也会有功耗，因此可以在这两个较好位置选取合适的时间点进行功耗攻击，如图 8-13 中用箭头(1)、(2)标明了两处合适的功耗攻击点。

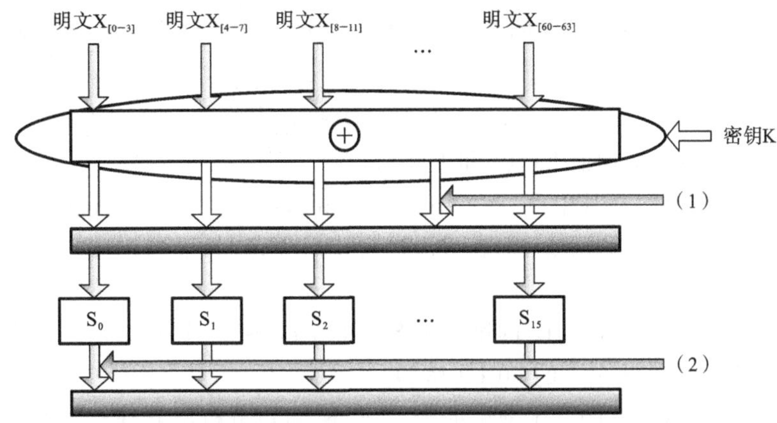


**图 8-13**　PRESENT **算法最佳攻击点**

选取这两点为最佳功耗攻击位置点的主要理由如下。

(1) 对于明文与密钥异或后的攻击采样点。

① PRESENT 算法第一轮运算是由 64 bit 明文与 80 bit 密钥中的前 64 bit 密钥进行异或运算，然后再经寄存器进入后端的 S 盒置换进行操作运算。

② 密钥已经在这一攻击点参与运算，在明文固定不变的情况下，随着密钥的不同，相应的汉明距离也是不同的，在密码芯片电路上可以体现为密钥与功耗有关。

③ 根据功耗攻击原理，在明文确定情况下，可以完整推测与之相对应的密钥位。

由此，选取这一点作为功耗攻击点是可行的，特别是在仿真实验中，选取这一点具有较好的优势，因为数据未做过多运算变化，在仿真攻击平台中易于获取所需数据(或者说对应的汉明距离)。但如果是实际的物理攻击平台，即 PRESENT 加密算法已经进行了物理实现，可以通过示波器来获取相应的功耗曲线。但这一点不是整个密码芯片运算中产生最大功耗时刻点，故不是物理芯片最佳攻击触发点。

(2) 对于选取各 S 盒的第一位输出点。

① S 盒变换是 PRESEN 算法中唯一的非线性部件，因此在密码芯片加密运算时消耗功耗最大，在进行具体的功耗攻击中此点容易分析和测量。

② 攻击数据获取时，时间对齐非常重要，如果用在偏差的时间获取的数据进行统计分析，其猜测的密钥值自然不正确，而 S 盒的第一位输出点易于进行时间点对齐。

③ 在功耗攻击实验中，对 PRESENT 算法 S 盒的其他位数据也进行了获取与统计分析，实验证明攻击第一位获取正确密钥的效果最好。

根据分析，本文使用第二种方法进行 PRESENT 算法的差分功耗攻击。

**3. PRESENT 功耗攻击过程**

PRESENT 加密算法攻击过程如下：

(1) 取 PRESENT 加密算法第一轮为功耗攻击测试点，统计分析$K_1$中的 4 位密钥。

(2) 根据 PRESENT 加密算法的实际运行特点，相应构造 D 函数，D 函数取值为 0 或 1，D 函数与 PRESENT 加密算法输入明文或密钥相关。令 $D=R_{1\text{-}1}$，$R_{1\text{-}1}$代表 PRESENT 算法中$R_1$的第一位。

(3) 执行一次 PRESENT 加密算法，由此可以获得 PRESENT 加密运算后输出 C 和对应的功耗曲线。

(4) 利用 D 函数值可以将不同的明文输入所对应的功耗曲线分为两个相应集合：

$$S_0=\{S_i[j]\mid D=0\}$$

$$S_1=\{S_i[j]\mid D=1\}$$

(5) 分别计算两组的平均值 $E(S_0)$和 $E(S_1)$。

(6) 统计 DPA 偏差[j]，其中$[j]=E(S_0)-E(S_1)$，如果$[j]=0$，则说明实验进行的统计分析密钥错误，在统计分析数据图上则表示为没有相对尖锋，如果$[j]=1$，则在统计分析图上有相对尖锋。

(7) 通过上述统计，可以得到$K_1$的第一个 S 盒的 4 bit 密钥，同样采取类似方法，可以统计分析出 PRESENT 加密算法余下的 60 bit 密钥。

(8) 然后对最后 16(80－64)bit 密钥进行 $2^{16}$穷举，可以分析出 PRESENT 加密算法密钥。

## 8.2.2 ITUbee 密码代数旁路攻击

ITUbee 密码算法是在第二届轻量级加密安全与隐私国际研讨会(LightSec 2013)上提出的[122]，是一种面向软件的轻量级加密算法。与传统分组密码相比，ITUbee 具有执行效率更高、计算资源消耗更少、更适合普适计算等资源受限环境的优点；与其他轻型分组密码相比，ITUbee 算法具有没有密钥扩展、低功耗、更少的内存要求等特点。

在第五届信息安全与密码学国际会议(INSCRYPT) 2009 上，Renauld 等人引入一类新的攻击，该类攻击称为代数旁路攻击，它是经典代数攻击和旁路攻击的结合。旁路攻击的重点是采集加密操作过程中设备运行的物理信息，这些泄露信息通过使用物理测量识别关键字节进行采集。代数旁路攻击的出现弥补了传统旁路攻击所需样本量大、旁路信息利用率低的缺陷，提高了代数攻击求解方程组的速率，降低了求解方程组的复杂度。代数旁路攻击由密码算法和系统泄露信息组成代数方程组进行求解，求方程组的解相当于恢复密码算法的密钥。

本节以 ITUbee 算法为例，介绍代数旁路攻击在实际中的应用。基于布尔理论构造了简洁的 ITUbee 算法代数方程表达式；通过采集 ITUbee 在微控制器运行过程中泄露的信息，将密码中间状态值转化成汉明重量值，并转化为相应代数方程组，与 ITUbee 算法代数方程组联立求解恢复密钥。

### 1. ITUbee 算法描述

从图 8-14 可知，轮变换包括 F 函数、轮密钥加、常数加、L 函数。轮变换过程如图 8-15 所示，其中模块(1)和模块(2)都为 F 函数模块，并且模块(2)复用模块(1)。

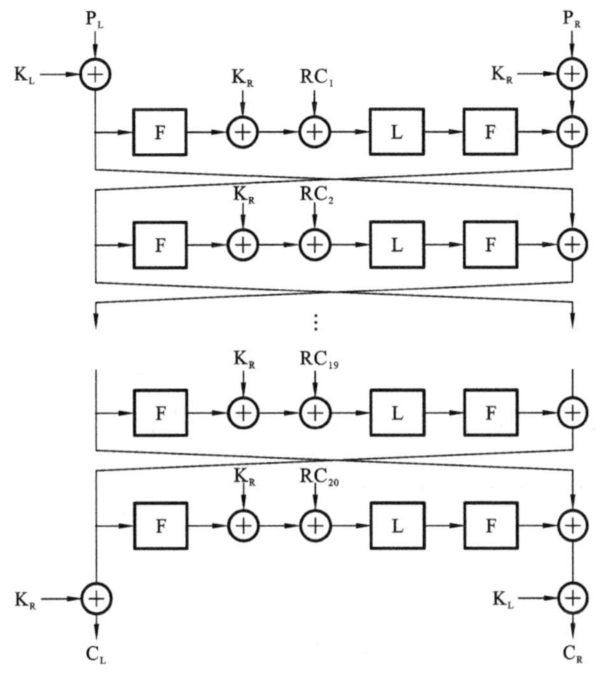


图 8-14　ITUbee 算法结构图

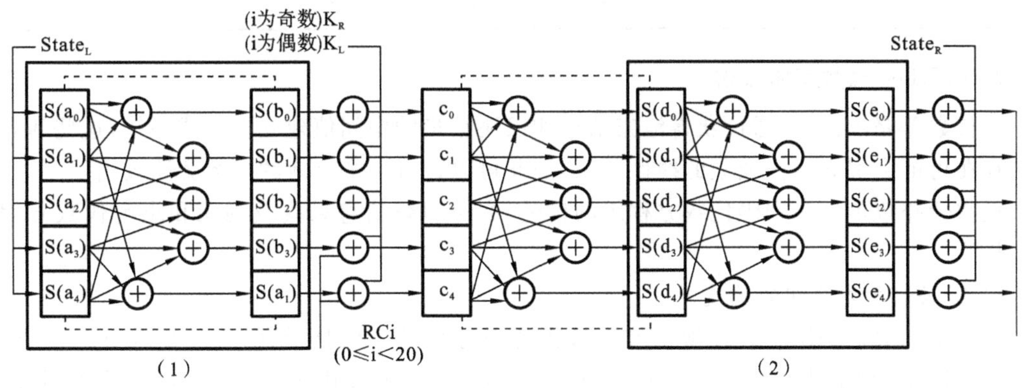


图 8-15　轮变换过程

ITUbee 轮变化描述如下。

(1) 轮函数 F。

轮函数 F 是一个将 40 bit 输入进行非线性变换的函数，由非线性替换函数 S、线性代换函数 L、非线性替换函数 S 复合而成，即 F(X)＝S(L(S(X)))。

(2) S 盒。

在 ITUbee 算法中，唯一的非线性部分是 S 盒操作。分枝数的线性层 F 为 4，这意味着一个 F 运算至少有 4 个 S 盒是活跃的。加密一轮，如果左半部分的输入是活跃的，那么将有 2 个活性的 F 函数。在 Feistel 结构中，如果产生的输出对应到右半部分的功能是一对一的，则左半部的 2 次输入会导致至少连续 3 轮有差异。在密码运算中，这个函数是一一对应的，所以 16 个 S 盒连续活跃 3 轮，至少有 4 个活性的 F 函数。

(3) L 函数。

L 函数主要满足如下运算规则：

$L(a \| b \| c \| d \| e)=(e \oplus a \oplus b) \| (a \oplus b \oplus c) \| (b \oplus c \oplus d) \| (c \oplus d \oplus e) \| (d \oplus e \oplus a)$

(4) 轮密钥加。

轮密钥的选取规则描述如下：

```
for  i= 1,…,20  do
    if  i∈{1,3,…,19}
        RK←K_R
    else
        RK←K_L
```

(5) 轮常数加。

在 ITUbee 算法中，每轮运行一个轮常数(RC[i])。其中 RC[i]如表 8-8 所示。

**表 8-8　轮常数 RC[i]**

| i | $RC_i$ | i | $RC_i$ | i | $RC_i$ | i | $RC_i$ |
|---|---|---|---|---|---|---|---|
| 1 | 1428 | 6 | 0f23 | 11 | 0a1e | 16 | 0519 |
| 2 | 1327 | 7 | 0e22 | 12 | 091d | 17 | 0418 |
| 3 | 1226 | 8 | 0d21 | 13 | 081c | 18 | 0317 |
| 4 | 1125 | 9 | 0c20 | 14 | 071b | 19 | 0216 |
| 5 | 1024 | 10 | 0b1f | 15 | 061a | 20 | 0115 |

**2. ITUbee 代数旁路攻击**

在代数旁路攻击中，通过获得泄露信息如汉明重量的中间值建立多项式系统，这些泄露信息的存在可能会引起一些独立的线性关系，因此可以进行一个有效的代数旁路攻击。

代数旁路攻击分为密码代数方程组的构建、旁路泄露信息采集及利用和求解代数方程组 3 个步骤。

1) 密码代数方程组的构建

第一步的关键是用一组多项式方程来描述目标系统，得到密钥的关键是求解系统方程。为了达到这个目的，将寻找一组涉及明文 P、密文 C 和密钥 K 这些变量的方程来描述 ITUbee。最简单的解决方案是建立一个系统形式的方程。在密码算法代数方程组的构建中，关键是如何构造非线性部分 S 盒的代数方程。

S 盒是 ITUbee 算法的唯一非线性部分，它的代数方程构造是重难点。假设 S 盒输入为 $(x_0,x_1,x_2,x_3,x_4,x_5,x_6,x_7)$，输出为 $(y_0,y_1,y_2,y_3,y_4,y_5,y_6,y_7)$，有以下定义。

**定义 8.2.1**　在有限域 $GF(q^n)$ 上，$x_i=GF(q)$ 与域元素 x 之间的关系为

$$x_i=\sum_{j=0}^{n-1} a_j x^{q^j}$$

**定义 8.2.2**　有限域的元素 $\forall x=(x_{n-1},x_{n-2},\cdots,x_0)=\sum_{i=0}^{n-1} x_i \alpha^i, x_i=GF(q), i=0,1,\cdots,$

$n-1$，$x_i$ 在 $x$ 的函数表达式为

$$x_i = \sum_{j=0}^{n-1} a_j \, x^{q^j}$$

式中：系数为 0 或 1。

S 盒的变换可用下列 $GF(2^8)$ 上的二次方程来描述：

$$\begin{cases} x_0 y_0 = 1 \\ (y_m)^2 = y_{m+1}, \quad 0 \leqslant m \leqslant 7 \end{cases} \tag{8-12}$$

其中，$m+1$ 为模 8 加。上述方程(8-12)假定 S 盒的输入加密过程中不出现零元，这个假设在加密过程中超过一半的概率是正确的，即使假设是无效的，上述方程中只有第一式是错误的。从方程(8-12)可知，S 盒有 9 个二次方程，方程量太少不够超定(XSL 技术要求描述 S 盒的二次方程组是超定的)，可以在不增加变量的情况下增加如下二次方程：

$$x_0 y_1 = y_0 \tag{8-13}$$

通过假设 $(x_0)^2 = x_1$ 和 $(x_1)^2 = x_2$ 来增加两个变量 $x_1$、$x_2$，以得到代数方程组。

Mathematica 科学计算软件重要的特征之一是它不仅能做数值计算，还能进行符号运算。该软件内嵌强大的符号计算功能，但其在密码学研究领域的应用并不多见。这里利用 Mathematica 软件来验证 ITUbee 的代数旁路攻击方程组的准确性。

在构建代数方程时，利用 Mathematica 软件中的符号计算功能，使列方程的复杂度大为降低，只要将算法描述出来，即可得到该算法的代数方程组。

根据定义，利用 Mathematica 软件可以计算获得 ITUbee 算法 S 盒的布尔方程组。ITUbee 算法 S 盒的布尔方程组构造如下。

$x_0 y_2 + x_0 y_5 + x_0 y_7 + x_1 y_1 + x_1 y_4 + x_1 y_6 + x_2 y_0 + x_2 y_3 + x_2 y_5 + x_3 y_2 + x_3 y_4 + x_3 y_7 + x_4 y_1 + x_4 y_3 + x_4 y_6 + x_5 y_0 + x_5 y_1 + x_5 y_2 + x_5 y_4 + x_5 y_5 + x_5 y_6 + x_6 y_0 + x_6 y_3 + x_6 y_5 + x_6 y_6 + x_6 y_7 + x_7 y_2 + x_7 y_4 + x_7 y_5 + x_7 y_6 + x_7 y_7 + x_0 + x_6 = 1$

$x_0 y_0 + x_0 y_3 + x_0 y_6 + x_1 y_1 + x_1 y_2 + x_1 y_4 + x_1 y_5 + x_1 y_6 + x_1 y_7 + x_2 y_0 + x_2 y_1 + x_2 y_3 + x_2 y_4 + x_2 y_5 + x_2 y_6 + x_3 y_0 + x_3 y_2 + x_3 y_3 + x_3 y_4 + x_3 y_5 + x_3 y_7 + x_4 y_1 + x_4 y_2 + x_4 y_3 + x_4 y_4 + x_4 y_6 + x_5 y_0 + x_5 y_2 + x_5 y_0 + x_5 y_2 + x_5 y_3 + x_5 y_4 + x_5 y_5 + x_6 y_1 + x_6 y_2 + x_6 y_3 + x_6 y_4 + x_6 x_7 + x_7 y_0 + x_7 y_2 + x_7 y_3 + x_7 y_4 + x_1 + x_6 + x_7 = 0$

$x_0 y_1 + x_0 y_4 + x_0 y_7 + x_1 y_0 + x_1 y_3 + x_1 y_6 + x_2 y_1 + x_2 y_2 + x_2 y_4 + x_2 y_5 + x_2 y_6 + x_2 y_7 + x_3 y_0 + x_3 y_1 + x_3 y_3 + x_3 y_4 + x_3 y_5 + x_3 y_6 + x_4 y_0 + x_4 y_2 + x_4 y_3 + x_4 y_4 + x_4 y_5 + x_4 y_7 + x_5 y_1 + x_5 y_2 + x_5 y_3 + x_5 y_4 + x_5 y_6 + x_5 y_7 + x_6 y_0 + x_6 y_2 + x_6 y_3 + x_6 y_4 + x_6 y_5 + x_7 y_1 + x_7 y_2 + x_7 y_3 + x_7 y_4 + x_7 y_7 + x_0 + x_2 + x_7 = 0$

$x_0 y_0 + x_0 y_2 + x_0 y_5 + x_1 y_6 + x_1 y_7 + x_2 y_5 + x_2 y_6 + x_3 y_1 + x_3 y_5 + x_3 y_6 + x_4 y_0 + x_4 y_4 + x_4 y_5 + x_5 y_1 + x_5 y_3 + x_5 y_6 + x_5 y_7 + x_6 y_0 + x_6 y_1 + x_6 y_2 + x_6 y_4 + x_6 y_5 + x_7 y_0 + x_7 y_3 + x_7 y_6 + x_7 y_7 + x_1 + x_3 + x_6 = 0$

$x_0 y_1 + x_0 y_3 + x_0 y_6 + x_1 y_0 + x_1 y_1 + x_1 y_2 + x_1 y_4 + x_1 y_5 + x_1 y_6 + x_2 y_0 + x_2 y_3 + x_2 y_5 + x_2 y_6 + x_2 y_7 + x_3 y_2 + x_3 y_4 + x_3 y_5 + x_3 y_6 + x_3 y_7 + x_4 y_3 + x_4 y_5 + x_5 y_1 + x_5 y_2 + x_5 y_6 + x_6 y_0 + x_6 y_1 + x_6 y_5 + x_7 y_0 + x_7 y_1 + x_7 y_6 + x_7 y_7 + x_2 + x_4 + x_6 + x_7 = 0$

$x_0 y_2 + x_0 y_4 + x_0 y_7 + x_1 y_1 + x_1 y_3 + x_1 y_6 + x_2 y_0 + x_2 y_1 + x_2 y_2 + x_2 y_4 + x_2 y_5 + x_2 y_6 + x_3 y_0 + x_3 y_3 + x_3 y_5 + x_3 y_6 + x_3 y_7 + x_4 y_2 + x_4 y_4 + x_4 y_5 + x_4 y_6 + x_4 y_7 + x_5 y_3 + x_5 y_5 + x_6 y_1 + x_6 y_2 + x_6 y_6 + x_7 y_0 + x_7 y_1 + x_7 y_5 + x_3 + x_5 + x_7 = 0$

$$x_0y_0+x_0y_3+x_0y_5+x_1y_2+x_1y_4+x_1y_7+x_2y_1+x_2y_3+x_2y_6+x_3y_0+x_3y_1+x_3y_2+x_3y_4+x_3y_5+x_3y_6+x_4y_0+x_4y_3+x_4y_5+x_4y_6+x_4y_7+x_5y_2+x_5y_4+x_5y_5+x_5y_6+x_5y_7+x_6y_3+x_6y_5+x_7y_1+x_7y_2+x_7y_6+x_4+x_6=0$$

$$x_0y_1+x_0y_4+x_0y_6+x_1y_0+x_1y_3+x_1y_5+x_2y_2+x_2y_4+x_2y_7+x_3y_1+x_3y_3+x_3y_6+x_4y_0+x_4y_1+x_4y_2+x_4y_4+x_4y_5+x_4y_6+x_5y_0+x_5y_3+x_5y_5+x_5y_6+x_5y_7+x_6y_2+x_6y_4+x_6y_5+x_6y_6+x_6y_7+x_7y_3+x_7y_3+x_7y_5+x_5+x_7=0$$

$$x_0y_2+x_0y_3+x_0y_5+x_1y_2+x_1y_4+x_1y_5+x_2y_2+x_2y_5+x_2y_7+x_3y_0+x_3y_4+x_3y_6+x_3y_7+x_4y_1+x_4y_3+x_4y_5+x_5y_0+x_5y_3+x_5y_7+x_6y_0+x_6y_3+x_6y_7+x_7y_0+x_7y_3+x_7y_6+x_3+x_6=1$$

$$x_0y_0+x_0y_2+x_0y_6+x_1y_0+x_1y_2+x_1y_5+x_2y_1+x_2y_3+x_2y_6+x_3y_0+x_3y_1+x_3y_2+x_3y_4+x_3y_5+x_3y_6+x_3y_7+x_4y_0+x_4y_4+x_4y_5+x_5y_0+x_5y_2+x_5y_5+x_6y_4+x_6y_6+x_7y_1+x_7y_4+x_7y_6+x_0+x_6=1$$

$$x_0y_1+x_0y_3+x_0y_7+x_1y_0+x_1y_2+x_1y_6+x_2y_0+x_2y_1+x_2y_3+x_2y_4+x_2y_5+x_2y_6+x_2y_7+x_3y_1+x_3y_3+x_3y_5+x_4y_1+x_4y_3+x_4y_6+x_5y_1+x_5y_3+x_5y_5+x_5y_6+x_6y_4+x_6y_5+x_7y_3+x_7y_4+x_7y_5+x_3+x_5+x_6=1$$

$$x_0y_1+x_0y_4+x_0y_5+x_1y_0+x_1y_3+x_1y_4+x_2y_1+x_2y_3+x_2y_5+x_3y_0+x_3y_3+x_3y_4+x_4y_0+x_4y_3+x_4y_5+x_4y_6+x_5y_2+x_5y_3+x_5y_6+x_5y_7+x_6y_0+x_6y_1+x_6y_5+x_7y_2+x_7y_5+x_7y_6+x_3+x_4=1$$

半字节的 S 盒可以由 GF(2)上的 21 个二次方程描述，任何半字节 S 盒可由至少 21 个这样的方程来描述。整个 ITUbee 密码算法可以通过 $E=n\times21$ 个二次方程构造，二次方程由 $V=n\times8$ 个变量描述，其中 n 是在 ITUbee 算法中使用的 S 盒数量。在 ITUbee 算法中，$n=20\times16$，因此整个系统由 6720 个二次方程、2560 个变量组成，这是一个典型的超定多变元高次方程组，即方程数多于变量数。在密钥求解时，求解一个这样的超定多变量二次方程组问题是 NP 难问题，复杂度是关于 n 的指数。因此，为了快速有效地求解上述方程组，利用 ITUbee 在运算时泄露的信息再构造一个方程组，基于汉明重量泄露的方程组构建可以有效加速上述方程组的求解，从而高效破解密钥。

2）*旁路泄露信息采集及利用*

由于直接求解代数方程组是一个 NP 难问题，因此需要利用算法加密操作字节中间状态相关的汉明重泄露信息建立额外的方程组来加速求解方程组。

（1）功耗泄露信息采集。

实验过程为在 8 位 AVR 微控制器上实现 ITUbee 加密程序，系统晶振为 20 MHz。为能够方便测量 ITUbee 加密运算时的功耗变化，在微控制器和接地端(GND)之间串联一个 18 Ω 电阻进行信号放大并采集，通过 USB 数据线将采集到的功耗轨迹传到上位 PC 处理。实际操作中，电压设置为 5 V，微控制器为 8 MHz，示波器采样频率为 100 MS/s。

ITUbee 算法的汉明重泄露点选取原理如图 8-16 所示，每轮采集 28 个功耗点，整个加密过程共有 576(20×28+16)个功耗点。由于环境噪声及测试计量仪器精度的影响，部分中间状态字节的汉明重量推断值可能会存在误差，因此对同一明文操作采集 3 次并求平均。同时 SAT 求解器对于输入错误非常敏感，1 bit 输入错误可能导致解析器无解，所以 ITUbee 算法在 20 轮加密过程中的汉明重量信息只有部分可以利用，相当于从全部 20 轮中离散选取汉明重量消息。

（2）汉明重量推断。

假设得到的汉明重量是连续的，因此要找到一个最大信息集的多项式方程来描述汉明重

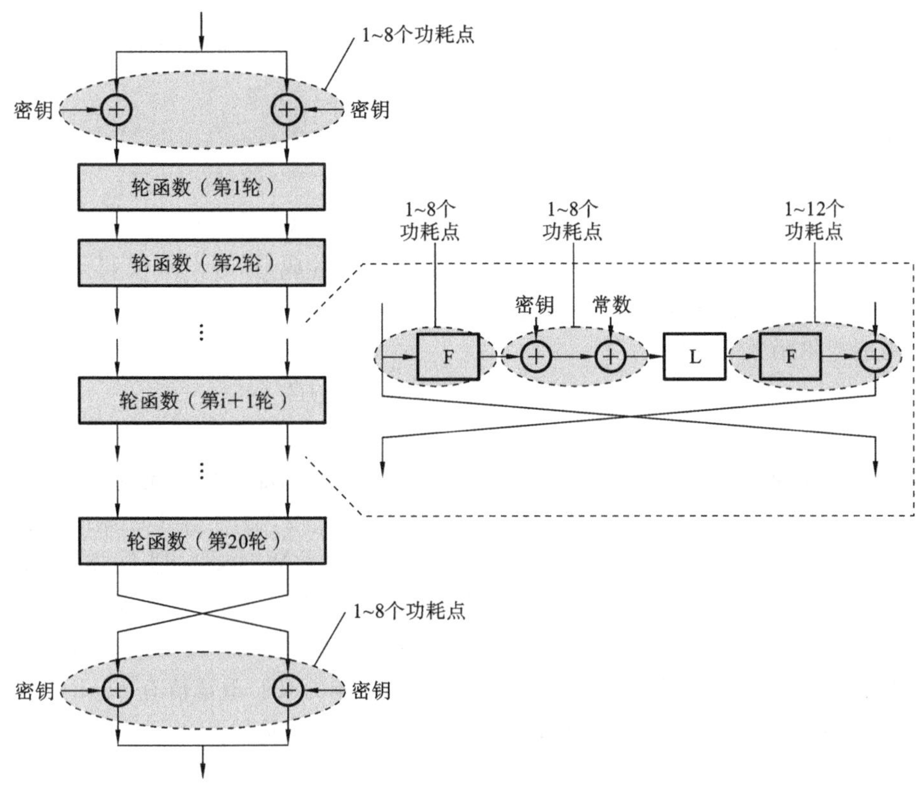


图 8-16　ITUbee 汉明重量泄露点选取

量;如果假定的汉明重量是不连续的,则要选择包括所有汉明重量的类。实验均在理想状况下运行,即得到的汉明重量泄露模型能正确描述设备的功耗。

密码算法运行过程中泄露的功耗信息和操作数的汉明重量之间具有很强的关联性。因此,通过采集到的功耗信息可推断加密过程中各操作对应中间状态字节的汉明重量。为推断 ITUbee 算法加密各个字节的汉明重量,首先需要建立各个汉明重量值对应的功耗轨迹模板,接着利用模板匹配的方式进行汉明重量推断。在模板分析法中的模板搭建阶段,必须根据已知中间状态字节的汉明重量和对应功耗轨迹,为 9 个不同汉明重量分别构建由均值向量和噪声协量方差矩阵组成的二元组$\langle \overline{t_i}, G_i \rangle$$(0 \leqslant i \leqslant 8)$,其中$\overline{t_i}$为均值向量,$G_i$为噪声协方差矩阵。模板搭建完成后,待匹配向量 $t'$和搭建模板间的极大似然度为

$$p(t';\langle \overline{t_i}, G_i \rangle)=\frac{1}{\sqrt{(2\pi)^m |G_i|}}\exp\left(-\frac{1}{2}(t'-\overline{t_i})^T G_i^{-1}(t'-\overline{t_i})\right)$$

根据极大似然法则,$p(t';\langle \overline{t_i}, G_i \rangle)$最大值对应的汉明重量即为该中间状态字节汉明重量推断值。

(3) 汉明重量的布尔函数表示。

设 n 为正整数,对任意的$(x_1, x_2, \cdots, x_n) \in GF(2)$和 $0 \leqslant k \leqslant n-1$,定义$p_n^k(k)=(p_n^k(x_1), p_n^k(x_2), \cdots, p_n^k(x_n))$,其中$p_n^k(k)=\begin{cases} x_{i+k}, & i+k \leqslant n \\ x_{i+k-n}, & i+k > n \end{cases}$。如果对任意的$(x_1, x_2, \cdots, x_n) \in GF(2)$,都有 $f(p_n^k(x))=f(x), 0 \leqslant k \leqslant n-1$,则称 $f(x)$为旋转对称布尔函数。易知,$\{p_n^k | 0 \leqslant k \leqslant n-1\}$是循环群。令$G_n(x)=\{p_n^k | 0 \leqslant k \leqslant n-1\}$,表示在该循环群作用下由向量 x 生成的轨道,定义轨道的

重量为向量 x 的汉明重量。若 $f(x)=\begin{cases}0, & W_H(x)<n/2\\ b_x\in\{0,1\}, & W_H(x)=n/2\\ 1, & W_H(x)>n/2\end{cases}$,则称为择多函数。

以下为汉明重量布尔方程构造方法：

(1) 取定 f(x)为任一 n 元择多函数。

(2) 任取 $GF(2^n)$中一个重量为 n/2－1 的向量$x^{(0)}$,生成$G_n(x^{(0)})$。

(3) 取 $GF(2^n)$中一个重量为 n/2＋1 的向量$y^{(0)}$,生成$G_n(y^{(0)})$,使得对每一个 $\hat{x}\in G_n(x^{(0)})$,都存在唯一的$\hat{y}\in G_n(y^{(0)})$,满足 $WS(\hat{x})\in WS(\hat{y})$。

(4) 构造布尔函数 F(x)：

$$F(x)=\begin{cases}f(x)+1, & x\in G_n(x^{(0)})\cup G_n(y^{(0)})\\ f(x), & \text{其他}\end{cases}$$

当 n＝6 时,不满足上述方法(3)。然而,对任意的 n≥8,都能满足上述方法(3)。事实上,取 $GF(2^n)$中一个重量为 n/2－1 的向量$x^{(0)}$,使得 $WS(x^{(0)})=\{i:1\leqslant i\leqslant n/2-1\}$,再取 $GF(2^n)$中一个重量为 n/2＋1 的向量$y^{(0)}$,使得 $WS(y^{(0)})=WS(x^{(0)})\cup\{n/2+1,n/2+2\}$。当 n≥8 时,$|G_n(x^{(0)})|=|G_n(y^{(0)})|=n$,且对任意的$\hat{x}\in G_n(x^{(0)})$,都存在唯一的 $\hat{y}\in G_n(y^{(0)})$,使得 $WS(\hat{x})\in WS(\hat{y})$。因此,布尔函数 f(x)的变元个数大于或等于 8。

对于长度为 n 的二值向量 $X=(x_1,x_2,\cdots,x_n)$,其可能的汉明重量值有 n+1 个;可用长度为 k 的二值向量 $h=(h_1,h_2,\cdots,h_n)$,对其汉明重量 HW(X)表示如下：

$$h_l=\sum_{t=1}^{p}a_t x_{i_1}x_{i_2}x_{i_q},\quad 1\leqslant i_1\leqslant i_2\leqslant\cdots\leqslant i_q\leqslant n$$

其中,$p=\binom{n}{2^{k-1}}$,$q=2^{k-1}$,$k=[\log_2 n+1]$,$1\leqslant l\leqslant k$。对于 8 bit 的中间状态字节 X,有如表 8-9 所示的 9 种可能的汉明重量 HW(X),且 0≤HW(X)≤8。其汉明重量 HW(X)可以用 4 bit 二值向量 $h=(h_1,h_2,h_3,h_4)$进行表示：

$$\begin{cases}h_0=\prod_{i=1}^{8}x_i\\ h_1=\sum_{i=1}^{70}a_i x_i x_j x_m x_n,\quad 1\leqslant i\leqslant j<m<n\leqslant 8\\ h_2=\sum_{i=1}^{28}a_i x_i x_j,\quad 1\leqslant i<j\leqslant 8\\ h_3=\sum_{i=1}^{8}x_i\end{cases}$$

3) *求解代数方程组*

将汉明重量表示的代数方程组与密码算法方程组联立后,密钥恢复攻击等价于方程组的求解问题。求解代数方程组通常包括基于 Gröbner 基方法和线性化方法、SAT 问题求解。这里主要基于 SAT 解析器来进行代数方程求解,其中解析器选择常用的 Cryptominisat。

由于直接进行 ITUbee 密码代数方程组求解是一个 NP 难问题,因此利用旁路泄露信息构建联立方程组来加速求解。将旁路信息表示成方程并与密码代数方程联立后,密钥恢复攻击等价于方程组求解问题,采用 Cryptominisat 解析器求解。

**表 8-9　中间状态不同汉明重量推断极大似然值**

| 中间状态 | 最大似然值 | | | | | | | | | 推断值 |
|---|---|---|---|---|---|---|---|---|---|---|
| | 0 | 1 | 2 | 3 | 4 | 5 | 6 | 7 | 8 | |
| $X_0^2$ | 0.15 | 0.32 | 0.48 | 0.51 | 0.63 | 0.77 | 0.64 | 0.57 | 0.43 | 5 |
| $X_1^2$ | 0.63 | 0.79 | 0.60 | 0.49 | 0.41 | 0.34 | 0.27 | 0.21 | 0.15 | 1 |
| $X_0^3$ | 0.57 | 0.63 | 0.67 | 0.74 | 0.57 | 0.51 | 0.43 | 0.39 | 0.21 | 3 |
| $X_1^3$ | 0.18 | 0.35 | 0.41 | 0.54 | 0.63 | 0.68 | 0.66 | 0.51 | 0.41 | 5 |
| $X_0^4$ | 0.54 | 0.63 | 0.69 | 0.51 | 0.44 | 0.37 | 0.36 | 0.26 | 0.15 | 2 |
| $X_1^4$ | 0.27 | 0.41 | 0.52 | 0.58 | 0.67 | 0.54 | 0.43 | 0.37 | 0.21 | 4 |
| $X_0^5$ | 0.53 | 0.61 | 0.59 | 0.52 | 0.45 | 0.38 | 0.33 | 0.21 | 0.16 | 1 |
| $X_1^5$ | 0.48 | 0.55 | 0.59 | 0.51 | 0.44 | 0.39 | 0.31 | 0.22 | 0.18 | 2 |

### 8.2.3　PRINCE 轻量级密码算法的差分故障分析

PRINCE 算法是 2012 年亚密会上由 Borgho 等人提出的轻量级分组密码算法，该密码算法主要为资源受限的物联网智能卡加密研发，是一种超轻量级的对称加密算法。

Biham 和 Shamir 在 1997 年的美密会上针对数据加密标准（DES）提出了 DFA（差分故障攻击）技术，该技术利用加密算法的特点和最大似然估计技术来推测加密系统中的关键信息，其密钥的搜索空间远小于差分密钥分析和线性密钥分析等方法，可以破译出目前市场上大部分智能卡。

本小节以 PRINCE 算法为例，介绍差分故障分析方法在实际中的应用。

**1. PRINCE 算法描述**

PRINCE 算法是一种 SPN 结构的轻量级分组密码算法。其明文分组长度为 64 位，用 P 表示；密钥长度为 128 位，用 K 表示，其中 K＝k0 ‖ k1（k0 为 64 bit 白化密钥，k1 为 64 bit 轮密钥）。

算法前后分别与白化密钥 k0、K0′进行运算，中间 PRINCEcore 部分经过 12 轮轮变换，包括两类轮函数 R 和 R′，中间对合轮记为 2 轮。这里主要对 PRINCEcore 进行分析，其结构图以及 PRINCE 加密过程分别如图 8-17 和图 8-18 所示。

**图 8-17　PRINCEcore 结构图**

如图 8-18 所示，前 6 轮与后 6 轮的算法结构基本互逆，其中 RC[i]^RC[11-i]＝Constant＝C0AC29B7C97C50DD，RC[i]（i＝0，1，…，11）表示第 i 轮的轮常数，其值如表 8-10 所示。

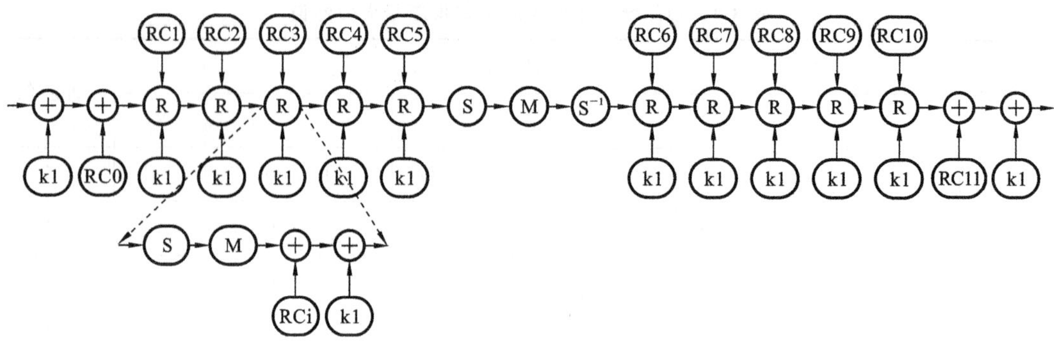


**图 8-18　PRINCE 加密过程**

**表 8-10　RC[i]的取值**

| RC[i] | 值 |
|---|---|
| RC[0] | 0000 0000 0000 0000 |
| RC[1] | 1319 8a2e 0370 7344 |
| RC[2] | a409 3822 299f 31d0 |
| RC[3] | 082e fa98 ec4e 6c89 |
| RC[4] | 4528 21e6 38d0 1377 |
| RC[5] | be54 66cf 34e9 0c6c |
| RC[6] | 7ef8 4f78 fd95 5cb1 |
| RC[7] | 8584 0851 f1ac 43aa |
| RC[8] | c882 d32f 2532 3c54 |
| RC[9] | 64a5 1195 e0e3 610d |
| RC[10] | d3b5 a399 ca0c 2399 |
| RC[11] | c0ac 29b7 c97c 50dd |

假设 $X=X_{15}X_{14}\cdots X_1X_0$ 表示 64 bit 的明文或密文或中间状态，并按序排列成 4×4 的状态矩阵，每个元素包含 4 bit。其轮函数 R 由轮密钥加(AK)、轮常数加(AC)、矩阵乘和 S 盒变换 4 个部分组成，其步骤如下。

(1) 轮密钥加(AK)：轮密钥与状态矩阵按位异或，输出为 64 bit 中间状态。

(2) 轮常数加(AC)：轮常数与状态矩阵按位异或，输出为 64 bit 中间状态。

(3) S 盒变换：S 盒为 4×4 的结构，其具体变换如表 8-11 所示。

**表 8-11　S 盒变换**

| X | 0 | 1 | 2 | 3 | 4 | 5 | 6 | 7 | 8 | 9 | A | B | C | D | E | F |
|---|---|---|---|---|---|---|---|---|---|---|---|---|---|---|---|---|
| S(x) | B | F | 3 | 2 | A | C | 9 | 1 | 6 | 7 | 8 | 0 | E | 5 | D | 4 |

(4) P 置换(矩阵乘)：$M=SR\times M'$，其中 SR 是对状态矩阵的行移位，$M'$是一个 64×64 的对角型对合矩阵，表示为$M'=\mathrm{diag}(\hat{M}^0,\hat{M}^1,\hat{M}^2,\hat{M}^3)$。其中，$\hat{M}^0$ 和$\hat{M}^1$ 的矩阵结构如式(8-14)和式(8-15)所示，$M_0$、$M_1$、$M_2$、$M_3$ 的矩阵结构如式(8-16)和式(8-17)所示。

$$\hat{M}^0 = \begin{Bmatrix} M_0 & M_1 & M_2 & M_3 \\ M_1 & M_2 & M_3 & M_0 \\ M_2 & M_3 & M_0 & M_1 \\ M_3 & M_1 & M_1 & M_2 \end{Bmatrix} \tag{8-14}$$

$$\hat{M}^1 = \begin{Bmatrix} M_3 & M_0 & M_1 & M_2 \\ M_0 & M_1 & M_2 & M_3 \\ M_1 & M_2 & M_3 & M_0 \\ M_2 & M_3 & M_0 & M_1 \end{Bmatrix} \tag{8-15}$$

$$M_0 = \begin{Bmatrix} 0 & 0 & 0 & 0 \\ 0 & 1 & 0 & 0 \\ 0 & 0 & 1 & 0 \\ 0 & 0 & 0 & 1 \end{Bmatrix}, \quad M_1 = \begin{Bmatrix} 1 & 0 & 0 & 0 \\ 0 & 0 & 0 & 0 \\ 0 & 0 & 1 & 0 \\ 0 & 0 & 0 & 1 \end{Bmatrix} \tag{8-16}$$

$$M_2 = \begin{Bmatrix} 1 & 0 & 0 & 0 \\ 0 & 1 & 0 & 0 \\ 0 & 0 & 0 & 0 \\ 0 & 0 & 0 & 1 \end{Bmatrix}, \quad M_3 = \begin{Bmatrix} 1 & 0 & 0 & 0 \\ 0 & 1 & 0 & 0 \\ 0 & 0 & 1 & 0 \\ 0 & 0 & 0 & 0 \end{Bmatrix} \tag{8-17}$$

轮函数的结构图(以 PRINCEcore 部分的最后一轮变换为例)如图 8-19 所示。

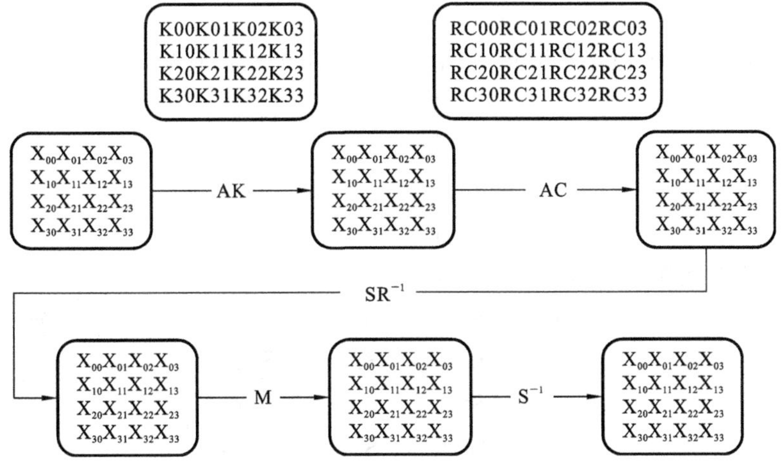


**图 8-19　轮函数结构图**

## 2. PRINCE 差分故障分析

1) 故障模型

由于 PRINCE 算法的 S 盒为 16 个不同的基于半字节的非线性变换,因此这里采用的故障模型是面向半字节的随机故障模型。假设故障发生在 PRINCEcore 部分的最后一轮轮变换输入的某个随机半字节(发生翻转)上。对于同一明文 P,C 表示对应明文 P 正确加密时产生的密文,C′表示对应明文在注入错误后加密产生的错误密文,攻击者可获得在同一密钥 K1 作用下的正确密文 C 与错误密文 C′。并假设对于同一位置,攻击者可以重复导入故障并获取相应的错误密文。通过采集到若干个密文对(C,C′),令 $\triangle C = C \oplus C'$,差分故障攻击通过分析 $\triangle C$ 来推测密钥。

2）差分故障攻击原理

对密码体制进行故障攻击，大致按以下 3 个步骤展开：

(1) 选择明文 P，对加密过程进行故障诱导；

(2) 数据收集：获取明文对应的正确密文 C 与错误密文 C′；

(3) 对收集的数据进行分析，恢复密钥。

### 3. PRINCE 算法的差分故障攻击过程

攻击过程的相关定义如下。

PRINCEcore 部分 64 bit 分组块输入表示为 $X_{ij} \in (F_2^4)^{16}$ $(0<i<3, 0<j<3)$，用矩阵表示为

$$\begin{bmatrix} X_{00} & X_{01} & X_{02} & X_{03} \\ X_{10} & X_{11} & X_{12} & X_{13} \\ X_{20} & X_{21} & X_{22} & X_{23} \\ X_{30} & X_{31} & X_{32} & X_{33} \end{bmatrix}$$

64 bit 密文输出表示为 $Y_{ij} \in (F_2^4)^{16}$ $(0<i<3, 0<j<3)$，用矩阵表示为

$$\begin{bmatrix} Y_{00} & Y_{01} & Y_{02} & Y_{03} \\ Y_{10} & Y_{11} & Y_{12} & Y_{13} \\ Y_{20} & Y_{21} & Y_{22} & Y_{23} \\ Y_{30} & Y_{31} & Y_{32} & Y_{33} \end{bmatrix}$$

$K_{ij}$ 分别包括 64 bit 的白化密钥 k0 和轮密钥 k1，用矩阵表示为

$$\begin{bmatrix} k_{00} & k_{01} & k_{02} & k_{03} \\ k_{10} & k_{11} & k_{12} & k_{13} \\ k_{20} & k_{21} & k_{22} & k_{23} \\ k_{30} & k_{31} & k_{32} & k_{33} \end{bmatrix}$$

$State_{ij}$ 表示状态矩阵，其中 $i=0,1,2,3$，$j=0,1,2,3$，即

$$\begin{bmatrix} State_{00} & State_{01} & State_{02} & State_{03} \\ State_{10} & State_{11} & State_{12} & State_{13} \\ State_{20} & State_{21} & State_{22} & State_{23} \\ State_{30} & State_{31} & State_{32} & State_{33} \end{bmatrix}$$

针对 PRINCE 算法而言，假设故障发生在 PRINCEcore 的最后一轮的某个随机半字节（发生翻转）输入，错误传播过程如图 8-20 所示。

其攻击的基本过程如下。

首先，假设在 PRINCEcore 的最后一轮输入中注入一个随机半字节故障，则可计算 P 置换对应列输出的可能差分值列表 D，D 中包含 64(4×24)个 4 组半字节元素。

然后，得到的正确密文和错误密文组成密文对(C，C′)。如果故障被注入状态矩阵的列数不同，则错误密文与正确密文的不同值也不一样，其错误传播轨迹分别为：

(1) 当故障注入为第 1 列，则 C′和 C 的第 3、5、10、12 个半字节的值不同；

(2) 当故障注入为第 2 列，则 C′和 C 的第 0、6、11、13 个半字节的值不同；

(3) 当故障注入为第 3 列，则 C′和 C 的第 1、7、8、14 个半字节的值不同；

(4) 当故障注入为第 4 列，则 C′和 C 的第 2、4、9、15 个半字节的值不同。

| $X_{00}$ | $X_{01}$ | $X_{02}$ | $X_{03}$ |
|---|---|---|---|
| $X_{10}$ | $X_{11}$ | $X_{12}$ | $X_{13}$ |
| $X_{20}$ | $X_{21}$ | $X_{22}$ | $X_{23}$ |
| $X_{30}$ | $X_{31}$ | $X_{32}$ | $X_{33}$ |

| $X_{00}$ | $X_{01}$ | $X_{02}$ | $X_{03}$ |
|---|---|---|---|
| $X_{10}$ | $X_{11}$ | $X_{12}$ | $X_{13}$ |
| $X_{20}$ | $X_{21}$ | $X_{22}$ | $X_{23}$ |
| $X_{30}$ | $X_{31}$ | $X_{32}$ | $X_{33}$ |

| $X_{00}$ | $X_{01}$ | $X_{02}$ | $X_{03}$ |
|---|---|---|---|
| $X_{10}$ | $X_{11}$ | $X_{12}$ | $X_{13}$ |
| $X_{20}$ | $X_{21}$ | $X_{22}$ | $X_{23}$ |
| $X_{30}$ | $X_{31}$ | $X_{32}$ | $X_{33}$ |

| $X_{00}$ | $X_{01}$ | $X_{02}$ | $X_{03}$ |
|---|---|---|---|
| $X_{10}$ | $X_{11}$ | $X_{12}$ | $X_{13}$ |
| $X_{20}$ | $X_{21}$ | $X_{22}$ | $X_{23}$ |
| $X_{30}$ | $X_{31}$ | $X_{32}$ | $X_{33}$ |

| $X_{00}$ | $X_{01}$ | $X_{02}$ | $X_{03}$ |
|---|---|---|---|
| $X_{10}$ | $X_{11}$ | $X_{12}$ | $X_{13}$ |
| $X_{20}$ | $X_{21}$ | $X_{22}$ | $X_{23}$ |
| $X_{30}$ | $X_{31}$ | $X_{32}$ | $X_{33}$ |

**图 8-20　PRINCEcore 最后一轮输入中注入半字节故障的差分传播过程**

假设在 PRINCEcore 最后一轮的输入状态矩阵注入一个半字节故障后，输出矩阵的第 i、j、k、l 这 4 个半字节对应的差分值为非零值，故障影响到最后一轮密钥的 4 个半字节 $K_iK_jK_kK_l$ 参与的运算。通过穷举这 4 个半字节对应的 24 个候选值，为每个候选值计算出：

$$\Delta i=SB^{-1}(C_i\oplus K_i)\oplus SB^{-1}(C_i'\oplus K_i)$$
$$\Delta j=SB^{-1}(C_j\oplus K_j)\oplus SB^{-1}(C_j'\oplus K_j)$$
$$\Delta k=SB^{-1}(C_k\oplus K_k)\oplus SB^{-1}(C_k'\oplus K_k)$$
$$\Delta l=SB^{-1}(C_l\oplus K_l)\oplus SB^{-1}(C_l'\oplus K_l)$$

将计算得到的 4 个值与列表 D 中包含的 64 个 4 组半字节元素进行匹配，匹配成功的候选值($K_i$、$K_j$、$K_k$、$K_l$)存入列表 key 中。然后通过对一个密文对($C$,$C'$)进行分析，可得 key 表中包含的元素。经过多次在同一位置注入另一个故障并分析得到的密文对，可确定 PRINCEcore 部分的 16 bit 密钥(k1)。

最后，重复 4 次上述过程，即可恢复 PRINCEcore 部分的轮密钥 k1 的全部 64 bit。在此基础上，1 次故障注入即可白化密钥 k0。

### 8.2.4　基于 MILP 方法的 LED 密码安全性分析

LED 密码算法在 2.7 节已给出具体描述，同样自动化 MILP 分析基本原理与模型搭建在 7.7.7 小节给出具体描述，接下来介绍基于 MILP 方法的 LED 密码安全性分析。

**1. 建立 LED 算法的自动化 MILP 模型**

在 LED 密码中，轮函数包括这 5 个模块的变换：轮密钥加、常数加、S 盒变换、行移位及列混淆，这些模块的运算是基于半个字节分组变换运算的。这 5 个模块中，具有混淆作用的模块是 S 盒变换，具有线性扩散作用的模块是行移位变换与列混淆变换。针对 LED 算法是基于半个字节分组变换运算，建立面向半个字节的自动化 MILP 模型[124]。在 LED 算法中，根据算法结构特点，建立自动化 MILP 模型，重点考虑如下几个操作。

(1) S 盒变换：$F_2^4\rightarrow F_2^4$；

(2) 行移位变换与列混淆变换：$F_2^{64}\rightarrow F_2^{64}$。

对于 S 盒变换的 MILP 模型约束，由于 LED 算法的密码生成方案不进行运算操作，从而主要是分析算法加密过程使用的 S 盒变换，结合第 7.7.7 小节中的描述，一个双射的 4×4 S

盒差分分析中，半字节的输入差分是非零，则半字节的输出差分也是非零，此时差分活跃 S 盒表示为 1，反之亦然；用不等式约束为

$$At=\begin{cases}1 & x\neq 0\\ 0 & x=0\end{cases}\tag{8-19}$$

对于行移位变换与列混合变换线性扩散层的 MILP 模型约束，在列混淆变换中，一个 n 阶的 MDS 型矩阵的最大分支数是 n+1(分支数从理论上可以给出差分攻击与线性攻击的抵抗界限，扩散层分支数越大，扩散效果越好)，LED 算法的固定混合矩阵是一个 4 阶 MDS 型的矩阵，线性扩散层达到最佳，从而 LED 算法差分与线性的分支数 B=5，设 d 为一个 0 或 1 的变量。

对于行移位变换的 MILP 模型约束，在行移位变换当中，只是进行半个字节的循环移位操作，没有改变差分变量值，不产生新的差分变量，变化情况如式(8-20)所示。

$$\begin{bmatrix}x_0 & x_4 & x_8 & x_{12}\\ x_1 & x_5 & x_9 & x_{13}\\ x_2 & x_6 & x_{10} & x_{14}\\ x_3 & x_7 & x_{11} & x_{15}\end{bmatrix}\xrightarrow{SR}\begin{bmatrix}x_0 & x_4 & x_8 & x_{12}\,x_5\end{bmatrix}\tag{8-20}$$

行移位变换的 MILP 模型约束 C 语言实现代码描述如下：

```
int state[4];
for(j=1; j<4; i++)
{
    for(i=0; i<4; i++)
        state[i]=a[j][(i+j)%4];
    for(i=0; i<4; i++)
        a[j][i]=state[i];
}
```

对于列混合变换的 MILP 模型约束，列混淆变换是有限域 GF($2^4$)上的矩阵相乘操作，矩阵单元中每一列的每个元素值发生了变化，差分变量值也发生了改变，产生新的差分变量，改变情况如式(8-21)所示。

$$\begin{bmatrix}x_0 & x_4 & x_8 & x_{12}\,x_5\\ x_{10} & x_{14} & x_2 & x_6\,x_{15}\end{bmatrix}\xrightarrow{MC}\begin{bmatrix}x_{16} & x_{20} & x_{24} & x_{28}\,x_{17}\\ x_{18} & x_{22} & x_{26} & x_{30}\,x_{19}\end{bmatrix}\tag{8-21}$$

列混淆变换的 MILP 模型约束 C 语言实现代码描述如下：

```
void MixColumnsSerial(int a[4][4])
{
    for(i=0; i<4; i++)
    {
        for(j=0; j<4; j++)
        printf("x%j+",a[j][i]);
        for(j=0; j<3; j++)
        printf("x%j+",next +j);
        printf("x%j-5 d%j>=0\n",next+3,dummy);
        for(j=0; j<4; j++)
            printf("d%j-x%j>=0\n",dummy,a[j][i]);
```

```
        for(j=0; j<4; j++)
            printf("d%j-x%j>=0\n",dummy,a[j][i]=next++);
        dummy++;
    }
}
```

LED 算法是每 4 轮作为一个大的运算步骤，在这 4 轮运算中，充分使得算法得到混淆与扩散，这里以 LED 算法的一个 4 轮运算进行具体自动化 MILP 模型约束分析，算法 4 轮变换的混淆与扩散情况，如式(8-22)所示。

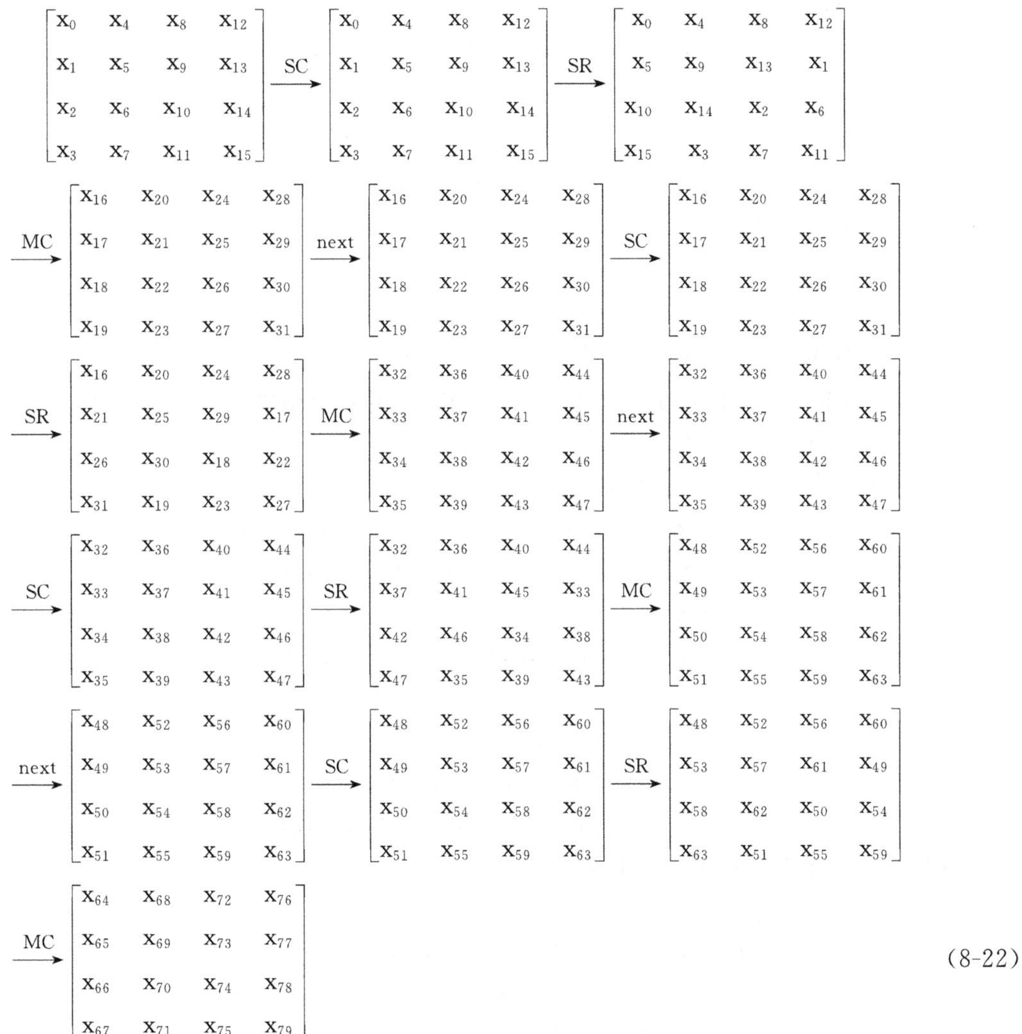

$$
\begin{bmatrix} x_0 & x_4 & x_8 & x_{12} \\ x_1 & x_5 & x_9 & x_{13} \\ x_2 & x_6 & x_{10} & x_{14} \\ x_3 & x_7 & x_{11} & x_{15} \end{bmatrix}
\xrightarrow{SC}
\begin{bmatrix} x_0 & x_4 & x_8 & x_{12} \\ x_1 & x_5 & x_9 & x_{13} \\ x_2 & x_6 & x_{10} & x_{14} \\ x_3 & x_7 & x_{11} & x_{15} \end{bmatrix}
\xrightarrow{SR}
\begin{bmatrix} x_0 & x_4 & x_8 & x_{12} \\ x_5 & x_9 & x_{13} & x_1 \\ x_{10} & x_{14} & x_2 & x_6 \\ x_{15} & x_3 & x_7 & x_{11} \end{bmatrix}
$$
$$
\xrightarrow{MC}
\begin{bmatrix} x_{16} & x_{20} & x_{24} & x_{28} \\ x_{17} & x_{21} & x_{25} & x_{29} \\ x_{18} & x_{22} & x_{26} & x_{30} \\ x_{19} & x_{23} & x_{27} & x_{31} \end{bmatrix}
\xrightarrow{next}
\begin{bmatrix} x_{16} & x_{20} & x_{24} & x_{28} \\ x_{17} & x_{21} & x_{25} & x_{29} \\ x_{18} & x_{22} & x_{26} & x_{30} \\ x_{19} & x_{23} & x_{27} & x_{31} \end{bmatrix}
\xrightarrow{SC}
\begin{bmatrix} x_{16} & x_{20} & x_{24} & x_{28} \\ x_{17} & x_{21} & x_{25} & x_{29} \\ x_{18} & x_{22} & x_{26} & x_{30} \\ x_{19} & x_{23} & x_{27} & x_{31} \end{bmatrix}
$$
$$
\xrightarrow{SR}
\begin{bmatrix} x_{16} & x_{20} & x_{24} & x_{28} \\ x_{21} & x_{25} & x_{29} & x_{17} \\ x_{26} & x_{30} & x_{18} & x_{22} \\ x_{31} & x_{19} & x_{23} & x_{27} \end{bmatrix}
\xrightarrow{MC}
\begin{bmatrix} x_{32} & x_{36} & x_{40} & x_{44} \\ x_{33} & x_{37} & x_{41} & x_{45} \\ x_{34} & x_{38} & x_{42} & x_{46} \\ x_{35} & x_{39} & x_{43} & x_{47} \end{bmatrix}
\xrightarrow{next}
\begin{bmatrix} x_{32} & x_{36} & x_{40} & x_{44} \\ x_{33} & x_{37} & x_{41} & x_{45} \\ x_{34} & x_{38} & x_{42} & x_{46} \\ x_{35} & x_{39} & x_{43} & x_{47} \end{bmatrix}
$$
$$
\xrightarrow{SC}
\begin{bmatrix} x_{32} & x_{36} & x_{40} & x_{44} \\ x_{33} & x_{37} & x_{41} & x_{45} \\ x_{34} & x_{38} & x_{42} & x_{46} \\ x_{35} & x_{39} & x_{43} & x_{47} \end{bmatrix}
\xrightarrow{SR}
\begin{bmatrix} x_{32} & x_{36} & x_{40} & x_{44} \\ x_{37} & x_{41} & x_{45} & x_{33} \\ x_{42} & x_{46} & x_{34} & x_{38} \\ x_{47} & x_{35} & x_{39} & x_{43} \end{bmatrix}
\xrightarrow{MC}
\begin{bmatrix} x_{48} & x_{52} & x_{56} & x_{60} \\ x_{49} & x_{53} & x_{57} & x_{61} \\ x_{50} & x_{54} & x_{58} & x_{62} \\ x_{51} & x_{55} & x_{59} & x_{63} \end{bmatrix}
$$
$$
\xrightarrow{next}
\begin{bmatrix} x_{48} & x_{52} & x_{56} & x_{60} \\ x_{49} & x_{53} & x_{57} & x_{61} \\ x_{50} & x_{54} & x_{58} & x_{62} \\ x_{51} & x_{55} & x_{59} & x_{63} \end{bmatrix}
\xrightarrow{SC}
\begin{bmatrix} x_{48} & x_{52} & x_{56} & x_{60} \\ x_{49} & x_{53} & x_{57} & x_{61} \\ x_{50} & x_{54} & x_{58} & x_{62} \\ x_{51} & x_{55} & x_{59} & x_{63} \end{bmatrix}
\xrightarrow{SR}
\begin{bmatrix} x_{48} & x_{52} & x_{56} & x_{60} \\ x_{53} & x_{57} & x_{61} & x_{49} \\ x_{58} & x_{62} & x_{50} & x_{54} \\ x_{63} & x_{51} & x_{55} & x_{59} \end{bmatrix}
$$
$$
\xrightarrow{MC}
\begin{bmatrix} x_{64} & x_{68} & x_{72} & x_{76} \\ x_{65} & x_{69} & x_{73} & x_{77} \\ x_{66} & x_{70} & x_{74} & x_{78} \\ x_{67} & x_{71} & x_{75} & x_{79} \end{bmatrix}
\tag{8-22}
$$

LED 算法 4 轮运算的 MILP 模型主模块 C 语言实现代码描述如下：

```
int main()
{
    int a[4][4];
    for (j=0; j<4; j++)
        for (i=0; i<4; i++)
            a[j][i]=next++;
        printf("Minimize\n");
```

```
        /* 输出目标函数*/
    for (j=0; j<ROUNDS*16-1; j++)
    printf("x%j+",j); /* ROUNDS 是轮数*/
    printf("x%j\n\n",ROUNDS*16-1);
    printf("Subject To\n");
    /* 轮函数约束*/
    for (r=0; r<ROUNDS; r++)
    { ShiftRows(a);
    MixColumnsSerial(a); }
    /* 至少有一个 S 盒是活跃的*/
    for (j=0; j<ROUNDS*16-1; j++) printf("x%j+",j);
    printf("x%j>=1\n\n",ROUNDS*16-1);
    printf("Binary\n"); /* 变量约束*/
    for (j=0; j<16; j++) printf("x%j\n",j);
    for (j=0; j<dummy; j++) printf("d%j\n",j);
    printf ("End\n");
    return 0;
}
```

**2. MILP 模型求解 LED 算法活跃 S 盒**

通过建立 LED 算法半字节的自动化 MILP 模型，并将模型进行 C 语言编程实现，对算法的 4 轮运算进行每一轮自动化约束，4 轮约束不等式如下。

LED 算法的第 1 轮运算约束不等式：

$$\begin{cases} x_0+x_5+x_{10}+x_{15}+x_{16}+x_{17}+x_{18}+x_{19}-5d_0\geqslant 0 \\ d_0-x_i\geqslant 0, \quad i=0,5,10,15,16,17,18,19 \end{cases} \tag{8-23}$$

$$\begin{cases} x_1+x_6+x_{11}+x_{12}+x_{20}+x_{21}+x_{22}+x_{23}-5d_1\geqslant 0 \\ d_1-x_i\geqslant 0, \quad i=1,6,11,12,20,21,22,23 \end{cases} \tag{8-24}$$

$$\begin{cases} x_2+x_7+x_8+x_{13}+x_{24}+x_{25}+x_{26}+x_{27}-5d_2\geqslant 0 \\ d_2-x_i\geqslant 0, \quad i=2,7,8,13,24,25,26,27 \end{cases} \tag{8-25}$$

$$\begin{cases} x_3+x_4+x_9+x_{14}+x_{28}+x_{29}+x_{30}+x_{31}-5d_3\geqslant 0 \\ d_3-x_i\geqslant 0, \quad i=3,4,9,14,28,29,30,31 \end{cases} \tag{8-26}$$

LED 算法的第 2 轮算法约束不等式：

$$\begin{cases} x_{16}+x_{21}+x_{26}+x_{31}+x_{32}+x_{33}+x_{34}+x_{35}-5d_4\geqslant 0 \\ d_4-x_i\geqslant 0, \quad i=16,21,26,31,32,33,34,35 \end{cases} \tag{8-27}$$

$$\begin{cases} x_{20}+x_{25}+x_{30}+x_{19}+x_{36}+x_{37}+x_{38}+x_{39}-5d_5\geqslant 0 \\ d_5-x_i\geqslant 0, \quad i=20,25,30,19,36,37,38,39 \end{cases} \tag{8-28}$$

$$\begin{cases} x_{24}+x_{29}+x_{18}+x_{23}+x_{40}+x_{41}+x_{42}+x_{43}-5d_6\geqslant 0 \\ d_6-x_i\geqslant 0, \quad i=24,29,18,23,40,41,42,43 \end{cases} \tag{8-29}$$

$$\begin{cases} x_{28}+x_{17}+x_{22}+x_{27}+x_{44}+x_{45}+x_{46}+x_{47}-5d_7\geqslant 0 \\ d_7-x_i\geqslant 0, \quad i=28,17,22,27,44,45,46,47 \end{cases} \tag{8-30}$$

LED 算法的第 3 轮运算约束不等式：

$$\begin{cases} x_{32}+x_{37}+x_{42}+x_{47}+x_{48}+x_{49}+x_{50}+x_{51}-5d_8\geqslant 0 \\ d_8-x_i\geqslant 0, \quad i=32,37,42,47,48,49,50,51 \end{cases} \tag{8-31}$$

$$\begin{cases} x_{36}+x_{41}+x_{46}+x_{35}+x_{52}+x_{53}+x_{54}+x_{55}-5d_9\geqslant 0 \\ d_9-x_i\geqslant 0, \quad i=36,41,46,35,52,53,54,55 \end{cases} \tag{8-32}$$

$$\begin{cases} x_{40}+x_{45}+x_{34}+x_{39}+x_{56}+x_{57}+x_{58}+x_{59}-5d_{10}\geqslant 0 \\ d_{10}-x_i\geqslant 0, \quad i=40,45,34,39,56,57,58,59 \end{cases} \tag{8-33}$$

$$\begin{cases} x_{44}+x_{33}+x_{38}+x_{43}+x_{60}+x_{61}+x_{62}+x_{63}-5d_{11}\geqslant 0 \\ d_{11}-x_i\geqslant 0, \quad i=44,33,38,43,60,61,62,63 \end{cases} \tag{8-34}$$

LED 算法的第 4 轮运算约束不等式：

$$\begin{cases} x_{48}+x_{53}+x_{58}+x_{63}+x_{64}+x_{65}+x_{66}+x_{67}-5d_{12}\geqslant 0 \\ d_{12}-x_i\geqslant 0, \quad i=48,53,58,63,64,65,66,67 \end{cases} \tag{8-35}$$

$$\begin{cases} x_{52}+x_{57}+x_{46}+x_{35}+x_{52}+x_{53}+x_{54}+x_{55}-5d_{13}\geqslant 0 \\ d_{13}-x_i\geqslant 0, \quad i=52,57,62,51,68,69,70,71 \end{cases} \tag{8-36}$$

$$\begin{cases} x_{56}+x_{61}+x_{50}+x_{55}+x_{72}+x_{73}+x_{74}+x_{75}-5d_{14}\geqslant 0 \\ d_{14}-x_i\geqslant 0, \quad i=56,61,50,55,72,73,74,75 \end{cases} \tag{8-37}$$

$$\begin{cases} x_{60}+x_{49}+x_{54}+x_{59}+x_{76}+x_{77}+x_{78}+x_{79}-5d_{15}\geqslant 0 \\ d_{15}-x_i\geqslant 0, \quad i=60,49,54,59,76,77,78,79 \end{cases} \tag{8-38}$$

根据 LED 算法的 4 轮运算约束不等式，进行求解算法前 4 轮差分活跃 S 盒，在 MILP 自动化分析模型中，r 轮差分特征至少包含一个 S 盒是活跃 S 盒，根据算法的第 1 轮约束不等式，设一个半字节的差分变量 $x\neq 0$，经过算法的 S 盒变换，由于 LED 算法的 S 盒是一个双射的 S 盒，当输入差分是非零时，输出差分也是非零，从而 LED 算法第 1 轮运算得到 1 个差分活跃 4×4 S 盒，再经过行移位变换与列混淆变换，半字节的差分变量由 $x_0,x_1,\cdots,x_{15}$ 变为 $x_{16},x_{17},\cdots,x_{31}$，根据约束不等式(8-23)，若半字节的差分变量 $x_0\neq 0$，则变量 $d_0\neq 0$；为了满足约束不等式(8-23)成立，则

$$\begin{cases} x_{16}\neq 0 \\ x_{17}\neq 0 \\ x_{18}\neq 0 \\ x_{19}\neq 0 \end{cases} \tag{8-39}$$

同时，其他半字节差分变量为零，使得约束不等式(8-24)、(8-25)及(8-26)成立。

在第 2 轮约束不等式中，由于第 1 轮运算中 4 个差分变量 $x_{16},x_{17},x_{18},x_{19}$ 都不为 0，经过算法的 S 盒变换，则 LED 算法第 2 轮运算得到 4 个差分活跃 S 盒，再经过行移位变换与列混淆变换，半字节的差分变量由 $x_{16},x_{17},\cdots,x_{31}$ 变为 $x_{32},x_{33},\cdots,x_{47}$，根据约束不等式(8-27)、(8-28)、(8-29)及(8-30)，4 个差分变量 $x_{16},x_{17},x_{18},x_{19}$ 都不为 0，则变量 $d_4,d_5,d_6,d_7$ 都不为 0；为了满足约束不等式(8-27)、(8-28)、(8-29)及(8-30)成立，则

$$\begin{cases} x_{32}\neq 0 \\ x_{33}\neq 0 \\ x_{34}\neq 0 \\ x_{35}\neq 0 \end{cases}, \quad \begin{cases} x_{36}\neq 0 \\ x_{37}\neq 0 \\ x_{38}\neq 0 \\ x_{39}\neq 0 \end{cases}, \quad \begin{cases} x_{40}\neq 0 \\ x_{41}\neq 0 \\ x_{42}\neq 0 \\ x_{43}\neq 0 \end{cases}, \quad \begin{cases} x_{44}\neq 0 \\ x_{45}\neq 0 \\ x_{46}\neq 0 \\ x_{47}\neq 0 \end{cases} \tag{8-40}$$

在第 3 轮约束不等式中，由于第 2 轮运算中 16 个差分变量 $x_{32},x_{33},\cdots,x_{47}$ 都不为 0，经过算法的 S 盒变换，LED 算法第 3 轮运算得到 16 个差分活跃 S 盒，再经过行移位变换与列混淆变换，半字节的差分变量由 $x_{32},x_{33},\cdots,x_{47}$ 变为 $x_{48},x_{49},\cdots,x_{63}$，根据约束不等式(8-31)、(8-32)、

(8-33)及(8-34),16 个差分变量$x_{32}$,$x_{33}$,…,$x_{46}$,$x_{47}$都不为 0,则变量$d_8$,$d_9$,$d_{10}$,$d_{11}$都不为 0;为了满足不等式(8-31)、(8-32)、(8-33)及(8-34)成立,则

$$\begin{cases} x_{48} \neq 0 \\ x_{53} \neq 0 \\ x_{58} \neq 0 \\ x_{63} \neq 0 \end{cases} \tag{8-41}$$

在第 4 轮约束不等式中,由于第 3 轮运算中 4 个差分变量$x_{48}$、$x_{53}$,$x_{58}$,$x_{63}$都不为 0,经过算法 S 盒替换变换,LED 算法第 4 轮运算得到 4 个差分活跃 S 盒,再经过行移位变换与列混合变换,半字节的差分变量由$x_{48}$,$x_{49}$,…,$x_{62}$,$x_{63}$变为$x_{64}$,$x_{65}$,…,$x_{78}$,$x_{79}$,根据约束不等式(8-31)、(8-32)、(8-33)及(8-34),4 个差分变量$x_{48}$、$x_{53}$、$x_{58}$、$x_{63}$都不为 0,则变量$d_{12}$不为 0;为了满足约束不等式(8-35)成立,可以选择半字节差分变量$x_{64}$不为 0,同时,其他半字节差分变量为零,使得约束不等式(8-36)、(8-37)及(8-38)成立。

经过第 4 轮约束不等式的分析之后,在第 4 轮中又恢复到只有 1 个半字节差分变量不为 0,其他半字节差分变量为 0;从而算法第 5 轮的变量与约束不等式与第 1 轮的情况相同,从而 LED 算法后续运算变换出现了像前 4 轮一样的周期性变化,所以,只需通过计算前 4 轮的活跃 S 盒,寻找周期变化规律,可以精确地推算出全轮 LED 算法的活跃 S 盒数量。LED 算法前 4 轮计算得到差分活跃 S 盒至少为 25(1+4+16+4)个。

建立 LED 算法的自动化 MILP 模型进行差分分析,分析过程中,半字节差分变量个数、约束不等式数量及活跃 S 盒数量随着算法加密轮数递增的变化情况如表 8-12 所示,列举了算法 14 轮加密。

**表 8-12 MILP 模型的 LED 算法差分分析**

| 轮数 | 半字节差分变量个数 | 不等式数量 | 活跃 S 盒数量 |
|---|---|---|---|
| 1 | 32 | 36 | 1 |
| 2 | 48 | 72 | 5 |
| 3 | 56 | 108 | 21 |
| 4 | 64 | 144 | 25 |
| 5 | 80 | 180 | 26 |
| 6 | 96 | 216 | 30 |
| 7 | 112 | 252 | 46 |
| 8 | 128 | 288 | 50 |
| 9 | 140 | 324 | 51 |
| 10 | 156 | 360 | 55 |
| 11 | 172 | 396 | 71 |
| 12 | 188 | 432 | 75 |
| 13 | 204 | 468 | 76 |
| 14 | 220 | 504 | 80 |

从表 8-13 可以看出,r 轮 LED 算法的 MILP 模型差分分析规模为 16+16×r 个半字节差分变量和 36×r 个约束不等式,LED-64 算法活跃 S 盒数量变化情况如表 8-13 所示,LED-128 算法活跃 S 盒数量变化情况如表 8-14 所示。

通过分析表 8-13 与表 8-14 的结果，算法 4 轮加密运算是包含至少 25 个活跃 S 盒，LED-64 算法全轮至少有 200 个活跃 S 盒，LED-128 算法全轮至少有 300 个活跃 S 盒。这个结果与 LED 算法设计者给出的活跃 S 盒理论值是相同的，从而验证了本文提出的基于半字节 MILP 自动化搜索模型是正确的。LED 算法的 S 盒的差分概率是 $2^{-2}$，线性概率也是 $2^{-2}$，从而，计算 LED 算法的差分特征与线性逼近：LED-64 算法的最大差分特征概率为$2^{-2\times200}=2^{-400}$，根据堆积定理，最大线性逼近概率为$2^{200-1}\times2^{-2\times200}=2^{-201}$；LED-128 算法的最大差分特征概率为$2^{-2\times300}=2^{-600}$，最大线性逼近概率为$2^{300-1}\times2^{-2\times300}=2^{-301}$。通过计算与分析，证明了 LED 算法能很好抵抗差分与线性攻击。

**表 8-13　LED-64 算法活跃 S 盒数量**

| 轮数 | 1 | 2 | 3 | 4 | 5 | 6 | 7 | 8 |
|---|---|---|---|---|---|---|---|---|
| 数量 | 1 | 5 | 21 | 25 | 26 | 30 | 46 | 50 |
| 轮数 | 9 | 10 | 11 | 12 | 13 | 14 | 15 | 16 |
| 数量 | 51 | 55 | 71 | 75 | 76 | 80 | 96 | 100 |
| 轮数 | 17 | 18 | 19 | 20 | 21 | 22 | 23 | 24 |
| 数量 | 101 | 105 | 121 | 125 | 126 | 130 | 146 | 150 |
| 轮数 | 25 | 26 | 27 | 28 | 29 | 30 | 31 | 32 |
| 数量 | 151 | 155 | 171 | 175 | 176 | 180 | 196 | 200 |

**表 8-14　LED-128 算法活跃 S 盒数量**

| 轮数 | 1 | 2 | 3 | 4 | 5 | 6 | 7 | 8 |
|---|---|---|---|---|---|---|---|---|
| 数量 | 1 | 5 | 21 | 25 | 26 | 30 | 46 | 50 |
| 轮数 | 9 | 10 | 11 | 12 | 13 | 14 | 15 | 16 |
| 数量 | 51 | 55 | 71 | 75 | 76 | 80 | 96 | 100 |
| 轮数 | 17 | 18 | 19 | 20 | 21 | 22 | 23 | 24 |
| 数量 | 101 | 105 | 121 | 125 | 126 | 130 | 146 | 150 |
| 轮数 | 25 | 26 | 27 | 28 | 29 | 30 | 31 | 32 |
| 数量 | 151 | 155 | 171 | 175 | 176 | 180 | 196 | 200 |
| 轮数 | 33 | 34 | 35 | 36 | 37 | 38 | 39 | 40 |
| 数量 | 201 | 205 | 221 | 225 | 226 | 230 | 246 | 250 |
| 轮数 | 41 | 42 | 43 | 44 | 45 | 46 | 47 | 48 |
| 数量 | 250 | 251 | 255 | 271 | 275 | 276 | 280 | 296 |

## 8.3　轻量级分组密码防护对策举例

随着轻量级分组密码发展，越来越多的分析方法也相继提出，主要有差分分析、线性分析、代数分析和功耗分析等。这些分析方法对密码算法的安全性都带来了一些挑战。功耗分析方法具有普适性，能够对主流加密算法进行攻击，攻击成本低，攻击效果好，因此得到广泛的研究与应用。目前的研究表明，由于轻量级密码结构简单，非常容易受到功耗攻击。因此，对于轻量级分组密码算法而言，除了要满足抵抗传统密码学攻击的要求之外，还必须考虑功耗攻击对于算法安全性的影响。

1999 年，Paul Kocher 在 CRYPTO 会议上发表了功耗攻击方面的论文，首次指出功耗分析攻击能够有效获取密码芯片中的秘密信息。功耗攻击的方法主要有：简单功耗攻击（SPA）、差分功耗攻击（DPA）、相关功耗攻击（CPA）以及高阶功耗攻击（HOPA）。功耗攻击可以利用密码芯片运行过程中泄露的功耗信息，对密码芯片进行分析，实施的过程简单、攻击效率高，极具破坏性。攻击时，仅需要数十条能量迹就可以在几分钟内迅速地破解没有防御措施的大多数密码设备。功耗攻击作为比较有效的一种攻击方式，无论在理论研究还是在实际中都得到了广泛的关注。目前，很多密码算法都可以使用功耗攻击方法成功攻击，如 DES、AES、RSA 等经典算法。这些密码算法无论是在单片机上软件实现的，还是在 FPGA 或者 ASIC 上硬件实现的，都能够被成功攻击。因此，如何提高密码算法的防护能力是学术界和工业界的一个研究重点。

**1. 隐藏型防护技术**

简单功耗攻击是通过对密码芯片加密运行过程中泄露的功耗信息，直接获取密钥等信息的攻击方法。如果密码算法运行的指令直接依赖于密钥，则在泄露的功耗能量图中能识别指令，那么就很容易攻击成功。差分功耗攻击是一种通过统计分析密码芯片加密运行过程中的功耗信息而恢复密钥的攻击方法，根据大量的功耗曲线样本来分析密钥的值，相对简单功耗攻击具有更高攻击强度。功耗攻击是将密码算法运算过程的中间值映射为能量消耗，通过大量统计实验采集密码芯片运行过程中消耗的能量数据，最后利用统计学的方法分析中间值对应的能量消耗和实际能量消耗的关系，从而恢复密钥。因此，通过一定的方法消除这种密码算法中间值与能量消耗的相关性就可以增强密码设备的防御能力。研究表明，密码算法在运行过程中消耗的能量与它执行的操作和处理的数据有关。为了实现上述目标，在设计以及实现密码算法的时候，需要使得它的能量消耗与所执行的操作和处理的数据无关。这里主要要两类方法：一类方法是使得密码设备消耗的能量是随机的；另一类方法是使得密码设备在运行过程中消耗的能量在任何时刻都是相等的。

通过为密码算法添加一些防护措施，让密码设备在加解密运行过程中泄漏的能量是随机值，消除能量消耗与密码算法操作或者处理数据的相关性，从而使得攻击者无法利用采集的泄漏能量恢复密钥。实际中，确保密码设备泄漏能量完全随机是难以实现的，只能尽量让密码设备运行时消耗的能量具备随机性。通常可以从两个方面添加防御措施，使得密码设备随机泄漏能量。

一个是在密码设备每次运行过程中，改变密码算法的操作时间，密码设备每次运行过程中泄漏能量的时间不同，如果密码算法的操作时间是随机的，那么泄漏的能量也是随机的。为了改变密码算法的操作时间，通常可以随机插入伪操作或者打乱某些操作的顺序。随机插入伪操作是指在密码设备运行过程中随机插入伪操作。密码设备每次加密运行时，在某些特定位置插入若干个伪操作，伪操作的个数由随机数确定，这样就使得密码设备每一次运行中能量的泄漏呈现出随机性。通常来说，每次运行过程中插入伪操作的总数是一样的，使得攻击者无法通过大量测试分析出插入伪操作位置和数量。在密码算法运行过程中插入伪操作在一定程度上可以使密码设备能量泄漏随机化，而且插入的伪操作的总数越多随机化程度就越高，同时密码设备消耗的能量也越多。

另一个是在密码设备运行过程中，改变密码算法操作的能量泄漏，如果密码算法操作泄漏的能量具备随机性，那么密码设备运行中泄漏的能量也是随机的。对于密码算法，如果存在某些操作在密码设备运行过程中执行的次序不影响加密结果，那么就可以打乱这些操作的执行顺序，使得加密设备每次运行都是随机的。由于密码算法中与执行顺序无关的操作比较有限，在实际中这种方式通常和插入伪操作一起使用。为了使密码设备能量泄漏随机化，一般是在密码设备运行过程中加入噪声信号。通过在密码设备的能量泄漏信号叠加一个具有随机性的噪声信号，使得总信号具备随机性。噪声信号越大，设备的泄漏信号随机化程度越高。

当前密码芯片主要采用 CMOS 集成电路，密码设备运行过程中消耗的能量与密码算法处理的数据有关。将密码算法的中间值映射为能量消耗的方法主要有两种：汉明距离模型（Hamming distance）和汉明重量模型（Hamming weight）。汉明距离模型描述了寄存器电路的能量消耗，即寄存器电路处于高电平“1”或者低电平“0”状态时几乎不会消耗能量，当寄存器从高电平“1”跳转到低电平“0”或者从低电平“0”跳转到高电平“1”时才会消耗能量并且消耗等量能量。如果寄存器电路的状态由 R 变为 R′，那么消耗的能量可以表示为：$W=aHD(R\oplus R')+b$，其中 $HD(R\oplus R')$ 表示寄存器电路状态变化前后的汉明距离，a 和 b 是与实际电路相关的常数。汉明重量模型是汉明距离模型的简化，它假设电路的功耗只与正在处理数据 D 中“1”的个数有关，即电路功耗大小正比于数据 D 中“1”的个数。对于某些采用预充电总线的微控制器，使用汉明重量模型能很好描述功耗波形。为了使密码设备在运行过程中消耗的能量在任何时刻都是相等的，一般可以通过重新设计密码算法的电路或者元器件，让密码设备运行时无论处理“0”还是“1”消耗相同的能量，摆脱上述数据依赖关系。

**2. 掩码型防护技术**

掩码技术是通过在芯片内部引入随机数，对芯片内部的数据进行掩盖，使得芯片的功耗、运行时间以及电磁辐射等因素与内部数据无关。掩码技术是在密码设备加密过程中生成一个随机数，这个随机数参与密码算法的运算，掩盖密码算法原来的中间值。采用掩码技术，密码设备运行过程中消耗的能量依然具备数据依赖性，但是此时的数据是加入的随机数据。由于无法知道加入随机数后的中间数据，也就没办法通过密码算法中间值与能量消耗的联系进行功耗攻击。

在掩码方案的实现中，生成一个随机数 m 作为掩码替换密码算法中原来的中间值，也就是 $vm=v*m$。随机数 m 是密码设备每次加密过程中生成的，无法被攻击者获取。运算符 * 根据密码算法的操作进行定义，一般定义为异或运算、模加运算或者模乘运算。对于采用掩码技术进行防护的密码设备，为了确保加密结果与原加密结果保持一致，在输出加密结果前需要采用一定的方法来消除掩码。

M. Bucci 等人提出了密码算法部件的功耗随机化。K. OKeya 等在 ECC 算法中采用随机射影坐标技术以抵抗 DPA 攻击，H. Chang 等提出基于固定值掩码的 AES 算法实现，可以抵抗二阶 DPA 攻击。Goubin 和 Patarin 提出了一种复制方法来抵抗 DPA 攻击。Chari 等人在上述方法的基础上进一步扩展，将中间状态分解为 k 个部分直接参与运算，输出结果则由这 k 个部分通过一个函数得到。Messergesze 给出了一种 Masking 技术。韩军等人提出插入随机伪操作的算法实现。毛志刚等人提出基于数据掩码的 DES 实现技术，可以抵抗 DPA 攻击。童元满等人从 RSA 和 ECC 算法的细粒度任务调度和基于功耗恒定逻辑单元的半定制设计流程方面研究抵抗功耗攻击。

掩码技术的发展可以分为三个阶段[125]，2005 年前为第一个阶段，主要是一阶功耗攻击掩码技术，期间一些方案被工业界采用。2006—2009 年为第二个阶段，期间高阶 DPA 与高阶掩码方案的研究交替进行。2010 年—至今是掩码防御方法发展的第三个阶段，这一阶段虽然高阶掩码对抗方案也取得了丰盛的成果，但由于高阶掩码方案往往不能在资源受限的智能卡中实现，于是近年来轻量化掩码方案成为研究趋势[126]。

由于轻量级分组密码往往会以软硬件的方式在受限环境下加以应用，攻击者往往能以较低的代价获得相关硬件加以分析，从而算法本身设计及其实现的抗侧信道攻击性质必须得到重视。在针对物联网设备的侧信道攻击中，功耗攻击由于其实用性和有效性得到了算法设计人员和攻击者的关注。功耗攻击是 Kocher 等人提出的，将密码算法运算过程的中间值映射为能量消耗，通过大量统计实验采集密码芯片运行过程中消耗的能量数据，最后利用统计学的方法分析中间值对应的能量消耗和实际能量消耗的关系，从而恢复密钥。目前主要从芯片级、系统级、算法级、门级和晶体管级五个层次进行防护。在功耗攻击的五层防御架构中算法级最普遍，这一抗攻击方案主要利用掩码技术，通过在芯片内部引入随机数，对芯片内部的数据进行掩盖，使得芯片的功耗、运行时间以及电磁辐射等因素与内部数据无关。

本节通过两个例子，介绍如何在算法层面添加掩码来进行防护。8.3.1 小节以 AES 算法为例介绍一阶掩码的设计方法；8.3.2 小节以 LED 算法为例介绍高阶掩码的设计方法。

### 8.3.1　一种 AES 随机变换掩码方案及抗 DPA 分析

密码芯片安全依赖于算法自身以及硬件实现的安全性。差分功耗攻击由于其易于实施、成功率高、所需代价低等特点受到广泛关注。在算法级添加掩码，通过随机产生的掩码掩盖真正的中间值，使得实际功耗与假设功耗统计独立，是一种很好的防护手段。

这里以 AES 算法为例，实现了一种基于随机选择变换的掩码方案，提高了 AES 密码算法抗功耗攻击的能力。

#### 1. AES 加密算法描述

AES 是一个典型的 SPN 结构迭代对称分组密码，密钥长度有 128 位、192 位、256 位三种，AES 的分组长度为 128 位[127]。以密钥和数据分组长度均为 128 位的 AES 为例，AES 密码算法加密过程如图 8-21 所示。

#### 2. 差分功耗攻击原理

大多密码设备采用大规模集成电路设计，其中微处理器一般采用静态互补 CMOS 工艺，而 CMOS 门电路存在数据和操作相关，也就是说不同的操作或是操作对应不同的数据所表现的功耗是不一样的，其功耗与该操作或数据存在相关性。差分功耗攻击正是基于 CMOS 门电路数据相关的一种旁路攻击方法。

第一步，分析密码设备执行密码算法运算的中间结果，这个中间结果是一个函数 $f(d,k)$，其中 $d$ 为已知值，一般为明文或密文，$k$ 为部分密钥，满足该函数的中间值可用来破解密钥。

第二步，测量加密设备泄露的功耗信息，记录每一次执行密码算法时对应的 $d$，同时将这些已知的值记为 $d=(d_1,\cdots,d_D)'$，其中 $d_i$ 代表第 $i$ 次执行密码算法的明文或密文。与之对应的，每一个数据 $d_i$ 的功耗轨迹记为 $t'_i=(t_{i,1},\cdots,t_{i,T})$，$T$ 表示轨迹长度，则 $t'_i$ 为 $D\times T$ 阶矩阵。

第三步，对部分密钥 $k$ 进行猜测破解，利用 $f(d,k)$ 计算中间值，将所有可能的密钥空间记为向量 $K=(k_i,\cdots,k_K)$，设中间值 $V$ 为 $D\times K$ 阶矩阵 $V_{i,j}=f(d_i,k_j)$，其中，$i=(1,\cdots,D)$，$j=$

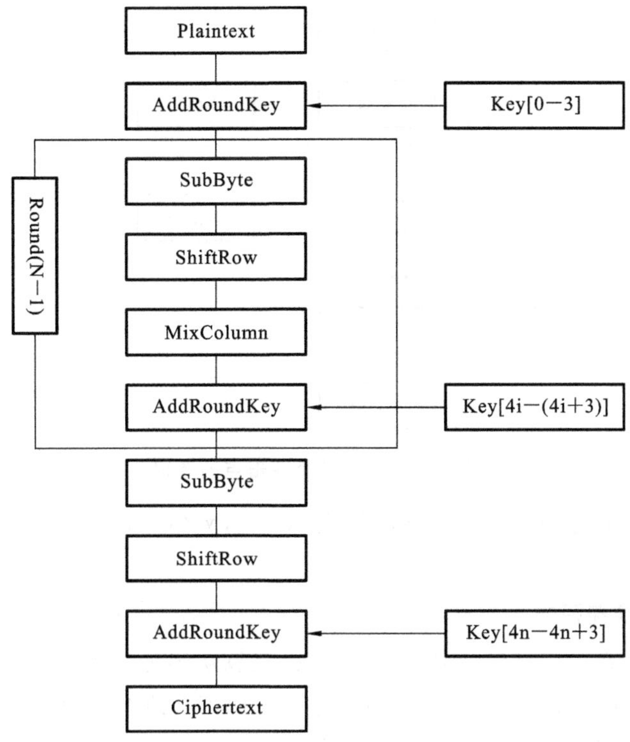


**图 8-21**　AES 加密过程

(1,…,K)。

第四步,选取一个功耗模型,利用中间值 V 得到假设旁路泄露功耗矩阵 H,这里的功耗模型通常选用汉明距离或汉明重量两种模型,本文采用汉明重量模型,即 H=HW(V)。

第五步,将假设功耗与实际泄露的功耗轨迹进行统计分析。将矩阵 H 中第一列 $H_i$ 与矩阵 T 的每一列 $T_j$ 进行相关性分析,结果是 $R_{i,j}$ 值越大,$H_i$ 与 $T_j$ 之间的相关性越大,其中 R 中最大值所对应的密钥 k 即为破解的密钥。

对于 AES,我们将攻击点(见图 8-22)选在第一轮 S 盒运算后,对应的选择函数 f(d,k)=SubByte(state,key),其中,state 为明文的部分值,key 为密钥的部分值。因此,中间值的计算如下:$v_{i,j}=\text{SubByte}(state_i, key_j)$,i=(1,…,D),j=(0,…,255),其中 D 表示采用的明文总数。统计分析通常采用均值差分法或相关性系数分析法,其目的是比较假设功耗与实际功耗的相关性,这里采用均值差分法。均值差分法的原理是利用密码设备处理 0 和 1 所对应的功耗均值之间的差来比较相关性,即选取中间值最高比特位作为区分函数,将实际功耗计算均值差。原理如下:

设 $V_{i,j-0}$ 表示中间值的首比特位,区分函数为 D,D 的取值与中间值有关,为“0”或“1”。以此来划分实际功耗,则有

$$S_{0j}=\{T_i \mid D=0\}$$
$$S_{1j}=\{T_i \mid D=1\}$$

差分值为

$$\Delta_j=\frac{\sum_{j=0}^{255} S_{0j}}{|S_{0j}|}-\frac{\sum_{j=0}^{255} S_{1j}}{|S_{1j}|}$$

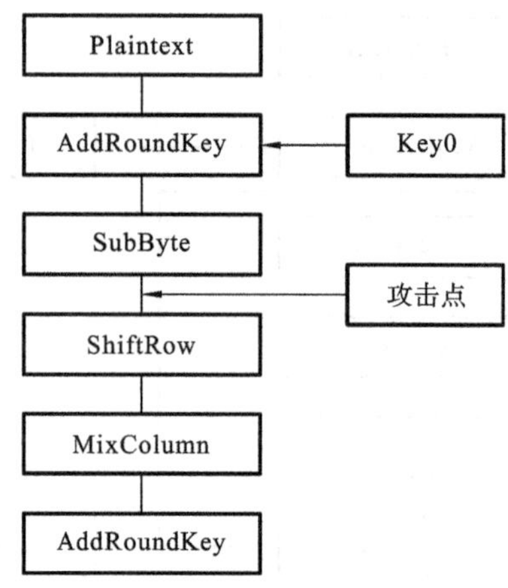


图 8-22　AES 功耗攻击点的选取

当明文数量足够大时，若$k_j$是正确密钥，则 $\Delta_j=\gamma,\gamma\neq 0$；反之，若$k_j$不是正确密钥，则 $\Delta_j\to 0$。

**3. 基于随机变换掩码方案** RSCM

为防止密码算法在运行过程中泄露密钥，对密码算法添加一些随机产生的数据来掩蔽中间值，这些添加的数据称为掩码。对密码算法添加掩码不会改变其输入与输出，掩码只是在加密过程中对相应的数据进行掩盖，可使得算法运行时的实际功耗与假设功耗统计独立。为了对抗功耗攻击，掩码算法需要在每一轮都对中间值进行掩蔽，并且每一轮掩码均是随机产生或是利用随机选择算法选取事先设置好的一系列掩码值。目前用得最多的有两种方案，一是添加额外的轮操作，使得攻击者无法知晓密码算法究竟从何处开始与结束；二是额外构建随机选择算法，每轮随机选择一个掩码，以对每一轮的中间值都进行掩蔽。对于资源受限的密码芯片，需特别注意添加掩码后算法运行速度与资源占用的平衡。

(1) 掩码生成与随机选择算法。

掩码字节生成算法：

掩码序列 M 是一个包含了 16 个掩码字节$M_i$($0\leqslant i\leqslant 15$)，且初始值为 0 的序列，表示为 $M=\{M_0,M_1,M_2,\cdots,M_{15}\}$，其中，每个掩码字节$M_i$中第 j 位为$m_j$，则$M_i=m_0m_1m_2\cdots m_7$。

在该字节中随机选择 W($0\leqslant W<9$)位，插入比特值 1，保证比特值 1 的个数与该字节汉明重量一致，然后计算每个掩码字节的值，并通过临时变量 mb 返回。

掩码字节生成算法描述如下。

```
算法 8-6　掩码字节生成算法 maskbytebuild
Output:掩码字节 mb
int w←rand()%9;
bool m[8]←{0,0,0,0,0,0,0,0};
char mb;
for int i←0 to w do
int index←rand()%8;
m[index]←1;
end
mb←m[0]+m[1]*2+m[2]*4+m[3]*8+m[4]*16+m[5]*32+m[6]*64+m[7]*128;
```

```
return mb;
```

依此方法生成16个掩码字节，这样得到一个初始的掩码序列M。M中包含$mb_0$，$mb_1$，$mb_2$，…，$mb_{15}$。同时随机生成一个16×16的矩阵MS，同样以数组的形式储存在内存中，代码描述如下：

```
for (int j=0;j<256;j++){
    MS[i]=mskbytebuild();
}
```

以$mb_0$～$mb_{15}$这16个字节的初始掩码计算得到16个新的S盒，记为$Sbox_{new0}$，$Sbox_{new1}$，$Sbox_{new2}$，…，$Sbox_{new15}$，将新的S盒以二维数组sboxnew[i][j]的形式存在内存中，那么i分别对应这16个S盒。

随机选择RanSec算法：

首先，随机生成16个0～15的数，分别表示为($r_0$，$r_1$，$r_2$，…，$r_{15}$)，记为R={$r_0$，$r_1$，$r_2$，…，$r_{15}$}。

然后，用R中的元素值作为掩码序列M的下标，构成数组RM[16]={$rm_0$，$rm_1$，$rm_2$，…，$rm_{15}$}，并将它作为加密算法对应轮的掩码。

随机选择RanSec算法描述如下：

```
算法 8-7  随机选择 RanSec 算法
Output:随机选择掩码序列 RM
for i←0 to 16 do
   R[i] ←rand()%16;
end
for j←0 to 16 do
  RM[j]=M[R[j]];
end
return RM;
```

(2) 掩码添加与补偿。

对AES算法中的非线性操作，仍采用异或的方式进行掩码添加与补偿。设原始加密状态值为state，随机掩码为r，非线性操作为fun()，则将状态值与掩码进行异或，从而达到掩蔽中间值的目的，掩码添加后的state′=fun(state⊕r)，由于fun为非线性运算，则state′=fun(state)⊕fun(r)，那么对掩码的补偿操作只需要将state′异或fun(r)，即state=state′⊕fun(r)。

对非线性操作的S盒，采用随机变换的方式进行掩码与补偿。设单位矩阵Matrix[16×16]，有Rx、Ry、MS三个16×16的矩阵，其中Rx与Ry都是根据掩码字节产生的随机行变换矩阵。假设掩码字节$r\in Z_2^8$，令$r=xh\cdot 2^4+yh$，其中，xh表示r的高4位，yh表示r的低4位，则Rx上第i行的元素等于Matrix[16×16]上第$i\oplus xh$行的元素；同理，Ry上第i列的元素等于Matrix[16×16]上第$i\oplus yh$列的元素。新的S盒的计算方法为

$$Sbox_{new}=Rx\cdot Sbox\cdot Ry\oplus MS$$

设S盒的输入与输出分别为a和b，且b=Sbox(a)，则对应掩码操作为

$$Sbox_{new}(a\oplus r)=Sbox(a)\oplus MS(a\oplus r)=b\oplus MS(a\oplus r)$$

则输出b为

$$b=Sbox_{new}(a\oplus r)\oplus MS(a\oplus r)$$

对于AES，矩阵Sbox如表8-14所示。

**表 8-14　Sbox 值**

| 63 | 7c | 77 | 7b | f2 | 6b | 6f | c5 | 30 | 01 | 67 | 2b | fe | d7 | ab | 76 |
|---|---|---|---|---|---|---|---|---|---|---|---|---|---|---|---|
| ca | 82 | c9 | 7d | fa | 59 | 47 | f0 | ad | d4 | a2 | af | 9c | a4 | 72 | c0 |
| b7 | fd | 93 | 26 | 36 | 3f | f7 | cc | 34 | a5 | e5 | f1 | 71 | d8 | 31 | 15 |
| 04 | c7 | 23 | c3 | 18 | 96 | 05 | 9a | 07 | 12 | 80 | e2 | eb | 27 | b2 | 75 |
| 09 | 83 | 2c | 1a | 1b | 6e | 5a | a0 | 52 | 3b | d6 | b3 | 29 | e3 | 2f | 84 |
| 53 | d1 | 00 | ed | 20 | fc | b1 | 5b | 6a | cb | be | 39 | 4a | 4c | 58 | cf |
| d0 | ef | aa | fb | 43 | 4d | 33 | 85 | 45 | f9 | 02 | 7f | 50 | 3c | 9f | a8 |
| 51 | a3 | 40 | 8f | 92 | 9d | 38 | f5 | bc | b6 | da | 21 | 10 | ff | f3 | d2 |
| cd | 0c | 13 | ec | 5f | 97 | 44 | 17 | c4 | a7 | 7e | 3d | 64 | 5d | 19 | 73 |
| 60 | 81 | 4f | dc | 22 | 2a | 90 | 88 | 46 | ee | b8 | 14 | de | 5e | 0b | db |
| e0 | 32 | 3a | 0a | 49 | 06 | 24 | 5c | c2 | d3 | ac | 62 | 91 | 95 | e4 | 79 |
| e7 | c8 | 37 | 6d | 8d | d5 | 4e | a9 | 6c | 56 | f4 | ea | 65 | 7a | ae | 08 |
| ba | 78 | 25 | 2e | 1c | a6 | b4 | c6 | e8 | dd | 74 | 1f | 4b | bd | 8b | 8a |
| 70 | 3e | b5 | 66 | 48 | 03 | f6 | 0e | 61 | 35 | 57 | b9 | 86 | c1 | 1d | 9e |
| e1 | f8 | 98 | 11 | 69 | d9 | 8e | 94 | 9b | 1e | 87 | e9 | ce | 55 | 28 | df |
| 8c | a1 | 89 | 0d | bf | e6 | 42 | 68 | 41 | 99 | 2d | 0f | b0 | 54 | bb | 16 |

假设随机产生掩码字节为 86H，则 xh 与 yh 分别为 8 和 6，则矩阵 Rx 与 Ry 分别如表 8-15、表 8-16 所示。

**表 8-15　Rx 值**

| 0 | 0 | 0 | 0 | 0 | 0 | 0 | 0 | 1 | 0 | 0 | 0 | 0 | 0 | 0 | 0 |
|---|---|---|---|---|---|---|---|---|---|---|---|---|---|---|---|
| 0 | 0 | 0 | 0 | 0 | 0 | 0 | 0 | 0 | 1 | 0 | 0 | 0 | 0 | 0 | 0 |
| 0 | 0 | 0 | 0 | 0 | 0 | 0 | 0 | 0 | 0 | 1 | 0 | 0 | 0 | 0 | 0 |
| 0 | 0 | 0 | 0 | 0 | 0 | 0 | 0 | 0 | 0 | 0 | 1 | 0 | 0 | 0 | 0 |
| 0 | 0 | 0 | 0 | 0 | 0 | 0 | 0 | 0 | 0 | 0 | 0 | 1 | 0 | 0 | 0 |
| 0 | 0 | 0 | 0 | 0 | 0 | 0 | 0 | 0 | 0 | 0 | 0 | 0 | 1 | 0 | 0 |
| 0 | 0 | 0 | 0 | 0 | 0 | 0 | 0 | 0 | 0 | 0 | 0 | 0 | 0 | 1 | 0 |
| 0 | 0 | 0 | 0 | 0 | 0 | 0 | 0 | 0 | 0 | 0 | 0 | 0 | 0 | 0 | 1 |
| 1 | 0 | 0 | 0 | 0 | 0 | 0 | 0 | 0 | 0 | 0 | 0 | 0 | 0 | 0 | 0 |
| 0 | 1 | 0 | 0 | 0 | 0 | 0 | 0 | 0 | 0 | 0 | 0 | 0 | 0 | 0 | 0 |
| 0 | 0 | 1 | 0 | 0 | 0 | 0 | 0 | 0 | 0 | 0 | 0 | 0 | 0 | 0 | 0 |
| 0 | 0 | 0 | 1 | 0 | 0 | 0 | 0 | 0 | 0 | 0 | 0 | 0 | 0 | 0 | 0 |
| 0 | 0 | 0 | 0 | 1 | 0 | 0 | 0 | 0 | 0 | 0 | 0 | 0 | 0 | 0 | 0 |
| 0 | 0 | 0 | 0 | 0 | 1 | 0 | 0 | 0 | 0 | 0 | 0 | 0 | 0 | 0 | 0 |
| 0 | 0 | 0 | 0 | 0 | 0 | 1 | 0 | 0 | 0 | 0 | 0 | 0 | 0 | 0 | 0 |
| 0 | 0 | 0 | 0 | 0 | 0 | 0 | 1 | 0 | 0 | 0 | 0 | 0 | 0 | 0 | 0 |

表 8-16　Ry 值

| 0 | 0 | 0 | 0 | 0 | 0 | 1 | 0 | 0 | 0 | 0 | 0 | 0 | 0 | 0 | 0 |
|---|---|---|---|---|---|---|---|---|---|---|---|---|---|---|---|
| 0 | 0 | 0 | 0 | 0 | 0 | 0 | 1 | 0 | 0 | 0 | 0 | 0 | 0 | 0 | 0 |
| 0 | 0 | 0 | 0 | 1 | 0 | 0 | 0 | 0 | 0 | 0 | 0 | 0 | 0 | 0 | 0 |
| 0 | 0 | 0 | 0 | 0 | 1 | 0 | 0 | 0 | 0 | 0 | 0 | 0 | 0 | 0 | 0 |
| 0 | 0 | 1 | 0 | 0 | 0 | 0 | 0 | 0 | 0 | 0 | 0 | 0 | 0 | 0 | 0 |
| 0 | 0 | 0 | 1 | 0 | 0 | 0 | 0 | 0 | 0 | 0 | 0 | 0 | 0 | 0 | 0 |
| 1 | 0 | 0 | 0 | 0 | 0 | 0 | 0 | 0 | 0 | 0 | 0 | 0 | 0 | 0 | 0 |
| 0 | 1 | 0 | 0 | 0 | 0 | 0 | 0 | 0 | 0 | 0 | 0 | 0 | 0 | 0 | 0 |
| 0 | 0 | 0 | 0 | 0 | 0 | 0 | 0 | 0 | 0 | 0 | 0 | 0 | 0 | 1 | 0 |
| 0 | 0 | 0 | 0 | 0 | 0 | 0 | 0 | 0 | 0 | 0 | 0 | 0 | 0 | 0 | 1 |
| 0 | 0 | 0 | 0 | 0 | 0 | 0 | 0 | 0 | 0 | 0 | 0 | 1 | 0 | 0 | 0 |
| 0 | 0 | 0 | 0 | 0 | 0 | 0 | 0 | 0 | 0 | 0 | 0 | 0 | 1 | 0 | 0 |
| 0 | 0 | 0 | 0 | 0 | 0 | 0 | 0 | 0 | 0 | 1 | 0 | 0 | 0 | 0 | 0 |
| 0 | 0 | 0 | 0 | 0 | 0 | 0 | 0 | 0 | 0 | 0 | 1 | 0 | 0 | 0 | 0 |
| 0 | 0 | 0 | 0 | 0 | 0 | 0 | 0 | 1 | 0 | 0 | 0 | 0 | 0 | 0 | 0 |
| 0 | 0 | 0 | 0 | 0 | 0 | 0 | 0 | 0 | 1 | 0 | 0 | 0 | 0 | 0 | 0 |

随机生成 MS 矩阵如表 8-17 所示。

表 8-17　MS 矩阵值

| 29 | 23 | be | 84 | e1 | 6c | d6 | ae | 52 | 90 | 49 | f1 | f1 | bb | e9 | eb |
|---|---|---|---|---|---|---|---|---|---|---|---|---|---|---|---|
| b3 | a6 | db | 3c | 87 | 0c | 3e | 99 | 24 | 5e | 0d | 1c | 06 | b7 | 47 | de |
| b3 | 12 | 4d | c8 | 43 | bb | 8b | a6 | 1f | 03 | 5a | 7d | 09 | 38 | 25 | f |
| 5d | d4 | cb | fc | 96 | f5 | 45 | 3b | 13 | 0d | 89 | 0a | 1c | db | ae | 32 |
| 20 | 9a | 50 | ee | 40 | 78 | 36 | fd | 12 | 49 | 32 | f6 | 9e | 7d | 49 | dc |
| ad | 4f | 14 | f2 | 44 | 40 | 66 | d0 | 6b | c4 | 30 | b7 | 32 | 3b | a1 | 22 |
| f6 | 22 | 91 | 9d | e1 | 8b | 1f | da | b0 | ca | 99 | 02 | b9 | 72 | 9d | 49 |
| 2c | 80 | 7e | c5 | 99 | d5 | e9 | 80 | b2 | ea | c9 | cc | 53 | bf | 67 | d6 |
| bf | 14 | d6 | 7e | 2d | dc | 8e | 66 | 83 | ef | 57 | 49 | 61 | ff | 69 | 8f |
| 61 | cd | d1 | 1e | 9d | 9c | 16 | 72 | 72 | e6 | 1d | f0 | 84 | 4f | 4a | 77 |
| 02 | d7 | e8 | 39 | 2c | 53 | cb | c9 | 12 | 1e | 33 | 74 | 9e | 0c | f4 | d5 |
| d4 | 9f | d4 | a4 | 59 | 7e | 35 | cf | 32 | 22 | f4 | cc | cf | d3 | 90 | 2d |
| 48 | d3 | 8f | 75 | e6 | d9 | 1d | 2a | e5 | c0 | f7 | 2b | 78 | 81 | 87 | 44 |
| 0e | 5f | 50 | 00 | d4 | 61 | 8d | be | 7b | 05 | 15 | 07 | 3b | 33 | 82 | 1f |
| 18 | 70 | 92 | da | 64 | 54 | ce | b1 | 85 | 3e | 69 | 15 | f8 | 46 | 6a | 04 |
| 96 | 73 | 0e | d9 | 16 | 2f | 67 | 68 | d4 | f7 | 4a | 4a | d0 | 57 | 68 | 76 |

根据$Sbox_{new}=Rx \cdot Sobx \cdot Ry \oplus MS$计算出$Sbox_{new}$，如表 8-18 所示。

**表 8-18　$Sbox_{new}$值**

| 6d | 34 | e1 | 13 | f2 | 80 | 1b | a2 | 4b | e3 | 2d | ac | 8f | 86 | 2d | 4c |
|---|---|---|---|---|---|---|---|---|---|---|---|---|---|---|---|
| 23 | 2e | f9 | 16 | c8 | d0 | 5e | 18 | 2f | 85 | d3 | 42 | be | a3 | 01 | 30 |
| 97 | 4e | 04 | ce | 79 | b1 | 6b | 94 | fb | 7a | cb | e8 | a5 | 5a | e7 | cc |
| 13 | 7d | 46 | 29 | a1 | 98 | a2 | f3 | bd | 05 | ec | 70 | e8 | 31 | c2 | 64 |
| 94 | 5c | 4c | 48 | 65 | 56 | 8c | 85 | 99 | c3 | 79 | 4b | ea | 62 | a1 | 01 |
| 5b | 41 | 5c | f1 | f1 | 26 | 16 | ee | 76 | 5a | b6 | 76 | 65 | 82 | c0 | 17 |
| 78 | b6 | f8 | 44 | 79 | 9a | fe | 22 | 98 | 15 | 57 | 57 | 3e | 9b | 06 | 57 |
| 6e | e8 | c1 | 23 | 10 | d8 | 65 | 21 | 09 | fc | 79 | 98 | 7e | b0 | 26 | 4f |
| d0 | d1 | 24 | 15 | 5a | a7 | ed | 1a | 28 | 99 | a9 | 9e | 06 | d4 | 59 | 8e |
| 26 | 3d | 2b | 47 | 54 | e1 | dc | f0 | 00 | 26 | 81 | 54 | 26 | e0 | e7 | a3 |
| f5 | 1b | de | 06 | bf | 75 | 7c | 34 | 23 | 0b | 42 | ac | 7b | fd | c0 | 70 |
| d1 | 05 | cc | 32 | 7a | bd | 31 | 08 | 80 | 57 | 1f | eb | 4f | 31 | 97 | 3f |
| 12 | 73 | 94 | 1b | ca | c3 | 14 | a9 | ca | 44 | de | c8 | ae | 32 | d5 | 7f |
| bf | 04 | 70 | fc | d4 | 8c | de | 6f | 23 | ca | 5f | 4b | 85 | 0a | e8 | d4 |
| 2b | f5 | d1 | 97 | ce | af | 1e | 5e | 1a | 96 | 39 | 29 | fa | 39 | 2f | fd |
| ae | 86 | 9c | 44 | 56 | a0 | 36 | cb | 27 | 25 | 5a | b5 | 0a | 76 | d4 | c0 |

查表时，设明文字节 x=23H，则 S 盒输出结果 b=26H，那么掩码时，以$Sbox_{new}$进行查表操作，则应当以 $x \oplus 86H$ 作为输入，即 $x'=A5H$，则$Sbox_{new}(A5)=75H$。去除掩码时，以$Sbox_{new}(x')$的结果异或 $MS(x')$矩阵，从表 8-17 可以查到 $MS(A5)=53H$，那么$Sbox_{new} \oplus MS=75H \oplus 53H=26H$，以此去除掩码，当 xh 与 yh 均等于 0 时，此掩码方式即为固定值掩码。

（3）RSCM 算法实现。

RSCM 算法实现时，将前两轮与最后一轮采用随机选择变换的掩码防护措施。

令 $r=xh \cdot 2^4+yh$，r 分别取自 M 中 $mb_0 \sim mb_{15}$，根据 $Sbox_{new}$ 计算公式计算出 16 个 $Sbox_{new\,0} \sim Sbox_{new\,15}$，以及 MS 矩阵，并将它们都事先存放在内存中，运行随机选择算法得到一组掩码 RM，则

$$state_i=Sbox_{new\,i}(state_i \oplus rm_i)$$

掩码的补偿操作为

$$state_i=Sbox_{new\,i}(state_i \oplus rm_i) \oplus MS(state_i \oplus rm_i)$$

对于中间轮的固定值掩码，每轮加密采用同一组掩码，并且每个字节均采用相同的掩码，S 盒掩码添加与补偿为 $S'(x \oplus r)=S(x) \oplus r$，则 $S'(x)=S(x \oplus r) \oplus r$，第三轮加密时，随机选择一组 8 位的掩码，对每一个状态字节都计算 $S'(x)$，最后一轮利用该掩码进行补偿即可。

这样将前两轮与最后一轮的中间值有效保护起来，使得实际功耗与假设功耗统计独立，而对于中间轮，采用固定值掩码策略，可以较好节省实现资源，提高加密速度，同时也使中间轮的安全性得到提高。

RSCM 算法实现流程如图 8-23 所示。

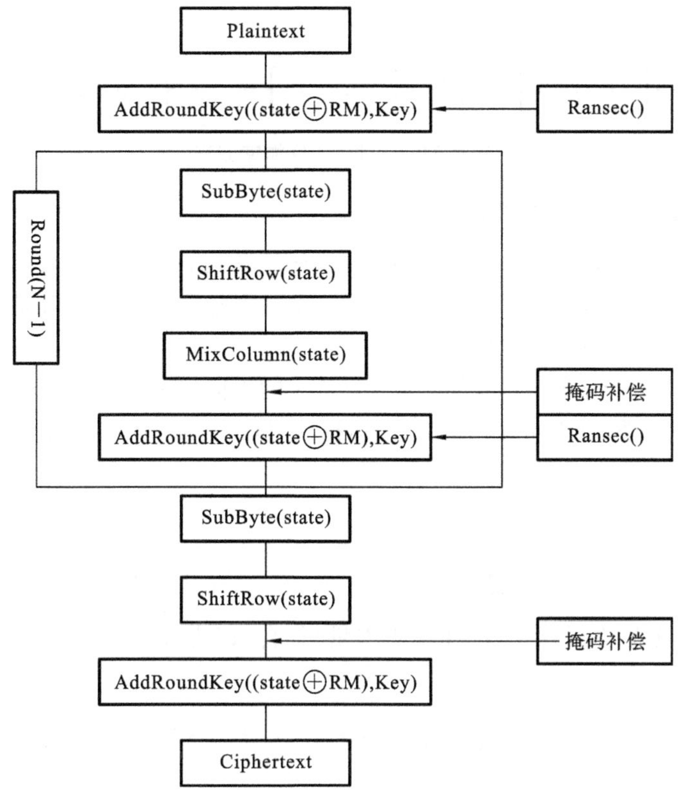


**图 8-23　RSCM 防护方案**

以汉明重量作为产生随机掩码的种子，考虑了掩码字节间汉明重量均匀分布，利用随机选择的方式，在前两轮与最后一轮对密码算法进行重点保护，保证了每次使用的掩码随机分布，使得其对基于偏移量的一阶 CPA 攻击具有抵抗能力。对密码算法前两轮以及最后一轮使用随机选择掩码进行保护，中间轮采用固定值掩码进行保护，能提高密码算法的运行效率，降低密码设备的资源消耗。对密码算法中非线性结构 S 盒的输入和输出以不同的方式进行掩码操作。

## 8.3.2　一种抗高阶旁路攻击的 LED 密码算法

LED 密码算法是 Jiao Guo 在 2011 年加密硬件与嵌入式系统国际会议上提出来的一种超轻量级密码算法[129]。

轻量级密码算法结构简单，更容易被旁路攻击成功。针对这一点，李浪等人提出了一种全随机掩码的 LED 密码算法 CMLED。

### 1. LED 密码算法描述

LED 分组密码算法分组长度为 64 位，密钥长度有 64 位和 128 位两种，考虑资源约束，这里以 64 位密钥长度 LED 为例进行研究。64 位密钥长度的 LED 有 32 轮运算，明文输入后进行密钥加，进行第一个 4 轮运算，其中 LED 每轮变换包括密钥加、常数加、S 盒变换、行移位和列混淆变换 5 个模块，其中列混淆变换通过矩阵相乘模块，然后再进行密钥加，随即进行第二个 4 轮运算，具体运算流程图如图 8-24 所示。

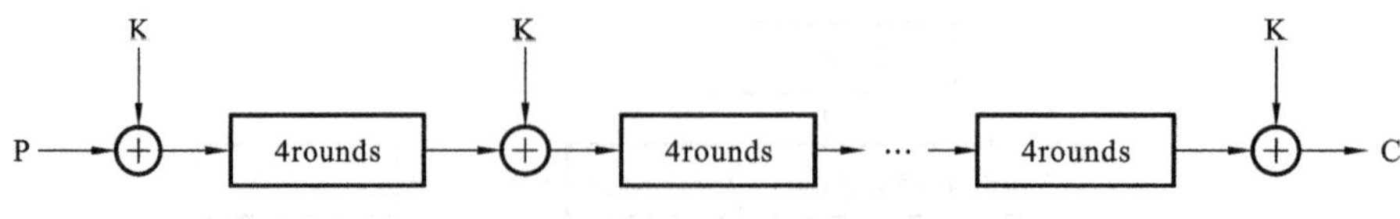


图 8-24 64 位 LED 加密流程

**2. LED 高阶差分功耗攻击描述**

高阶差分功耗攻击(HODPA)是利用 LED 密码芯片运行时泄漏功耗,基于泄漏进行一定的统计技术分析出密钥的攻击方法。HODPA 需要对大量采集到的功耗曲线样点进行统计,具有比简单功耗攻击更高的成功效率。

令 $p_1$、$p_2$ 是 LED 密码算法内部某个相关状态 s 的不同概率分布,按 $p_1$ 分布状态的瞬间功耗与按 $p_2$ 分布状态的瞬间功耗有一定的差别,据此可以对同一操作所测得的大量功耗样点就某个相关状态进行统计测试。

X 的经验方差 S 为

$$S_{x^2} = \left(\frac{1}{m-1}\sum_{i=1}^{m}(x_1^i - \overline{x_1})^2, \cdots, \frac{1}{m-1}\sum_{i=1}^{m}(x_1^i - \overline{x_1})^2\right) \tag{8-41}$$

**定义 8.3.1** 设 Y 为任意正数(如汉明重量)集合,记为 $Y=\{Y_1, Y_2, \cdots, Y_m\}$,则 X 和 Y 的协方差为

$$S_{xy} = \left(\frac{1}{m-1}\sum_{i=1}^{m}(x_1^i - \overline{X_i})(Y_1 - \overline{Y}), \cdots, \frac{1}{m-1}\sum_{i=1}^{m}(x_1^i - \overline{X_1})(Y_1 - \overline{Y})\right) \tag{8-42}$$

由此可得

$$R = \frac{S_{xy}}{S_x S_y} \tag{8-43}$$

在后期分析统计中,如果 LED 密钥猜测正确时,则 R 的值会比较大,表现在统计波形图上则是一个明显的尖峰;反之趋向于 0。

**3. CMLED:完全随机掩码 LED 算法**

(1) 随机掩码可抗功耗攻击的数学证明。

对于高阶功耗差分攻击防御而言,需要使 LED 密码芯片运算时泄露的功耗与真实密钥参与运算时表现无相关性,随机掩码就是一种这样的技术。在密钥参与运算前,添加随机掩码,最后针对 LED 密钥某一攻击点即使攻击成功,攻击得到的也是加有随机掩码的密钥,而不是真实密钥。如果随机掩码选择得好,则可以使式(8-43)中的 R 为一恒定值或 0。

下面用形式化的数学来证明随机掩码可以抗高阶差分功耗攻击,同时通过数学证明可以得到选择最佳随机掩码的方法。

令 x 的第 d 位为 0 的概率为 βd(x),攻击者猜测密钥为$k_{i,j}^0$,Δd 为差分功耗曲线,攻击者用 $f=a_{i,j}$ 选择位计算差分功耗曲线 Δd,则载入$t_{i,j}$时差分功耗曲线上对应的尖峰为

$$\varepsilon_{\text{load}t_{i,j}} = \frac{2}{N}\left\{\sum_{V_c \in \partial 1_d(a_{i,j})} V_c(t_{\text{load}t_{i,j}}) - \sum_{V_c \in \partial 0_d(a_{i,j})} V_c(t_{\text{load}t_{i,j}})\right\} \tag{8-44}$$

由于$a_{i,j}$的第 d 位与$a_{i,j} \oplus k_{i,j}^0$的第 d 位相等的概率为 $\beta_d(m_r)$,差异功耗曲线上尖峰的数值为

$$\varepsilon_{\text{load}t_{i,j}} = \frac{2}{N}\left\{\beta_d(m_r)\sum_{V_c \in \partial 1_d(a_{i,j}\oplus m_r)} V_c(t_{\text{load}t_{i,j}}) - [1-\beta_d(m_r)]\sum_{V_c \in \partial 0_d(a_{i,j}\oplus m_r)} V_c(t_{\text{load}t_{i,j}})\right\}$$

$$-\beta_d(m_r)\sum_{V_c\in\partial 0_d(a_{i,j}\oplus m_r)}V_c(t_{loadt_{i,j}})-[1-\beta_d(m_r)]\sum_{V_c\in\partial 1_d(a_{i,j}\oplus m_r)}V_c(t_{loadt_{i,j}})$$

$$=\frac{2[2\beta_d(m_r)-1]}{N}\left\{\sum_{V_c\in\partial 1_d(a_{i,j}\oplus m_r)}V_c(t_{loadt_{i,j}})-\sum_{V_c\in\partial 0_d(a_{i,j}\oplus m_r)}V_c(t_{loadt_{i,j}})\right\} \tag{8-45}$$

由式(8-45)可知，如果$\beta_d(m_r)$为 0.5，则相应的掩码值任意位为 0 的概率是 0.5，功耗曲线上的表现则为尖锋是 0，由此无法得到密钥。

(2) CMLED：完全随机掩码 LED 算法。

在 LED 密码算法中添加随机掩码的原则是不能影响最后输出的加密结果，即在输出密文时要去掉随机掩码的影响。对于 LED 密码算法，轮密钥加、常数加、行移位都是线性变换，对于线性变换只需再次异或掩码即可恢复正确文本，但非线性变换则不行，需要进行相应算法设计才能恢复正确文本。LED 密码算法中 S 盒变换、列混淆变换是非线性变化，因此要对其进行单独设计。

下面对完全随机掩码和 LED 算法 CMLED 设计与实现进行叙述，算法描述语言为 C 语言。

S 盒随机掩码实现如下。

S 盒变换函数：可以按下面的原则达到非线性变换的目的，构造新的 S 盒子。对于任何数 x，使用随机数 m，使新的字节代换满足：

$$\text{SubCell}(m+x)=\text{M\_Subcell}(x)+m\ (\text{加法都是用异或代替}) \tag{8-46}$$

LED 中每次都是半个字节(4 位)替换，于是对于每个随机数，有 16 种结果，重新构造的 S 盒有 256 个结果。

根据重新构造 S 盒的原则，SubCell(R+x)=M_Subcell(R)+R；在新的 S 盒做变化的时候，需要传递随机数作为数组 M_Sbox 第一个下标判断是由哪个随机数产生的结果，举例说明。

例 1：

```
SubCell(R+x)=M_Subcell(x)+R;
M_SubCell(x+R)=Subcell(x)+R;
```

做两次 S 盒变换：

```
M_SubCell(M_SubCell(R+x))=M_SubCell(SubCell(x)+ R)
=M_SubCell(SubCell(x))+R
```

在 LED 中，明文 Plaintext$=S_0S_1S_{14}S_{15}$；

密钥 keys$=K_0K_1K_{14}K_{15}$；

随机数 random$=R_0R_1R_{14}R_{15}$；

对于 16 个字节 S 盒变换应该始终对应：

```
M_SubCell(M_SubCell(Ri+Si))=M_SubCell(SubCell(Si)+Ri)
=M_SubCell(SubCell(Si))+Ri
ShitfRow:
```

在 LED 算法中，state 需要行移位，同样让随机数组也行移位，保证了 state 的第 i 字节和随机数 random 中第 i 字节始终对应。

```
ShiftRow(state);
ShiftRow(randoms); M _SubCell (M _SubCell (random+ state)) = M _SubCell (SubCell
(state)+random)
```

```
=M_SubCell(SubCell(state))+random
```

列混淆随机掩码实现如下。

Mixcloumn 函数：LED 中利用矩阵和中间状态 state，该矩阵不像 AES 中的矩阵做线性变化，处理的办法是在列混淆之前，将中间状态 state 和随机数做一次异或运算，之后得到的 state 与没加掩码计算出来的结果一致，完成列混淆后，再让 state 和随机数做一次异或运算。

## 8.4 轻量级分组密码优化举例

在轻量级分组密码算法的应用中，为了提高加密速度，减轻 CPU 的负担，通常用硬件电路去实现密码算法。由于计算机系统的硬件资源是有限的，可以用于实现密码算法的硬件资源不超过 2000 个门电路，轻量级分组密码算法的硬件实现与优化获得了广泛的研究与关注。在用硬件实现密码算法过程中，通过对原始算法进行优化，可以大幅降低实现面积，提高加密速率。在 CHES 2007 会议上，Bogdanov 等人提出了 PRESENT 加密算法，该算法支持 80 位和 128 位的密钥长度，64 位的分组长度[1]。PRESENT 算法在硬件面积的轻量化上取得了很好的效果，PRESENT-80 算法只需要 1570 个门电路，获得了业界的广泛认可。PRESENT 密码作为一个典型的轻量级分组密码算法代表，对它的相关研究没有停止过。德国 Host Görtz 研究所 M. Sbeiti 和 C. Rolfes 分别在 FPGA 平台和 ASIC 硬件平台上实现了 PRESENT；其中 C. Rolfes 在 ASIC 平台上实现的方案与 Bogdanov 实现的方案相比，门电路数减少 31.5%，仅为 1075 门；功耗降低了 49.6%，为 2.52 μW。

密码算法的硬件实现方法主要有两种：一种是轮运算迭代；另一种是轮运算展开。

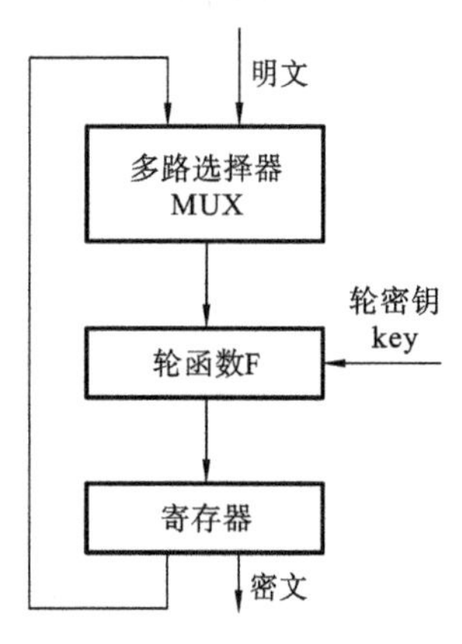


**图 8-25　密码算法循环迭代硬件实现框图**

密码算法采用轮运算迭代方式实现的计算流程如下：假设密码算法迭代轮数为 n，密码算法首先输入明文数据和密钥，输入数据和密钥进行轮运算，经过 n 轮循环迭代运算后得到相应的密文数据。根据密码算法的运算流程，可以得到算法的硬件实现框图。如图 8-25 所示，密码算法硬件实现框图主要由多路选择器 MUX、轮函数 F 和寄存器组成。多路选择器 MUX 用来选择每一次进行轮运算的数据，也就是选择输入给轮函数的数据是输入的明文数据还是上一轮计算保存在寄存器中的数据。轮函数 F 是实现密码算法的一轮加密操作，主要包括轮密钥加、S 盒变换、P 置换等。寄存器用来保存轮运算的结果，n 轮迭代完成后输出最终的密文。对于采用循环迭代结构实现的密码算法，每一个时钟周期只能完成一轮迭代运算，如果密码算法有 n 轮迭代，就需要 n 个时钟。

密码算法的轮运算展开结构，则是在硬件实现中添加 n 个轮函数模块，输入的明文数据逐级流过 n 个轮函数模块，在最后一个轮函数模块输出密文。相对于循环迭代结构，密码算法一个时钟完成 n 轮计算操作。由于轮运算展开结构的延迟时间略低于循环迭代结构一轮运算的 n 倍，运算效率提高不大，但是消耗的面积与迭代计算次数 n 成正比。因此，实际应用中主要采用循环迭代结构来实现密码算法。

除了轮运算迭代和轮运算展开两种基本的实现方法以外，通过串行实现的方式可以大大减少硬件资源的消耗，以及采用流水线的方式可以显著提高密码算法的吞吐率。

（1）串行实现。

从目前公开发表的论文可知，通过轮实现和串行实现的方式可以大大减少硬件资源的消耗。采用串行的设计方式，对核心模块进行分时复用，并共享加密和密钥扩展的数据通路，从而减小电路面积。例如，PRESENT 算法的分组长度是 64 位，密钥长度有 80 位和 128 位两种，加密变换需要 32 轮迭代运算，S 盒为 4 位，S 盒替换共需要 16 个 S 盒，如果采用串行设计方式，对 S 盒分时复用，可以使用 2 个 S 盒来实现 S 盒替换，这样就可以通过减少 S 盒数目来减少密码算法硬件实现面积。

AES 密码芯片高速实现的最新成果来自于东南大学的单伟伟教授针对物联网的超低功耗需求和安全需求，设计了超高能效的 AES 算法加密电路，使其具有小面积和低功耗，满足轻量级应用。通过将数据通路从 128 bit 并行处理变为 8 bit 串行处理，从而降低了功耗和面积。同时，针对 8 bit AES 电路的吞吐率降低的问题，提出了双 S 盒的实现方式，其中 1 个 S 盒用于数据加密，另一个 S 盒前 4 周期用于密钥产生，之后与第一个 S 盒并行用于数据加密。因此，采用 11 周期实现密钥扩展和数据处理模块，并充分利用二者并行执行的特性，以仅 113 个周期实现 AES 加密。该电路在 TSMC 28 nm CMOS 工艺上完成了流片，测试结果表明，AES 电路的能量效率达到了 923 Gbps/W，是目前所能达到的最高能效。

（2）流水线实现。

在高性能、大规模运算系统中广泛采用流水线（pipe-line）的设计方法，如 Intel 处理器在指令的读取和执行周期中充分地运用了流水线技术以提高性能，在高速实现密码芯片，采用流水线结构来提高芯片的运算性能（吞吐率）也是重要研究方面。

流水线设计实际上是把规模较大、层次较多的组合逻辑电路分为几个级，在每一级插入寄存器组并暂存中间数据。K 级的流水线就是从组合逻辑的输入到输出恰好有 K 个寄存器组（分为 K 级，每一级都有一个寄存器组），上一级的输出是下一级的输入并且无反馈的电路。

通过图 8-26、图 8-27 将组合逻辑设计转换为相同的组合逻辑功能的流水线设计，这个组合逻辑包括两级：第一级的延迟是 T1 和 T3 两个时延中的最大值；第二级的延迟等于 T2 的延迟。为了通过这个组合逻辑得到稳定的计算结果输出，需要等待的传播延迟为[max（T1，T3）＋T2]个时间单位。在从输入到输出的每一级插入寄存器后，流水线设计的第一级寄存器所具有的总的延迟为 T1 与 T3 时延中的最大值加上寄存器的 Tco（触发时间）。同时，第二级寄存器延迟为 T2 的时延加上 Tco。采用流水线设计取得稳定输出的总体计算周期为 max（max（T1，T3）＋Tco，（T2＋Tco））。

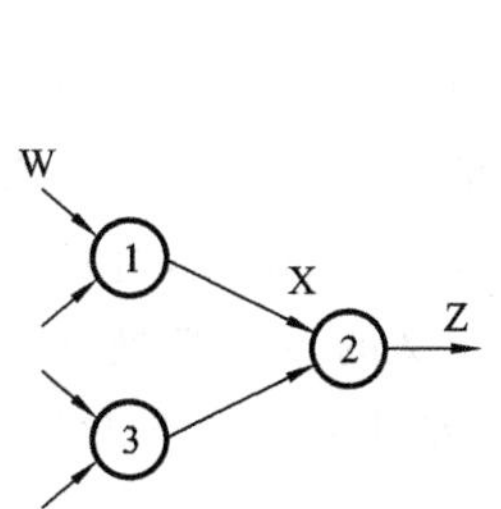


**图 8-26　组合逻辑设计**

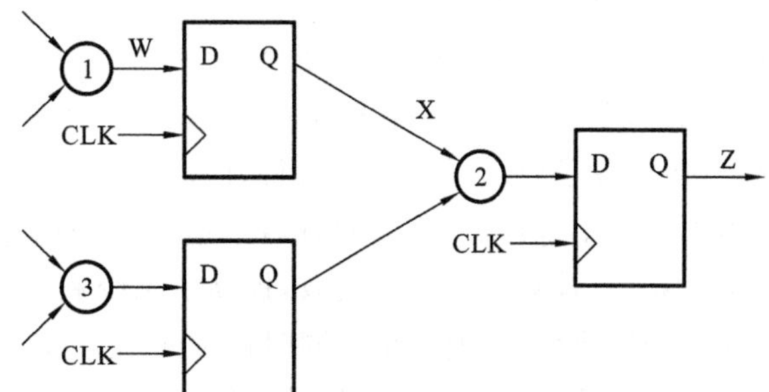


**图 8-27　组合逻辑设计转化为流水线设计**

流水线设计需要两个时钟周期来获取第一个计算结果，而只需要一个时钟周期来获取随后的计算结果，开始时用来获取第一个计算结果的两个时钟周期称为采用流水线设计的首次延迟。对于硬件电路来说，器件的时延如 T1、T2 和 T3 相对触发器的 Tco 要长得多，并且寄存器的建立时间 Tsu 也要比器件的时延快得多。只有在上述关于硬件时延的假设为真的情况下，流水线设计才能获得比同功能的组合逻辑设计更高的性能。

在分组密码算法芯片的设计中，由于密码算法一般由许多轮相同的运算迭代而成，因此可以对算法的单轮采用流水线设计方法提高数据的单轮处理速度，从而提高整个密码芯片的速度，这称为轮外流水线方法。另外，也可以在将各轮运算展开的基础上，在各轮运算之间加入寄存器，实现轮内流水线。将以上两种方法结合，可以实现更高的运算速度，即混合流水线方法。

出于性能上的考虑，采用流水线的方式可以显著提高密码算法的吞吐率，但是这种实现方式会增加硬件资源的消耗，在设计中需要根据实际情况进行综合考虑。

在过去的研究中，轻量级密码算法的研究者更为重视硬件实现的面积优化或者密码算法执行效率的优化。然而，随着近年来物联网中越来越多的设备采用电池供电，研究者应该关注密码算法在功耗方面的优化，帮助物联网设备延长使用时间。轻量级密码算法的功耗优化将会在资源受限的应用环境中占据重要地位。针对无线传感器网络，2018 年 Sreenath 等人提出了低功耗的 AES 实现方法。2019 年，Abed 等人对 SIMON 算法进行了功耗优化，功耗降低了 45%。Mohd 等人提出了适合于物联网的密码算法的功耗优化方法和技术。

轻量级分组密码算法的硬件实现在功耗、面积和延时三者之间进行权衡。在已公布的研究中，有些研究者注重对算法消耗的面积进行优化，忽略了算法的性能导致延迟时间过大；有些研究者注重对密码算法的性能优化，结果又大大增加了算法所需门电路个数。同样的，对密码算法进行功耗方面的优化也会对算法的实现面积和性能造成一定影响。因此，在对轻量级分组密码算法进行硬件实现时，需要综合考虑功耗、面积和延迟。

本节分别以典型轻量级分组密码算法 KLEIN、PRESENT、LBlock、Piccolo 为例，给出它们的硬件优化实现方法。

### 8.4.1 KLEIN 加密算法优化研究

KLEIN 算法的密钥长度为 64、80 和 96 位三种[130]。不失一般性，本文以密钥长度为 64 位的 KLEIN 加密算法为研究对象，对其进行平衡优化研究。64 位密钥长的 KLEIN 算法运算流程如图 8-28 所示。

**1. 优化思路**

(1) 优化后的 KLEIN 程序流程。

图 8-29 所示的为优化后的 KLEIN 加密算法运算流程。

将 KLEIN 算法的 S 盒、字节替换、行移位、列混淆变换、密钥扩展基本子模块都整合到一个模块里，使得各子模块可以并行执行，同时新增 Tab 盒。Tab 盒是将伽罗华域上所有元素的 2 倍预先存储于寄存器中，即所有后续运算只需通过 Tab 盒查表和相加运算，避免了有限域的乘法运算，有效减少了运算次数，提高了系统利用率。另外，将明文的 S 盒替换和密钥扩展放在同一个模块里，在模块里用同时连续赋值方式实现，这样只需要开辟一个 S 盒数组，就可以减少寄存器的个数。密钥扩展的密钥扩展轮常量 i 采用自加形式。

(2) 模块优化思路。

① 字节替换。

字节替换(SubBytes)是 KLEIN 密码算法中非线性变换。该置换包含一个作用在状态字节上的 S 盒(用 S-box 表示)。假设该步骤的输入为 x，输出为 y，即 y=S(x)。该步骤是将一

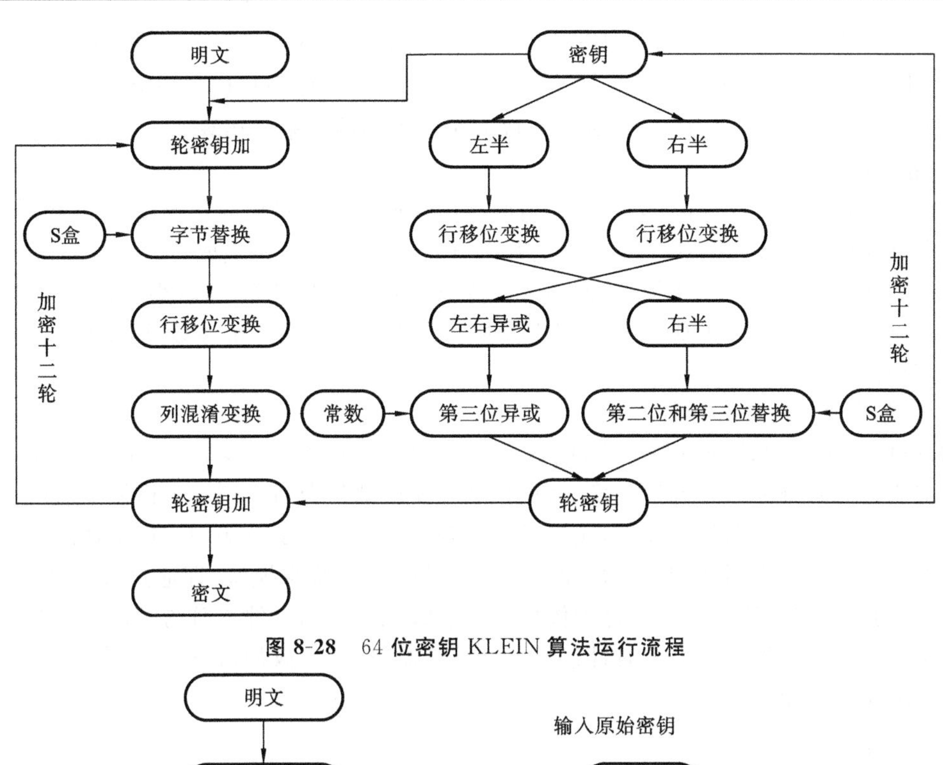


**图 8-28　64 位密钥 KLEIN 算法运行流程**

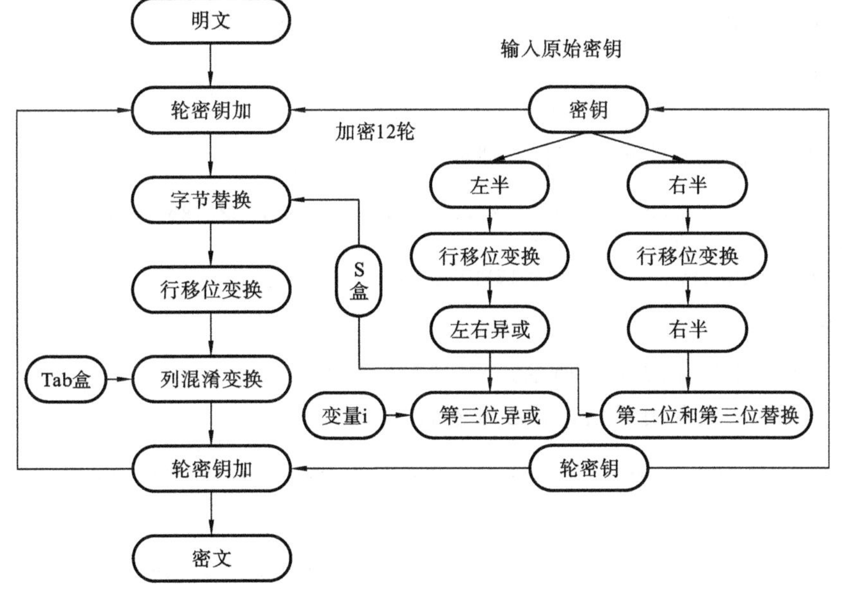


**图 8-29　KLEIN 优化后的算法流程**

个 4 位二进制数据转换为另一个不同的 4 位二进制数据，要求一一对应，替换结果不能超出 4 位。根据字节代换的要求和特点，在实现时可以用一个 1×16 位的置换表来表示 S 盒，通过查表即可实现变换，避免了复杂的乘法运算，其查表效率优化为 $o(1)$。

② 共用 S 盒。

将明文的 S 盒替换和密钥扩展放在同一个模块里，在模块里用同时连续赋值方式实现，这样只需要开辟一个 S 盒数组，就可以减少寄存器的个数，节省资源。

③ 列混淆变换。

列混淆变换(MixColumns)是基于伽罗华域 GF($2^8$)上的多项式乘法运算。由于矩阵运算中的系数是常数，因此可以将矩阵分解来简化运算。通过分析 GF($2^8$)域内 $*\{02\}$模块工作原理可将位运算作如下优化，以第一列为例，优化后的运算为：$b_0=\{02\}*a_0\oplus\{03\}*a_1\oplus\{01\}*a_2\oplus\{01\}*a_3=\{02\}*(a_0\ a_1)\oplus a_1\oplus a_2\oplus a_3, a_2\ a_3$。整个运算中只包含一个 * {02}模块和若干个异或运算，构造成一个 Tab 表，如此可以大量减少多项式乘法运算。

④ 密钥扩展。

轮密钥记作 key[i]($0\leqslant i\leqslant N_R$)，它是由原始密钥通过密钥扩展算法导出，其长度等于分组长度。在具体优化实现过程中主要采用上升沿有效时钟控制密钥生成，使得在生成密钥同一时钟周期的下降沿即可传递密钥，从而不必等待下一时钟上升沿到来，减小了系统延时。另外密钥扩展轮常量 i 是采用自加的形式，没有采取寄存器存放所有 i 常量数据，从而减少寄存器的个数，节省资源。

⑤ 采用并行结构进行封装。

通过对 KLEIN 算法的重新组装，把 S 盒、字节替换、行移位、Tab 盒(用于列混淆变换的有限域乘法运算时查表)、列混淆变换、密钥扩展子模块都整合封装到一个模块里，各子模块并行执行。相比各模块分别封装而言，减少了代码开销；同时，减少算法的硬件实现面积，相应加密速度得到提升。考虑到密钥扩展是加密算法本身的一个特殊模块，即通过统一增添时钟信号 CLK 控制执行密钥轮换操作。这种优化方案能够充分利用器件本身的触发器与布线资源，提高系统工作频率和加密速度。时钟信号控制计算器更新，完成加密只需 12 个时钟周期。

**2. 模块优化实现**

(1) 字节替换。

字节替换优化模块框图如图 8-30 所示。

字节替换模块优化算法用 C 语言描述如下：

```
sh[16]={0x7,0x4,0xa,0x9,0x1,0xf,0xb,0x0,0xc,0x3,0x2,0x6,0x8,0xe,0xd,0x5};
d[i]=sh[ta[i]%16];
d[2*i+1]=sh[((ta[i]-(ta[i]%16))/16)];
```

(2) 共用 S 盒。

共用 S 盒模块框图如图 8-31 所示。

共用 S 盒模块的实现用 C 语言算法描述如下：

```
const unsigned intsh[16]={0x7,0x4,0xa,0x9,0x1,0xf,0xb,0x0,0xc,0x3,0x2,0x6,0x8,
0xe,0xd,0x5} ;
d[i]=sh[ta[i]%16];
d[2*i+1]= sh[((ta[i]-(ta[i]%16))/16)];          //明文 S 盒变换
h[0]=sh[g[1]%16];                               //密钥扩展的 S 盒变换
h[1]=sh[((g[1]-(g[1]%16))/16)];
h[2]=sh[g[2]%16];
h[3]=sh[((g[2]-(g[2]%16))/16)];
```

(3) 列混淆变换。

列混淆变换优化模块框图如图 8-32 所示。

列混淆变换模块优化算法用 C 语言描述如下：

```
unsigned int galois(unsigned int a1,unsigned int b1)
{
    int i,k=0;
    unsigned int st[8],nt=0,t1=a1;
```

```
    for(st[0]=b1,i=0; i<8; i++){
        if(i!=0){
            st[i]=st[i-1]<<1;
            if(st[i-1]&0x80) st[i]^=0x1b;}
        if((t1>>i) &0x01) nt^=st[i];
    return nt;}
    t[k]=galois(st[(k-j+4) %4],state[k][i]) &0xff;
    th[j]=(t[0]^t[1]^t[2]^t[3]) ;
}
```

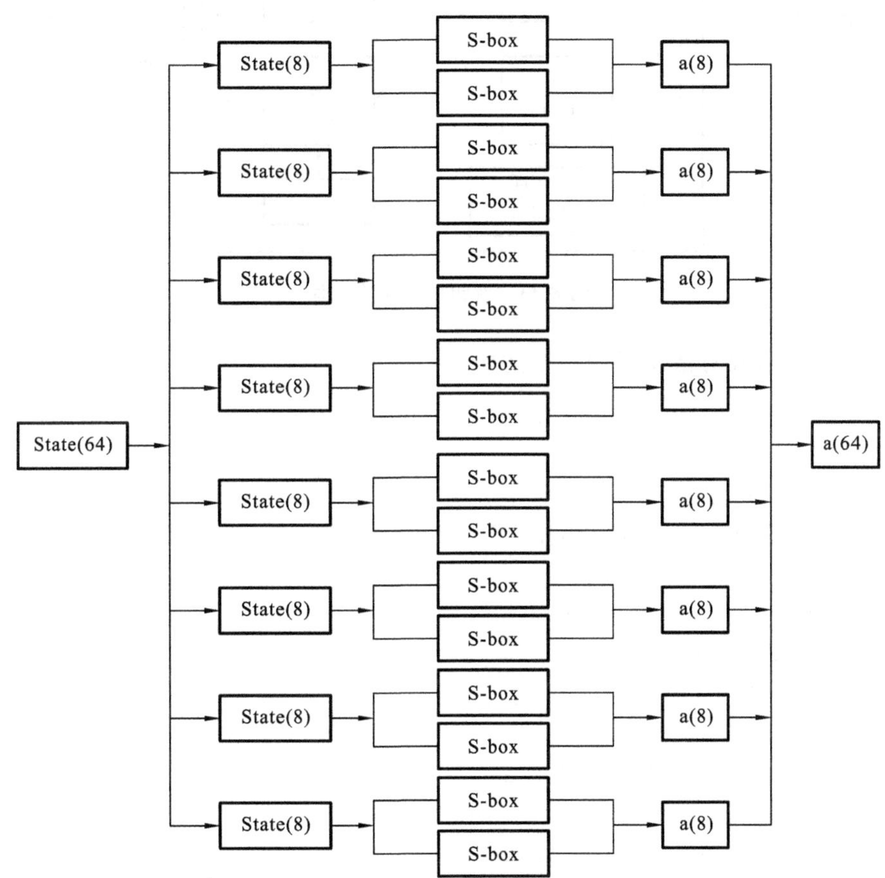


图 8-30　字节替换模块流程

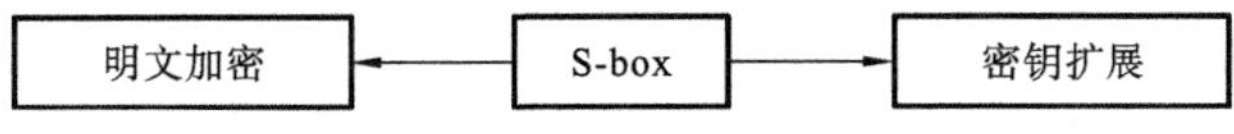


图 8-31　共用 S 盒模块流程

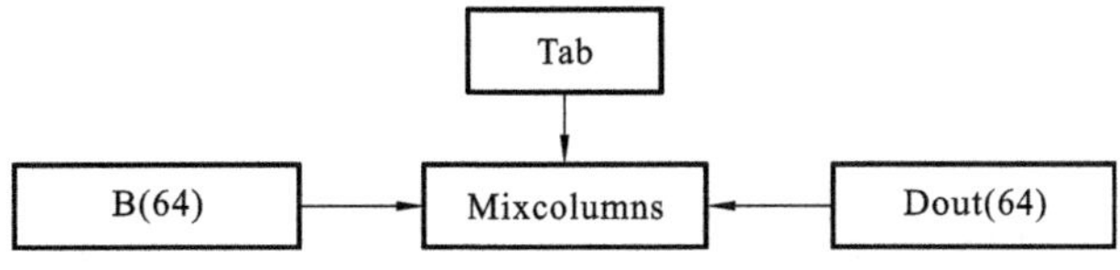


图 8-32　列混合变换模块流程

(4) 密钥扩展。

密钥扩展优化模块框图如图 8-33 所示。

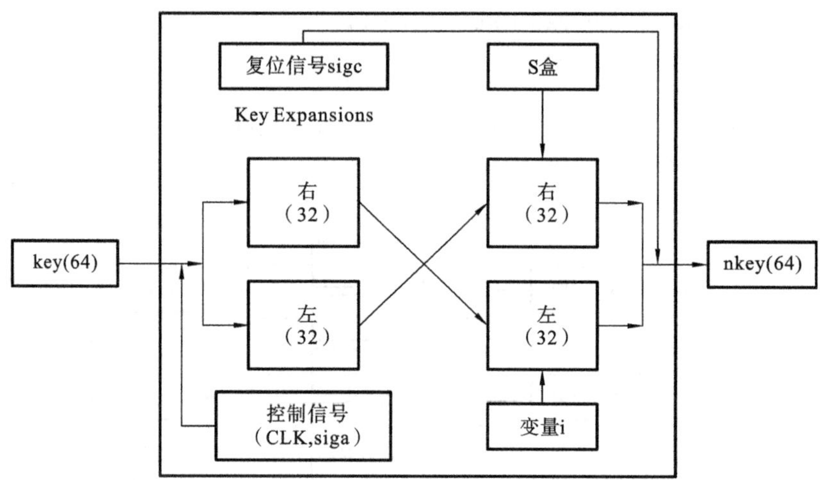


图 8-33　密钥扩展模块流程

密钥扩展模块优化算法用 C 语言描述如下:

```
void KeyExpansion(unsigned int t[13][4][2]
{ int i,k,j;
for(i=1; i<=12; i++)
{ unsigned int m[4],n[4],g[4],h[4],a[8];
for(k=0; k<4; k++)
{ m[k]=t[i-1][(k+1) %4][0];
n[k]=t[i-1][(k+1) %4][1];
g[k]=m[k]^n[k]; }
h[0]=sh[g[1]%16];
h[1]=sh[((g[1]-(g[1]%16))/16)];
h[2]=sh[g[2]%16];
h[3]=sh[((g[2]-(g[2]%16))/16)];
a[0]=n[0];
a[1]=n[1];
a[2]=n[2]^i;
a[3]=n[3];
a[4]=g[0];
a[5]=h[1]*16+h[0];
a[6]=h[3]*16+h[2];
a[7]=g[3];
for(k=0; k<4; k++)
{ for(j=0; j<2; j++)
{ t[i][k][j]=a[4*j+k]; }
} } }
```

(5) 采用并行结构进行封装。

并行结构进行封装模块框图如图 8-34 所示。

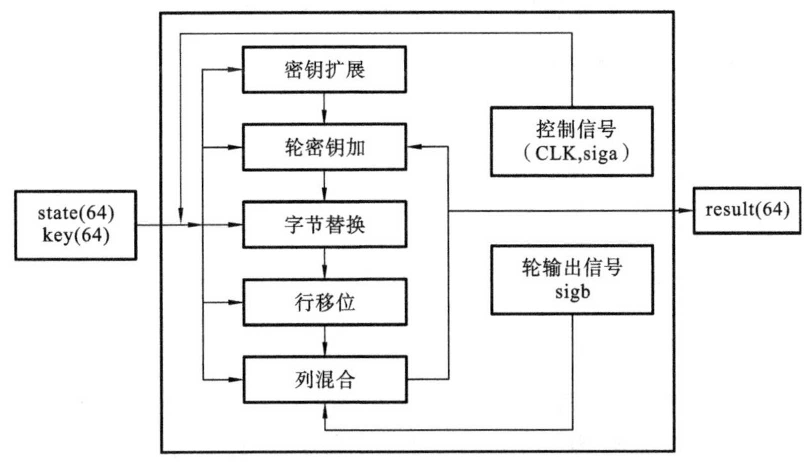


**图 8-34　并行结构进行封装模块流程**

并行结构封装算法用 C 语言描述如下：

```
KeyExpansion(t) ;              //每一个函数的调用
for(addroundkey(state,t,0,count),i=1; i<=12; i++,count ++)
{ subsbytes(state,count) ;
shiftrows(state,count) ;
mixcloum(state,count) ;
addroundkey(state,t,i,count) ; }
```

## 8.4.2　PRESENT 密码硬件语言实现及其优化研究

PRESENT 密码属于分组密码算法，分组长度是 64 位，密钥长度有 80 位和 128 位两种，加密变换需要 32 轮迭代运算，采用 SPN 结构[128]。PRESENT 密码主要部分由轮密钥加、S 盒变换、P 置换三个模块构成，具体加密运算流程如图 8-35 所示。

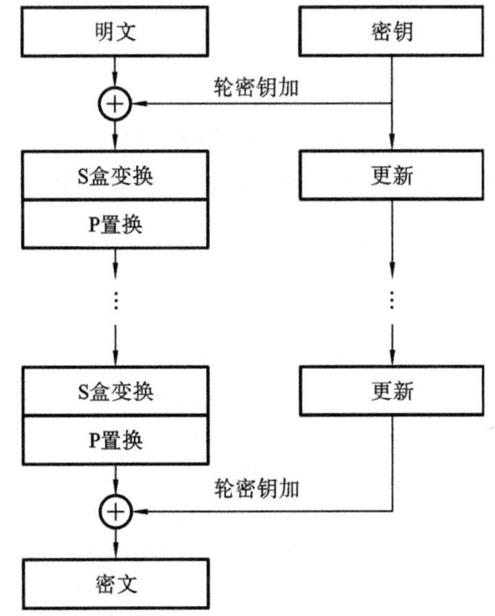


**图 8-35　PRESENT 算法加密运算流程**

### 1. 优化方法

根据资源约束的物联网智能卡加密应用实际场景需要，为了进一步节省智能卡加密后面积，做了以下两方面的优化。

(1) 密钥扩展运算放入每轮运算中。

图 8-35 中的原始 PRESENT 密码设计是密钥扩展放在图右边进行并行运算，经研究后发现，可以把密钥扩展放入每一轮计算中，这样就把图 8-28 右边运算所占空间节省出来，最关键的是可以与后面的重复调用在同一模块进行整合，从而可以节省更多空间。

密钥扩展运算不作单独运算，而放入 PRESENT 每一轮运算中进行，还可以有效防止相关密钥攻击。

优化后的 PRESENT 密码算法伪代码描述如算法 8-8 所示。

```
算法 8-8   PRESENT 密码轮运算算法
generateRoundkeys()
for i=1 to 31 do
    AddRoundKeys ARK(tem[0],state,keys);
    SubCell SC(tem[1],tem[0]);
    Exchange Ec(res,tem[1]);
    UpdataKeys UK(r_keys,keys,rounds,clk);
Endfor
addRoundkey(STATE,K32)
```

（2）重复模块在硬件上只实现一次。

从算法 8-8 可以看到，PRESENT 密码的 4 个主要运算（轮密钥加、S 盒变换、P 置换、密钥扩展）需要运算 31 次，在硬件设计上我们只实现一次，然后通过调用该模块 31 次实现加密运算，其中 Exchange 即 PRESENT 密码的 P 置换。

**2. PRESENT 密码硬件语言实现关键代码**

本节主要对优化后的 PRESENT 密码关键代码进行 Verilog HDL 实现，并分模块进行了实验测试验证，最后对各模块进行组合成 PRESENT 完整程序进行验证正确性。

（1）轮密钥加实现。

密钥加模块算法及核心代码实现如下：

```
module AddRoundKeys(res,state,keys);
    input[63:0] state;
    input[63:0] keys;
    output[63:0] res;
    wire[63:0] res;
    assign res=state^keys;
endmodule
```

（2）S 盒变换核心代码实现。

PRESENT 密码的 S 盒变换采用 SPN 结构，核心代码如下：

```
module SubCell(res,state);
    input['N:0] state;
    output['N:0] res;
    wire['N:0] res;
    reg[3:0] sbox[0:15];
    initial begin
        sbox[0]=12; sbox[1]=5; sbox[2]=6; sbox[3]=11;
        sbox[4]=9; sbox[5]=0; sbox[6]=10; sbox[7]=13;
        sbox[8]=3; sbox[9]=14; sbox[10]=15; sbox[11]=8;
        sbox[12]=4; sbox[13]=7; sbox[14]=1; sbox[15]=2;
    end
    assign res={
```

```
    sbox[state[63:60]],sbox[state[59:56]],sbox[state[55:52]],sbox[state[51:
    48]],sbox[state[47:44]],sbox[state[43:40]],sbox[state[39:36]],sbox[state
    [35:32]],sbox[state[31:28]],sbox[state[27:24]],sbox[state[23:20 ]],sbox
    [state[19:16 ]],sbox[state[15:12]],sbox[state[11:8]],sbox[state[7:4]],sbox
    [state[3:0]]} ;
    ndmodule
```

(3) P 置换核心代码实现。

P 置换核心代码如下，其中 Exchang 是通过 px 表，将 state 的第 i bit 置换到 state 的第Px[i] bit。

```
module test;
    reg clk;
    reg[63:0] state;
    wire[63:0] res;
    always #1 clk =~clk;
    initial begin
        clk=1;
        state=64'hcccc_cccc_cccc_cccc;
    end
    Exchange Ec(res,state) ;
endmodule
```

(4) 密钥扩展核心代码实现。

优化后的密钥扩展没有单独做在图 8-34 的右边，而是放在的 PRESENT 轮运算中执行，核心代码如下：

```
module UpdataKeys(res,keys,round,clk) ;
    initial begin
        sbox[0]=12; sbox[1]=5; sbox[2]=6; sbox[3]=11;
        sbox[4]=9; sbox[5]=0; sbox[6]=10; sbox[7]=13;
        sbox[8]=3; sbox[9]=14; sbox[10]=15; sbox[11]=8;
        sbox[12]=4; sbox[13]=7; sbox[14]=1; sbox[15]=2;
    end
    res={ sbox[keys[18:15]], keys[14:0], keys[79:39],(keys[38:34] ^round),keys
[33:19]} ;
    always @  (posedge clk) begin
        res[79:76]<=sbox [keys[18:15]];
        res[75:61]<=keys [14:0];
        res[60:20]<=keys [79:39];
        res[19:15]<=keys [38:34] ^round;
        res[14:0]<=keys [33:19];
    end
endmodule
```

(5) PRESENT 完整程序代码实现。

对上面的核心模块进行组合成一个完整的轮运算模块，密钥扩展放在每一轮计算，节省空间，不影响效率。

```
module round(res,r_keys,state,keys,rounds,clk);
    AddRoundKeys ARK(tem[0],state,keys);
    SubCell SC(tem[1],tem[0]);
    Exchange Ec(res,tem[1]);
    UpdataKeys UK(r_keys,keys,rounds,clk);
endmodule
```

采用同样的方法，用一个模块调用 31 次，实现 PRESENT 加密。

### 8.4.3 轻量级密码算法 LBlock 的 FPGA 优化实现

LBlock 算法属于 Feistel 结构的分组加密算法，分组长度为 64 位，密钥长度为 80 位，迭代轮数为 32[131]。其加密过程如图 8-36 所示。

其中，明文 Plaintext 输入为 64 位，Plaintext$=X_1 \parallel X_0$，$X_1$ 等于明文左边的 32 位，$X_0$ 等于明文右边的 32 位；密钥 key 输入为 80 位，$K_1$ 为 key 的最左边 32 位，$K_{i+1}$ 等于第 i 轮密钥更新的最左边 32 位；最后的密文 Ciphertext 输出为 64 位，即 Ciphertext$=X_{32} \parallel X_{33}$。

而 F 函数包括轮密钥加(AddKey)、S 盒变换(SubCell)、P 混合(Permutation)三个过程，结构如图 8-37 所示。

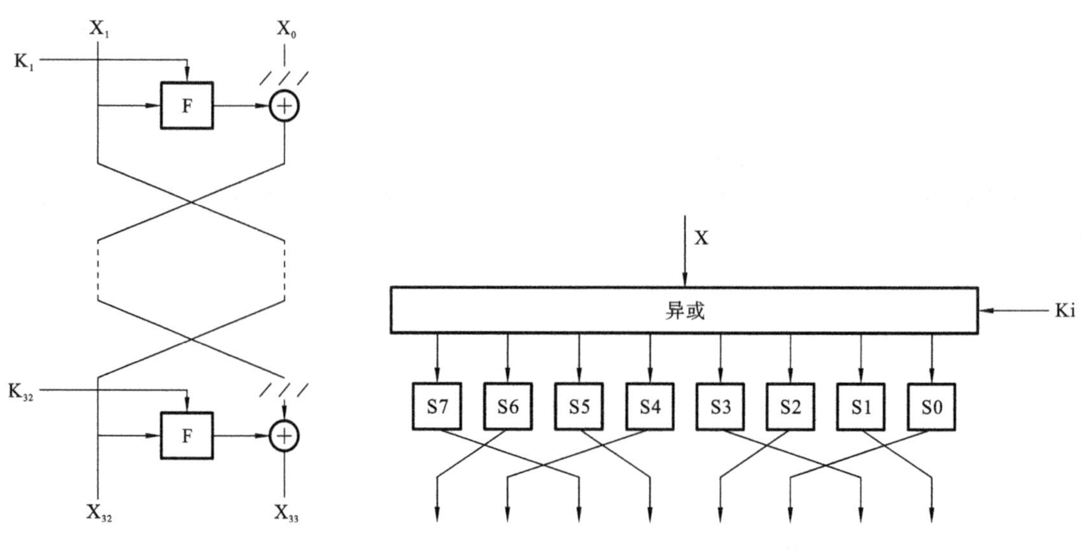


图 8-36 LBlock 加密过程结构图

图 8-37 轮函数结构图

#### 1. LBlock 轻量级密码算法的 Verilog HDL 优化实现

LBlock 主要包括轮密钥加(AddKey)、S 盒变换(SubCell)、P 混合(Permutation)操作；同时对密钥扩展 key 进行 S 盒变换(SubCell)、P 置换(Exchange)操作、与轮数异或。在 LBlock 密码算法的 verilog HDL 实现上主要从面积和速度两个方面来考虑。

(1) 面积优化。

在硬件实现上，对于多次重复计算的过程可设计为一个器件反复使用，从而节省资源。LBlock 的 32 轮运算中每轮运算的操作是相同的，正好符合这个特点。因此，从面积上实现是将相同功能模块在硬件上只实现一次，然后重复调用。具体到 LBlock 密码算法，首先在 LBlockRound 模块中把轮密钥加、S 盒变换和 P 混合在硬件上实现单轮加密，然后通过在主程序(顶层模块)中，采用面积优先方式，即通过计数器控制模块 LBlockRound 重复调用 32 次来完成 32 轮运算，从而实现加密过程。这种方法可以大大降低硬件开销。

具体的优化方法如下：

① 相同运算只实现一次，主程序调用 32 次完成加密。

② 将轮操作和密钥更新放在同一个模块中并行执行，另外 S 盒变换和密钥变换使用同一寄存器，这样既不影响加密速度，又不需要将密钥更新中间结果另存，有效地节省寄存器的使用开销。

③利用时钟信号控制计数器更新，完成加密仅需 32 个时钟周期。

其核心代码实现如下：

```
module LBlock(result,state,key,clk);               //计数器初始化
always @ (posedge clk) begin
cnt<=(cnt^32)? cnt+1: cnt;                          //计数
res<=ready? ((cnt)? {te,res[63:32]}:state):res;
k<=ready ? ((cnt)? t:key):k;                        //密钥更新
ready<=(cnt^32)? 1:0;                               //重复 32 次结束
end
LBlockRound LR(te,t,res,k,cnt);
//单轮加密运算
//输出 result 值
endmodule
```

(2) 速度优化。

加密速度优先方法一般采用全流水进行密码算法实现。LBlock 的 32 轮运算中每轮运算的操作是相同的，如果不考虑芯片面积，可将所有 32 个轮运算模块均以硬件实现。在这种实现方式下，每一个数据块在完成一次轮运算后，它可以立即开始下一级流水线的下一轮计算。不考虑其他因素，此种流水线实现方式在每个时钟周期有 32 个数据块同时串行处理，这使得整个加密运算没有额外的等待时间。理论上，这种方法可使数据处理速度比非流水线提高 32 倍，但它需要大量的硬件资源，即芯片面积成相应倍数增加。

由于 LBlock 是轻量级加密算法，因此本文在优化实现上主要考虑从面积上实现。

(3) 优化实现流程。

在 LBlock 的 32 轮运算中，从面积上优化的实现方案，将每轮运算单独模块实现，称为单轮加密模块。单轮加密模块内分别实现轮密钥加、S 盒变换和 P 混合三个运算。单轮加密运算完后，硬件上不用再提供多余开销，只需依次重复执行 32 次单轮加密模块，即可完成整个加密运算，得到密文。其实现流程如图 8-38 所示。

其中，计数器 cnt 在 CLK 信号的控制下，每一个周期增 1，因此，32 个周期后完成 LBlock 加密算法的所有轮运算，得到密文。

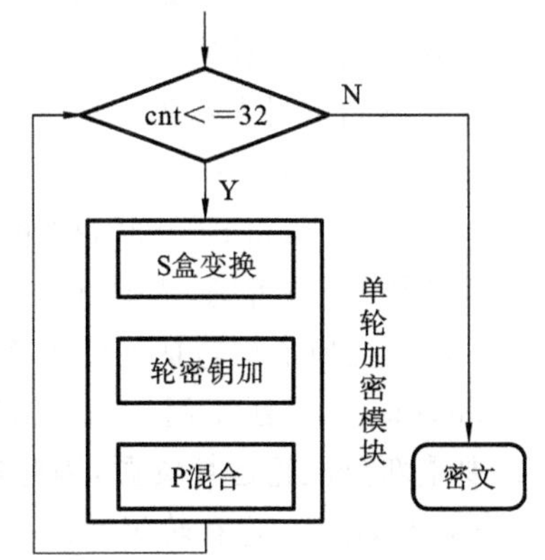

**图 8-38　LBlock 加密算法优化实现流程**

(4) 优化实现的核心代码。

LBlock 单轮运算的核心代码如下：

```
module LBlockRound(res,Up_k,s,k,r);
```

```
initial begin                    //初始化 Sbox
s0[0]=4'hE;s0[1]=4'h9;s0[2]=4'hF;s0[3]=4'h0;
s0[4]=4'hD;s0[5]=4'h4;s0[6]=4'hA;s0[7]=4'hB;
…… //(中间变换代码略去)
end
//完成五个操作: AddKey、SubCell、Permutation、X0 循环左移、X1 与 X0 异或
assign res={
s6[s[59:56]^k[75:72]]^s[23:20],s4[s[51:48]^k[67:64]]^s[19:16],
……
};                               //完成单轮计算的所有代码
assign Up_k={ //密钥更新
s9[k[50:47]],s8[k[46:43]],k[42:22],k[21:17]^r[4:0],k[16:0],k[79:51]};
endmodule
```

### 8.4.4 一种 Piccolo 加密算法硬件优化实现研究

Piccolo 算法是一种轻量级分组加密算法，分组长度为 64 位，密钥长度有 80 位和 128 位两种[132]。其中密钥长度为 80 位时记作 Piccolo-80，迭代轮数 r 为 25 轮；密钥长度为 128 位时，记作 Piccolo-128，迭代轮数 r 为 31 轮。

算法采用非平衡型 Feistel 结构；每轮中，加密数据同子密钥都进行异或运算(AddRound-Key，ARK 操作)、F 函数运算及 RP 轮置换函数运算(其中最后一轮没有 RP 轮置换函数运算)。

轮置换 RP 运算结构如图 8-39 所示。RP 轮置换函数运算将输入 64 位值划分为 8 B，然后进行字节的置换操作，将 RP 轮置换函数的 64 位输入数据从高到低依次划分为 8 B，进行图 8-40所示的运算，输出 64 位数据。

Piccolo 密钥长度扩展分为 80 位和 128 位两种，分别叙述如下。

初始密钥 key 长度为 80 位时，将初始密钥从高位开始按 16 位一组划分为五个部分。

白化密钥扩展表示为

$$wk_0 \leftarrow k_0^L \mid k_1^R,\quad wk_1 \leftarrow k_1^L \mid k_0^R,\quad wk_2 \leftarrow k_4^L \mid k_3^R,\quad wk_3 \leftarrow k_3^L \mid k_4^R$$

初始密钥 key 长度为 128 位时，将初始密钥从高位开始按 16 位一组划分为八个部分。

白化密钥扩展表示为

$$wk_0 \leftarrow k_0^L \mid k_1^R,\quad wk_1 \leftarrow k_1^L \mid k_0^R,\quad wk_2 \leftarrow k_4^L \mid k_7^R,\quad wk_3 \leftarrow k_7^L \mid k_4^R$$

当$(2i+2) \bmod 8=0$时，按照$(k_0,k_1,k_2,k_3,k_4,k_5,k_6,k_7) \leftarrow (k_2,k_1,k_6,k_7,k_0,k_3,k_4,k_5)$进行轮密钥扩展；否则，依据$(k_0,k_1,k_2,k_3,k_4,k_5,k_6,k_7)$进行轮密钥扩展。

F 函数变换依次包括 S 盒变换、列混淆变换及 S 盒变换，如图 8-41 所示。

Piccolo-80 算法采用 24+1 轮运算，前 24 轮在轮函数硬件资源上可重复调用实现，最后一轮需要重新分配轮运算资源，因此迭代运算时不能连续 25 轮重复。Piccolo-128 算法，采用 30+1 轮运算，前 30 轮在轮函数硬件资源上可重复调用实现，最后一轮需要重新分配轮运算资源。Piccolo 原始算法中由于最后一轮运算需单独实现，这种方法不利于最大限度重复运行相同模块，从而增加芯片实现面积，同时占用实现资源。

Piccolo 密码算法面积优化实现最有效的方法是相同运算结构在硬件上只实现一次，然后进行重复调用。Piccolo-80 共有 25 轮运算，但只有 24 轮结构相同，最后一轮即第 25 轮结构与

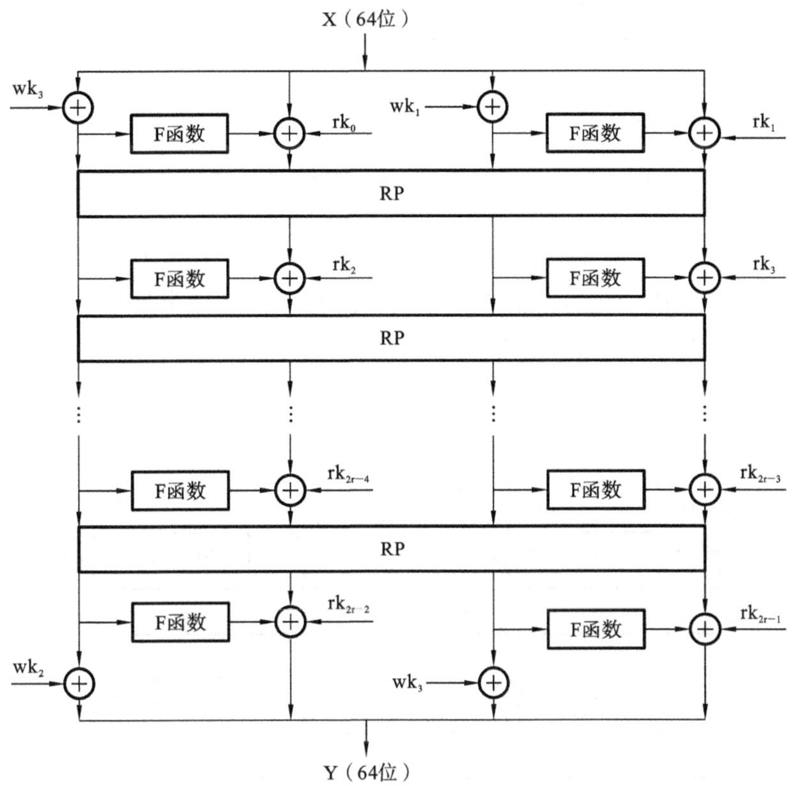


图 8-39　Piccolo 加密运算结构图

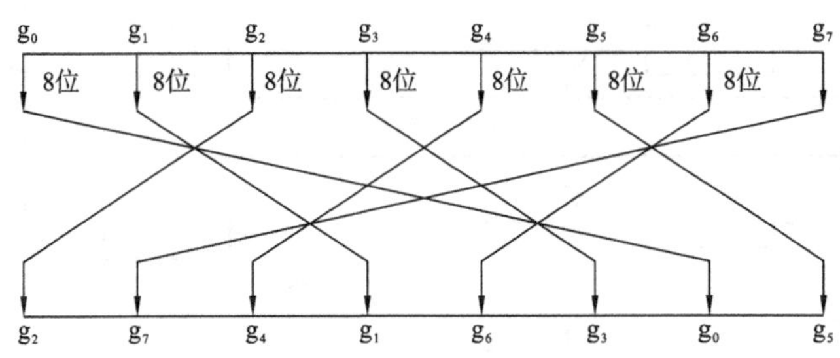


图 8-40　RP 轮置换函数运算结构图

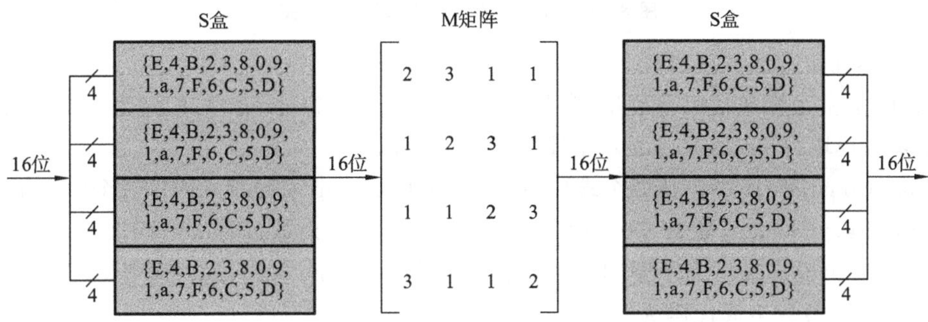


图 8-41　F 函数变换

前面 24 轮不同，第 25 轮相比前 24 轮少一个轮置换(roundpermutation，RP)，因此原始算法只能重复 24 轮，最后一轮要重新分配硬件资源，增加了实现面积，同时也增加了存储空间资源的占用。

**1. Piccolo 密码优化方法**

不失一般性，以 Piccolo-80 为例进行优化方法的论述。

(1) 优化原理。

首先直接进行 25 轮的重复调用，因此相对原算法就多了一个 RP 运算，然后在轮运算后增加一个 RP 逆运算($RP^{-1}$)进行结果的修正。由于 $RP^{-1}$ 相比原来最后一轮的运算要简单得多，所以可节省实现面积，提高运行效率。优化后的 Piccolo 加密算法运算结构如图 8-42 所示。

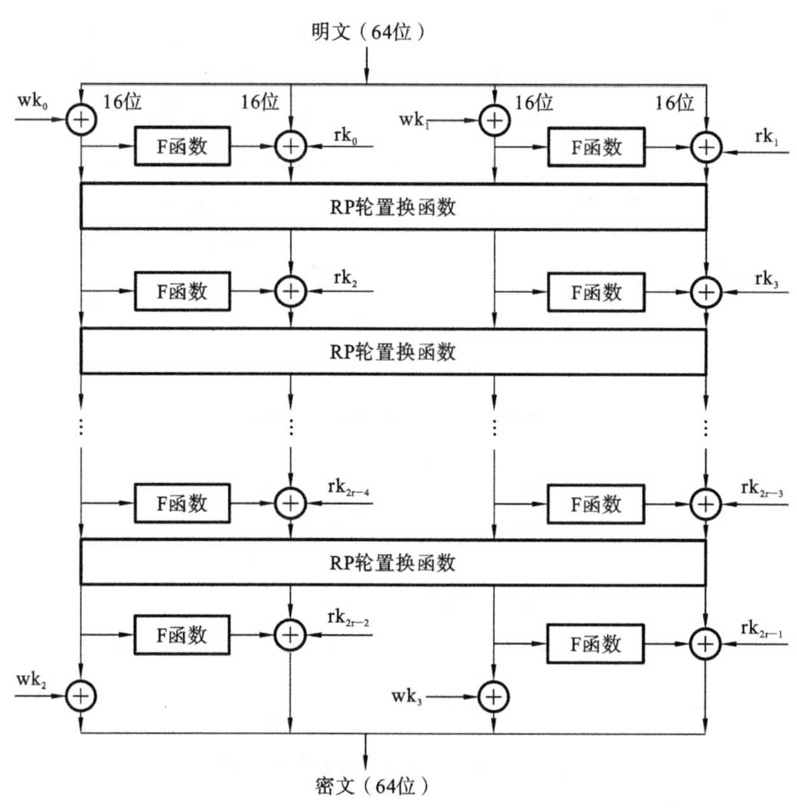


**图 8-42　Piccolo 优化加密运算结构图**

(2) 具体优化方法实现过程。

Piccolo 加密运算包括以下模块：常数更新模块(updateConstant)、F 函数变换模块(function)、轮函数模块(Piccolo-Round)、主控制模块(Piccolo)。

UpdateConstant 模块包括四个端口，在 UpdateConstant 模块代码中：三个输入端口分别为：初始密钥 key(80 位)；轮数 i($0 \leqslant i < 25$，i 为整数)模 5 取余数，用 q(8 位)表示；常数 ci+1，用 c_i 表示；一个输出端口为子密钥 rk。用连续赋值(assign)方式，通过常数 c_i 来构造 constant 参数，其中参数生成代码为

```
constant={ c_i[3:7],5'b00000,c_i[3:7],2'b00,c_i[3:7],5'b00000,c_i[3:7]} ^32
'hf1e2d3c
```

其中，5'b00000 表示 5 位宽的二进制数。将 q 的值作为选择初始密钥 key 的相应位与 constant 异或条件，得到最终结果 rk。

运算如下：

当 q 等于 0 或者 2 时：rk＝{ k2,k3 } ^constant；

当 q 等于 1 或者 4 时：rk＝{ k0,k1 } ^constant；

当 q 等于 3 时：rk＝{ k4,k4 } ^constant。

Function 模块（F 函数）包括输入端口 in、输出端口 res，在模块中声明 16 个宽为 4 位的寄存器：reg[0:3]sbox[0:15]，在 initial 语句中初始化 S 盒（Sbox）。将输入端口 in 每 4 位作 S 盒变换，通过连续赋值方式保存到线网型变量 t（16 位）矩阵中，接着作列混淆变换，固定矩阵 M 与 t 关系如下：

```
M={
2,3,1,1,
1,2,3,1,
1,1,2,3,
3,1,1,2
}
t={t0,t1,t2,t3}
```

在有限域上，列混淆变换是以 t 与转置矩阵 $M^T$ 相乘实现，将列混淆变换的结果每 4 位作 S 盒变换，结果赋给 res 输出端口。

RP 轮置换函数换运算过程将输入结果相应位数作置换变换，但 RP 轮置换函数运算步骤包含在轮函数运算模块（PiccoloRound）中。

Piccolo-80 密码算法加密过程主要为 25 轮函数运算。在轮函数模块代码中，轮函数包括五个端口：res、state、key、q、计数器 count；在轮函数模块内部，将包含常数更新模块与 F 函数变换模块运算，利用 Verilog HDL 硬件描述语言的 assign 语句将常数更新模块与 F 函数变换模块并行，将常数更新模块得到的结果直接与 F 变换模块得到的结果进行运算；做到在不延迟加密的前提下，减少寄存器使用数量。将常数更新模块的输出子密钥信号记为 rk，F 函数变换模块的输出信号记为 X[0]与 X[2]，作如下运算步骤：

① X[1]＝state[16：31]^X[0]^rk[0：15]；

② X[3]＝state[48：63]^X[2]^rk[16：31]；

③ 得到结果再作 RP 轮置换函数运算，将最终结果赋给输出端口信号 res。

主控制模块（Piccolo）主要运算包括计数器 count 控制 r（r 为 25）轮函数模块运算、RP-1 轮置换函数运算、白化密钥生成运算和白化密钥异或运算。其中增加的 RP-1 轮置换函数运算结构如图 8-43 所示。

主控制模块（Piccolo）运算 Verilog HDL 关键代码描述如下：

```
always @  (posedge clk) begin
count<= (count^25) ? count+1:count;
q<= (ready) ? ((q^4) ? q+1:0) :q;
res<=ready? ((count) ? t_res:{
state[0:7]^key[0:7],state[8:15]^key[24:31],state[16:31],state[32:39]^key[16:
23],state[40:47]^key[8:15],state[48:63]}): res;
ready<= (count^25) ?1:0;
```

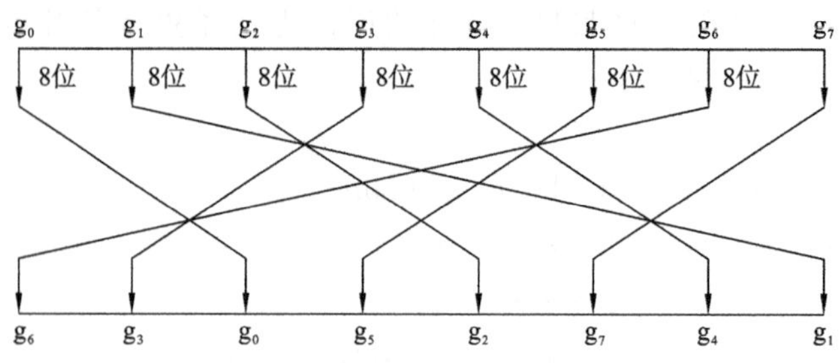


**图 8-43　轮置换函数逆运算**(RP$^{-1}$)

```
end
PiccoloRound PRound(t_res,res,key,count,q);
assign result={
res[48:55]^key[64:71],res[24:31]^key[56:63],res[0:7],res[40:47],res[16:23]^key
[48:55],res[56:63]^key[72:79],res[32:39],res[8:15]};
```

优化后的 Piccolo-80 算法运算流程如图 8-44 所示。

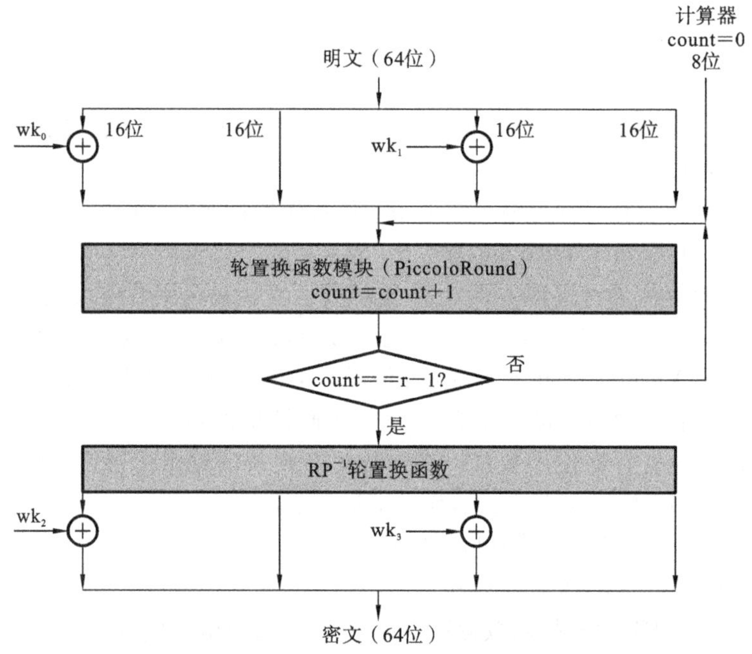


**图 8-44**　Piccolo **加密优化运算流程**

# 8.5　轻量级分组密码的应用

由于物联网终端设备自身存在计算能力弱及存储空间非常有限的特点[133]，而终端设备的数字型数据利用轻量级分组密码(如 PRESENT 密码、SKINNY[134] 密码、SFN 密码等)直接加密保护，得到加密后的密文数据类型与长度发生变化，这些数据的结构改变导致数据无法存回终端设备，从而造成额外的成本开销与损失。为了解决该问题，采用保形加密(format-preserving encryption,FPE)对数据进行加密保护，加密后的密文与明文具有相同的数据格式，从而不需要破坏终端设备数据存储结构[135]。

保形加密是一类新型、特殊的加密技术，广泛应用于数据遮蔽领域，其相关的研究一直备受密码学者的关注。从 1981 年就开始进行探索研究[136]，到 2002 年，由 Black 和 Rogaway[137] 提出 FPE 的基本模型与方法，并且首次验证了其安全性，提出了 3 种传统型的算法，即 Prefix 型算法、Cycle-Walking 型算法和 Generalized-Feistel 型算法，在一定程度上解决了整数上的 FPE 问题。随后，Bellare 等人[138]在 ACM CCS 2017 上提出了基于身份的保形加密算法。在实际应用中，Zou 等人[139]实现了将 Prefix 型保形加密算法对中文名字等进行加密保护。

现有的保形加密算法存在实现效率不高、资源消耗较大的问题，而传统的 Prefix 型保形加密算法相比其他传统的 Cycle-Walking 型和 Generalized-Feistel 型保形加密算法操作过程简单，对数据加解密操作速度较快，是一个良好的保形加密算法。但是传统的 Prefix 型保形算法也有如下两方面的不足：① 利用传统的 AES 分组密码算法作为置换表的构建算法，从而造成置换表的建立会耗费大量时间与软硬件资源，无法适用于物联网终端设备；② 主要是进行实现整型字段的加密处理，从而无法很好地实现数字类型数据的加密，且在实现整型字段数据时，该方法也只能处理消息空间整数集小的数据，对常用的信用卡号、电话号码、身份证号及各种验证码等较长的数字型数据不能够很好地保形加密处理。

利用轻量级分组密码构造了一种面向数字型的轻量级保形加密算法[140]。算法实现了对任何长度数字型数据加密前后的格式不改变，分析表明该算法在效率、安全性方面与原轻量级分组密码保持一致。同时，实验结果表明，相比传统的保形加密算法，该算法具有高安全、高效、低资源，适用于资源受限环境下物联网设备的数据加密存储及数据遮蔽。

## 8.5.1　轻量级保形加密算法设计

**1. 保形加密算法实现原理**

由于传统的 Prefix 型保形加密算法相比其他 Cycle-Walking 型和 Generalized-Feistel 型保形加密算法具有更简洁、高效的特点，故对传统的 Prefix 型保形加密算法进行改进，以实现一种高效、低资源的面向数字型保形加密算法。

对于数字型的数据，明文消息空间数据集为 $X=0,1,\cdots,8,9$，为了保持密文消息数据集与明文消息数据集相同，算法中构建的置换表的数据集也为 $X=0,1,\cdots,8,9$。一种高效、低资源的面向数字型保形加密算法的构造分为如下几个步骤来实现。

(1) 利用轻量级分组密码加密。

将 0～9 这 10 个数字加载至寄存器，利用轻量级分组密码对这 10 个数字进行加密 EP 操作，轻量级分组密码密钥为 k，得到如下元组 I：

$$I=(E_P(0,k),E_P(1,k),\cdots,E_P(8,k),E_P(9,k))$$

其中，每一个分量元组 $I_j=E_P(j,k)\ (0\leqslant j\leqslant 9)$，这些分量元组长度与轻量级分组密码算法的分组长度相同，一般为 64 位。

(2) 元组数据排序。

将步骤(1)中每个分量元组 $I_j=E_P(j,k)$ 进行二进制数从高位到低位大小判断排序，得到一个数字型置换表序列 T。

(3) 明文相加、取模 10。

将明文 M 加载至寄存器中，M 与轻量级分组密码的加密密钥进行一一对应相加、取模 10 操作：

$$(M+k)\bmod 10$$

(4) 明文加密置换。

将步骤(3)运算的结果数据,进行步骤(2)得到的置换表置换操作,得到密文 C,这个置换加密为 $E_T$,保形加密具体流程如图 8-45 所示。

$$C=E_T((M+k)\bmod 10)$$

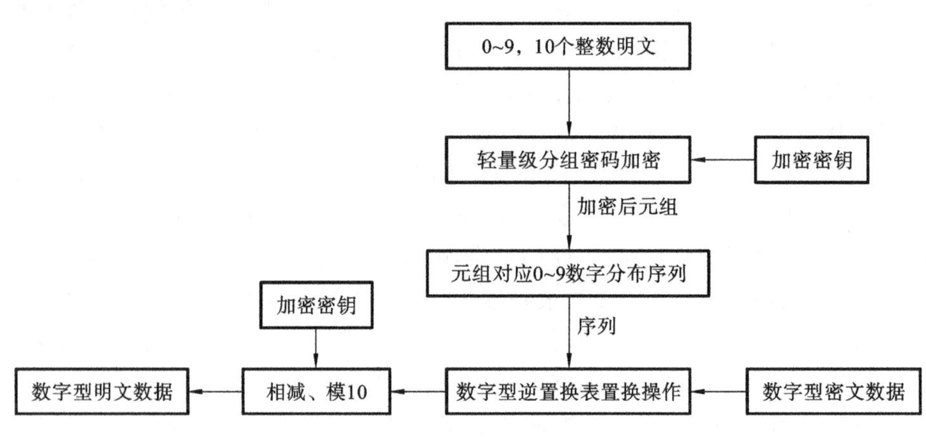


**图 8-45 轻量级保形加密算法加密流程**

(5) 构造逆置换表。

在正置换表的基础上,构造一个逆置换表用于解密密文,该逆置换表也是一个数字型置换表序列 $T^{-1}$。

(6) 密文解密置换。

将 C 先进行逆置换表置换操作,然后与轻量级分组密码进行一一对应相减取模 10 运算,得到 M,具体流程如图 8-46 所示。

$$M=(E_T^{-1}(C)-k)\bmod 10$$

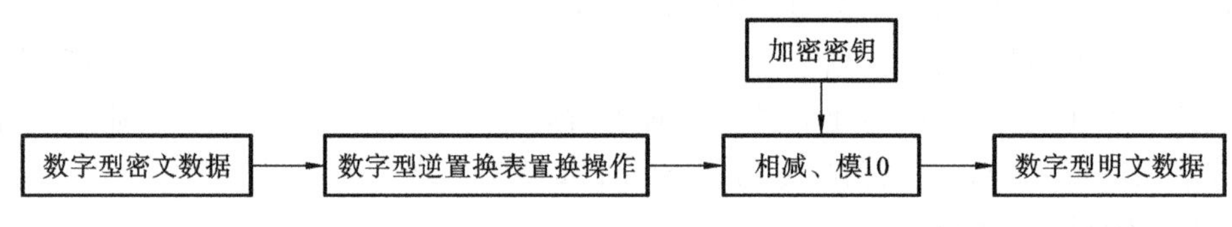


**图 8-46 轻量级保形加密算法解密流程**

**2. 加密算法实例分析**

一种高效、低资源的面向数字型保形加密算法的实现,构造置换表的轻量级分组密码采用 2.4 节描述的 PRESENT 密码。首先将 0～9 这 10 个整数(decimal,DEC)的 4 位二进制数加载至寄存器,在寄存器中分别进行高位填补 60 个二进制数 0,从而得到 10 个 64 位数据,作为构造数字型置换表的待加密数据,如表 8-19 所示。

将填补后这 10 个 64 位二进制数作为 PRESENT 密码算法的 10 个待加密数据,选取 PRESENT 密码的加密密钥,选择 PRESENT 密码的 80 位密钥长度,此次加密密钥任选为 642A032F5010040760CB(hexadecimal,HEX)。将这 10 个待加密数据用这个加密密钥分别进行 PRESENT 密码加密操作,得到 10 个密文数据,将密文数据进行对应 0～9 数字大小的分布标记,这个分布序号标记列表作为一个数字型正置换表,数据变换过程如表 8-20 所示。

表 8-19　整数填补数据表

| 整数序列（DEC） | 64 位数据（HEX） |
| --- | --- |
| 0 | 0000 0000 0000 0000 |
| 1 | 0000 0000 0000 0001 |
| 2 | 0000 0000 0000 0002 |
| 3 | 0000 0000 0000 0003 |
| 4 | 0000 0000 0000 0004 |
| 5 | 0000 0000 0000 0005 |
| 6 | 0000 0000 0000 0006 |
| 7 | 0000 0000 0000 0007 |
| 8 | 0000 0000 0000 0008 |
| 9 | 0000 0000 0000 0009 |

表 8-20　数字型正置换表构造

| 明文（HEX） | 密文（HEX） | 序列（DEC） |
| --- | --- | --- |
| 0000 0000 0000 0000 | 4663 2034 C503 F4C1 | 1 |
| 0000 0000 0000 0001 | D8CA BDD2 B86A E310 | 8 |
| 0000 0000 0000 0002 | AE9E 5605 AA44 80AE | 7 |
| 0000 0000 0000 0003 | 8E8F 9E3A EADE 0A11 | 6 |
| 0000 0000 0000 0004 | 55D3 E7AA E8F8 8142 | 2 |
| 0000 0000 0000 0005 | 6E75 681E 2B58 702C | 4 |
| 0000 0000 0000 0006 | F55D FD45 946D 1025 | 9 |
| 0000 0000 0000 0007 | 3372 31A1 3183 1EAF | 0 |
| 0000 0000 0000 0008 | 56DF B9EF A8D0 3B92 | 3 |
| 0000 0000 0000 0009 | 72A7 1460 DF66 018E | 5 |

从表 8-20 得到分布标记“1876249035”10 个数字的序列，作为数字型正置换表 T，如表 8-21所示。

表 8-21　数字型正置换表

| x | T(x) | x | T(x) |
| --- | --- | --- | --- |
| 0 | 1 | 5 | 4 |
| 1 | 8 | 6 | 9 |
| 2 | 7 | 7 | 0 |
| 3 | 6 | 8 | 3 |
| 4 | 2 | 9 | 5 |

将要加密数字型明文数据加载至寄存器，在这里选取银行卡号作为要加密数字型明文数据，银行卡号为 6212262402033357571。在应用设备当中，将要加密的真实银行卡号数字数据

与 PRESENT 轻量级分组密码的加密密钥(642A032F5010040760CB)进行一一对应相加、取模 10 运算操作,具体操作如下:

(6+6)%10=2; (2+4)%10=6; (1+2)%10=3;
(2+10)%10=2; (2+0)%10=2; (6+3)%10=9;
(2+2)%10=4;(4+15)%10=9;(0+5)%10=5;
(2+0)%10=2;(0+1)%10=1;(3+0)%10=3;
(3+0)%10=3;(3+4)%10=7;(5+0)%10=5;
(7+7)%10=4;(5+6)%10=1;(7+0)%10=7;
(1+12)%10=3

当加密密钥比要加密的真实数字型明文数据长,将取加密密钥的对应前面部分数据;当加密密钥比要加密的真实数字型明文数据短,首先选择密码算法那种较长的密钥,如果那种较长的密钥还是比加密的真实数字型明文数据短,则选择较长的密钥前后部分异或操作进行扩充数据,从而扩充到与要加密的真空数字明文相同的数据长度,在实例当中,80 位加密密钥比要加密的真实银行卡数字数据长,进行舍弃最后一个为"11"的数。

将一一对应相加、取模运算得到的数字型数据为 2632294952133754173,再一一进行数字型正置换表置换加密操作,例如,数字"2"通过数字型正置换表置换为数字"7",数字"6"通过数字型正置换表置换为数字"9",依次进行全部置换操作。置换后,为了保证算法的安全,将数字型正置换表进行删除操作,置换加密后得到,数字型密文数据为 7967752547866042806,该密文数据与真实的银行卡号具有相同的数据类型,这样就完成了银行卡号数据的加密保护。

进行加密后的数字型密文数据解密恢复操作,在构造数字型正置换表序列的基础上来构造逆置换表序列,将数字型正置换表序号进行取反、重排操作,得到数字型逆置换表序列 $T^{-1}$,如表 8-22 所示。

**表 8-22　数字型逆置换表**

| x | $T^{-1}(x)$ | x | $T^{-1}(x)$ |
|---|---|---|---|
| 0 | 7 | 5 | 9 |
| 1 | 0 | 6 | 3 |
| 2 | 4 | 7 | 2 |
| 3 | 8 | 8 | 1 |
| 4 | 5 | 9 | 6 |

将加密后的数字型密文数据(7967752547866042806)一一进行逆置换表置换恢复操作,例如,数字"7"通过数字型逆置换表置换为数字"2",数字"9"通过数字型逆置换表置换为数字"6",依次进行全部置换操作。置换后,为了保证算法的安全,将数字型逆置换表进行删除操作,置换恢复得到的数据为 2632294952133754173。然后在应用设备当中,将置换恢复得到数据与 PRESENT 轻量级分组密码的加密密钥(642A032F5010040760CB)进行一一对应相减、取模 10 运算操作,具体操作如下:

(2−6)%10=6; (6−4)%10=2; (3−2)%10=1;
(2−10)%10=2; (2−0)%10=2; (9−3)%10=6;
(4−2)%10=2; (9−15)%10=4; (5−5)%10=0;

(2－0)%10＝2； (1－1)%10＝0； (3－0)%10＝3；
(3－0)%10＝3； (7－4)%10＝3； (5－0)%10＝5；
(4－7)%10＝7； (1－6)%10＝5； (7－0)%10＝7；
(3－12)%10＝1

将一一对应相减、取模10运算得到的数字型数据为6212262402033357571，加密后数字型密文数据得到恢复，恢复为真实数字型明文银行卡号。

**3. 算法安全分析**

设计新的加密算法时，算法安全性是首要考虑的，面向数字型的轻量级保形加密算法，其置换表的构造取决于轻量级分组密码，而本保形加密算法的安全性是基于轻量级分组密码本身的安全性，且构造过程中是不会降低轻量级分组密码本身的安全性，因此轻量级保形加密算法有着轻量级分组密码的安全性，另外与密钥相加、取模操作进一步提升了算法的安全性。

本保形算法采用轻量级PRESENT密码进行构造置换表，轻量级PRESENT密码自被提出来，密码学者一直对其进行一系列的安全性分析，目前，轻量级PRESENT密码是足够安全的。对于保形Prefix型加密算法而言，构造的不同加解密置换表之间具有随机性能确保保形加密算法本身的安全性。本保形加密算法的置换表构造过程中，将进行不同的置换表之间随机性测试，在测试实验中，轻量级PRESENT分组密码进行加密及密文排序处理分析，只需改变1位的加密密钥，这1位数据不同的加密密钥对应得到的置换表之间元素差别是非常大的，测试结果如表8-23所示。通过表8-23给出的数据可以证明利用轻量级PRESENT密码构造的置换表具有随机性，表明PRESENT密码构造置换表是安全的。

**表8-23 置换表的随机性**

| 密钥(HEX) | 置换表(DEC) |
|---|---|
| 0000 0000 0000 0000 0000 | 3278045916 |
| 0000 0000 0000 0000 0001 | 1342680975 |
| 0000 0000 0000 0000 0002 | 3547980126 |
| 0000 0000 0000 0000 0003 | 1354798260 |
| 0000 0000 0000 0000 0004 | 9301427658 |
| 0000 0000 0000 0000 0005 | 7624895103 |
| 0000 0000 0000 0000 0006 | 8314605729 |
| 0000 0000 0000 0000 0007 | 0973265814 |
| 0000 0000 0000 0000 0008 | 5027613498 |
| 0000 0000 0000 0000 0009 | 4056189327 |

对于传统的保形Prefix型加密算法而言，其置换表中的元素是0～9这10个不同的数字时，该数字型置换表的空间为10！＝3628800，由于这个置换表的空间不是足够大，从而明文容易被暴力攻击成功。为了解决传统的保形Prefix型算法存在的不足，本保形算法对传统的保形Prefix型算法进行了改进，该改进方法是保证保形加密算法高效性的前提下，使得改进后的算法具有高安全性，具体改进是在算法中添加了将保形加密的明文与轻量级PRESENT密码的加密密钥进行一一对应相加、取模10运算操作，利用轻量级PRESENT密码的加密密

钥进行保形加密算法的2次控制作用，真正实现了在保形Prefix型加密算法中加密密钥与保形加密明文的结合，从而进一步实现对保形加密的明文进行安全性保护。这种改进方法，在当密钥不知道的情况下，是可以保护保形加密的明文数据，在置换加密操作前，进行了提前变换保护，以抵抗暴力攻击明文。

**定理8.5.1** 当明文与密钥对应相加、取模10操作，再经过置换表置换加密时，保形Prefix型算法可以抵抗暴力攻击。

**证** 设一个保形加密的明文为A，一个加密密钥为B，一个运算后结果为C，则

$$C=(A+B)\bmod 10 \tag{8-48}$$

在式(8-48)运算当中，C是未知的（由于C的下一步操作是进行置换表加密操作，从而C数据是不公开的），加密密钥B是进行严格保密，也是未知的，另外取模方程运算是包含多个解，因此暴力攻击破解的计算复杂度达到$10^{3628800}$，暴力破解明文A变为一个求解NP难问题，保形Prefix型算法可以有效地抵抗暴力攻击。证毕。

另一方面，在保形Prefix型算法中，当输入一串连续性的数字明文时，通过置换表加密之后，加密后的结果也会出现一串连续性的数字密文。例如，设输入一串连续的数字明文为0000000000，在置换表为“1876249035”进行加密情况下，加密输出的密文结果为1111111111，从而出现明显的明文与密文之间关联关系特征暴露给攻击者，导致了保形加密算法安全性漏洞等问题。而这种保形加密的明文与轻量级PRESENT密码的加密密钥进行一一对应相加、取模10运算的方法，能够有效防止保形Prefix型加密算法出现这个漏洞。因为保形加密的明文与轻量级的加密密钥进行相加、取模10运算操作，是利用了加密密钥与保形加密明文的结合，进行了加密密钥的控制（实际应用设备要求用户口令密码不能简单设置为一串连续性数字），从而不会出现保形Prefix型算法的安全漏洞性问题。本保形加密算法的改进从这两个重要方面保证算法的安全性，使设计的新保形加密算法具有很高的安全性能。

## 8.5.2 轻量级保形加密算法在隐私保护中应用

在隐私保护应用中，采用加密算法对敏感数据加密，是隐私保护的重要手段，加密算法选择的好坏直接影响隐私数据源保护的安全和性能。由于现有的保形加密算法中存在实现效率不高、所需资源较大的问题，所以设计了一种高安全、高效率及低资源的轻量级保形密码算法来保护用户信用卡、身份证号和电话号码等敏感数据，从保形加密算法应用仿真、安全性和性能，实现其在隐私保护中应用。

面向数字型的轻量级保形加密算法，对于其软硬件实现性能，关键在于创建置换表的分组密码选取。当置换表创建完成之后，接下来就是简单的相加、取模10及置换表置换操作，这些简单的运算操作对于整个保形加密算法实现性能影响是非常小的。

选择一个整型数字0扩充为64位构造数字型置换表的待加密数据“0000000000000000(HEX)”，通过PRESENT轻量级分组密码进行加密，加密花费时间为0.001 s。将对应数字0～9这10个数字扩充为10个64位构造数字型置换表的加密数据，通过PRESENT轻量级分组密码进行加密，加密总共需花费时间为0.01 s，由于对这10条密文进行大小分布标记不需要记录花费时间，构造置换表所需的时间就为0.01 s。置换表创建之后，保形加密的明文数据与加密密钥进行相加、取模10及进行置换表置换操作，这些操作花费时间是微不足道的，我们在实验中对500条19位银行卡数字与加密密钥相加、取模10之后，再进行置换表(1876249035)置换运算，得到保形加密后的密文数据，花费的时间为0.001 s。通过软件实验

测试，整个轻量级保形加密算法加密 500 条 19 位银行卡数字需要花费时间为 0.011 s，显示出面向数字型的轻量级保形加密算法具有实现速度快的特点。

面向数字型的轻量级保形加密算法是采用 PRESENT 轻量级分组密码构造置换表，而传统的保形 Prefix 型算法是采用 AES 密码构造置换表，分组密码构造置换表是保形加密算法实现性能的关键之处。

软件资源消耗方面，以下给出了 PRESENT-80 密码与 AES-128 密码在 8 位处理器与 32 位处理器软件实现资源比较结果，如表 8-24 所示。通过 AES-128 密码与 PRESENT-80 密码占用的 ROM 与 RAM 数据结果对比，从而使用 PRESENT 密码构造置换表来实现保形加密，做到了保形加密软件实现轻量化。

**表 8-24　PRESENT-80 密码与 AES-128 密码软件资源对比**

| 处理器类型 | 算法 | 分组长度/位 | 密钥长度/位 | ROM/字节 | RAM/字节 |
|---|---|---|---|---|---|
| 8 位处理器 | AES | 128 | 128 | 2742 | 127 |
| | PRESENT | 64 | 80 | 1562 | 83 |
| 32 位处理器 | AES | 128 | 128 | 2444 | 232 |
| | PRESENT | 64 | 80 | 1760 | 280 |

硬件资源消耗方面，在 Xilinx ISE Design Suite 13.2 平台实现算法的 FPGA 测试，在 Synopsys Design Compiler version B-2016.06 平台实现算法的 ASIC 测试。在进行 FPGA 测试实验中，PRESENT-80 密码占用资源面积为 10265 个 Slices，而 AES-128 密码占用资源面积为 20173 个 Slices。在进行 ASIC 测试实验中，PRESENT-80 密码占用的面积资源为 1570 GE 及吞吐率为 200 Kb/s，而 AES-128 密码占用面积资源为 3400 GE 及吞吐率为 12.4 Kb/s。在硬件测试中，PRESENT 轻量级分组密码相比 AES 密码具有低资源、高吞吐率的优点。轻量级保形加密算法在测试中，分别占用面积为 12101 Slices 与 1912 GE(小于 RFID 实现安全组件 2000 GEs)，而传统的保形 Prefix 型加密算法占用资源分别为 21440 Slices 与 3628 GE；轻量级保形加密算法相比传统的保形 Prefix 型加密算法，在占用面积资源上缩减了一半左右。通过上述的数据分析，使用 PRESENT 密码构造置换表来实现保形加密，大大减少了加密硬件资源消耗。

在软硬件实现过程中，相比基于 AES 密码的传统保形 Prefix 型加密算法，本算法基于 PRESENT 密码实现了保形加密的轻量化，从而节省了软件实现的开销与硬件实现的成本，是能够适用于物联网终端设备数字型数据保形加密的，做到了隐私保护中应用。

## 习　题　8

一、选择题

1. 轻量级分组密码 Magpie 采用的结构是(　　)。

   A. Feistel 结构　　B. SPN 结构

   C. 广义 Feistel 结构　　D. 非平衡 Feistel 结构

2. 轻量级分组密码 Magpie 迭代轮数是(　　)。

   A. 32　　B. 40　　C. 48　　D. 64

3. 轻量级分组密码 Surge 采用的结构是(　　)。

A. Feistel 结构　　B. SPN 结构
C. 广义 Feistel 结构　　D. 非平衡 Feistel 结构

4. 轻量级分组密码 Surge 密钥长度不包括(　　)。
A. 64 位　　B. 80 位　　C. 128 位　　D. 256 位

5. 轻量级分组密码 Surge 迭代轮数不包括(　　)。
A. 32　　B. 36　　C. 40　　D. 48

二、填空题

1. Magpie 算法包括两个部分:______和______。
2. Magpie 算法分组长度为______,密钥长度为______。
3. Surge 算法的轮运算包括常数加、______、S 盒变换、______、列混淆 5 个模块。
4. KLEIN 算法优化的思路有字节替换、______、列混淆变换、密钥扩展、______。
5. LBlock 算法的优化主要从______和______两个方面来考虑。

三、问答题

1. 轻量级分组密码 Magpie 是如何提高算法安全性的?
2. 简述 Magpie 算法的加密运算流程。
3. 轻量级分组密码 Surge 是如何实现低资源、高效率的?
4. 简述 Surge 算法的加密运算流程。
5. 简述如何建立功耗分析模型。
6. PRESENT 在功耗攻击中攻击点的选取方法有哪几种,分别有什么优缺点?
7. 简述 PRESENT 算法功耗攻击的流程。
8. 简述 ITUbee 密码代数旁路攻击过程。
9. 与一般旁路攻击相比,代数旁路攻击有何优点?
10. 简述 PRINCE 算法差分故障模型。
11. 简述 AES 随机变换掩码方案 RSCM 中掩码字节生成算法和随机选择算法。
12. 简述 PRESENT 加密算法优化的方法。
13. 简述 Piccolo 算法的优化原理。
14. 简述 QTL 算法的加密运算流程。
15. 假如设计一种新的密码算法,将可以从哪些方面进行思考?请给出相应理由。
16. 简述 LED 算法的自动化 MILP 模型建立过程。
17. 保形加密有什么特点?
18. 面向数字型的轻量级保形加密算法将哪个轻量级密码算法进行应用?
19. 面向数字型的轻量级保形加密算法相比于传统的保形加密算法,具有哪些优点?

# 参考文献

[1] Bogdanov A, Knudsen L R, Leander G, et al. PRESENT: An Ultra-Lightweight Block Cipher[C]. Cryptographic Hardware and Embedded Systems-CHES 2007, Berlin: Springer, 2007:450-466.

[2] Izadi M, Sadeghiyan B, Sadeghian S S, et al. MIBS: A New Lightweight Block Cipher [C]. Cryptology and Network Security, Berlin: Springer, 2009:334-348.

[3] De Canniere C, Dunkelman O, Kneževic M, et al. KATAN and KTANTAN-A Family of Small and Efficient Hardware-Oriented Block Ciphers[C]. Cryptographic Hardware and Embedded Systems-CHES 2009, Berlin: Springer, 2009:272-288.

[4] Shibutani K, Isobe T, Hiwatari H, et al. Piccolo: an ultra-lightweight blockcipher[C]. Cryptographic Hardware and Embedded Systems-CHES 2011, Berlin: Springer, 2011: 342-357.

[5] Guo J, Peyrin T, Poschmann A, et al. The LED block cipher[C]. Cryptographic Hardware and Embedded Systems-CHES 2011, Berlin: Springer, 2011:326-341.

[6] Yap H, Khoo K, Poschmann A, et al. EPCBC: a block cipher suitable for electronic product code encryption[C]. Cryptology and Network Security, Berlin: Springer, 2011:76-97.

[7] Borghoff J, Canteaut A, Güneysu T, et al. PRINCE-a low-latency block cipher for pervasive computing applications[C]. Advances in Cryptology-ASIACRYPT 2012, Berlin: Springer, 2012: 208-225.

[8] Lee D, Kim D, Kwon D, et al. Efficient Hardware Implementation of the Lightweight Block Encryption Algorithm LEA[J]. Sensors, 2014, 14(1):975-994.

[9] Yang G, Zhu B, Suder V, et al. The Simeck Family of Lightweight Block Ciphers[C]. Cryptographic Hardware and Embedded Systems-CHES 2015, Berlin: Springer, 2015: 307-329.

[10] Beaulieu R, Shors D, Smith J, et al. The SIMON and SPECK lightweight block ciphers [C]. Proceedings of the 52nd Annual Design Automation Conference, SanFrancisco: IEEE, 2015: 1-6.

[11] Wu W, Zhang L. LBlock: a lightweight block cipher[C]. Applied Cryptography and Network Security, Berlin: Springer, 2011:327-344.

[12] Gong Z, Nikova S I, Law Y W, et al. KLEIN: a new family of lightweight block ciphers [C]. Radio Frequency Identification: Security and Privacy, Berlin: Springer, 2011:1-18.

[13] Li L, Liu B, Wang H, et al. QTL: A new ultra-lightweight block cipher[J]. Microprocessors and Microsystems, 2016, 45:45-55.

[14] 李浪,李肯立,贺位位,等. Magpie:一种高安全的轻量级分组密码算法[J]. 电子学报, 2017,45(10):2521-2527.

[15] 李浪,刘波涛. Surge:一种新型低资源高效的轻量级分组密码算法[J]. 计算机科学,

2018,45(2):236-240.

[16] Li L, Liu B, Zhou Y, et al. SFN: A new lightweight block cipher[J]. Microprocessors and Microsystems, 2018(60): 138-150.

[17] Blondeau C, Gerard B. Multiple differential cryptanalysis: theory and practice[C]. Fast Software Encryption, Berlin: Springer, 2011: 35-54.

[18] Biham E, Biryukov A, Shamir A. Cryptanalysis of Skipjack reduced to 31 rounds using impossible differentials [C]. Advances in Cryptology -EUROCRYPT '99, Berlin: Springer, 1999: 12-23.

[19] Biryukov A, De Canniere C, Quisquater M, et al. On Multiple Linear Approximations [C]. Advances in Cryptology- CRYPTO 2004, Berlin: Springer, 2004: 1-22.

[20] Hermelin M, Cho J Y, Nyberg K, et al. Multi-dimensional Linear Cryptanalysis of Reduced Round Serpent [C]. Information Security and Privacy, Berlin: Springer, 2008: 203-215.

[21] Jakobsen T, Knudsen L R. The Interpolation Attack on Block Ciphers[C]. Fast Software Encryption, Berlin: Springer, 1997: 28-40.

[22] Courtois N T, Pieprzyk J. Cryptanalysis of Block Ciphers with Overdefined Systems of Equations[C]. Advances in Cryptology - ASIACRYPT 2002, Berlin: Springer, 2002: 267-287.

[23] Hong D, Sung J, Hong S, et al. HIGHT: a new block cipher suitable for low-resource device [C]. Cryptographic Hardware and Embedded Systems-CHES 2006, Berlin: Springer, 2006: 46-59.

[24] Cheng H , Heys H M, Wang C. PUFFIN: A Novel Compact Block Cipher Targeted to Embedded Digital Systems[C]. Euromicro Conference on Digital System Design Architectures, Methods and Tools, Piscataway: IEEE, 2008: 383-390.

[25] Suzaki T, Minematsu K, Morioka S, et al. TWINE: A Lightweight Block Cipher for Multiple Platforms [C]. Selected Areas in Cryptography, Berlin: Springer, 2012: 339-354.

[26] Karakoç F, Demirci H, Harmancı A E. ITUbee: a software oriented lightweight block cipher[C]. Cryptography for Security and Privacy, Berlin: Springer, 2013: 16-27.

[27] 汪亚,魏国珩. 适用于 RFID 的轻量级密码算法研究综述[J]. 计算机应用与软件,2017,34(1): 9-14,44.

[28] Zhang W, Bao Z, Lin D, et al. RECTANGLE: a bit-slice lightweight block cipher suitable for multiple platforms[J]. Science China Information Sciences, 2015, 58(12): 89-103.

[29] Banik S, Pandey S K, Peyrin T, et al. GIFT: A Small Present[C]. Cryptographic Hardware Embedded System-CHES 2017, Cham: Springer, 2017: 321-345.

[30] Li L , Liu B , Zhou Y, et al. SFN: A new lightweight block cipher[J]. Microprocessors and Microsystems, 2018, 60(7): 138-150.

[31] Banik S, Bogdanov A, Isobe T, et al. Midori: A Block Cipher for Low Energy[C]. Advances in Cryptology - ASIACRYPT 2015, Berlin: Springer, 2015: 411-436.

[32] Beierle C, Jean J, Kölbl S, et al. The SKINNY Family of Block Ciphers and Its Low-La-

tency Variant MANTIS[C]. Advances in Cryptology-CRYPTO 2016, Berlin: Springer, 2016: 123-153.

[33] Borghoff J, Canteaut A, Güneysu T, et al. PRINCE-a low latency block cipher for pervasive computing applications[C]. Advances in Cryptology - ASIACRYPT 2012, Berlin: Springer, 2012: 208-225.

[34] Beaulieu R, Shor D, et al. The Simon and Speck Block Ciphers on AVR 8-Bit Microcontrollers[C]. Lightweight Cryptography for Security and Privacy, Cham: Springer, 2015: 3-20.

[35] Koo B, Roh D, Kim H, et al. CHAM: A Family of Lightweight Block Ciphers for Resource Constrained Devices[C]. Information Security and Cryptology - ICISC 2017, Cham: Springer, 2017: 3-25.

[36] Daniel D, Le C Y, Dmitry K, et al. Triathlon of Lightweight Block Ciphers for the Internet of Things[J]. Journal of Cryptographic Engineering, 2019, 9: 283-302.

[37] 于亦舟，欧海文. 两种提高双射 S 盒非线性度的方法及其比较[J]. 中国新通信，2007，3: 36-39.

[38] 海昕，李声涛，李超. S 盒设计中的一种新准则[J]. 信息安全与通信保密，2005，7: 85-87.

[39] 谢永宏. 分组密码 S 盒的可重构设计方案[J]. 计算机工程与设计，2009，30(9): 2132-2134.

[40] Chen H, Feng D. An effective evolutionary strategy for bijective S-boxes[C]. Proceedings of the 2004 Congress on Evolutionary Computation, Piscataway: IEEE, 2004, 2: 2120-2123.

[41] Agosta G, Barenghi A, Maggi M, et al. Design space extension for secure implementation of block ciphers[J]. IET Computers and Digital Techniques, 2014, 8(6): 256-263.

[42] 申兵，霍家佳. 动态 S 盒的密码性质[J]. 通信技术，2014，12: 87-91.

[43] 韦宝典，马文平，王新梅. AES S 盒的代数表达式[J]. 西安电子科技大学学报(自然科学版)，2003，30(1): 29-32.

[44] Shannon C E. Communication Theory of Secrecy Systems[J]. The Bell System Technical Journal, 2010, 28(4): 656-715.

[45] 冯登国，吴文玲. 分组密码的设计与分析[M]. 北京：清华大学出版社，2000.

[46] 魏悦川. 分组密码分析方法的基本原理及其应用[D]. 长沙：国防科技大学，2011.

[47] 王毅. 轻量级分组密码设计与分析[D]. 成都：电子科技大学，2013.

[48] 刘伯仲. 轻量级分组密码算法 S 盒的设计与分析[D]. 上海：上海交通大学，2016.

[49] 张文涛. 分组密码的分析与设计[D]. 北京：中国科学院研究生院(软件研究所)，2003.

[50] 胡予濮. 分组密码的设计与安全性分析[D]. 西安：西安电子科技大学，1999.

[51] 吴文玲，冯登国，张文涛编著. 分组密码算法的设计与分析(第 2 版)[M]. 北京：清华大学出版社. 2009.

[52] Hellman M. A cryptanalytic time-memory trade-off[J]. IEEE transactions on Information Theory, 1980, 26(4): 401-406.

[53] Biham E, Shamir A. Differential cryptanalysis of DES-like cryptosystems[J]. Journal of CRYPTOLOGY, 1991, 4(1): 3-72.

[54] Jakobsen T, Knudsen L. The interpolation attack on block ciphers[C]. Fast Software Encryption, Berlin: Springer, 1997. 28-40.

[55] Shimoyama T, Moriai S, Kaneko T. Improving the higher order differential attack and cryptanalysis of the KN cipher[C]. Information Security, Berlin: Springer, 1997: 32-42.

[56] Kipnis A, Shamir A. Cryptanalysis of the HFE public key cryptosystem by relinearization[C]. Advances in Cryptology - CRYPTO' 99, Berlin: Springer, 1999: 19-30.

[57] Moriai S, Shimoyama T, Kaneko T. Higher order differential attack of a CAST cipher [C]. Fast Software Encryption, Berlin: Springer, 1998: 17-31.

[58] Hatano Y, Sekine H, Kaneko T. Higher order differential attack of Camellia (II) [C]. Selected Areas in Cryptography, Berlin: Springer, 2002: 129-146.

[59] Sugio N, Aono H, Hongo S, et al. A study on higher order differential attack of KASUMI[J]. IEICE Transactions on Fundamentals of Electronics, Communications and Computer Sciences, 2007, 90(1): 14-21.

[60] Tanaka H, Hisamatsu K, Kaneko T. Strength of ISTY1 without FL function for higher order differential attack[C]. International Symposium on Applied Algebra, Algebraic Algorithms, and Error-Correcting Codes, Berlin: Springer, 1999: 221-230.

[61] Tsunoo Y, Saito T, Shigeri M, et al. Higher order differential attacks on reduced-round MISTY1[C]. Information Security and Cryptology, Berlin: Springer, 2008: 415-431.

[62] Sun X, Lai X. Improved Integral Attacks on MISTY1[C]. Selected Areas in Cryptography, Berlin: Springer, 2009: 266-280.

[63] Knudsen L. Truncated and higher order differentials[C]. Fast Software Encryption, Berlin: Springer, 1995: 196-211.

[64] Nyberg K, Knudsen L. Provable security against a differential attack[J]. Journal of Cryptology, 1995, 8(1): 27-37.

[65] Watanabe D, Hatano Y, Yamada T, et al. Higher order differential attack on step-reduced variants of Luffa v1 [C]. Fast Software Encryption, Berlin: Springer, 2010: 270-285.

[66] Blondeau C, Gérard B. Multiple differential cryptanalysis: theory and practice[C]. Fast Software Encryption, Berlin: Springer, 2011: 35-54.

[67] Knudsen L R, Berson T A. Truncated differentials of SAFER[C]. Fast Software Encryption, Berlin: Springer, 1996: 15-26.

[68] Borst J, Knudsen L R, Rijmen V. Two attacks on reduced IDEA[C]. Advances in Cryptology - EUROCRYPT'97, Berlin: Springer, 1997: 1-13.

[69] Matsui M, Tokita T. Cryptanalysis of a reduced version of the block cipher E2[C]. Fast Software Encryption, Berlin: Springer, 1999: 71-80.

[70] Ali S S, Mukhopadhyay D. Differential fault analysis of Twofish[C]. Information Security and Cryptology, Berlin: Springer, 2012: 10-28.

[71] Shi Z Q, Zhang B, Feng D G. Improved Key Recovery Attacks on Reduced-Round Salsa20 and ChaCha[C]. Information Security and Cryptology - ICISC 2012, Berlin: Springer, 2012: 337-351.

[72] Kim J, Phan C W. Advanced Differential-Style Cryptanalysis of the NSA's Skipjack Block Cipher[J]. Cryptologia, 2009, 33(3): 246-270.

[73] Biham E, Biryukov A, Shamir A. Cryptanalysis of Skipjack reduced to 31 rounds using impossible differentials[J]. Journal of Cryptology, 2005, 18(4): 291-311.

[74] Biham E, Biryukov A, Shamir A. Miss in the middle attacks on IDEA and Khufu[C]. Fast Software Encryption, Berlin: Springer, 1999: 124-138.

[75] Hong D, Sung J, Moriai S, et al. Impossible differential cryptanalysis of Zodiac[C]. Fast Software Encryption, Berlin: Springer, 2002: 300-311.

[76] Lu J, Kim J, Keller N, et al. Improving the efficiency of impossible differential cryptanalysis of reduced Camellia and MISTY1[C]. Topics in Cryptology-CT-RSA 2008, Berlin: Springer, 2008: 370-386.

[77] Wu W L, Zhang L. The state-of-the-art of research on impossible differential cryptanalysis[J]. Journal of Systems science and Mathematical sciences, 2008, 28(8): 971-983.

[78] Cheng W, Zhou Y, Sauvage L. Differential Fault Analysis on Midori[C]. Information and Communications Security, Cham: Springer, 2016: 307-317.

[79] Matsui M. Linear cryptanalysis method for DES cipher[C]. Advances in Cryptology-EUROCRYPT'93, Berlin : Springer, 1993: 386-397.

[80] Matsui M. The first experimental cryptanalysis of the Data Encryption Standard[C]. Advances in Cryptology-CRYPTO'94, Berlin: Springer, 1994: 1-11.

[81] Biham E. On Matsui's linear cryptanalysis[C]. Advance in Cryptology-EUROCRYPT'94, Berlin: Springer, 1994: 341-355.

[82] Biham E. New types of cryptanalytic attacks using related keys[J]. Journal of Cryptology, 1994, 7(4): 229-246.

[83] Avanzi R. The QARMA block cipher family. Almost MDS matrices over rings with zero divisors, nearly symmetric even-mansour constructions with non-involutory central rounds, and search heuristics for low-latency s-boxes[J]. IACR Transactions on Symmetric Cryptology, 2017(1): 4-44.

[84] Zong R, Dong X, Wang X. Related-tweakey impossible differential attack on reduced-round Deoxys-BC-256[J]. Science China Information Sciences, 2019, 62(3): 19-30.

[85] Jean J, Nikolió I, Peyrin T. Tweaks and keys for block ciphers: the TWEAKEY framework[C]. Advance in Cryptology-ASIACRYPT 2014, Berlin: Springer, 2014: 274-288.

[86] Hoang V T, Reyhanitabar R , Rogaway P, et al. Online Authenticated-Encryption and its Nonce-Reuse Misuse-Resistance[C]. Advances in Cryptology-CRYPTO 2015, Berlin: Springer, 2015: 493-517.

[87] Liskov M, Rivest R L, Wagner D. Tweakable block ciphers[C]. Advances in Cryptology - CRYPTO 2002, Berlin: Springer, 2002: 31-46.

[88] Beierle C, Jean J, Kölbl S, et al. The SKINNY family of block ciphers and its low-latency variant MANTIS[C]. Advances in Cryptology-CRYPTO 2016, Berlin: Springer, 2016: 123-153.

[89] Alfadhli S A, Lu S, Chen K, et al. MFSPV: A Multi-Factor Secured and Lightweight

Privacy Preserving Authentication Scheme for VANETs[J]. IEEE Access, 2020, 8: 58-74.

[90] Kocher P C. Timing attacks on implementations of Diffie-Hellman, RSA, DSS, and other systems[C]. Advances in Cryptology-CRYPTO' 96, Berlin: Springer, 1996: 104-113.

[91] Biham E, Shamir A. Differential fault analysis of secret key cryptosystems[C]. Advances in Cryptology-CRYPTO'97, Berlin: Springer, 1997: 513-525.

[92] Peeters E, Standaert F X, Quisquater J J. Power and electromagnetic analysis: Improved model, consequences and comparisons[J]. Integration the VLSI journal, 2007, 40(1): 52-60.

[93] Brier E, Clavier C, Olivler F. Correlation power Analysis with a Leakage Model[C]. Cryptographic Hardware and Embedded Systems-CHES 2004, Berlin: Springer. 2004: 16-29.

[94] Oswald E. On Side-Channel Attacks and the Application of Algorithmic Countermeasures[D]. Austria: Graz University of Technology, 2003, 22-36.

[95] Mangard S. Securing Implementations of Block Ciphers against Side-Channel Attacks [D]. Austria: Graz University of Technology, 2004, 70-88.

[96] Messerges T S, Dabbish E A, Sloan R H. Examining Smart-card Security under the Threat of Power Attack Analysis[J]. IEEE Transaction on computers, 2002, 51(5): 541-552.

[97] Sabelfeld A, Myers A C. Language-based information-flow security[J]. IEEE Journal on Selected Areas in Communications, 2013, 21(1): 5-19.

[98] Kocher P, Jaffe J, Jun B, et al. Introduction to differential power analysis[J]. Journal of Cryptographic Engineering, 2011, 1(1): 5-27.

[99] Boneh D, Demillo R A, Lipton R J. On the importance of checking cryptographic protocols for faults[C]. Advances in Cryptology-EUROCRYPT' 97, Berlin: Springer, 1997: 37-51.

[100] Knudsen L, Wagner D. Integral cryptanalysis[C]. Fast Software Encryption, Berlin: Springer, 2002: 112-127.

[101] Hu Y, Zhang Y, Xiao G. Integral cryptanalysis of SAFER+[J]. Electronics Letters, 1999, 35(17): 1458-1459.

[102] Sun B, Li R L, Qu L J, et al. SQUARE attack on block ciphers with low algebraic degree[J]. Science China Information Sciences, 2010, 53(10): 1988-1995.

[103] 王薇，王小云. 对 CLEFIA 算法的饱和度分析[J]. 通信学报，2008，29(10)：88-92.

[104] Lei D, Chao L, Feng K. New observation on Camellia[C]. Selected Areas in Cryptography, Berlin: Springer, 2005: 51-64.

[105] Minier M. Improving impossible-differential attacks against Rijndael-160 and Rijndael-224[J]. Designs, Codes and Cryptography, 2017, 82(1-2): 117-129.

[106] Wu W, Zhang W, Feng D. Integral cryptanalysis of reduced FOX block cipher[C]. Information Security and Cryptology-ICISC 2005, Berlin: Springer, 2005: 229-241.

[107] Zraba M,Raddum H,Henricksen M,and Dawson E. Bit-Pattern Based Integral Attack [C]. Fast Software Encryption,Berlin:Springer, 2008:363-381.

[108] Schramm K,Wollinger T,Paar C. A new class of collision attacks and its application to DES[C]. Fast Software Encryption,Berlin:Springer,2003: 206-222.

[109] Jakobsen T,Knudsen L R. The interpolation attack on block ciphers[C]. Fast Software Encryption,Berlin:Springer,1997:28-40.

[110] Aoki K. Efficient evaluation of security against generalized interpolation attack[C]. Selected Areas in Cryptography,Berlin:Springer,1999:135-146.

[111] Kurosawa K,Iwata T,and Quang V. Root Finding Interpolation Attack[C]. Selected Areas in Cryptography,Berlin:Springer,2001:303-314.

[112] Youssef A,and Gong G,On the Interpolation Attacks on Block Ciphers[C]. Fast Software Encryption,Berlin:Springer,2001:109-120.

[113] Paul G,Chattopadhyay A. Three snakes in one hole:the first systematic hardware accelerator design for sosemanuk with optional serpent and snow 2. 0 modes[J]. IEEE Transactions on Computers,2015,65(2):640-653.

[114] Moriai S,Shimoyama T,Kaneko T. Interpolation attacks of the block cipher:SNAKE [C]. Fast Software Encryption,Berlin:Springer,1999:275-289.

[115] Choudary O,Kuhn M G. Efficient template attacks[C]. Smart Card Research and Advanced Applications,Cham:Springer,2013:253-270.

[116] Mahanta H J,Azad A K,Khan A K. Differential power analysis:Attacks and resisting techniques[C]. Information Systems Design and Intelligent Applications,New Delhi:Springer,2015:349-358.

[117] Kay S M. Fundamentals of statistical signal processing[M]. London:Springer,1993, 83-182.

[118] Bogdanov A,Khovratovich D,Rechberger C. Biclique cryptanalysis of the full AES [C]. Advance in Cryptology-ASIACRYPT 2011,Berlin:Springer,2011:344-371.

[119] Wagner D. The boomerang attack[C]. Fast Software Encryption,Berlin:Springer, 1999: 156-170.

[120] Mouha N,Wang Qingju,et al. Differential and linear cryptanalysis using mixed-integer linear programming[C]. Information Security and Cryptology,Berlin:Springer,2011: 57-76.

[121] 李浪,李仁发,李肯立. 轻量级 PRESENT 加密算法功耗攻击研究[J]. 计算机应用研究,2014,31(3):843-845.

[122] 李浪,杜国权. ITUbee 密码代数旁路攻击[J]. 计算机科学,2016,43(2):169-174.

[123] 邹祎,李浪,焦铬. PRINCE 轻量级密码算法的差分故障分析[J]. 计算机科学,2017,44(z1):377-379.

[124] 刘波涛,彭长根,吴睿雪,等. 基于 MILP 方法的 LED 密码安全性分析[J]. 计算机应用研究,2020,37(2):505-509.

[125] 唐明,王欣,李延斌,等. 针对轻量化掩码方案的功耗分析方法[J]. 密码学报,2014,1(1):1-63.

[126] 姜佩贺. 轻量级分组密码算法的功耗分析及防御技术[D]. 哈尔滨:哈尔滨工业大学硕士学位论文,2013. 39-40

[127] 李浪,欧雨,邹祎. 一种 AES 随机变换掩码方案及抗 DPA 分析[J]. 密码学报,2018,5(4):442-454.

[128] 李浪,李仁发,邹祎. PRESENT 密码硬件语言实现及其优化研究[J]. 小型微型计算机系统,2013,34(10):2272-2274.

[129] 李浪,贺位位,邹祎. 一种抗高阶旁路攻击的 LED 密码算法[J]. 数学的实践与认识,2014,44(18):144-151.

[130] 李浪,刘波涛,邹祎. KLEIN 加密算法优化研究[J]. 计算机应用研究,2015,32(03):877-880.

[131] 邹祎. 轻量级密码算法 LBlock 的 FPGA 优化实现[J]. 计算机系统应用,2015,24(7):240-243.

[132] 李浪,刘波涛,余孝忠. 一种 Piccolo 加密算法硬件优化实现研究[J]. 计算机应用研究,2015,32(10):3056-3059.

[133] 曹珍富. 信息安全的新发展——为《计算机研究与发展》创刊六十周年而作[J]. 计算机研究与发展,2019,56(1):131-137.

[134] Beierle C, Jean J, Kölbl S, et al. The SKINNY family of block ciphers and its low-latency variant MANTIS[C]. Advances in Cryptology - CRYPTO 2016, Berlin: Springer, 2016: 123-153.

[135] 刘哲理,贾春福,李经纬. 保留格式加密技术研究[J]. 软件学报,2012,23(1):152-170.

[136] Institute for Computer Sciences and Technology National Bureau of Standards. Guidelines for implementing and using the NBS data encryption standard, FIPS PUB 74 [R]. Gaithersburg: Maryland, 1981.

[137] Black J, Rogaway P. Ciphers with arbitrary finite domains[C]. Topics in Cryptology-CT-RSA 2002, Berlin: Springer, 2002: 114-130.

[138] Bellare M, Hoang V T. Identity-based format-preserving encryption[C]. Proceedings of the 2017 ACM SIGSAC Conference on Computer and Communications Security, New York: ACM, 2017: 1515-1532.

[139] Zou J W, Wang P, Luo H. Improved prefix based format-preserving encryption for Chinese names[J]. China Communications, 2018, 15(3): 78-90.

[140] 刘波涛,彭长根,吴睿雪,等. 面向数字型的轻量级保形加密算法研究[J]. 计算机研究与发展,2019,56(7):1488-1497.

普通高等学校“十四五”规划机械类专业精品教材
工程训练国家级实验教学示范中心配套教材

# 机械制造技术训练实习报告
# （第三版）

于兆勤　谢小柱　主编

姓　名______________

学　号______________

班　级______________

学　院______________

华中科技大学出版社
中国·武汉

# 前言

机械工程训练是高等学校工科专业重要的实践教学环节，为了不断提高工程训练的教学质量，让学生掌握机械制造的各种加工方法和基础知识，培养学生的工程意识，根据工程训练设备及教学内容变化，在第二版《机械制造技术训练实习报告》的基础上进行了修订。本实习报告与《机械制造技术训练》(第三版)教材配套使用。其中带 * 号的内容根据训练安排选做。学生通过各项目的训练，在阅读训练教材的基础上，按照教学要求完成实习报告。

本实习报告由于兆勤、谢小柱担任主编。

限于编者的水平，实习报告中缺点与不足之处在所难免，希望读者批评指正。

编　者

2021 年 5 月

# 目录

# 训练1 工程材料及热处理

## 1. 填空题。

(1) 热处理工艺过程通常由________、________、________三个阶段组成。热处理的目的是改变金属材料的________，改善________。

(2) 常规热处理主要包括________、________、________、________等四种方法。

(3) 生产中通常把金属材料分为________和________两大类。

(4) 钢中碳的质量分数在________以下时称为低碳钢，碳的质量分数在________时称为中碳钢，碳的质量分数在________时称为高碳钢。

(5) 调质是________与________相结合的热处理工艺。

(6) 碳钢按用途分为________、________。

(7) 合金钢按用途分为________、________、________。

## 2. 名词解释。

退火：________________________________。

正火：________________________________。

淬火：________________________________。

3. 解释下列金属材料牌号的意义，并说明其主要应用在什么场合。

Q235：________________________________________

________________________________________________。

45：__________________________________________

________________________________________________。

QT600-2：_____________________________________

________________________________________________。

HT200：_______________________________________

________________________________________________。

60Si2Mn：_____________________________________

________________________________________________。

4. 简述热处理训练时，硬度计的操作过程。

5. 简述布氏、洛氏硬度的测量原理有什么不同。

# 训练2 铸 造

## 1. 填空题。

(1) 铸造生产就是将__________金属浇注到具有与零件形状相适应的__________中，待其__________后，获得一定__________和__________铸件的成形方法。

(2) 除了砂型铸造外，铸造还包括__________铸造、__________铸造、__________铸造和__________铸造等方法。

(3) 型砂是由________、________、________和________等材料制备而成的。型砂应具备________、________、________、________等性能。

(4) 砂型铸造的手工造型方法常用的有________造型、________造型、________造型、________造型、________造型、________造型等。

(5) 砂型铸造的浇铸系统由____________、____________、____________和__________组成。

## 2. 将图 2-1 所示的铸造生产过程框图填充完整。

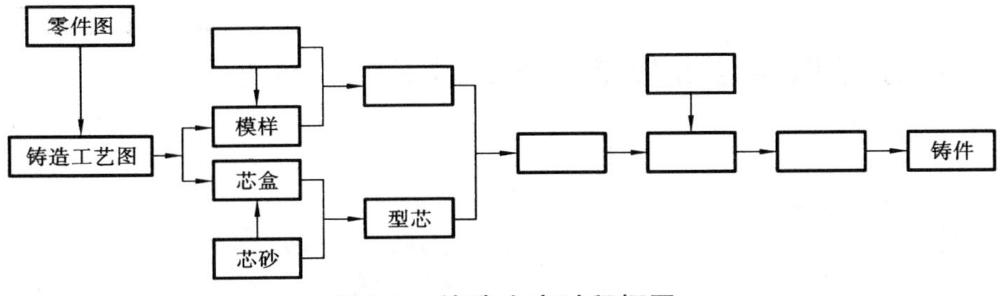


图 2-1 铸造生产过程框图

**3.** 标出铸型装配图(见图2-2)和带浇冒口铸件(见图2-3)各部分的名称。

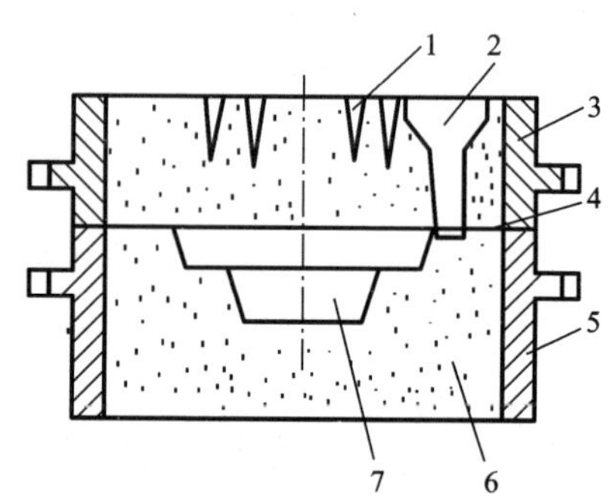


**图2-2　铸型装配图**

1 ____________；　2 ____________；　3 ____________；　4 ____________；

5 ____________；　6 ____________；　7 ____________

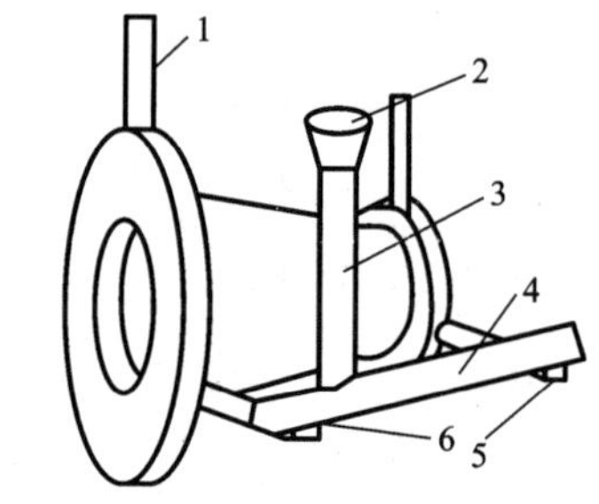


**图2-3　带浇冒口铸件**

1 ____________；　2 ____________；　3 ____________；　4 ____________；

5 ____________；　6 ____________

**4.** 浇注时浇注温度是否越高越好？为什么？

**5. 常用的造型工具有哪些？训练中你使用了哪些工具？**

**6. 简述铸造训练时两箱造型的操作步骤。**

# 训练 压力加工

**1. 填空题。**

（1）空气锤的基本操作包括＿＿＿＿＿＿、＿＿＿＿＿＿、＿＿＿＿＿＿、＿＿＿＿＿＿和＿＿＿＿＿＿。

（2）空气锤的公称规格用＿＿＿＿＿＿表示。在实习中所用空气锤的规格是＿＿＿＿＿＿，它是生产＿＿＿＿＿＿锻件的通用设备。

（3）锻造时将金属加热的目的是＿＿＿＿＿＿和＿＿＿＿＿＿。

（4）金属在加热时可能产生的缺陷有＿＿＿＿＿＿、＿＿＿＿＿＿、＿＿＿＿＿＿和＿＿＿＿＿＿等。

（5）自由锻的基本工序有＿＿＿＿＿＿、＿＿＿＿＿＿、＿＿＿＿＿＿、＿＿＿＿＿＿、＿＿＿＿＿＿和＿＿＿＿＿＿等。

（6）镦粗时，坯料的原始高度与直径（或边长）比应为＿＿＿＿＿＿；而拔长时，工件的宽度与厚度比应为＿＿＿＿＿＿。

（7）板料冲压是利用＿＿＿＿＿＿使板料产生＿＿＿＿＿＿或＿＿＿＿＿＿的加工方法。

（8）按模具结构分类，冲模基本上可分为＿＿＿＿＿＿、＿＿＿＿＿＿和＿＿＿＿＿＿三种。

（9）胎模锻是在＿＿＿＿＿＿设备上进行的。

（10）自由锻常用的设备有＿＿＿＿＿＿、＿＿＿＿＿＿和＿＿＿＿＿＿。

（11）自由锻适合于＿＿＿＿＿＿生产。

**2. 板料冲压的基本工序有哪些？训练中你进行了哪些工序的操作？写出图 3-1 所示板料冲压的工序名称。**

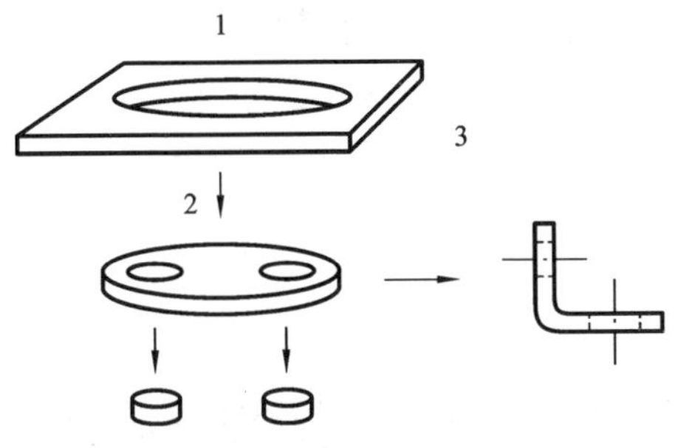


**图 3-1　板料冲压示意图**

工序 1 ＿＿＿＿＿＿；　工序 2 ＿＿＿＿＿＿；　工序 3 ＿＿＿＿＿＿。

# 焊　接

## 1. 填空题。

(1) 焊条由焊芯和药皮两部分组成,焊芯的作用是__________和__________;药皮的作用是__________、__________和__________。实习中所用的焊条牌号是__________,焊条直径为__________。

(2) 改变氧气与乙炔的混合比例,可得到不同类型的气焊火焰,主要有__________、__________和__________。

(3) 能进行氧气切割的金属有__________、__________、__________、__________。

(4) 手工电弧焊时,常用的点火方法是__________。

## 2. 画简图表示焊接接头形式及对接头常见坡口形状(见表4-1)。

**表 4-1　焊接接头形式及对接头常见坡口形状**

| | | | | | |
|---|---|---|---|---|---|
| 接头形式 | 名　称 | | | | |
| | 简　图 | | | | |
| 坡口形状 | 名　称 | | | | |
| | 简　图 | | | | |

**3.** 将图4-1所示的气焊设备各组成部分的名称填入表4-2中。

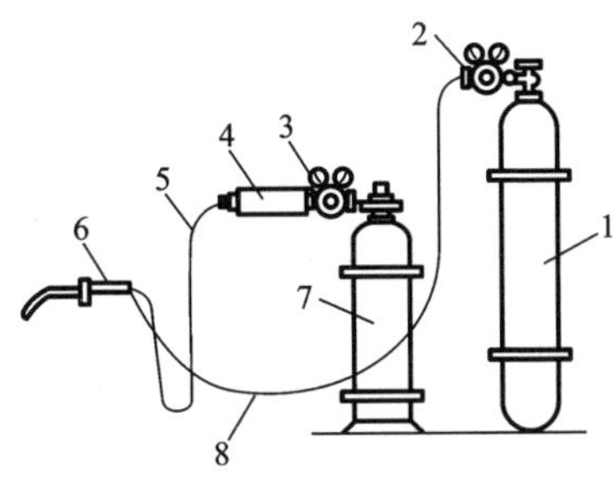


图4-1 气焊设备

表4-2 各组成部分的名称

| 标号 | 名称 | 标号 | 名称 |
|---|---|---|---|
| 1 | | 5 | |
| 2 | | 6 | |
| 3 | | 7 | |
| 4 | | 8 | |

**4.** 简述气焊操作时点火、熄火的操作要领。

# 机械加工基础及车削加工

**1. 填空题。**

(1) 车削外圆时的主运动是______，进给运动是______。

(2) 车削外圆时，通过______传动实现刀架纵向自动走刀。车削螺纹时，则是通过______传动带动刀架自动走刀，目的是______。

(3) 车削实习中常用的车刀类型有______、______、______和______等。

(4) 常用的刀具材料有______、______、______，实习训练中所使用的车刀材料为______。

(5) 车刀安装时不宜伸出太长，一般刀头伸出不超过刀杆厚度的______，车刀刀尖应与______等高。

(6) 尾座用于安装______以顶住工件，还可以安装______进行钻孔。

(7) 在车床上车锥面的方法有______、______和______。

(8) 常用的车床附件有______、______、______和______。

(9) 车削加工时，常使用______测量零件，其测量精度为______。

(10) 在车床上车削成形面时，可采用______、______和双手控制法等方法。双手控制法用于单件生产，车削时双手同时摇动

__________和__________，协调动作使刀尖轨迹与成形面曲线相仿。

(11) 在车床上使用三爪卡盘安装工件的优点是工件可以__________。

(12) 车削用量三要素指的是__________、__________和__________。

(13) 车床上能够自动定心的夹具是__________。

## 2. 指出图 5-1 所示的普通车床各部分的名称。

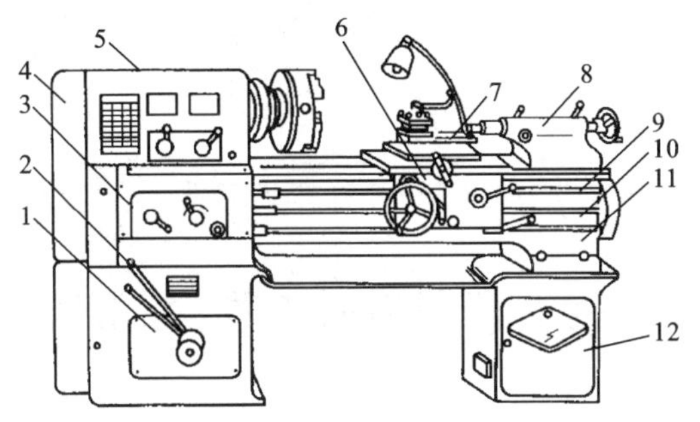


图 5-1　普通车床

1 __________；　2 __________；　3 __________；　4 __________；

5 __________；　6 __________；　7 __________；　8 __________；

9 __________；　10 __________；　11 __________；　12 __________

## 3. 解释下面车床型号中各参数的含义。

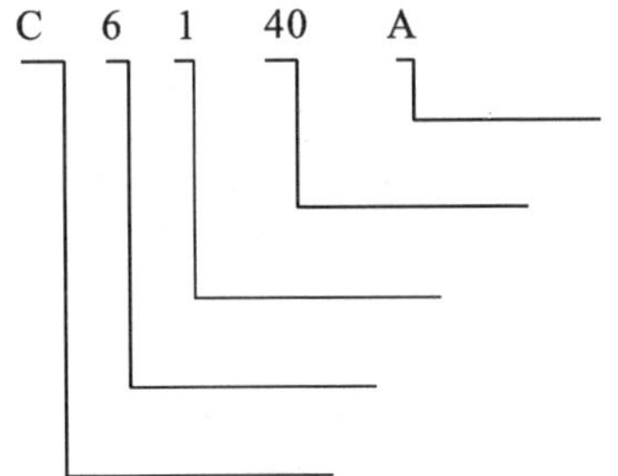

4. 标出如图 5-2 所示外圆车刀刀头各部分的名称。

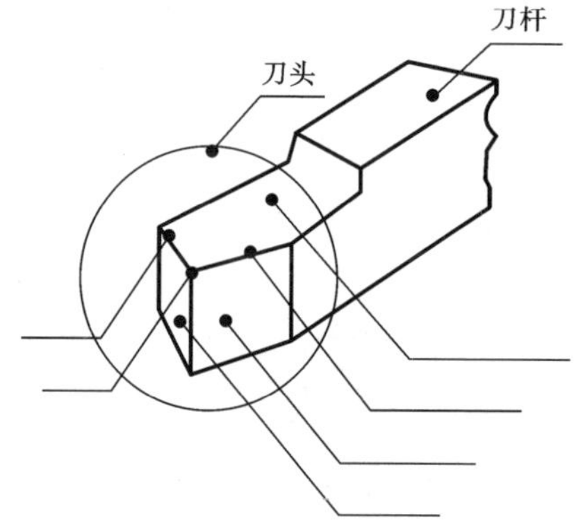


图 5-2　外圆车刀刀头

5. 画出车削下列表面所用的刀具,并用箭头表示出切削运动方向。

(1) 切外槽:

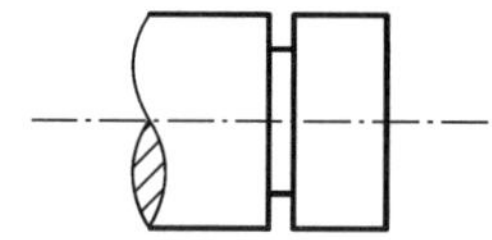

(2) 车成形面:

(3) 镗不通孔:

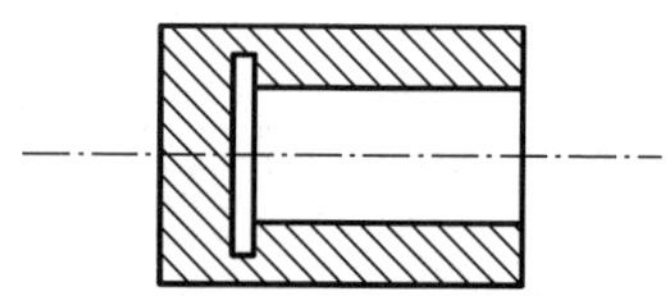

（4）车锥面：

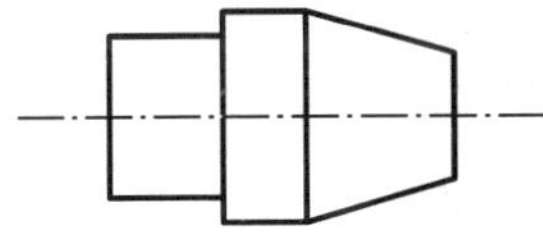

（5）镗槽：

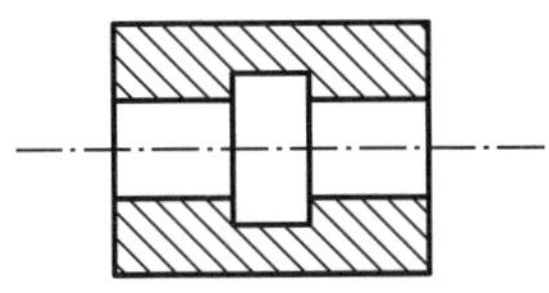

（6）滚花：

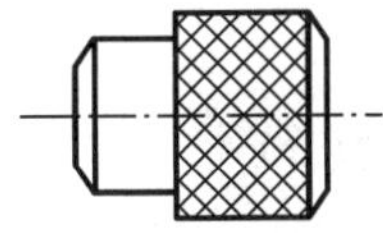

**6．车削一直径为 80 mm 的轴的外圆时，若车床主轴转速为 400 r/min，则这时切削速度（单位：m/s）为多少？**

# 训练6 铣削加工

**1. 填空题。**

(1) 铣削加工的主运动是__________,进给运动是__________。

(2) 根据铣床主轴形式不同,铣床可分为__________和__________两大类。

(3) 顺铣加工时,铣刀旋转切入工件的方向与工件进给方向__________,切削厚度由__________到__________。

(4) 按安装方法可将铣刀分为__________和__________。

**2. 说明图 6-1 所示的各种铣削加工采用的铣刀类型和铣削对象。**

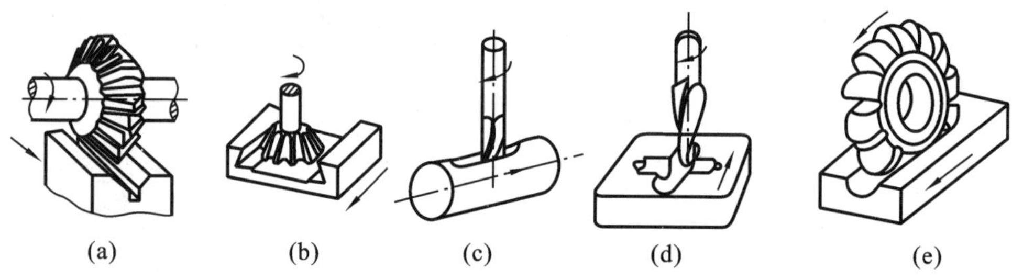


**图 6-1 各种铣削加工**

3. 已知某圆柱直齿轮的模数 $m=2$，齿数 $Z=30$，在卧式铣床上用成形法铣齿，采用传动比为 40 的分度头。计算每加工一个齿时分度手柄的转数，并确定分度盘的孔圈数（分度盘的孔圈数有 25、30、35、45、65 等）。

4. 简述在铣床上铣削斜面的三种方法。

# 训练7 刨　削*

1. 填空题。

(1) 在牛头刨床上进行刨削时的主运动是__________,进给运动是__________。

(2) 牛头刨床是采用__________机构把电动机的旋转运动变为滑枕的__________运动;而横向水平进给运动则是通过__________机构实现。

(3) 在牛头刨床上可以刨削水平面、__________、__________和__________,但不能加工__________。

(4) 刨刀的结构和角度与__________刀相似,其截面一般为车刀的__________倍。切削用量较大的刨刀常做成__________。

(5) 插床与__________床的结构类似,其滑枕在__________方向做往复直线运动。

2. 对照图7-1,简述T形槽的刨削过程,并填入表7-1中。

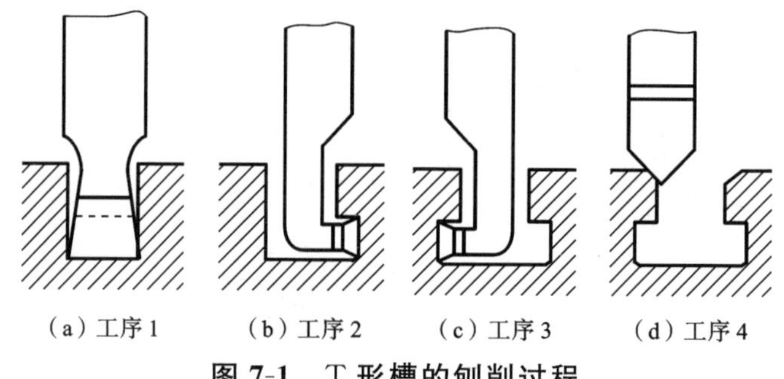


图7-1　T形槽的刨削过程

表 7-1　T 形槽的刨削过程

| 工　　序 | 1 | 2 | 3 | 4 |
| --- | --- | --- | --- | --- |
| 刨刀类型 | | | | |
| 工序内容 | | | | |

# 训练8 磨　削*

## 1. 填空题。

(1) 磨削主要用于零件的__________(粗、精)加工，并且可以加工较__________(硬、软)的材料。

(2) 磨床主要有__________、__________和__________三大类。实习操作的磨床名称是__________，型号是__________，主要用途是__________。

(3) 外圆磨削的主运动是__________，进给运动是__________、__________、__________。

(4) 平面磨床采用__________来固定钢、铸铁等导磁材料制成的中、小型零件。

(5) 磨削加工时使用的砂轮与普通刀具的区别是__________。组成砂轮的三个基本要素是__________，__________和__________。

(6) 砂轮常用的磨料有__________和__________两大类。通常磨削钢件用__________，磨削铸铁件用__________。

(7) 砂轮的硬度是指__________。砂轮太__________，磨削时工件易产生烧伤。精磨时，为了保证磨削精度和粗糙度，应选用稍__________的砂轮。

(8) 砂轮在使用一段时间后，如果发现砂轮表面堵塞，这时需要进行__________，恢复砂轮的切削能力和外形精度。

(9) 平面磨床采用__________夹紧工件。

(10) 平面磨床的主运动是__________。

**2. 什么是砂轮的自锐性?**

**3. 指出图 8-1 所示的平面磨床加工各使用的是何种类型的磨床?训练中你使用的是何种平面磨床?**

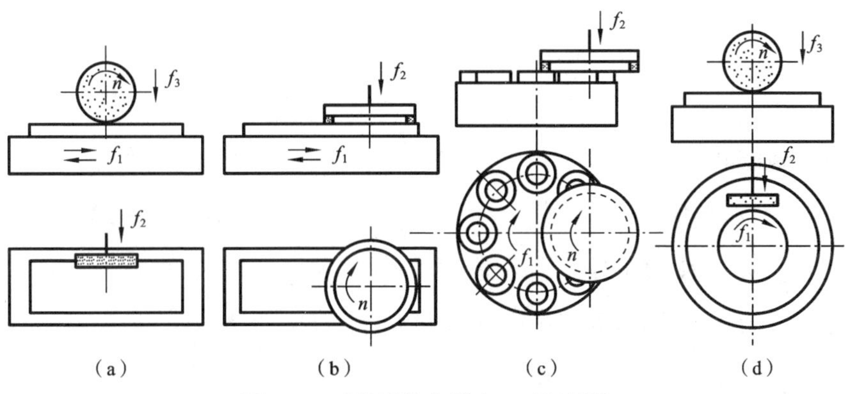


**图 8-1 平面磨床的加工示意图**

# 训练9 钳 工

**1. 填空题。**

(1) 麻花钻是常用的钻孔工具,其工作部分包括__________和__________。

(2) 孔的加工方法通常有__________、__________、__________和__________四种。

(3) 对于一般要求不高的螺纹孔,通常采用__________加工。

(4) 钳工的基本操作有__________、__________、__________、__________、__________、__________、__________和__________等。

(5) 划线可分为__________划线和__________划线两种。

(6) 安装锯条时应使锯齿向__________,松紧适中。粗齿锯条适用于锯__________工件,细齿锯条适用于锯__________工件。

(7) 锉刀的粗细按每 10 mm 长度的锉刀面上锉齿的齿数不同,划分为__________、__________和__________三种。

(8) 一般每种尺寸的手用丝锥由两支组成一套,分别称为__________和__________,而机用丝锥一般是__________。

**2. 编制图 9-1 所示零件的钳工工艺，将加工工艺填入表 9-1 中。**

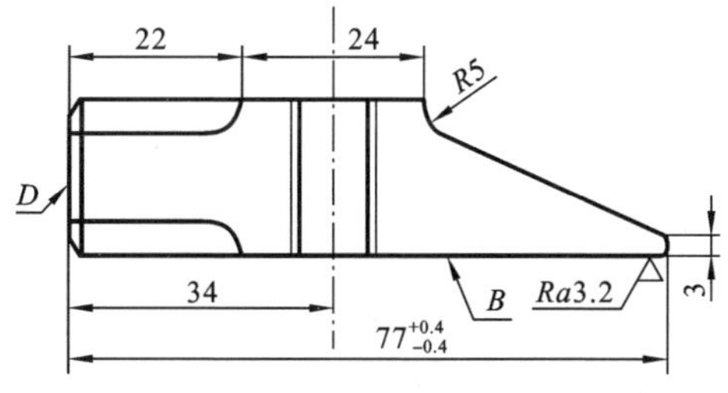


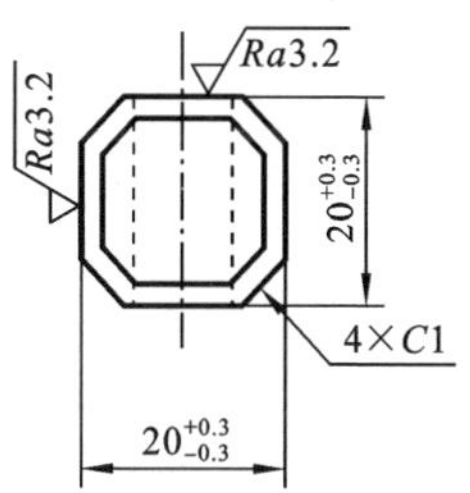


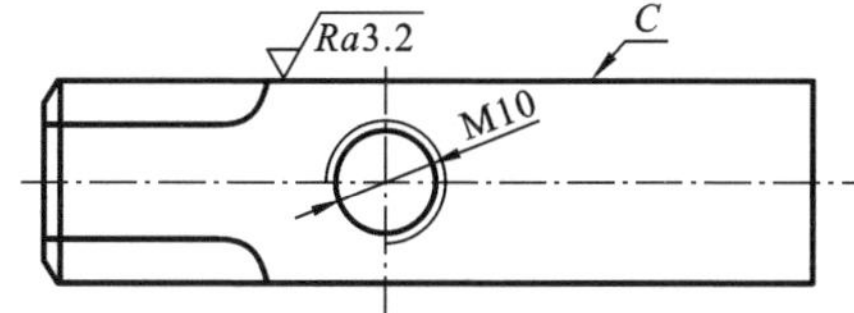


技术要求：1. 手工加工；
2. 未注明圆角为 $R2 \sim R3$；
3. 其他要求符合国家标准。

**图 9-1　零件图**

**表 9-1　加工工艺**

| 序　　号 | 加 工 内 容 | 加 工 简 图 | 刀　　具 |
| --- | --- | --- | --- |
| 1 | | | |
| 2 | | | |
| 3 | | | |
| 4 | | | |
| 5 | | | |
| 6 | | | |

## 3. 简答题。

(1) 常用的划线工具有哪些？实习训练中你使用了哪些工具？

(2) 什么是装配？装配过程分成哪几类？训练中你完成了哪种类型的装配？

# 训练10　数控基础及数控车削

## 1. 填空题。

(1) 零件数控加工程序的编制方法有__________、__________，对几何形状简单的零件主要采用__________，对形状复杂的零件主要采用__________。

(2) 数控机床由__________、__________、__________、__________、__________等部分组成。

(3) 数控车床加工操作步骤分为__________、__________、__________、__________四个阶段。

(4) 数控车床主要用于__________和__________的回转体零件的加工。

(5) 数控车床上的控制面板由__________和__________组成。

(6) 数控机床的机床原点是指__________________________；而工作坐标系是指__________________________。

## 2. 图 10-1 所示数控加工的运动方式分别属于哪一类？

移动时刀具未加工

(a)　　(b)　　(c)

图 10-1　数控加工的运动方式

(a) __________；(b) __________；(c) __________

3. 按伺服控制方式,数控机床分哪几类?图 10-2 所示各为哪一类?

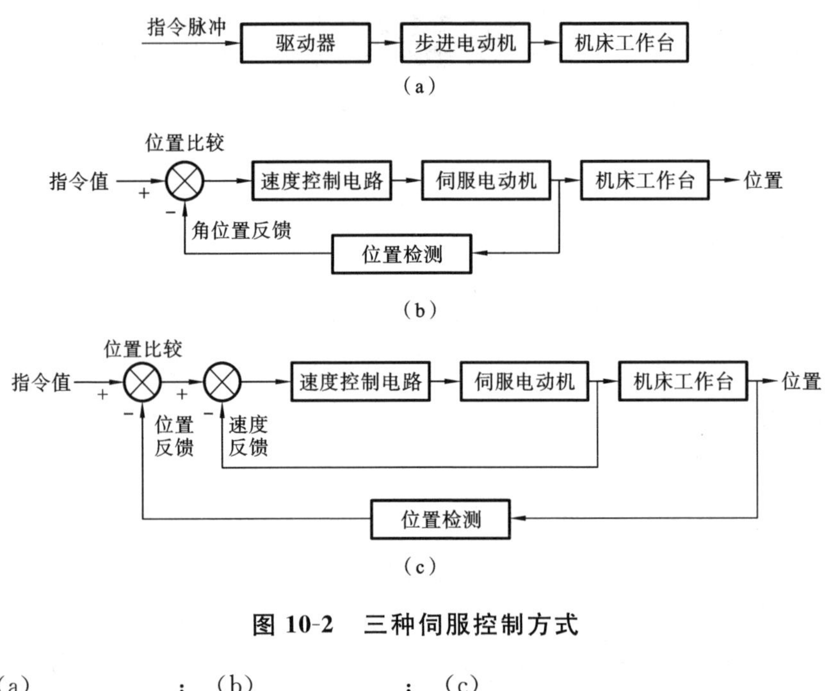


图 10-2 三种伺服控制方式

(a) ____________; (b) ____________; (c) ____________

4. 什么是对刀点?对刀的目的是什么?

**5. 什么是增量坐标编程和绝对坐标编程？图 10-3 所示各为哪一种方式编程。**

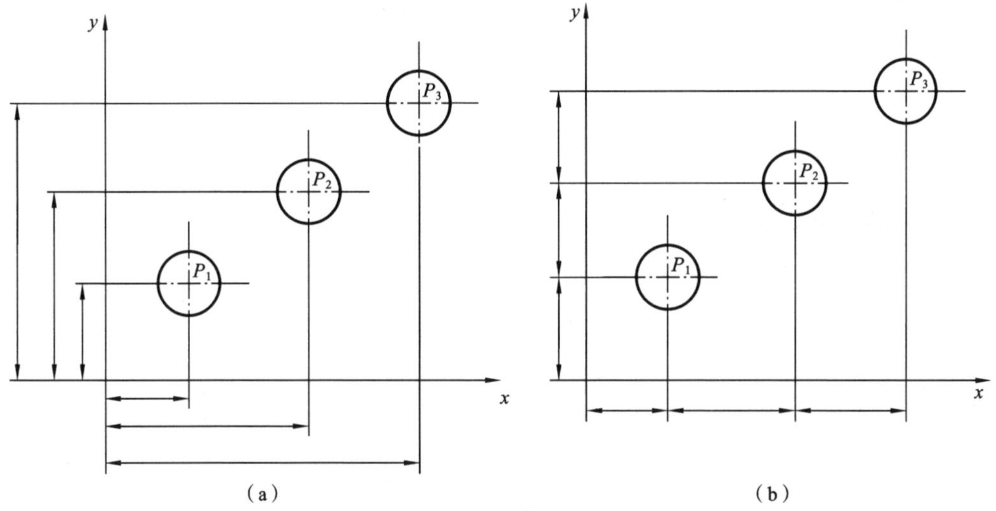


图 10-3　增量坐标编程和绝对坐标编程

(a) ____________；(b) ____________

**6. 刀具补偿有何作用？有哪些补偿指令？**

# 训练  数控铣削及加工中心加工

**1. 填空题。**

(1) 数控铣床常用的刀具有__________、__________及__________。

(2) 铣削平面轮廓曲线工件时,铣刀半径应__________工件轮廓的__________凹圆半径。

(3) G00 指令只能用于__________和__________两种状态下。

(4) G54 指令对应数控系统寄存器中的坐标是__________。

(5) 802S 数控系统中的刀具补偿主要用于刀具的__________补偿和__________补偿。

(6) 铣削外轮廓时按顺时针方向移动刀具,考虑半径补偿应使用__________指令(完整格式),铣削内轮廓时按顺时针方向移动刀具,考虑半径补偿应使用__________指令(完整格式),加工完后用__________指令回复正常位置(完整格式)。

(7) 零件加工时,应有__________校正和__________校正过程,以保证加工精度。

**2. 请分析图 11-1 所示的几种材料装夹方法是否合理,并简单说明原因。**

(a) (b) (c) (d)

**图 11-1 材料装夹方法**

**3. 写出图 11-2 所示的组合压板夹具各组成部分的名称。**

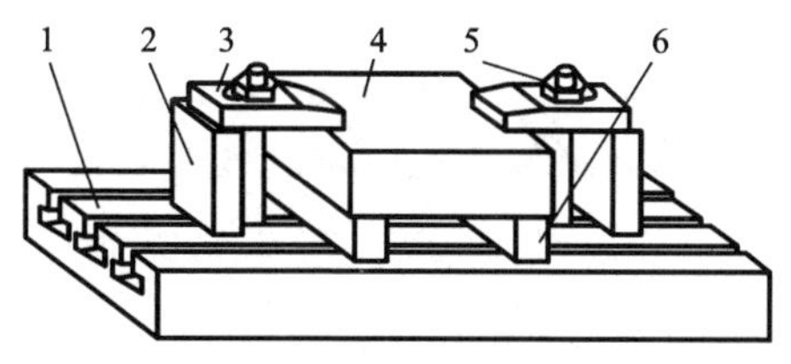


**图 11-2 组合压板夹具**

1 ____________； 2 ____________； 3 ____________； 4 ____________；
5 ____________； 6 ____________

**4. 数控铣床的对刀方法有哪几种？试用一种方法举例说明圆形材料的对刀过程，编程原点设在材料上表面圆心。**

# 训练  电火花及数控线切割

**1. 填空题。**

(1) 电火花成形加工时使用的工作液应具有__________性能，一般用_________作为工作液。

(2) 电火花成形加工的特点是__________、__________、__________、__________和__________。

(3) 电火花加工是基于两个电极之间__________原理进行的，电火花加工的实质是__________。

(4) 电火花加工中，当工作电流小于 50 A，工作液面应高于工件顶部__________ mm，工作电流增大，液面高度应相应__________。

(5) 线切割加工机床由____________、____________与____________三部分组成。

(6) 影响线切割加工切割速度的主要因素有_________、__________、_________。

(7) 数控线切割加工的适用范围是__________、__________、__________。

(8) 线切割加工时脉冲电源电参数主要有__________、__________、__________、__________。

(9) 数控电火花线切割机床控制系统的主要功能有__________、__________。

(10) 线切割的切割速度单位是__________，电火花穿孔成形的加工

速度单位为__________。

(11) 电火花线切割加工中，被切割的工件接脉冲电源的__________极。

**2. 进行电火花加工必须具备哪些条件?**

**3. 电火花线切割加工的工作原理与电火花成形加工的工作原理有何异同?**

4. 实训中电火花线切割机床的型号为__________,在图12-1所示加工原理图空白处填写各部件名称。

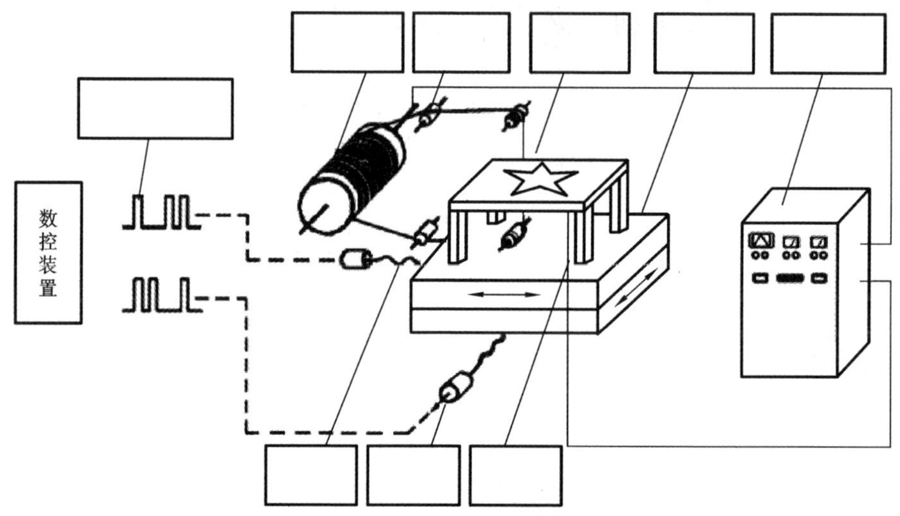


图12-1 电火花线切割机床加工原理图

# 训练 增材制造

**1. 填空题。**

(1) 增材制造技术是用离散分层的原理制作产品原型的总称，其原理为__________→__________→按离散后的平面几何信息逐层加工堆积原材料→__________。

(2) 增材制造的方法有__________、__________、__________、__________、__________。

(3) __________又称为立体光刻，其工作原理是在一定波长和功率的__________照射下，液态__________能迅速发生__________，分子量急剧增大，材料从__________转变为__________。

(4) 增材制造的全过程可以归纳为以下三个步骤：__________、__________、__________。

(5) 选择性激光烧结的材料选择广泛，可使用__________、__________、__________、__________。

(6) 金属增材制造的方法有__________、__________。

(7) 熔融堆积成形(fused deposition modeling，FDM)系统中使用的熔丝材料种类有__________、__________、__________。

(8) __________方法具有成形零件不受制约，可加工任意形状的金属零件。

(9) __________特别适合于小批量复杂形状零部件及极难加工材料的生产制造。

(10) FDM 打印结束后,应该使用__________取出样品。

## 2. 简答题。

(1) 简述增材制造技术的特点。

(2) 什么是 STL 文件的切片技术?

(3) 试说明熔融堆积成形的原理,并填写图 13-1 中空白部分。

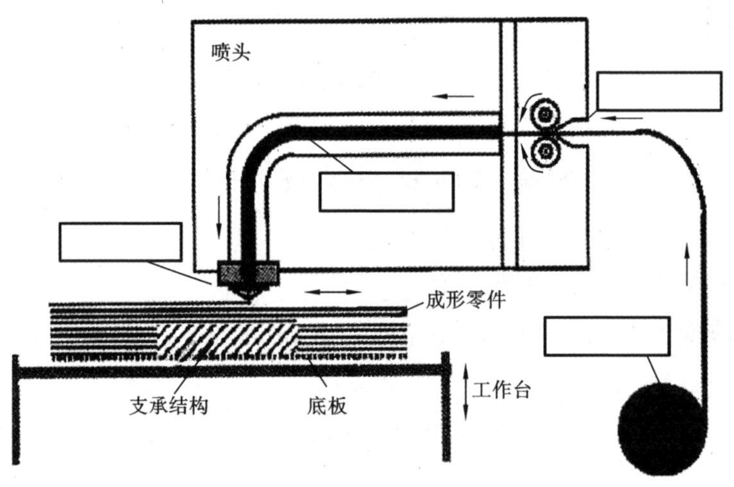


**图 13-1 熔融堆积成形原理图**

# 训练14 激光加工*

**1. 填空题。**

(1) 影响激光加工过程的主要工艺参数有__________、__________、__________、__________、__________。

(2) 典型的激光加工技术有(请说出至少四种):__________、__________、__________、__________。

(3) 激光加工系统的组成包括__________、__________、__________、__________、__________、__________、__________。

(4) 常用激光加工用激光器的类型有__________、__________和__________。

(5) 激光打标的主要参数有__________、__________、__________。

(6) 激光焊接的方式有__________、__________、__________。

(7) 激光内雕水晶玻璃应该选择__________(红外光纤激光器/脉冲绿光激光器),其输出波长是__________。

(8) 激光雕刻切割木材、亚克力板、皮革和竹制材料应该选择__________($CO_2$ 激光器/YAG 激光器)。

(9) 激光传输光路上可以用纸张测试一下是否出光______(对/不对)。

(10) 激光加工采用的是__________(聚焦/平行)光束对材料进行加工。

## 2. 简答题

(1) 简述激光加工的原理。

(2) 激光加工的特点有哪些?

3. 图 14-1 所示为激光打标机,请在空白处填写各部件名称。

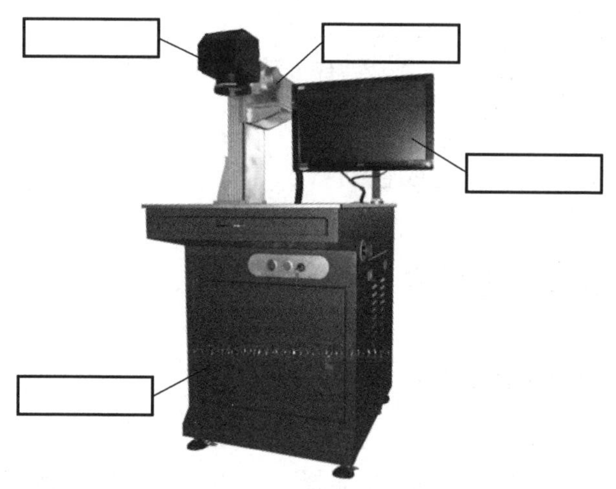

图 14-1　激光打标机

4. 写出实训中激光打标机配备的激光器类型,并以不锈钢样件为例简述一下操作过程。

# 训练15 工程训练的体会、意见和建议